普通高等学校"十三五"规划教材

U0204278

运 筹 学

主　编　唐　玲
副主编　潘　俊　李淑花　刘勉声

北京大学出版社
PEKING UNIVERSITY PRESS

内 容 简 介

　　本书系统地介绍了运筹学中的线性规划、目标规划、整数规划、动态规划、图与网络分析、存贮论、排队论和对策论等主要分支的基本原理和方法,也介绍了 LINGO 软件在运筹学中的使用方法.本书十分注重理论知识与实际问题相结合,具有一定的深度和广度.书中各章后都配有习题,便于读者自学和复习.本书既可作为高等院校经济管理类各专业本、专科生的教材,也可作为相关专业研究生和运筹学工作者的自学或参考读物.

前　言

　　运筹学是一门应用于管理复杂组织和系统的科学,并为掌管这类系统的人提供决策目标和数量分析的工具.它广泛应用于生产管理、工程技术、军事作战、科学试验、财政经济及社会科学等领域.它从现实问题的特点中抽象出不同类型的数学模型,并选择相应的方法进行计算,进而选择最佳的行动方案,使有限资源能发挥更大效益,达到人尽其能、财尽其力、物尽其用的目的.目前,运筹学已成为高等院校经济管理类各专业本、专科生和研究生的必修课程.

　　为了便于广大读者更好地掌握运筹学的基本理论和基本方法,本书由浅入深、全面系统地介绍了运筹学各主要分支的基本内容,具体包括:线性规划、目标规划、整数规划、动态规划、图与网络分析、存贮论、排队论和对策论,以及 LINGO 软件的使用方法等.本书在内容上注重理论知识与实际问题相结合,具有一定的深度和广度.书中各章后都配有习题,便于读者自学和复习.

　　全书共 12 章,其中第一、二、四、八章由李淑花编写,第三、七、九章由潘俊编写,第五、六、十、十一、十二章由唐玲编写,最后全书由刘勉声统稿和审阅.本书在编写过程中得到了石龙和田润丽的大力协助,赵子平编辑了教学资源,魏楠、苏娟提供了版式和装帧设计方案,在此一并感谢.本书参考了大量的中外文献.在此谨向有关专家、学者和同行表示诚挚的谢意.

　　本书既可作为高等院校经济管理类各专业本、专科生的教材,也可以作为相关专业研究生和运筹学工作者的自学或参考读物.

　　由于时间仓促,再加上作者水平有限,书中不足之处在所难免,恳请广大读者批评指正.

编　者

2018 年 9 月

目　　录

绪　　论

一、运筹学的起源与发展

运筹学最朴素的思想早在中国古代就已出现. 据《史记》记载, 战国时齐国名将田忌与齐威王赛马, 两人各拥有上、中、下三个等级的马, 但齐王各等级的马均略优于田忌同等级的马, 若依次按同等级的马对赛, 田忌必连负三局. 田忌根据谋士孙膑的提议, 分别以自己的下、上、中马迎战齐王的上、中、下马, 结果田忌以二胜一负取得了胜利. 这个小故事很好地反映了在总的劣势条件下如何以己之长击敌之短, 以最小代价换取最大胜利的运筹学朴素思想, 也是运筹学中对策论的最早起源. 类似这样通过应用运筹学思想而取胜的例子很多, 在中国历史上也有不少善于运用运筹学思想的代表人物. 但运筹学作为一门学科是在西方产生并发展起来的.

通常认为运筹学起源于第二次世界大战初期. 当时, 英国军事部门迫切需要研究如何将非常有限的人力和物力分配并使用到各种军事活动的运行中, 以达到最好的效果. 同时期的德国已拥有一支强大的空军, 飞机从德国起飞 17 分钟即到达英国本土. 在如此短的时间内, 如何预警和拦截成为一大难题. 1935 年, 为了对付德国空中力量的严重威胁, 英国在东海岸的鲍德西成立了关于作战控制技术的研究机构. 1938 年, 该机构负责人把他们从事的工作称为运筹学(Operational Research[英] 或 Operations Research[美], 直译为"作战研究"). 因此, 常把鲍德西作为运筹学的诞生地, 将 1935－1938 年这一个时间段作为运筹学产生的酝酿时期. 第二次世界大战中运筹学被广泛应用于军事系统工程中, 除英国外, 美国、加拿大等国也成立了军事数学小组. 据不完全统计, 第二次世界大战期间仅在英国、美国和加拿大, 参加运筹学工作的科学家超过 700 名, 他们研究并解决战争提出的运筹学课题, 例如, 组织适当的护航编队使运输船队损失最小; 改进搜索方法及时发现敌军潜艇; 改进深水炸弹的起爆深度提高毁伤率; 合理安排飞机维修提高利用率等. 这些运筹学成果对盟军大西洋海战的胜利起了十分重要的作用, 成功地解决了许多重要作战问题, 显示了科学的巨大物质威力. 战后, 在这些军事运筹学小组中工作过的科学家转向研究在民用部门如何应用运筹学的理论和方法, 从而促进了运筹学在经济计划和生产管理领域的应用. 由此 Operations Research 就转义成为"作业研究".

1951 年, P. M. 莫尔斯和 G. E. 金布尔合著的《运筹学方法》一书正式出版, 标志着运筹学这一学科已基本形成. 由于电子计算机的问世, 又大大促进了运筹学的发展, 世界上不少国家已成立了致力于该领域及相关活动的专门学会. 英国在 1948 年成立了运筹学俱乐部, 1954 年改名为英国运筹学会, 出版《运筹学季刊》, 是最早建立运筹学会的国家. 美国在 1952 年成立了美国运筹学会, 出版《运筹学》杂志. 1957 年在英国牛津大学召开第一届国际运筹学会议,以后每隔 3 年举行一次.1959 年成立国际运筹学联合会,中国于 1982 年加入了该联合会.

20 世纪 50 年代中期,我国著名科学家钱学森先生将运筹学从西方引进国内.鉴于《史记·高祖本记》中有"夫运筹策帷幄之中,决胜于千里之外",就把"Operations Research"翻译成"运筹学",包含运用筹划、以策略取胜等意义,比较恰当地反映了这门学科的性质和内涵.中国第一个运筹学小组正是在钱学森、许国志先生的推动下,于 1956 年在中国科学院力学研究所成立.1959 年第二个运筹学部门在中国科学院数学研究所成立.1963 年中科院数学研究所的运筹学研究室为中国科技大学应用数学系的第一届本科生开设了较为系统的运筹学专业课,这是第一次在中国大学里开设运筹学专业并授课.今天,运筹学已成为我国各高等院校,特别是各经济管理类专业的必修课程.

二、运筹学的定义

经过 50 多年的发展,运筹学已成为一个门类齐全、理论完善、有着重要应用前景的学科.其作为一门应用科学,至今还没有统一且确切的定义.在 P. M. 莫尔斯和 G. E. 金布尔合著的《运筹学方法》一书中,他们将运筹学定义为"在实行管理的领域,运用数学方法,对需要进行管理的问题统筹规划,做出决策的一门应用科学".英国运筹学会将运筹学定义为"运用科学方法来解决工业、商业、政府、国防等部门里有关人力、机器、物资、金钱等大型系统的指挥或管理中所出现的复杂问题的一门学科.其目的是帮助管理者以科学方法确定其方针和行动".我国《辞海》(1979 年版)中定义运筹学为"20 世纪 40 年代开始形成的一门学科,主要研究经济活动与军事活动中能用数量来表达的有关运用、筹划与管理等方面的问题.它根据问题的要求,通过数学分析和运算,做出综合性的合理安排,以达到较经济、较有效地使用人力、物力等".《中国企业管理百科全书》(1984 年版)中定义运筹学是"应用分析、实验、量化的方法,对经济管理系统中人力、物力、财力等资源进行统筹安排,为决策者提供有依据的最优方案,以实现最有效的管理".所有定义的核心都是用科学方法来处理自然环境和社会环境中有关人和物的运行体系,即对现实的复杂系统和组织问题进行数学建模并设计相应的求解方法的学科.现代运筹学早已涵盖了各个领域的管理与优化问题.

三、运筹学研究的基本特点与步骤

自运筹学形成以来,运筹学研究的范围非常广泛,具有以下特点:

1. 多学科交叉.运筹学已被广泛应用于工商企业、军事部门、民政事业等研究组织内的统筹协调问题,故其应用不但不受行业和部门的限制,还要注重多学科的互相交叉和彼此配合.

2. 实践性强.运筹学既对各种系统进行创造性的科学研究,又涉及组织的实际管理问题,它具有很强的实践性,最终应能向决策者提供建设性意见,并应收到实效.

3. 整体优化.运筹学以整体最优为目标,从系统的观点出发,力图以整个系统最佳的方式来解决该系统各部门之间的利害冲突,把相互影响的各个方面统一起来,根据不同条件对所研究的问题求出最优解、次优解或满意解,从总体利益出发寻找优化协调方案.

4. 模型方法的应用.运筹学研究问题是通过建立所研究系统的数学模型,进行定量的分析.而实际的系统往往是很复杂的,运筹学总是以科学的态度,从诸多因素中抽象其本质因素建立模型,用各种手段对模型求解并加以检验,最后向决策者提出最优决策方案.

基于以上特点,运筹学研究的基本步骤如下:

1. 提出和表述问题.即要弄清问题的目标、可能的约束、问题的可控变量及有关参数,搜集有关资料,用文字表述问题.

2. 建立模型.即把问题中可控变量、参数和目标与约束之间的关系用一定的数学模型表示出来,建立数学模型是运筹学方法的精髓.

3. 求解模型.用各种方法,主要是数学方法对模型求解.复杂模型的求解往往需用计算机辅助,解的精度要求可由决策者提出.

4. 模型及解的检验.首先应检查模型是否正确,进而检查求解步骤和程序有无错误,然后检查解是否能反映现实问题.

5. 解的控制.考虑到模型都有一定的适用范围,通过控制参数的变化过程来决定对解是否要做一定的改变.

6. 方案的实施.当把解运用到实际中时必须考虑实施的问题,例如,向实际部门讲清解的用法,在实施中可能产生的问题和修改等.

以上过程有必要时需反复进行.

四、运筹学的主要分支

运筹学按照所解决问题性质上的差异,可归结为不同的数学模型,由此构成了运筹学的各个分支,主要包括:规划论、图与网络分析、存贮论、排队论和对策论等,具体内容如下:

1. 规划论.它是运筹学的一个重要分支,包括线性规划、非线性规划、整数规划、目标规划、动态规划等.它是在满足给定约束要求下,按一个或多个目标来寻找最优方案的数学方法.它的适用领域十分广泛,在工业、农业、商业、交通运输业、军事、经济规划和管理决策中都可以发挥作用.

2. 图与网络分析.图与网络是研究离散事物之间关系的一种数学模型,它具有形象直观的特点.由于求解网络模型已有成熟的特殊解法,它在解决交通网、管道网、通信网等的优化问题上具有明显的优势,因此其应用领域也在不断扩大.

3. 存贮论.它又称库存论,是研究经营生产中各种物资应当在什么时间、以多少数量来补充库存,才能使库存和采购的总费用最小的一门学科.它在提高系统工作效率、降低产品成本上有重要的作用.

4. 排队论.这是一种研究公共服务系统的运行与优化的数学理论与方法.它通过对随机服务现象的统计研究,找出反映这些随机现象的平均特性,从而研究如何提高服务系统水平和工作效率的方法.

5. 对策论.它又称博弈论,是一种研究在竞争环境下决策者行为的数学方法.在社会政治、经济、军事活动,以及日常生活中都有很多竞争或斗争性质的场合与现象,因此竞争双方为了达到自己的利益和目标,都必须考虑对方可能采取的各种可能行动方案,然后选择一种对自己最有利的行动方案.即对策论就是研究双方是否都有最合乎理性的行动方案,以及如何确定合理行动方案的理论与方法.

五、运筹学的展望

运筹学作为一门学科在理论及应用方面,无论就其广度还是深度来说,都有着无限广阔的前景.从20世纪90年代开始出现了两个很重要的趋势.一个趋势是软运筹学的崛起,主要发源地是在英国.在1989年英国运筹学会召开的一次会议后,罗森汉特主编了一本论文集,被称为软运筹学的"圣经",里面提供了不少新的属于软运筹学的方法.2001年此书进行了修订,增加了很多实例.另一个趋势是与优化有关的,即软计算.这种方法不追求严格最优,具有启发式思路,并借用来自生物学、物理学和其他学科的思想来寻找优化方法,其中最著名的有遗传算法、模拟退火、神经网络、模糊逻辑、进化计算、禁忌算法和蚁群优化等.

总之,运筹学还在不断发展中,新的思想、观点和方法也将不断地出现.科学的迅猛发展和对运筹学理论与方法的巨大需求,吸引了大量的运筹学家加入了运筹学与其他科学交叉领域的研究.本书所提供的只是运筹学的一些基本思想和方法,是进一步研究和应用运筹学必备的基础知识.但有一点是明确的,运筹学是在研究和解决实际管理问题中发展起来的,而管理科学的发展又必将为运筹学的进一步发展开辟更加广阔的领域.

第一章　　线性规划及单纯形法

　　线性规划(Linear programming)是运筹学中研究较早、发展较快、应用较广泛、方法较成熟的一个重要分支,同时也是学习其他最优化理论的基础和起点.自 1947 年美国数学家丹茨格(G. B. Dantzig)提出单纯形法(Simplex method)之后,随着计算机的逐步普及,线性规划越来越广泛地应用于工业、农业、交通运输、军事和经济等各种领域.

第一节　　线性规划的基本概念

1.1.1　线性规划的数学模型

　　线性规划通常研究资源的最优利用、设备的最佳运行等问题.例如,企业在一定的资源条件限制下,如何组织安排生产获得最好的经济效益(如产品数量最多、收益或利润最大);当任务或目标确定后,如何统筹兼顾、合理安排,用最少的资源(如资金、设备、原材料、人工或时间等)去完成确定的任务或目标.

　　例 1.1(生产计划问题)　安康制药厂用原材料 A,B 生产 Ⅰ,Ⅱ 两种药品,每件药品消耗原材料数量和占用设备台时及每天资源限量如表 1-1 所示.该厂每生产一件产品 Ⅰ 可获利 200 元,每生产一件产品 Ⅱ 可获利 300 元,问如何安排生产才能使的总的利润最大?

表 1-1　安康制药厂生产参数表

资源 ＼ 产品	Ⅰ	Ⅱ	每天资源限量
设备(台时 / 件)	2	2	12
原材料 A(kg/ 件)	4	0	16
原材料 B(kg/ 件)	0	5	15

　　解　假设每天生产这两种药品分别为 x_1, x_2 件,则在计划期内获得的总利润(百元)为
$$z = 2x_1 + 3x_2$$
利润的大小受资源供应量的限制,即 x_1, x_2 要满足以下 3 个不等式:
$$2x_1 + 2x_2 \leqslant 12 \quad (\text{设备台时的可用量限制})$$
$$4x_1 \leqslant 16 \quad (\text{原材料 A 供应量的限制})$$
$$5x_2 \leqslant 15 \quad (\text{原材料 B 供应量的限制})$$

　　此外,产量不能为负值,所以 x_1, x_2 还要满足条件 $x_1 \geqslant 0, x_2 \geqslant 0$.综合上述分析,该生产计划问题就是在一系列条件限制下,寻求一组值,使得总利润 z 达到最大.总利润最

大值用 max z 表示,因此此题可用数学模型表示为

$$\max z = 2x_1 + 3x_2$$

$$\text{s. t.} \begin{cases} 2x_1 + 2x_2 \leqslant 12 \\ 4x_1 \qquad\ \leqslant 16 \\ \qquad\ 5x_2 \leqslant 15 \\ x_1, x_2 \geqslant 0 \end{cases}$$

其中,"s. t."为 subject to 的缩写,表示约束条件.

例 1.2(配料问题)　某饲料厂在确定动物饲料配方过程中测定出动物每天至少需要 600 g 蛋白质、30 g 矿物质和 100 mg 维生素. 现有 3 种饲料 A,B,C 可供选用,各种饲料每千克营养成分及饲料单价如表 1-2 所示,试给出最优饲料采购方案.

表 1-2　某饲料厂饲料配方参数表

饲料	蛋白质(g/kg)	矿物质(g/kg)	维生素(mg/kg)	单价(元/kg)
A	2	1	0.5	0.2
B	2	0.5	1	0.7
C	1	0.2	0.2	0.4

解　所谓"最优饲料采购方案",是指 3 种饲料每天各采购多少,既要满足动物生长的营养需要,又要使费用最省.

设每天采购饲料 A,B,C 分别为 x_1 kg, x_2 kg, x_3 kg,则有如下数学模型:

$$\min z = 0.2x_1 + 0.7x_2 + 0.4x_3$$

$$\text{s. t.} \begin{cases} 2x_1 + \quad 2x_2 + \qquad x_3 \geqslant 600 \\ x_1 + 0.5x_2 + 0.2x_3 \geqslant 30 \\ 0.5x_1 + \qquad x_2 + 0.2x_3 \geqslant 100 \\ x_1, x_2, x_3 \geqslant 0 \end{cases}$$

从上面的两个例子可以看出,所谓**规划问题**,就是求规划目标在若干限制条件下的极值问题. 规划问题的数学模型包含 3 个组成要素:

(1) **决策变量**或**变量**,即决策者为实现规划目标采取的方案、措施,是问题中要确定的未知量,通常用 $x_1, x_2, \cdots, x_n$ 表示. 决策变量的一组值 $(x_1, x_2, \cdots, x_n)$ 表示一种方案.

(2) **目标函数**,即问题要达到的目标要求,表示为决策变量的函数. 通常用 $z = f(x_1, x_2, \cdots, x_n)$ 表示,按优化目标分别在这个函数前面加上 max 或 min.

(3) **约束条件**,即决策变量取值时受到各种可用资源的限制,通常表示为含决策变量的等式或不等式.

若在规划问题的数学模型中,决策变量是可控的连续变量,目标函数和约束条件都是线性的,则此类模型称为**线性规划问题**或**线性规划**.

由于问题的性质不同,线性规划的模型也有不同的形式,但基本上可描述为如下一般形式:

$$\max(或\min)z = c_1 x_1 + c_2 x_2 + \cdots + c_n x_n$$

$$\text{s. t.} \begin{cases} a_{11} x_1 + a_{12} x_2 + \cdots + a_{1n} x_n \leqslant (=, \geqslant) b_1 \\ a_{21} x_1 + a_{22} x_2 + \cdots + a_{2n} x_n \leqslant (=, \geqslant) b_2 \\ \qquad\qquad\qquad\vdots \\ a_{m1} x_1 + a_{m2} x_2 + \cdots + a_{mn} x_n \leqslant (=, \geqslant) b_m \\ x_1, x_2, \cdots, x_n \geqslant 0 \end{cases} \tag{1.1.1}$$

假设线性规划数学模型有 n 个决策变量和 m 个约束条件. 第 j 个决策变量用 x_j 表示 $(j = 1, 2, \cdots, n)$；目标函数中各变量的系数用 c_j 表示（c_j 常称为**价值系数**）；第 i 个约束条件（$i = 1, 2, \cdots, m$）中变量 x_j 的系数用 a_{ij} 表示（a_{ij} 常称为**工艺系数**或**技术系数**）；约束条件右端的常数用 b_i 表示（b_i 常称为**资源限量**或**资源拥有量**）.

注 在实际意义中决策变量的取值一般为非负实数，但在单纯数学形式下也可以允许决策变量取非正实数. 例如，某个决策变量 x_j 表示第 j 种产品本期产量相对于前期产量的变化量，则 x_j 的取值范围可以是全体实数.

1.1.2 线性规划问题的标准形式

线性规划问题的数学模型有各种不同的形式，解线性规划问题时，为了讨论问题方便，需将线性规划模型化为统一的标准形式. 这里规定线性规划的**标准形式**如下（以下省略目标函数、约束条件的标记）：

（1）目标函数为求极大值；

（2）约束条件为等式（方程）；

（3）变量 $x_j (j = 1, 2, \cdots, n)$ 为非负变量；

（4）常数 $b_i (i = 1, 2, \cdots, m)$ 都大于或等于零，

即

$$\max z = c_1 x_1 + c_1 x_2 + \cdots + c_n x_n$$

$$\text{s. t.} \begin{cases} a_{11} x_1 + a_{12} x_2 + \cdots + a_{1n} x_n = b_1 \\ a_{21} x_1 + a_{22} x_2 + \cdots + a_{2n} x_n = b_2 \\ \qquad\qquad\qquad\cdots \\ a_{m1} x_1 + a_{m2} x_2 + \cdots + a_{mn} x_n = b_m \\ x_j \geqslant 0, \quad j = 1, 2, \cdots, n \end{cases} \tag{1.1.2}$$

或简写成下列连加形式：

$$\max z = \sum_{j=1}^{n} c_j x_j$$

$$\text{s. t.} \begin{cases} \sum_{j=1}^{n} a_{ij} x_j = b_i, \quad i = 1, 2, \cdots, m \\ x_j \geqslant 0, \quad j = 1, 2, \cdots, n \end{cases} \tag{1.1.3}$$

或写成下列向量形式：

$$\max z = \boldsymbol{CX}$$

$$\text{s. t.} \begin{cases} \sum_{j=1}^{n} \boldsymbol{P}_j x_j = \boldsymbol{b} \\ x_j \geqslant 0, \quad j = 1, 2, \cdots, n \end{cases} \tag{1.1.4}$$

其中

$$\boldsymbol{C} = (c_1, c_2, \cdots, c_n), \quad \boldsymbol{X} = \begin{bmatrix} x_1 \\ x_2 \\ \vdots \\ x_n \end{bmatrix}, \quad \boldsymbol{P}_j = \begin{bmatrix} a_{1j} \\ a_{2j} \\ \vdots \\ a_{mj} \end{bmatrix}, \quad \boldsymbol{b} = \begin{bmatrix} b_1 \\ b_2 \\ \vdots \\ b_m \end{bmatrix}$$

$\boldsymbol{C}, \boldsymbol{X}, \boldsymbol{P}_j$ 和 $\boldsymbol{b}$ 分别称为**价值向量**、**决策向量**、**系数向量**和**右端向量**.

也可以表示为矩阵形式:

$$\max z = \boldsymbol{CX}$$

$$\text{s. t.} \begin{cases} \boldsymbol{AX} = \boldsymbol{b} \\ \boldsymbol{X} \geqslant \boldsymbol{0} \end{cases} \tag{1.1.5}$$

其中

$$\boldsymbol{A} = \begin{bmatrix} a_{11} & a_{12} & \cdots & a_{1n} \\ a_{21} & a_{22} & \cdots & a_{2n} \\ \vdots & \vdots & & \vdots \\ a_{m1} & a_{m2} & \cdots & a_{mn} \end{bmatrix}$$

称为约束条件中变量的**系数矩阵**,或简称为约束变量的系数矩阵. 易见 $\boldsymbol{A} = (\boldsymbol{P}_1, \boldsymbol{P}_2, \cdots, \boldsymbol{P}_n)$.

实际问题提出的线性规划模型不一定是标准形式. 对于不符合标准形式的线性规划问题(或称为非标准形式),可以分别通过下述方法转化为标准形式.

(1) 若目标函数为求极小值,即为 $\min z = \sum_{j=1}^{n} c_j x_j$.

因为在满足相同约束条件的前提下使 z 达到极小值的那组决策变量必定使 $-z$ 达到极大值,反之亦然. 设新目标函数 $z' = -z$,化为

$$\max z' = \max(-z) = \sum_{j=1}^{n} (-c_j) x_j$$

(2) 若约束条件为不等式.

约束条件是"$\leqslant$"号,在"$\leqslant$"号左端加入一个非负变量,称为**松弛变量**,化为等式;约束条件是"$\geqslant$"号,在"$\geqslant$"号左端减去一个非负变量,称为**剩余变量**,化为等式. 通常情况下,松弛变量与剩余变量统称为**松弛变量**.

松弛变量或剩余变量在实际问题中表示未被利用的资源数或短缺的资源数,未转化为价值或利润,所以引入模型后它们在目标函数中的系数均为零.

(3) 若某个约束条件的右端项 b_i 是负数,可将此约束两边同时乘以 -1,则 $-b_i$ 成为正数.

(4) 若变量 $x_k \leqslant 0$,令 $x_k' = -x_k$ 代入模型,显然 $x_k' \geqslant 0$.

(5) 若变量 x_k 取值无约束,令 $x_k = x_k' - x_k''$ 代入模型,其中 $x_k' \geqslant 0, x_k'' \geqslant 0$.

下面通过实例介绍转化成标准形式的方法.

例 1.3　将线性规划

$$\min z = -x_1 - x_2 - 3x_3$$

$$\text{s. t.}\begin{cases} 2x_1 - x_2 + x_3 \leqslant 8 \\ x_1 - x_2 + x_3 \geqslant 3 \\ 3x_1 + x_2 - 2x_3 = -5 \\ x_1 \geqslant 0, x_2 \leqslant 0, x_3 \text{ 取值无约束} \end{cases}$$

化为标准形式.

解　步骤：

(1) 因为 x_3 取值无约束,令 $x_3 = x_3' - x_3''(x_3', x_3'' \geqslant 0)$.

(2) 因为 $x_2 \leqslant 0$,令 $x_2' = -x_2(x_2' \geqslant 0)$.

(3) 第一个约束条件是"$\leqslant$"号,在"$\leqslant$"号左端加入松弛变量 $x_4(x_4 \geqslant 0)$ 化为等式.

(4) 第二个约束条件是"$\geqslant$"号,在"$\geqslant$"号左端减去剩余变量 $x_5(x_5 \geqslant 0)$ 化为等式.

(5) 第三个约束条件的右端常数是负数,等式两边同时乘以 -1.

(6) 目标函数是求极小值,为了化为求极大值,令 $z' = -z$,得

$$\max z' = \max(-z) = -\min z$$

综合可得下列标准形式

$$\max z' = x_1 - x_2' + 3(x_3' - x_3'')$$

$$\text{s. t.}\begin{cases} 2x_1 + x_2' + (x_3' - x_3'') + x_4 = 8 \\ x_1 + x_2' + (x_3' - x_3'') - x_5 = 3 \\ -3x_1 + x_2' + 2(x_3' - x_3'') = 5 \\ x_1, x_2', x_3', x_3'', x_4, x_5 \geqslant 0 \end{cases}$$

第二节　线性规划的图解法

一个**线性规划问题有解**,是指能找出一组 $x_j(j = 1, 2, \cdots, n)$ 的值既满足式(1.1.1)中的约束条件,又满足决策变量的取值要求,此时称列向量 $\boldsymbol{X} = (x_1, x_2, \cdots, x_n)^{\mathrm{T}}$ 为该问题的**可行解**.全部可行解的集合称为**可行域**.特别地,能使目标函数达到最优的可行解称为**最优解**.研究线性规划的根本目的在于求出它的最优解,这个过程称为**求解线性规划问题**.

线性规划的图解法是借助几何图形来求解线性规划的一种方法.这种方法通常只适合求解只含两个变量的线性规划问题,因此它不是线性规划问题的通常解法.但这种解法简单直观,有助于了解线性规划的基本性质及单纯形法的基本思想.

图解法的步骤：① 在平面直角坐标系中画出约束条件所确定的可行域；② 对任意确定的 z,画出目标函数所代表的一族直线(常称为**目标函数等值线**)；③ 沿优化方向平移目标函数等值线,确定最优解(如果有的话).

下面通过具体例题说明图解法的原理和步骤.

例 1.4　用图解法求解例 1.1,即

$$\max z = 2x_1 + 3x_2$$

$$\text{s. t.} \begin{cases} 2x_1 + 2x_2 \leqslant 12 \\ 4x_1 \qquad\;\; \leqslant 16 \\ \qquad\; 5x_2 \leqslant 15 \\ x_1, x_2 \geqslant 0 \end{cases}$$

解　以 x_1, x_2 为坐标轴建立直角坐标系. 考虑 $x_1, x_2 \geqslant 0$, 所以只需在第一象限作出直线 $2x_1 + 2x_2 = 12, 4x_1 = 16, 5x_2 = 15$, 再找出由约束条件对应的半平面相交所围成的可行域. 所有约束条件围成的区域如图 $1-1$ 中所示的阴影部分, 为凸五边形 $OABCD$. 阴影区域中的每一点(包括边界点)都是这个线性规划问题的一个可行解, 它们的集合称为可行域.

将目标函数 $z = 2x_1 + 3x_2$ 改写为 $x_2 = -\dfrac{2}{3}x_1 + \dfrac{1}{3}z$, 其表示以 z 为参数、$-\dfrac{2}{3}$ 为斜率的一族平行线(即目标函数等值线), 向右上方平移将使目标函数 z 增大(即目标函数的优化方向), 依此方向平移到与可行域相切为止. 此时唯一切点 C 即为最优解对应的点, 这个切点恰好是凸五边形的一个顶点, 如图 $1-2$ 所示, 故此问题有唯一最优解. 当 $x_1 = x_2 = 3$ 时, $z_{\max} = 15$, 即该制药厂生产的最佳方案为 Ⅰ, Ⅱ 型药品各生产 3 件, 可获得最大利润 1 500 元.

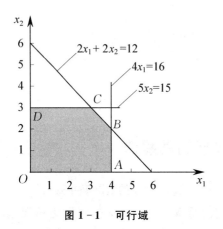

图 $1-1$　可行域

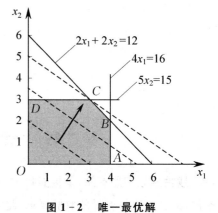

图 $1-2$　唯一最优解

例 1.4 有唯一最优解, 而任意一个线性规划问题的解还可能有其他情形.

1. 无穷多最优解

例 1.5　用图解法求解线性规划问题:

$$\max z = 2x_1 + 2x_2$$

$$\text{s. t.} \begin{cases} 2x_1 + 2x_2 \leqslant 12 \\ 4x_1 \qquad\;\; \leqslant 16 \\ \qquad\; 5x_2 \leqslant 15 \\ x_1, x_2 \geqslant 0 \end{cases}$$

解　用图解法求解, 由该问题所确定的可行域仍为图 $1-1$ 所示的凸五边形

$OABCD$. 如图 $1-3$ 所示, 沿优化方向平移时目标函数等值线与可行域在整个线段 BC 上相切, 即该问题的最优解为线段 BC 上的所有点. 故该问题有无穷多最优解, 例如, 点 C 就是其中一个最优解对应的点, 此时 $x_1 = x_2 = 3, z_{\max} = 12$. 而线段 BC 上其他点也都能使目标函数达到相同的最大值.

2. 无界解

例 1.6 用图解法求解线性规划问题:

$$\max z = 2x_1 + 3x_2$$

$$\text{s. t.} \begin{cases} 4x_1 \leqslant 16 \\ x_1, x_2 \geqslant 0 \end{cases}$$

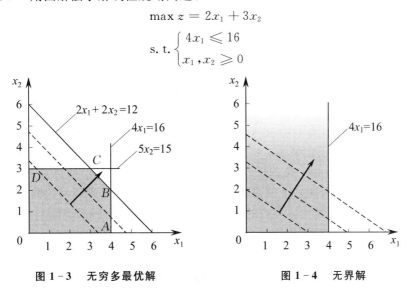

图 $1-3$ 无穷多最优解　　　　图 $1-4$ 无界解

解 用图解法求解, 如图 $1-4$ 所示该问题的可行域上方无边界, 目标函数等值线沿着优化方向可以无限延伸, 使得目标函数值无限增大. 此时问题有可行解但目标函数值无界, 故无最优解, 常称之为无界解. 这种情形的出现往往是由于在建立数学模型时遗漏了某些必要的资源约束条件.

注 可行域无界是线性规划问题出现无界解的必要条件, 而不是充分条件. 例如, 将例 1.6 中的目标函数改成 $\min z = 2x_1 + 3x_2$, 则有最优解 $x_1 = x_2 = 0$.

3. 无可行解

例 1.7 用图解法求解线性规划问题:

$$\max z = 2x_1 + 3x_2$$

$$\text{s. t.} \begin{cases} 2x_1 + 2x_2 \leqslant 12 \\ x_1 + 2x_2 \geqslant 14 \\ x_1, x_2 \geqslant 0 \end{cases}$$

解 用图解法求解时, 该问题的可行域是空集, 如图 $1-5$ 所示. 这表明此问题无可行解 (自然是无最优解的), 其原因是模型本身有错误, 出现了互相矛盾的约束条件.

图解法不是线性规划问题的通常解法, 但这种解法简单直观, 从它的解题思路得到了线性规划问题的若干规律, 对以后将要介绍的求解一般线性规划问题的代数方法 —— 单纯形法有下列启示:

(1) 求解线性规划问题时, 解有 4 种情况: 唯一最优解、无穷多最优解(也称为多重最

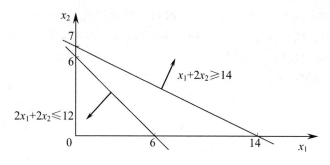

图 1 - 5　无可行解

优解)、无界解(也称为有可行解但无最优解)和无可行解.

（2）若线性规划问题的可行域不是空集,则可行域为凸集.

（3）若线性规划问题有最优解,则最优解一定可以在可行域的某个顶点达到.若在两个顶点同时达到最优解,则它们连线上的所有点都是最优解,此时对应问题有无穷多最优解.

（4）解题思路:先找出凸集的任一顶点,计算其目标函数值;再与周围相邻顶点的目标函数值比较,判断是否比这个值更优.若没有更优的值,则该顶点对应的就是最优解或最优解之一;若是,则转到比该顶点的目标函数值更优的另一顶点.重复上述过程,直到找到使目标函数值达到最优的顶点为止.当然,若最优解不存在则另当别论.

第三节　　线性规划问题的解

1.3.1　线性规划问题的解的基本概念

由式(1.1.5)可知,一般线性规划问题的标准形式为

$$\max z = \boldsymbol{CX} \tag{1.3.1}$$

$$\text{s. t.} \begin{cases} \boldsymbol{AX} = \boldsymbol{b} & (1.3.2) \\ \boldsymbol{X} \geqslant \boldsymbol{0} & (1.3.3) \end{cases}$$

式中 $\boldsymbol{A}$ 是 $m \times n$ 阶矩阵, $m \leqslant n$,并且 $\boldsymbol{A}$ 的秩 $R(\boldsymbol{A}) = m$. 显然 $\boldsymbol{A}$ 中至少有一个 $m \times m$ 阶子矩阵 $\boldsymbol{B}$,使得 $R(\boldsymbol{B}) = m$.

（1）基.

若 $\boldsymbol{A}$ 中 $m \times m$ 阶子矩阵 $\boldsymbol{B}$ 满足 $R(\boldsymbol{B}) = m$,则称 $\boldsymbol{B}$ 是线性规划的一个**基**(或**基矩阵**).当 $m = n$ 时,基矩阵唯一,即 $\boldsymbol{B} = \boldsymbol{A}$;当 $m < n$ 时,基矩阵就可能有多个,但数目不超过 C_n^m .

（2）基向量、非基向量、基变量、非基变量.

当确定某一子矩阵为基矩阵时,则基矩阵对应的列向量称为**基向量**, $\boldsymbol{A}$ 中其余列向量称为**非基向量**,基向量对应的变量称为**基变量**,记作 $\boldsymbol{X}_B$. 非基向量对应的变量称为**非基变量**,记作 $\boldsymbol{X}_N$.

（3）基解.

对某一确定的基,令非基变量等于零,利用式(1.3.2)解出基变量,则这组解称为**基解**,即 $\boldsymbol{X}_B = \boldsymbol{B}^{-1}\boldsymbol{b}$ 　 $(\boldsymbol{X}_N = \boldsymbol{0})$.

（4）基可行解.

若基解是可行解则称为**基可行解**.显然,基解不一定是基可行解.

（5）可行基.

基可行解对应的基称为**可行基**.

（6）基最优解.

使目标函数达到最大值的基可行解称为**基最优解**.

（7）最优基.

对应于基最优解的基称为**最优基**.

关于线性规划问题各种解的关系可用图 1-6 表示.

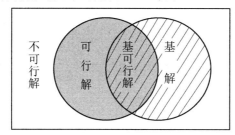

图 1-6　线性规划问题各种解之间的关系

例 1.8　在下述线性规划问题中,列出全部基、基解、基可行解,并指出基最优解:

$$\max z = 2x_1 + 3x_2 + 0x_3 + 0x_4 + 0x_5$$

$$\mathrm{s.\,t.} \begin{cases} 2x_1 + 2x_2 + x_3 \qquad\qquad = 12 \\ 4x_1 + \qquad\qquad x_4 \qquad = 16 \\ \qquad 5x_2 + \qquad\qquad x_5 = 15 \\ x_1, x_2, x_3, x_4, x_5 \geqslant 0 \end{cases}$$

解　先写出系数矩阵

$$\begin{array}{ccccc} \boldsymbol{P}_1 & \boldsymbol{P}_2 & \boldsymbol{P}_3 & \boldsymbol{P}_4 & \boldsymbol{P}_5 \end{array}$$

$$\boldsymbol{A} = \begin{pmatrix} 2 & 2 & 1 & 0 & 0 \\ 4 & 0 & 0 & 1 & 0 \\ 0 & 5 & 0 & 0 & 1 \end{pmatrix}$$

因为秩 $\mathrm{R}(\boldsymbol{A}) = 3$,所以只要找出 3 个系数列向量组成可逆矩阵就成为线性规划问题的一个基,再求出对应的基解.例如,当取 $\boldsymbol{B} = (\boldsymbol{P}_1, \boldsymbol{P}_2, \boldsymbol{P}_3)$ 时,$\boldsymbol{B}$ 可逆,为基,所以令 x_1,x_2, x_3 为对应的基变量,x_4, x_5 为非基变量.令 $x_4 = x_5 = 0$ 代入约束条件中,得基解 $(4, 3, -2, 0, 0)^{\mathrm{T}}$.本题中共有 8 个基,表 1-3 列出了全部基和对应的基解,其中共有 5 个基可行解,表中用 * 标注的为基最优解即 $\boldsymbol{X} = (3, 3, 0, 4, 0)^{\mathrm{T}}$.

表 1 - 3　例 1.8 的全部基和对应基解

基			基解					是否基可行解	对应的目标函数值
			x_1	x_2	x_3	x_4	x_5		
P_1	P_2	P_3	4	3	-2	0	0	否	17
P_1	P_2	P_4	3	3	0	4	0	是	15*
P_1	P_2	P_5	4	2	0	0	5	是	14
P_1	P_3	P_5	4	0	4	0	15	是	8
P_1	P_4	P_5	6	0	0	-8	15	否	12
P_2	P_3	P_4	0	3	6	16	0	是	9
P_2	P_4	P_5	0	6	0	16	-15	否	18
P_3	P_4	P_5	0	0	12	16	15	是	0

1.3.2　线性规划问题的解的性质

在介绍线性规划问题解的性质之前,先简单介绍凸集和顶点.

凸集:设 E 是 n 维向量的集合, $\boldsymbol{X}^{(1)}$ 和 $\boldsymbol{X}^{(2)}$ 是 E 的任意两点,若 $\boldsymbol{X}^{(1)}$ 和 $\boldsymbol{X}^{(2)}$ 连线段上的点 $\boldsymbol{X} = t\boldsymbol{X}^{(1)} + (1-t)\boldsymbol{X}^{(2)}, 0 \leqslant t \leqslant 1$ 仍属于集合 E,则称 E 为**凸集**.直观上讲,凸集没有凹入部分,且内部没有空洞.

顶点:对于凸集 E 中的点 $\boldsymbol{X}$,若不存在凸集中的另外两点 $\boldsymbol{X}^{(1)}$ 和 $\boldsymbol{X}^{(2)}$,使得 $\boldsymbol{X}$ 成为 $\boldsymbol{X}^{(1)}$ 和 $\boldsymbol{X}^{(2)}$ 连线段内的点,即不存在 $\boldsymbol{X}^{(1)}$ 及 $\boldsymbol{X}^{(2)}$,使得 $\boldsymbol{X} = t\boldsymbol{X}^{(1)} + (1-t)\boldsymbol{X}^{(2)}, 0 < t < 1$,则称点 $\boldsymbol{X}$ 为 E 的一个**顶点**.

定理 1　若线性规划问题存在可行域,则其可行域一定是凸集.

证　设

$$\max z = \boldsymbol{CX}$$
$$\text{s. t.} \begin{cases} \boldsymbol{AX} = \boldsymbol{b} \\ \boldsymbol{X} \geqslant \boldsymbol{0} \end{cases}$$

并设其可行域为 E.若 $\boldsymbol{X}^{(1)}, \boldsymbol{X}^{(2)}$ 为其可行解,且 $\boldsymbol{X}^{(1)} \neq \boldsymbol{X}^{(2)}$,即 $\boldsymbol{X}^{(1)} \in E, \boldsymbol{X}^{(2)} \in E$,则 $\boldsymbol{AX}^{(1)} = \boldsymbol{b}, \boldsymbol{AX}^{(2)} = \boldsymbol{b}, \boldsymbol{X}^{(1)} \geqslant \boldsymbol{0}, \boldsymbol{X}^{(2)} \geqslant \boldsymbol{0}$.又 $\boldsymbol{X}$ 为 $\boldsymbol{X}^{(1)}, \boldsymbol{X}^{(2)}$ 连线段上的点,即 $\boldsymbol{X} = t\boldsymbol{X}^{(1)} + (1-t)\boldsymbol{X}^{(2)}, 0 < t < 1$,则 $\boldsymbol{AX} = t\boldsymbol{AX}^{(1)} + (1-t)\boldsymbol{AX}^{(2)} = t\boldsymbol{b} + (1-t)\boldsymbol{b} = \boldsymbol{b}$, $0 < t < 1$,且 $\boldsymbol{X} \geqslant \boldsymbol{0}$.故 $\boldsymbol{X} \in E$,即 E 为凸集.

引理 1　线性规划问题的可行解 $\boldsymbol{X}$ 为基可行解的充分必要条件是 $\boldsymbol{X}$ 的正分量所对应的系数列向量线性无关.

证　设 $\boldsymbol{X} = (x_1, x_2, \cdots, x_k, 0, \cdots, 0)^{\mathrm{T}}$ 为可行解,其中 $x_1, x_2, \cdots, x_k > 0$.

(1)必要性:由基可行解的定义可知.

(2)充分性:若可行解 $\boldsymbol{X} = (x_1, x_2, \cdots, x_k, 0, \cdots, 0)^{\mathrm{T}}$ 中正分量 $x_1, x_2, \cdots, x_k$ 所对应的系数列向量 $\boldsymbol{P}_1, \boldsymbol{P}_2, \cdots, \boldsymbol{P}_k$ 线性无关.

设 $\boldsymbol{A}$ 的秩为 m,则 $\boldsymbol{X}$ 的正分量的个数 $k \leqslant m$.当 $k = m$ 时,则 $x_1, x_2, \cdots, x_k$ 的系数列向量 $\boldsymbol{P}_1, \boldsymbol{P}_2, \cdots, \boldsymbol{P}_k$ 恰好构成基,即 $\boldsymbol{X}$ 为基可行解;当 $k < m$ 时,必定可另外找出 $m - k$ 个列向量与 $\boldsymbol{P}_1, \boldsymbol{P}_2, \cdots, \boldsymbol{P}_k$ 一起构成基,即 $\boldsymbol{X}$ 为基可行解.

定理 2　线性规划模型的基可行解对应于其可行域的顶点.

证　等价于证明"X 非基可行解的充分必要条件是 X 非可行域的顶点".

(1) 必要性:若 X 非基可行解,则 X 非可行域的顶点.

不失一般性,设 $X = (x_1, x_2, \cdots, x_m, 0, \cdots, 0)^{\mathrm{T}}$ 为可行解且前 m 个分量非零,但非基可行解. 因 X 为可行解,即满足约束方程组

$$\sum_{j=1}^{m} \boldsymbol{P}_j x_j = \boldsymbol{b} \tag{1.3.4}$$

又 X 非基可行解,则 $\boldsymbol{P}_1, \boldsymbol{P}_2, \cdots, \boldsymbol{P}_m$ 线性相关,即有不全为 0 的实数 $\delta_1, \delta_2, \cdots, \delta_m$,使得 $\delta_1 \boldsymbol{P}_1 + \delta_2 \boldsymbol{P}_2 + \cdots + \delta_m \boldsymbol{P}_m = \boldsymbol{0}$,两边同乘 $\mu \neq 0$,得

$$\mu \delta_1 \boldsymbol{P}_1 + \mu \delta_2 \boldsymbol{P}_2 + \cdots + \mu \delta_m \boldsymbol{P}_m = \boldsymbol{0} \tag{1.3.5}$$

由式(1.3.4)+式(1.3.5),得

$$(x_1 + \mu \delta_1) \boldsymbol{P}_1 + (x_2 + \mu \delta_2) \boldsymbol{P}_2 + \cdots + (x_m + \mu \delta_m) \boldsymbol{P}_m = \boldsymbol{b}$$

由式(1.3.4)−式(1.3.5),得

$$(x_1 - \mu \delta_1) \boldsymbol{P}_1 + (x_2 - \mu \delta_2) \boldsymbol{P}_2 + \cdots + (x_m - \mu \delta_m) \boldsymbol{P}_m = \boldsymbol{b}$$

令

$$\boldsymbol{X}^{(1)} = (x_1 + \mu \delta_1, x_2 + \mu \delta_2, \cdots, x_m + \mu \delta_m, 0, \cdots, 0)^{\mathrm{T}}$$
$$\boldsymbol{X}^{(2)} = (x_1 - \mu \delta_1, x_2 - \mu \delta_2, \cdots, x_m - \mu \delta_m, 0, \cdots, 0)^{\mathrm{T}}$$

只要取 μ 充分小,就可使得 $x_j \pm \mu \delta_j \geqslant 0 (j = 1, 2, \cdots, m)$,则 $\boldsymbol{X}^{(1)}, \boldsymbol{X}^{(2)}$ 均为可行解,但 $\boldsymbol{X} = 0.5 \boldsymbol{X}^{(1)} + (1 - 0.5) \boldsymbol{X}^{(2)}$,即 X 是 $\boldsymbol{X}^{(1)}, \boldsymbol{X}^{(2)}$ 连线段上的点,故 X 非可行域的顶点.

(2) 充分性:若 X 非可行域的顶点,则 X 非基可行解.

设 X 不是可行域的顶点,且前 r 个分量非零,即 $X = (x_1, x_2, \cdots, x_r, 0, \cdots, 0)^{\mathrm{T}}$,因而可找到可行域内另外两个不同的点 Y 和 Z,使得 $\boldsymbol{X} = t \boldsymbol{Y} + (1 - t) \boldsymbol{Z}, 0 < t < 1$,或用分量形式写为 $x_j = t y_j + (1 - t) z_j, 0 < t < 1, j = 1, 2, \cdots, n$. 因 $t, 1 - t$ 都是正数,故当 $x_j = 0$ 时,必有 $y_j = z_j = 0$. 又因 X, Y, Z 都是可行域内的点,都满足约束方程组,即

$$\sum_{j=1}^{n} \boldsymbol{P}_j x_j = \sum_{j=1}^{r} \boldsymbol{P}_j x_j = \boldsymbol{b}$$
$$\sum_{j=1}^{n} \boldsymbol{P}_j y_j = \sum_{j=1}^{r} \boldsymbol{P}_j y_j = \boldsymbol{b}$$
$$\sum_{j=1}^{n} \boldsymbol{P}_j z_j = \sum_{j=1}^{r} \boldsymbol{P}_j z_j = \boldsymbol{b}$$

则

$$\sum_{j=1}^{r} \boldsymbol{P}_j x_j = \sum_{j=1}^{r} \boldsymbol{P}_j [t y_j + (1 - t) z_j] = t \sum_{j=1}^{r} \boldsymbol{P}_j (y_j - z_j) + \sum_{j=1}^{r} \boldsymbol{P}_j z_j$$
$$= t \sum_{j=1}^{r} \boldsymbol{P}_j (y_j - z_j) + \boldsymbol{b} = \boldsymbol{b}, \quad 0 < t < 1$$

故要使得 $\sum_{j=1}^{r} \boldsymbol{P}_j (y_j - z_j) = 0$. 又因为 $y_j - z_j$ 不全为 0,所以 $\boldsymbol{P}_1, \boldsymbol{P}_2, \cdots, \boldsymbol{P}_r$ 线性相关,即 X 非基可行解.

例如,在例 1.4 中可行域的 5 个顶点恰好对应例 1.8 中的 5 个基可行解.

定理 3　若线性规划模型有最优解,则一定存在一个基可行解为最优解.

证　设 $\boldsymbol{X}^{(0)} = (x_1^{(0)}, x_2^{(0)}, \cdots, x_n^{(0)})^{\mathrm{T}}$ 是线性规划模型的一个最优解,记 $z^{(0)} = z_{\max} = \boldsymbol{CX}^{(0)}$.

若 $\boldsymbol{X}^{(0)}$ 非基可行解,由定理 2 知 $\boldsymbol{X}^{(0)}$ 非顶点,一定能在可行域内找到通过 $\boldsymbol{X}^{(0)}$ 的直线上的另外两个点 $\boldsymbol{X}^{(1)}$ 和 $\boldsymbol{X}^{(2)}$,即只要取 $\boldsymbol{\delta}$ 为充分小的正数向量,则必能保证 $\boldsymbol{X}^{(1)} = \boldsymbol{X}^{(0)} - \boldsymbol{\delta}, \boldsymbol{X}^{(2)} = \boldsymbol{X}^{(0)} + \boldsymbol{\delta}$ 为可行解,且满足

$$z^{(1)} = \boldsymbol{CX}^{(1)} = \boldsymbol{CX}^{(0)} - \boldsymbol{C\delta} = z_{\max} - \boldsymbol{C\delta}, \quad z^{(2)} = \boldsymbol{CX}^{(2)} = \boldsymbol{CX}^{(0)} + \boldsymbol{C\delta} = z_{\max} + \boldsymbol{C\delta}$$

因 $z^{(0)} = z_{\max} \geqslant z^{(1)}, z^{(0)} = z_{\max} \geqslant z^{(2)}$,故 $\boldsymbol{C\delta} = 0$,即 $z^{(1)} = z^{(2)} = z^{(0)}$,即 $\boldsymbol{X}^{(1)}, \boldsymbol{X}^{(2)}$ 都是最优解.

若 $\boldsymbol{X}^{(1)}, \boldsymbol{X}^{(2)}$ 仍不是顶点,可如此继续下去,直至找出一个顶点为最优解.从而必然存在一个基可行解为最优解.

定理 4　若可行域有界,则线性规划的目标函数一定可以在可行域的顶点上达到最优.

证　设 $\boldsymbol{X}^{(1)}, \boldsymbol{X}^{(2)}, \cdots, \boldsymbol{X}^{(k)}$ 是可行域 E 的顶点,$\boldsymbol{X}^{(0)}$ 不是顶点,且目标函数在 $\boldsymbol{X}^{(0)}$ 处达到最大值 $z^* = \boldsymbol{CX}^{(0)}$.

因为 $\boldsymbol{X}^{(0)}$ 不是顶点,所以它可用 E 的顶点的凸组合表示为

$$\boldsymbol{X}^{(0)} = \sum_{i=1}^{k} t_i \boldsymbol{X}^{(i)}$$

其中

$$t_i \geqslant 0, i = 1, 2, \cdots, k, \quad \text{且} \sum_{i=1}^{k} t_i = 1$$

则

$$\boldsymbol{CX}^{(0)} = \boldsymbol{C} \sum_{i=1}^{k} t_i \boldsymbol{X}^{(i)} = \sum_{i=1}^{k} t_i \boldsymbol{CX}^{(i)} \qquad (1.3.6)$$

在顶点 $\boldsymbol{X}^{(1)}, \boldsymbol{X}^{(2)}, \cdots, \boldsymbol{X}^{(k)}$ 中必存在一个顶点 $\boldsymbol{X}^{(r)}$,使 $\boldsymbol{CX}^{(r)}$ 是所有 $\boldsymbol{CX}^{(i)} (i = 1, 2, \cdots, k)$ 中最大的.将 $\boldsymbol{X}^{(r)}$ 代替式 (1.3.6) 中的所有 $\boldsymbol{X}^{(i)}$,即得到

$$\sum_{i=1}^{k} t_i \boldsymbol{CX}^{(i)} \leqslant \sum_{i=1}^{k} t_i \boldsymbol{CX}^{(r)} = \boldsymbol{CX}^{(r)}$$

由此有

$$\boldsymbol{CX}^{(0)} \leqslant \boldsymbol{CX}^{(r)}$$

根据假设 $\boldsymbol{CX}^{(0)}$ 是目标函数的最大值,所以

$$\boldsymbol{CX}^{(0)} = \boldsymbol{CX}^{(r)}$$

即目标函数在顶点 $\boldsymbol{X}^{(r)}$ 处也达到最大值.

第四节　单　纯　形　法

1947 年,美国学者丹茨格提出了求解线性规划的单纯形法,从而为线性规划的推广奠定了基础.

因为线性规划问题若有最优解,则一定可以在基可行解中找到,所以用单纯形法求

解线性规划的基本思路是：先找到一个初始基可行解，若不是最优解，则设法转换到另一个基可行解，并使目标函数值不断增大，直到找到最优解为止.

先举一例说明单纯形法求解过程.

1.4.1 举例

例 1.9 用单纯形法求线性规划的最优解：
$$\max z = 2x_1 + 3x_2$$
$$\text{s.t.} \begin{cases} 2x_1 + 2x_2 \leqslant 12 \\ 4x_1 \quad\quad \leqslant 16 \\ \quad\quad 5x_2 \leqslant 15 \\ x_1, x_2 \geqslant 0 \end{cases}$$

解 化为标准形式
$$\max z = 2x_1 + 3x_2 + 0x_3 + 0x_4 + 0x_5 \tag{1.4.1}$$
$$\text{s.t.} \begin{cases} 2x_1 + 2x_2 + x_3 \quad\quad = 12 \\ 4x_1 + \quad\quad x_4 \quad = 16 \\ \quad 5x_2 + \quad\quad x_5 = 15 \\ x_1, x_2, x_3, x_4, x_5 \geqslant 0 \end{cases} \tag{1.4.2}$$

约束方程系数矩阵为
$$\boldsymbol{A} = (\boldsymbol{P}_1, \boldsymbol{P}_2, \boldsymbol{P}_3, \boldsymbol{P}_4, \boldsymbol{P}_5) = \begin{bmatrix} 2 & 2 & 1 & 0 & 0 \\ 4 & 0 & 0 & 1 & 0 \\ 0 & 5 & 0 & 0 & 1 \end{bmatrix}$$

显然 $\boldsymbol{A}$ 中第 3、4、5 列组成 3 阶单位矩阵，记为
$$\boldsymbol{B}_1 = (\boldsymbol{P}_3, \boldsymbol{P}_4, \boldsymbol{P}_5) = \begin{bmatrix} 1 & 0 & 0 \\ 0 & 1 & 0 \\ 0 & 0 & 1 \end{bmatrix}$$

$\boldsymbol{B}_1$ 是一个初始基，对于 $\boldsymbol{B}_1$ 来说，x_3, x_4, x_5 为基变量，x_1, x_2 为非基变量，从式(1.4.2)中可以得到
$$\begin{cases} x_3 = 12 - 2x_1 - 2x_2 \\ x_4 = 16 - 4x_1 \\ x_5 = 15 - \quad\quad 5x_2 \end{cases} \tag{1.4.3}$$

将式(1.4.3)代入目标函数(1.4.1)得到
$$z = 0 + 2x_1 + 3x_2 \tag{1.4.4}$$
令非基变量 $x_1 = 0, x_2 = 0$，便得到 $z = 0$.这时得到初始基可行解
$$\boldsymbol{X}^{(0)} = (0, 0, 12, 16, 15)^{\mathrm{T}}$$

以上得到的一组基可行解是不是最优解，可以从目标函数中的系数看出.目标函数 $z = 0 + 2x_1 + 3x_2$ 中 x_1 的系数大于零，如果 x_1 为一正数，则 z 的值就会增加，同样地，若 x_2 为一正数，也能使 z 的值增加.因此只要目标函数表达式中还存在正系数的非基变量，那么目标函数就没有达到最大值，即没有找到最优解，就需要将非基变量与基变量进行

对换.一般选择正系数最大的那个非基变量 x_2 为**进基变量**(或称为**换入变量**),将它换入到基变量中去,同时还要确定基变量中有一个要换出来成为非基变量,称为**出基变量**或**换出变量**,可按以下方法确定出基变量.

现分析式(1.4.3),当将 x_2 定为进基变量后,必须从 x_3,x_4,x_5 中换出一个,并保证其余的都是非负,即 $x_3,x_4,x_5 \geqslant 0$.

当 $x_1 = 0$,由式(1.4.3)得到

$$\begin{cases} x_3 = 12 - 2x_2 \geqslant 0 \\ x_4 = 16 \\ x_5 = 15 - 5x_2 \geqslant 0 \end{cases} \tag{1.4.5}$$

从式(1.4.5)中可以看出,只有选择

$$x_2 = \min\{12/2, -, 15/5\} = 3$$

时,才能使式(1.4.5)成立.当 $x_2 = 3$ 时, $x_5 = 0$,这就决定用 x_2 去替换 x_5.

为了求得以 x_3,x_4,x_2 为基变量的一个基可行解和进一步分析问题,需将式(1.4.3)中 x_2 的位置与 x_5 对换,得到

$$\begin{cases} x_3 = 12 - 2x_1 - 2x_2 & ① \\ x_4 = 16 - 4x_1 & ② \\ 5x_2 = 15 - x_5 & ③ \end{cases} \tag{1.4.6}$$

用高斯消元法,将式(1.4.6)中 x_2 的系数列向量变换为单位列向量.其运算步骤是: $③' = ③/5$;再将 $③'$ 代入 ①、②,并将结果仍按原顺序排列有

$$\begin{cases} x_3 = 6 - 2x_1 + \dfrac{2}{5}x_5 & ①' \\ x_4 = 16 - 4x_1 & ②' \\ x_2 = 3 - \dfrac{1}{5}x_5 & ③' \end{cases} \tag{1.4.7}$$

再将式(1.4.7)代入目标函数得到

$$z = 9 + 2x_1 - \frac{3}{5}x_5 \tag{1.4.8}$$

令非基变量 $x_1 = x_5 = 0$,得到 $z = 9$,并得到另一个基可行解

$$\boldsymbol{X}^{(1)} = (0,3,6,16,0)^{\mathrm{T}}$$

从目标函数的表达式(1.4.8)中可以看出,非基变量 x_1 的系数是正的,说明目标函数值还可以增大, $\boldsymbol{X}^{(1)}$ 不是最优解,于是再用上述方法,确定进基、出基变量,继续迭代,再得到另一个基可行解

$$\boldsymbol{X}^{(2)} = (3,3,0,4,0)^{\mathrm{T}}$$

而此时得到目标函数的表达式为

$$z = 15 - x_3 - \frac{1}{5}x_5 \tag{1.4.9}$$

再分析式(1.4.9),可见所有非基变量 x_3,x_5 的系数都是负数,这说明目标函数达到最大值,所以 $\boldsymbol{X}^{(2)}$ 是最优解.通过上例,可以了解利用单纯形法求解线性规划问题的思路.下面将详细介绍单纯形法的一般原理.

1.4.2　单纯形法的一般原理

1. 初始基可行解的确定

为了确定初始基可行解,首先要找出初始可行基,其方法如下.

当线性规划问题的约束条件全为"$\leqslant$"时,引入松弛变量 $x_i (i = 1, 2, \cdots, m)$ 化为标准形式,取松弛变量对应的单位矩阵为初始可行基.

为方便讨论,经过整理,重新对变量及系数进行编号,则可得下列模型:

$$\max z = \sum_{j=1}^{n} c_j x_j \tag{1.4.10}$$

$$\text{s. t.} \begin{cases} x_1 + & a_{1,m+1} x_{m+1} + \cdots + a_{1n} x_n = b_1 \\ & x_2 + & a_{2,m+1} x_{m+1} + \cdots + a_{2n} x_n = b_2 \\ & \cdots \\ & x_m + a_{m,m+1} x_{m+1} + \cdots + a_{mn} x_n = b_m \\ x_j \geqslant 0, \quad j = 1, 2, \cdots, n \end{cases} \tag{1.4.11}$$

$$\boldsymbol{B} = (\boldsymbol{P}_1, \boldsymbol{P}_2, \cdots, \boldsymbol{P}_m) = \begin{pmatrix} 1 & 0 & \cdots & 0 \\ 0 & 1 & \cdots & 0 \\ \vdots & \vdots & & \vdots \\ 0 & 0 & \cdots & 1 \end{pmatrix}$$

得到初始基可行解 $\boldsymbol{X}^{(0)} = (b_1, b_2, \cdots, b_m, 0, \cdots, 0)^{\mathrm{T}}$.

当约束条件出现"$\geqslant$"形式的不等式或等式约束情况时,化为标准形式后往往不存在单位矩阵,需采用人工造基的方法.关于这种方法将在本章第五节中深入讨论.

2. 最优性检验与解的判别

对线性规划问题的求解结果可能出现唯一最优解、无穷多最优解、无界解和无可行解 4 种情况,为此需要建立对解的判别准则.一般情况下,经过迭代后式(1.4.11)变成

$$x_i = b_i' - \sum_{j=m+1}^{n} a_{ij}' x_j, \quad i = 1, 2, \cdots, m \tag{1.4.12}$$

将式(1.4.12)代入目标函数(1.4.10),整理后得

$$z = \sum_{i=1}^{m} c_i b_i' + \sum_{j=m+1}^{n} \left(c_j - \sum_{i=1}^{m} c_i a_{ij}' \right) x_j \tag{1.4.13}$$

令

$$z_0 = \sum_{i=1}^{m} c_i b_i', \quad z_j = \sum_{i=1}^{m} c_i a_{ij}', \quad j = m+1, \cdots, n$$

于是

$$z = z_0 + \sum_{j=m+1}^{n} (c_j - z_j) x_j \tag{1.4.14}$$

再令

$$\sigma_j = c_j - z_j, \quad j = m+1, \cdots, n$$

则

$$z = z_0 + \sum_{j=m+1}^{n} \sigma_j x_j \tag{1.4.15}$$

称 σ_j 或 $(c_j - z_j)$ 为变量 x_j 的**检验数**,它是对线性规划问题的解进行判别检验的标志.

(1) 最优解的判别方法:若 $\boldsymbol{X}^{(0)} = (b'_1, b'_2, \cdots, b'_m, 0, \cdots, 0)^{\mathrm{T}}$ 为对应于基 $\boldsymbol{B}$ 的一个基可行解,若对所有 $j \geqslant m+1$,有 $\sigma_j \leqslant 0$,则 $\boldsymbol{X}^{(0)}$ 为最优解.具体有以下两种情况:

① 若对所有 $j \geqslant m+1$,有 $\sigma_j \leqslant 0$,又存在某个非基变量 x_k 的检验数 $\sigma_k = 0$,则 $\boldsymbol{X}^{(0)}$ 为最优解,且该线性规划问题有无穷多最优解.若 x_k 的系数向量 $(a'_{1k}, a'_{2k}, \cdots, a'_{mk})^{\mathrm{T}}$ 中有某个 $a'_{ik} > 0$,可找到另一基可行解为最优解.

② 若对所有 $j \geqslant m+1$,有 $\sigma_j < 0$,则 $\boldsymbol{X}^{(0)}$ 为唯一最优解.

(2) 无界解的判别方法:若存在某个 $\sigma_{m+k} > 0$,且 x_{m+k} 对应的系数全非正,即 $a'_{i,m+k} \leqslant 0 (i = 1, 2, \cdots, m)$,则该线性规划模型具有无界解.

证 构造一个新解 $\boldsymbol{X}^{(1)}$,它的分量为

$$x_i^{(1)} = b'_i - \theta a'_{i,m+k}, \quad \theta > 0, i = 1, 2, \cdots, m$$
$$x_{m+k}^{(1)} = \theta$$
$$x_j^{(1)} = 0, \quad j = m+1, \cdots, n, \text{且} j \neq m+k$$

因为 $a'_{i,m+k} \leqslant 0$,所以对任意 $\theta > 0$ 都是可行解,把 $\boldsymbol{X}^{(1)}$ 代入目标函数得

$$z = z_0 + \theta \sigma_{m+k}$$

因 $\sigma_{m+k} > 0$,故当 $\theta \to +\infty$,则 $z \to +\infty$,所以该问题是无界解.

注 线性规划问题出现无可行解的情形将在本章第五节进行讨论.

3. 基变换

若初始基可行解 $\boldsymbol{X}^{(0)} = (b'_1, b'_2, \cdots, b'_m, 0, \cdots, 0)^{\mathrm{T}}$ 不是最优解且不能判别无界时,需要找一个新的基可行解.具体做法是从原可行基中换一个列向量(当然要保证线性独立),得到一个新的可行基,这称为**基变换**.为了换基,先要确定换入变量,再确定换出变量,让它们相应的系数列向量进行等价对换,就得到一个新的可行基,从而得到新的基可行解.

(1) 换入变量的确定:由式(1.4.15)看到,当某个 $\sigma_j > 0$ 时,x_j 增加则目标函数值还可以增大,这时要将非基变量 x_j 换到基变量中去(称为换入变量).若有两个以上的 $\sigma_j > 0$,那么选哪个非基变量作为换入变量呢?为了使目标函数值增加得快,从直观上一般选 $\sigma_j > 0$ 中的大者,即

$$\max_j \{\sigma_j \mid \sigma_j > 0\} = \sigma_k$$

则对应的 x_k 为换入变量.

(2) 换出变量的确定:将式(1.4.10)和式(1.4.11)写成矩阵形式和向量形式

$$\max z = \boldsymbol{CX} \qquad\qquad \max z = \boldsymbol{CX}$$
$$\text{s. t.} \begin{cases} \boldsymbol{A}_{m \times n} \boldsymbol{X} = \boldsymbol{b} \\ \boldsymbol{X} \geqslant \boldsymbol{0}, \boldsymbol{b} \geqslant \boldsymbol{0} \end{cases} \qquad \text{s. t.} \begin{cases} \sum_{j=1}^{n} \boldsymbol{P}_j x_j = \boldsymbol{b} \\ \boldsymbol{X} \geqslant \boldsymbol{0}, \boldsymbol{b} \geqslant \boldsymbol{0} \end{cases}$$

且系数矩阵为

$$\boldsymbol{A} = \begin{pmatrix} 1 & & & a_{1,m+1} & \cdots & a_{1k} & \cdots & a_{1n} \\ & \ddots & & \vdots & & \vdots & & \vdots \\ & & 1 & a_{l,m+1} & \cdots & a_{lk} & \cdots & a_{ln} \\ & & \ddots & \vdots & & \vdots & & \vdots \\ & & & 1 & a_{m,m+1} & \cdots & a_{mk} & \cdots & a_{mn} \end{pmatrix}$$

$$= (\boldsymbol{P}_1, \cdots, \boldsymbol{P}_m, \boldsymbol{P}_{m+1}, \cdots, \boldsymbol{P}_k, \cdots, \boldsymbol{P}_n)$$

取前 m 列的单位矩阵为基,则基可行解为 $\boldsymbol{X}^{(0)} = (x_1^{(0)}, x_2^{(0)}, \cdots, x_m^{(0)}, 0, \cdots, 0)^{\mathrm{T}}$,且假设前 m 个分量都为正值.

因为 $\boldsymbol{X}^{(0)}$ 是基可行解,所以满足约束方程组

$$\sum_{j=1}^{n} \boldsymbol{P}_j x_j^{(0)} = \sum_{j=1}^{m} \boldsymbol{P}_j x_j^{(0)} = \sum_{i=1}^{m} \boldsymbol{P}_i x_i^{(0)} = \boldsymbol{b} \tag{1.4.16}$$

又因 $\boldsymbol{P}_1, \boldsymbol{P}_2, \cdots, \boldsymbol{P}_m$ 是标准单位向量组,则非基变量 $x_k (k \geqslant m+1)$ 的系列列向量 $\boldsymbol{P}_k$ 可以用这组基向量线性表示,若确定非基变量 x_k 为换入变量,则

$$\boldsymbol{P}_k = \begin{pmatrix} a_{1k} \\ a_{2k} \\ \vdots \\ a_{mk} \end{pmatrix} = \begin{pmatrix} a_{1k} \\ 0 \\ \vdots \\ 0 \end{pmatrix} + \begin{pmatrix} 0 \\ a_{2k} \\ \vdots \\ 0 \end{pmatrix} + \cdots + \begin{pmatrix} 0 \\ 0 \\ \vdots \\ a_{mk} \end{pmatrix}$$

$$= a_{1k}\boldsymbol{P}_1 + a_{2k}\boldsymbol{P}_2 + \cdots + a_{mk}\boldsymbol{P}_m = \sum_{i=1}^{m} a_{ik}\boldsymbol{P}_i$$

移项得 $\boldsymbol{P}_k - \sum\limits_{i=1}^{m} a_{ik}\boldsymbol{P}_i = \boldsymbol{0}$,将该式两边乘以一个正数 θ 得到

$$\theta\left(\boldsymbol{P}_k - \sum_{i=1}^{m} a_{ik}\boldsymbol{P}_i\right) = \boldsymbol{0}$$

上式与(1.4.16)式相加得

$$\theta\left(\boldsymbol{P}_k - \sum_{i=1}^{m} a_{ik}\boldsymbol{P}_i\right) + \sum_{i=1}^{m} \boldsymbol{P}_i x_i^{(0)} = \boldsymbol{b}$$

即

$$\sum_{i=1}^{m} (x_i^{(0)} - \theta a_{ik})\boldsymbol{P}_i + \theta\boldsymbol{P}_k = \boldsymbol{b}$$

从而找到了满足约束方程组的另一个解

$$\boldsymbol{X}^{(1)} = (x_1^{(0)} - \theta a_{1k}, \cdots, x_m^{(0)} - \theta a_{mk}, 0, \cdots, \theta, \cdots, 0)^{\mathrm{T}}$$

其中 θ 为 $\boldsymbol{X}^{(1)}$ 的第 k 个分量 x_k 的值.

要使 $\boldsymbol{X}^{(1)}$ 成为基可行解,又 $\theta > 0$,故应对所有 $i = 1, 2, \cdots, m$,都满足 $x_i^{(0)} - \theta a_{ik} \geqslant 0$,且这 m 个不等式中至少有一个等号成立.观察到当 $a_{ik} \leqslant 0$ 时,$x_i^{(0)} - \theta a_{ik} \geqslant 0$ 显然成立,故只需取

$$\theta = \min_i \left\{ \frac{x_i^{(0)}}{a_{ik}} \,\middle|\, a_{ik} > 0 \right\} = \frac{x_l^{(0)}}{a_{lk}} \tag{1.4.17}$$

即当 $i = l$ 时,$x_i^{(0)} - \theta a_{ik} = 0$;当 $i \neq l$ 时,$x_i^{(0)} - \theta a_{ik} \geqslant 0$.这样 $\boldsymbol{X}^{(1)}$ 中正分量最多 m 个.容易证明这些正分量对应的系数列向量 $\boldsymbol{P}_1, \boldsymbol{P}_2, \cdots, \boldsymbol{P}_{l-1}, \boldsymbol{P}_k, \boldsymbol{P}_{l+1}, \cdots, \boldsymbol{P}_m$ 线性无关,就能保

证 $\boldsymbol{X}^{(1)}$ 是一个新的基可行解. 故只需按照式(1.4.17)的规则确定换出变量 x_l. 由式(1.4.17)确定的 θ 常称为**比值**.

　　注　若某个基变量 $x_i^{(0)} = 0$,则允许 $\theta = 0$.

　　(3) 迭代:换入变量和换出变量确定后,用换入变量替代基变量中的换出变量. 换入变量 x_k、换出变量 x_l 的系数列向量分别为

$$\boldsymbol{P}_k = \begin{pmatrix} a_{1k} \\ a_{2k} \\ \vdots \\ a_{lk} \\ \vdots \\ a_{mk} \end{pmatrix}, \quad \boldsymbol{P}_l = \begin{pmatrix} 0 \\ \vdots \\ 1 \\ 0 \\ \vdots \\ 0 \end{pmatrix} \leftarrow \text{第 } l \text{ 个分量}$$

　　为了使 x_k 与 x_l 进行对换,必须把 $\boldsymbol{P}_k$ 变为单位向量,这可通过式(1.4.11)系数矩阵的增广矩阵进行初等行变换来实现.

$$\begin{array}{ccccccccccc} x_1 & \cdots & x_l & \cdots & x_m & x_{m+1} & \cdots & x_k & \cdots & x_n & b \end{array}$$

$$\begin{pmatrix} 1 & & & & & a_{1,m+1} & \cdots & a_{1k} & \cdots & a_{1n} & b_1 \\ & \ddots & & & & \vdots & & \vdots & & \vdots & \vdots \\ & & 1 & & & a_{l,m+1} & \cdots & a_{lk} & \cdots & a_{ln} & b_l \\ & & & \ddots & & \vdots & & \vdots & & \vdots & \vdots \\ & & & & 1 & a_{m,m+1} & \cdots & a_{mk} & \cdots & a_{mn} & b_m \end{pmatrix} \quad (1.4.18)$$

具体变换的步骤是:

① 将矩阵(1.4.18)中第 l 行除以 a_{lk}(a_{lk} 称为**主元**);

② 第 $i(i \neq l)$ 行加上第 l 行的 $-\dfrac{a_{ik}}{a_{lk}}$ 倍,得到新的第 i 行.

1.4.3　单纯形表和单纯形法的基本步骤

1. 单纯形表

为书写规范和便于计算,对单纯形法的计算设计了一种专门的表格,称为**单纯形表**. 一个含有 n 个决策变量和 m 个约束条件的标准线性规划问题,对应的单纯形表如表 1－4 所示.

表 1－4　单纯形表

c_j			c_1	$\cdots$	$\cdots$	c_m	c_{m+1}	$\cdots$	$\cdots$	c_n	θ
$\boldsymbol{C}_B$	$\boldsymbol{X}_B$	$\boldsymbol{b}$	x_1	$\cdots$	$\cdots$	x_m	x_{m+1}	$\cdots$	$\cdots$	x_n	
c_1	x_1	b_1	1			0	$a_{1,m+1}$	$\cdots$		a_{1n}	θ_1
$\vdots$	$\vdots$	$\vdots$	$\vdots$			$\vdots$	$\vdots$			$\vdots$	θ_2
$\vdots$	$\vdots$	$\vdots$	$\vdots$			$\vdots$	$\vdots$			$\vdots$	$\vdots$
c_m	x_m	b_m	0			1	$a_{m,m+1}$	$\cdots$		a_{mn}	θ_m
$\sigma_j = c_j - z_j$			0	$\cdots$	$\cdots$	0	σ_{m+1}	$\cdots$	$\cdots$	σ_n	

其中 $\sigma_j = c_j - \displaystyle\sum_{i=1}^{m} c_i a_{ij}$, $\theta = \min\limits_{i} \left\{ \dfrac{b_i}{a_{ik}} \mid a_{ik} > 0 \right\}$.

第一行称为价值行,用 c_j 表示,即列出每个决策变量在目标函数中的系数;

第二行称为变量行,列出 n 个决策变量;

最后一行称为检验数行,列出每个决策变量的检验数(易见基变量的检验数为0);

第一列称为基价值列,用 C_B 表示,列出每个基变量在目标函数中的系数;

第二列称为基列(或基变量列),用 X_B 或基表示,列出 m 个基变量;

第三列称为基解列,用 b 表示,即每个基变量的取值;

最后一列称为比值列,用 θ 或比值表示;

中心位置 m 行 n 列的矩阵为约束条件的系数矩阵 A.

若基变量对应的系数矩阵是 m 阶的单位矩阵,则称为**标准单纯形表**,否则称为**非标准表**.从表中可以方便地计算出每个非基变量的检验数 $\sigma_j = c_j - \sum\limits_{i=1}^{m} c_i a_{ij}$,即用变量的价值减去基价值与变量的系数乘积之和.

每一次迭代对应一张单纯形表.含初始基可行解的单纯形表称为**初始单纯形表**.迭代最后得到的表称为**最终单纯形表**.若表中的基可行解为最优解,则该表称为**最优单纯形表**.

2. 单纯形法的基本步骤

下面介绍用单纯形表计算线性规划问题的步骤(此处仅考虑有可行解的线性规划问题).

(1)将线性规划问题化成标准形式,并构造一个 m 阶单位矩阵作为初始可行基,建立初始单纯形表.

(2)计算各非基变量 x_j 的检验数

$$\sigma_j = c_j - \sum_{i=1}^{m} c_i a_{ij}$$

若 $\sigma_j \leqslant 0, j = m+1, \cdots, n$,则问题已得到最优解,停止计算,否则转入下一步.

(3)在大于0的检验数中,若某个 σ_k 所对应的系数列向量 $P_k \leqslant 0$,则此问题是无界解,停止计算,否则转入下一步(常称为基变换).

(4)根据 $\max\limits_{j}\{\sigma_j \mid \sigma_j > 0\} = \sigma_k$ 原则,确定 x_k 为换入变量.根据式(1.4.17)计算

$$\theta = \min_{i}\left\{\frac{b_i}{a_{ik}} \mid a_{ik} > 0\right\} = \frac{b_l}{a_{lk}}$$

确定 x_l 为换出变量,转入下一步.

(5)a_{lk} 为主元,用方括号 [ ] 标记,利用主元进行基变换,用 x_k 替换基变量 x_l,建立新的单纯形表.通过矩阵的初等行变换,把 x_k 所对应的列向量变为单位列向量,即主元 a_{lk} 变为1,同列中其他元素变为0.重复(2)~(5),直至终止.

上述这种利用单纯形表求解线性规划问题的方法称为**单纯形法**.

例 1.10　用单纯形法求解例 1.1.

解　先标准化

$$\max z = 2x_1 + 3x_2 + 0x_3 + 0x_4 + 0x_5$$

$$\text{s. t.} \begin{cases} 2x_1 + 2x_2 + x_3 & = 12 \\ 4x_1 + \qquad\quad x_4 & = 16 \\ \qquad 5x_2 + \qquad\quad x_5 & = 15 \\ x_1, x_2, x_3, x_4, x_5 \geqslant 0 \end{cases}$$

其约束条件的系数矩阵为

$$\begin{matrix} \quad P_1 \ P_2 \ P_3 \ P_4 \ P_5 \end{matrix}$$

$$A = \begin{bmatrix} 2 & 2 & 1 & 0 & 0 \\ 4 & 0 & 0 & 1 & 0 \\ 0 & 5 & 0 & 0 & 1 \end{bmatrix}$$

A 中有 3 阶单位矩阵,选其为基 $B = (P_3, P_4, P_5)$. 令非基变量 $x_1 = x_2 = 0$,得到基变量 $x_3 = 12, x_4 = 16, x_5 = 15$,从而得到初始基可行解 $X = (0, 0, 12, 16, 15)^\mathrm{T}$,列出初始单纯形表,如表 1-5 所示.

表 1-5　初始单纯形表

c_j			2	3	0	0	0	θ
C_B	X_B	b	x_1	x_2	x_3	x_4	x_5	
0	x_3	12	2	2	1	0	0	6
0	x_4	16	4	0	0	1	0	—
0	x_5	15	0	[5]	0	0	1	3
σ_j			2	3	0	0	0	

注意变量 x_1, x_2 的检验数大于 0,选择正检验数中最大的对应变量 x_2 为换入变量;依照 θ 的计算规则,只有 x_2 的正系数才有对应的比值,即 $\theta = \min\left\{\dfrac{12}{2}, -, \dfrac{15}{5}\right\} = 3$,故变量 x_5 为换出变量,从而元素 5 为主元. 这个计算过程可直接在表中进行. 利用初等行变换将 [5] 变为 1,此列其他系数变为 0,得到新的单纯形表(见表 1-6),对应新的基可行解

$$X = (0, 3, 6, 16, 0)^\mathrm{T}$$

表 1-6　新的单纯形表

c_j			2	3	0	0	0	θ
C_B	X_B	b	x_1	x_2	x_3	x_4	x_5	
0	x_3	6	[2]	0	1	0	$-2/5$	3
0	x_4	16	4	0	0	1	0	4
3	x_2	3	0	1	0	0	$1/5$	—
σ_j			2	0	0	0	$-3/5$	

注意表 1-6 中 x_1 为换入变量;依照 θ 的计算规则,只有 x_1 的正系数才有对应的比值,即 $\theta = \min\left\{\dfrac{6}{2}, \dfrac{16}{4}, -\right\} = 3$,故变量 x_3 为换出变量,从而元素 2 为主元,再将 [2] 变为 1,此列其

他系数变为 0,得到新的单纯形表(见表 $1-7$),对应新的基可行解 $\boldsymbol{X} = (3,3,0,4,0)^{\mathrm{T}}$.

表 $1-7$ 最终单纯形表

	c_j		2	3	0	0	0
$\boldsymbol{C_B}$	$\boldsymbol{X_B}$	$\boldsymbol{b}$	x_1	x_2	x_3	x_4	x_5
2	x_1	3	1	0	$1/2$	0	$-1/5$
0	x_4	4	0	0	-2	1	$4/5$
3	x_2	3	0	1	0	0	$1/5$
	σ_j		0	0	-1	0	$-1/5$

表 $1-7$ 中所有检验数均非正,表明 $\boldsymbol{X} = (3,3,0,4,0)^{\mathrm{T}}$ 为最优解,此时 $z_{\max} = 15$,而表 $1-7$ 成为最终单纯形表.由于非基变量的检验数全小于 0,该问题是唯一最优解.

第五节   单纯形法的进一步讨论

1.5.1   人工变量法

在实际问题中有些模型化为标准形式后约束条件系数矩阵并不含有单位矩阵,为了能选择单位矩阵作为初始基,常人为地在约束条件的等式左端加一组虚拟变量.这种为使标准形式的系数矩阵包含单位矩阵而人为添加的变量称为**人工变量**,由此构成的可行基称为**人工基**,而这种用人工变量作为桥梁来求解线性规划问题的方法称为**人工变量法**.

1. 大 M 法

例 1.11 用单纯形法求解线性规划问题:

$$\min z = 2x_1 + 3x_2$$
$$\text{s. t.} \begin{cases} x_1 + x_2 \geqslant 3 \\ x_1 + 2x_2 = 4 \\ x_1, x_2 \geqslant 0 \end{cases}$$

解 先标准化为

$$\max z' = -2x_1 - 3x_2 + 0x_3$$
$$\text{s. t.} \begin{cases} x_1 + x_2 - x_3 = 3 \\ x_1 + 2x_2 \qquad = 4 \\ x_1, x_2, x_3 \geqslant 0 \end{cases}$$

系数矩阵为

$$\boldsymbol{A} = \begin{pmatrix} 1 & 1 & -1 \\ 1 & 2 & 0 \end{pmatrix} = (\boldsymbol{P}_1, \boldsymbol{P}_2, \boldsymbol{P}_3)$$

但是 $\boldsymbol{A}$ 中没有单位矩阵,在 $\boldsymbol{A}$ 中人为地增加两列

$$P_4 = \begin{pmatrix} 1 \\ 0 \end{pmatrix}, \quad P_5 = \begin{pmatrix} 0 \\ 1 \end{pmatrix}$$

新系数矩阵仍用 A 表示,即

$$A = \begin{pmatrix} 1 & 1 & -1 & 1 & 0 \\ 1 & 2 & 0 & 0 & 1 \end{pmatrix} = (P_1, P_2, P_3, P_4, P_5)$$

此时 A 有单位子矩阵,选择该单位矩阵作为基,即人工基. 于是该问题新增加了两个人工变量 x_4 和 x_5,对应的约束条件为

$$\begin{cases} x_1 + x_2 - x_3 + x_4 = 3 \\ x_1 + 2x_2 + x_5 = 4 \\ x_j \geqslant 0, \quad j = 1, 2, 3, 4, 5 \end{cases}$$

若所求问题有可行解,则新的约束条件中人工变量的值等于 0. 若所求问题有最优解,则新约束中人工变量的值也必须为 0. 为此,取人工变量在目标函数中的系数为 $-M$ (其中 M 为任意大的正数). 一旦人工变量取值不为 0,则目标函数无法极大化. 本例引入人工变量后转化为

$$\max z' = -2x_1 - 3x_2 + 0x_3 - Mx_4 - Mx_5$$

$$\text{s. t.} \begin{cases} x_1 + x_2 - x_3 + x_4 = 3 \\ x_1 + 2x_2 + x_5 = 4 \\ x_j \geqslant 0, \quad j = 1, 2, 3, 4, 5 \end{cases}$$

再用单纯形法继续计算,如表 1-8 所示.

表 1-8 单纯形表

c_j			-2	-3	0	$-M$	$-M$	θ
C_B	X_B	b	x_1	x_2	x_3	x_4	x_5	
$-M$	x_4	3	1	1	-1	1	0	3
$-M$	x_5	4	1	[2]	0	0	1	2
σ_j			$-2+2M$	$-3+3M$	$-M$	0	0	
$-M$	x_4	1	[1/2]	0	-1	1	$-1/2$	2
-3	x_2	2	1/2	1	0	0	1/2	4
σ_j			$-1/2+M/2$	0	$-M$	0	$3/2-3M/2$	
-2	x_1	2	1	0	-2	2	-1	
-3	x_2	1	0	1	1	-1	1	
σ_j			0	0	-1	$1-M$	$1-M$	

在最终单纯形表中,检验数全非正,且人工变量取值全为 0,因此该问题有唯一最优解 $x_1 = 2, x_2 = 1, z'_{\max} = -7$,即 $z_{\min} = 7$.

注　若表中所有 $\sigma_j \leqslant 0$，但存在非 0 的人工变量，则该模型无可行解.

采用大 M 法求解线性规划模型时，当模型中各个系数与 M 的值非常接近或相差甚远时，若用手工计算，不会出现问题. 但是若利用计算机求解，只能预先用很大的数代替 M，则容易使机器判断出错，从而使大 M 法失效. 在这种情况下，可采用下面的两阶段法进行计算.

2. 两阶段法

两阶段法，顾名思义是将线性规划问题分成两个阶段来处理. 第一阶段的作用是判断原线性规划问题是否存在可行解. 为此先给原线性规划问题加入人工变量，并构造仅含人工变量的目标函数 w（人工变量在 w 中的系数一般取为 1）和要求 w 的最小值，然后用单纯形法求解. 若求得 $w_{\min} = 0$，则表明已知问题有可行解，进入第二阶段，否则表明已知问题无可行解，计算结束.

进入第二阶段后，将第一阶段得到的最终表去掉人工变量，并将目标函数还原为原线性规划问题的目标函数（即修改最终表中的第一行和第一列），以此作为第二阶段的初始表，继续用单纯形法求解.

例 1.12　用两阶段法求解线性规划问题：

$$\min z = 2x_1 + 3x_2$$
$$\text{s. t.} \begin{cases} x_1 + x_2 \geqslant 3 \\ x_1 + 2x_2 = 4 \\ x_1, x_2 \geqslant 0 \end{cases}$$

解　引入人工变量 x_4, x_5，约束条件转化为

$$\begin{cases} x_1 + x_2 - x_3 + x_4 = 3 \\ x_1 + 2x_2 + x_5 = 4 \\ x_1, x_2, x_3, x_4, x_5 \geqslant 0 \end{cases}$$

第一阶段：求解线性规划问题：

$$\min w = x_4 + x_5$$
$$\text{s. t.} \begin{cases} x_1 + x_2 - x_3 + x_4 = 3 \\ x_1 + 2x_2 + x_5 = 4 \\ x_1, x_2, x_3, x_4, x_5 \geqslant 0 \end{cases}$$

标准化为

$$\max w' = -x_4 - x_5$$
$$\text{s. t.} \begin{cases} x_1 + x_2 - x_3 + x_4 = 3 \\ x_1 + 2x_2 + x_5 = 4 \\ x_1, x_2, x_3, x_4, x_5 \geqslant 0 \end{cases}$$

再用单纯形法继续计算，如表 1-9 所示.

表 1 - 9 初始单纯形表

C_B	X_B	b	x_1	x_2	x_3	x_4	x_5	θ
	c_j		0	0	0	-1	-1	
-1	x_4	3	1	1	-1	1	0	3
-1	x_5	4	1	[2]	0	0	1	2
	σ_j		2	3	-1	0	0	
-1	x_4	1	[1/2]	0	-1	1	$-1/2$	2
0	x_2	2	1/2	1	0	0	1/2	4
	σ_j		1/2	0	-1	0	$-3/2$	
0	x_1	2	1	0	-2	2	-1	
0	x_2	1	0	1	1	-1	1	
	σ_j		0	0	0	-1	-1	

在最终表中,检验数全非正,且人工变量取值全为 0,因此第一阶段问题有最优解

$$x_1 = 2, \ x_2 = 1, \ x_3 = 0, \ x_4 = 0, \ x_5 = 0, \ w'_{\max} = 0$$

即

$$w_{\min} = 0$$

结果表明已知问题有可行解,进入第二阶段.先修改第一阶段的最终表,再继续计算(见表 1 - 10).

表 1 - 10 最终单纯形表

C_B	X_B	b	x_1	x_2	x_3
	c_j		-2	-3	0
-2	x_1	2	1	0	-2
-3	x_2	1	0	1	1
	σ_j		0	0	-1

因此该问题有唯一最优解 $x_1 = 2, x_2 = 1, z'_{\max} = -7$,即 $z_{\min} = 7$.

1.5.2 关于单纯形法中退化解的说明

在用单纯形法计算时,可能出现以下两种情况.

(1) 出现若干正检验数大小相同且都是最大,原则上可以任取一个对应的变量为换入变量,但通常会选其中一个下标最小的作为换入变量;

(2) 出现若干比值大小相同且都是最小,当任取一个对应的变量为换出变量时,则下一张表中有基变量的值等于 0,这种现象称为**退化**.当发生退化现象时,从理论上讲有可能出现计算过程的死循环,始终求不到最优解.为此人们已经提出了 3 种避免出现死循环的方法,即摄动法、字典序法和最小下标法.然而在实际应用中从来没出现过这种情况,所以在实际计算时一般不必理会此事,可选其中一个下标最小的基变量为换出变量继续

计算即可.

1.5.3 用最终单纯形表判断解的类型

例 1.13 用单纯形法求解例 1.5,即

$$\max z = 2x_1 + 2x_2$$

$$\text{s. t.} \begin{cases} 2x_1 + 2x_2 \leqslant 12 \\ 4x_1 \qquad \leqslant 16 \\ \qquad 5x_2 \leqslant 15 \\ x_1, x_2 \geqslant 0 \end{cases}$$

解 在图解法中已看到本题有无穷多最优解.要用单纯形法求解,先化为标准形式

$$\max z = 2x_1 + 2x_2$$

$$\text{s. t.} \begin{cases} 2x_1 + 2x_2 + x_3 \qquad = 12 \\ 4x_1 + \qquad x_4 \qquad = 16 \\ \qquad 5x_2 + \qquad x_5 = 15 \\ x_1, x_2, x_3, x_4, x_5 \geqslant 0 \end{cases}$$

再用单纯形法计算,如表 1-11 所示.

表 1-11 单纯形表

c_j			2	2	0	0	0	θ
C_B	X_B	b	x_1	x_2	x_3	x_4	x_5	
0	x_3	12	2	2	1	0	0	6
0	x_4	16	[4]	0	0	1	0	4
0	x_5	15	0	5	0	0	1	—
σ_j			2	2	0	0	0	
0	x_3	4	0	[2]	1	$-1/2$	0	1
2	x_1	4	1	0	0	1/4	0	—
0	x_5	15	0	5	0	0	1	3
σ_j			0	2	0	$-1/2$	0	
2	x_2	2	0	1	1/2	$-1/4$	0	
2	x_1	4	1	0	0	1/4	0	
0	x_5	5	0	0	$-5/2$	5/4	1	
σ_j			0	0	-1	0	0	

最终表中所有检验数均非正且无人工变量,得到最优解

$$\boldsymbol{X}^{(1)} = (4, 2, 0, 0, 5)^{\text{T}}, \quad z_{\max} = 12$$

由于非基变量 x_4 的检验数等于 0,取 x_4 作为换入变量,继续用单纯形法计算,如表 1-12 所示.

表 1-12 换入变量后的单纯形表

c_j			2	2	0	0	0	θ
C_B	X_B	b	x_1	x_2	x_3	x_4	x_5	
2	x_2	2	0	1	1/2	$-1/4$	0	—
2	x_1	4	1	0	0	1/4	0	16
0	x_5	5	0	0	$-5/2$	[5/4]	1	4
	σ_j		0	0	-1	0	0	
2	x_2	3	0	1	0	0	1/5	
2	x_1	3	1	0	1/2	0	$-1/5$	
0	x_4	4	0	0	-2	1	4/5	
	σ_j		0	0	-1	0	0	

表中所有检验数均非正且无人工变量,得到另一个最优解

$$X^{(2)} = (3,3,0,4,0)^T, \quad z_{\max} = 12$$

与例 1.5 比较,可知 $X^{(1)}$ 对应图 1-3 中的顶点 B,$X^{(2)}$ 对应图 1-3 中的顶点 C. 而线段 BC 上的所有点也都是最优解. 故此题有无穷多最优解.

注 单纯形法迭代过程中只能找到基最优解.

例 1.14 用单纯形法求解例 1.6,即

$$\max z = 2x_1 + 3x_2$$
$$\text{s. t.} \begin{cases} 4x_1 \leqslant 16 \\ x_1, x_2 \geqslant 0 \end{cases}$$

解 在图解法中已看到本题有无界解. 用单纯形法求解时,先化为标准形式

$$\max z = 2x_1 + 3x_2$$
$$\text{s. t.} \begin{cases} 4x_1 + x_3 = 16 \\ x_1, x_2, x_3 \geqslant 0 \end{cases}$$

列单纯形表(见表 1-13).

表 1-13 单纯形表

c_j			2	3	0	θ
C_B	X_B	b	x_1	x_2	x_3	
0	x_3	16	4	0	1	—
	σ_j		2	3	0	

表 1-13 中最大的正检验数 $\sigma_2 = 3 > 0$,但 x_2 的系数为 0,使得 θ 不能被确定,从而 z 无限增大. 故该问题有无界解.

例 1.15 用单纯形法求解例 1.7,即

$$\max z = 2x_1 + 3x_2$$

$$\text{s. t.} \begin{cases} 2x_1 + 2x_2 \leqslant 12 \\ x_1 + 2x_2 \geqslant 14 \\ x_1, x_2 \geqslant 0 \end{cases}$$

解 在图解法中已看到本题无可行解. 用单纯形法求解时,先化为标准形式

$$\max z = 2x_1 + 3x_2 + 0x_3 + 0x_4 - Mx_5$$

$$\text{s. t.} \begin{cases} 2x_1 + 2x_2 + x_3 \qquad\qquad = 12 \\ x_1 + 2x_2 - \quad x_4 + x_5 = 16 \\ x_1, x_2, x_3, x_4, x_5 \geqslant 0 \end{cases}$$

列单纯形表,如表 1-14 所示.

表 1-14 单纯形表

c_j			2	3	0	0	$-M$	
C_B	X_B	b	x_1	x_2	x_3	x_4	x_5	θ
0	x_3	12	2	[2]	1	0	0	6
$-M$	x_5	14	1	2	0	-1	1	7
	σ_j		$2+M$	$2+2M$	0	$-M$	0	
3	x_2	6	1	1	1/2	0	0	
$-M$	x_5	2	-1	0	-1	-1	1	
	σ_j		$-1-M$	0	$-3/2-M$	$-M$	0	

最终表中所有检验数均非正,但人工变量 x_5 不等于 0,使得此题无可行解.

通过以上各例可以归纳出,利用最终单纯形表判断线性规划问题解的类型的方法如表 1-15 所示.

表 1-15 判断线性规划问题解的类型的方法

解的类型		最终表的特征
无可行解		有非零的人工变量
有可行解	唯一最优解	无非零的人工变量,非基变量的检验数全为负数
	无穷多最优解	无非零的人工变量,非基变量的检验数全非正,且有某个非基变量的检验数为零
	无界解	无非零的人工变量,有某个非基变量的检验数为正数,但该变量对应的系数列全为非正数

1.5.4 单纯形法总结

用单纯形法求解的线性规划问题应首先化为标准形式,并可选择一个单位矩阵作为初始基,常称之为**广义标准形式**. 针对不同类型的线性规划问题,应如何进行广义标准化,具体方法(以大 M 法为例)参见表 1-16,表中 x_s 表示松弛变量,x_a 表示人工变量.

表 1 – 16　对线性规划问题进行广义标准化的方法

模型	特点		广义标准化方法
决策变量	个数	两个	图解法或单纯形法
		3 个及以上	单纯形法
	取值范围	$x_j \geqslant 0$	不处理
		x_j 无约束	令 $x_j = x'_j - x''_j$, $x'_j , x''_j \geqslant 0$
		$x_j \leqslant 0$	令 $x'_j = -x_j , x'_j \geqslant 0$
约束条件	右端常数	$b_i \geqslant 0$	不处理
		$b_i < 0$	约束条件两边同乘以 -1
	等式或不等式	$\leqslant$	加上 x_s
		$=$	加上 x_a
		$\geqslant$	减去 x_s, 加上 x_a
目标函数	极大或极小	max z	不处理
		min z	令 $z' = -z$, 求 max z'
	新变量的系数	x_s	0
		x_a	$-M$

经过上述方法处理后可求出初始基可行解,列出初始单纯形表,再用单纯形法求解,对应的步骤框图如图 1 – 7 所示.

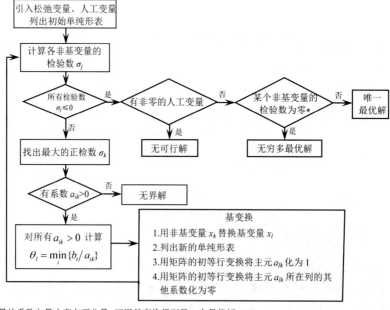

*该非基变量的系数向量中存在正分量,可用基变换得到另一个最优解.

图 1 – 7　单纯形法步骤简图

第六节 应 用 举 例

例 1.16（合理下料问题） 某汽车需要用甲、乙两种规格的轴各一根,这些轴的规格分别是 85 cm,70 cm.这些轴需要用一种圆钢来制造,圆钢长度为 5 m.现在需要甲 3 000 根,需要乙 5 000 根,最少要用多少根圆钢来生产这些轴?

解 求所用圆钢数量分两步计算,先求出在一根 5 m 长的圆钢上切割两种规格的毛坯共有多少种切割方案,所有切割方案如表 1-17 所示.

表 1-17 切割参数表

轴数 下料方案 规格	Ⅰ	Ⅱ	Ⅲ	Ⅳ	Ⅴ	Ⅵ	需求量
甲(85 cm)	5	4	3	2	1	0	3 000
乙(70 cm)	1	2	3	4	5	7	5 000
余料长度(cm)	5	20	35	50	65	10	

再设 $x_j(j=1,2,\cdots,6)$ 为第 j 种方案所用圆钢的根数,则用料最少的数学模型为

$$\min z = \sum_{j=1}^{6} x_j$$

$$\text{s. t.}\begin{cases} 5x_1+4x_2+3x_3+2x_4+x_5 \geqslant 3\,000 \\ x_1+2x_2+3x_3+4x_4+5x_5+7x_6 \geqslant 5\,000 \\ x_j \geqslant 0,\text{且均为整数}, \quad j=1,2,\cdots,6 \end{cases}$$

由计算得 $x_1=600,x_6=629$,其他变量都为零.

例 1.17（投资问题） 某投资公司在第一年有 200 万元资金,每年都有如下的投资方案可供考虑采纳:假设第一年投入一笔资金,第二年又继续投入此资金的 50%,那么到第三年就可回收第一年投入资金两倍的金额.投资公司决定最优的投资策略使第六年所掌握的资金最多.

解 设 $x_1 =$ 第一年的新投资金额,$x_2 =$ 第一年的预留资金额,

$x_3 =$ 第二年的新投资金额,$x_4 =$ 第二年的预留资金额,

$x_5 =$ 第三年的新投资金额,$x_6 =$ 第三年的预留资金额,

$x_7 =$ 第四年的新投资金额,$x_8 =$ 第四年的预留资金额,

$x_9 =$ 第五年的预留资金额.

第五年不再进行新的投资,因为这笔投资要到第七年才能回收.约束条件保证每年满足如下的关系:追加投资金额＋新投资金额＋预留资金＝可利用的资金总额.

第一年:$x_1+x_2=200$;

第二年:$\left(\dfrac{x_1}{2}+x_3\right)+x_4=x_2$;

第三年：$\left(\dfrac{x_3}{2} + x_5\right) + x_6 = x_4 + 2x_1$；

第四年：$\left(\dfrac{x_5}{2} + x_7\right) + x_8 = x_6 + 2x_3$；

第五年：$\left(\dfrac{x_7}{2} + x_9\right) = x_8 + 2x_5$.

到第六年实有资金总额为 $x_9 + 2x_7$，整理后得到下列线性模型：

$$\max z = 2x_7 + x_9$$

$$\text{s.t.} \begin{cases} x_1 + x_2 = 200 \\ x_1 - 2x_2 + 2x_3 + 2x_4 = 0 \\ 4x_1 - x_3 + 2x_4 - 2x_5 - 2x_6 = 0 \\ 4x_3 - x_5 + 2x_6 - 2x_7 - 2x_8 = 0 \\ 4x_5 - x_7 + 2x_8 - 2x_9 = 0 \\ x_j \geqslant 0, \quad j = 1,2,\cdots,9 \end{cases}$$

求解得 $x_1 = 55.28, x_2 = 144.72, x_3 = 117.07, x_5 = 52.03, x_7 = 208.13$，其他为 0，此时 $z_{\max} = 416.26$.

例 1.18（人员安排问题） 某快递公司下设一个快件分拣部，处理每天的快件. 根据统计资料，每天各时段快件到达数量如表 1-18 所示.

表 1-18 某快递分拣部到达快件参数表

时段	到达快递数	时段	到达快递数
10:00 前	5 000	14:00—15:00	3 000
10:00—11:00	4 000	15:00—16:00	4 000
11:00—12:00	2 500	16:00—17:00	4 500
12:00—13:00	4 500	17:00—18:00	3 500
13:00—14:00	2 500	18:00—19:00	3 000

该分拣部每天从早上 8:00 到下午 19:00 对外营业，快件的分拣由工人操作机器进行，每台机器由一名工人操作，分拣效率为 500 件/h，共有 11 台机器. 分拣部内一部分工人为全日制工人，上班时间分别为 10:00—18:00 和 12:00—20:00，每人每天工资 150 元；另一部分为非全日制工人，分 11:00—16:00，13:00—18:00，15:00—20:00 三班上班，每人每天工资 80 元. 考虑到快件的时间性强，快递公司承诺，每天 12:00 前到达的快件于 14:00 前分拣完寄出；12:00—15:00 内到达的快件于 17:00 前分拣完寄出；这之后到达的，均在当天 20:00 前分拣完并发送出去. 问该分拣部各雇佣多少全日制及非全日制工人，并如何安排班次，使总的工资支出为最少？

解 设 x_1, x_2 为分别于 10:00—18:00 及 12:00—20:00 上班的全日制工人数，y_1, y_2, y_3 为分别于 11:00—16:00，13:00—18:00 及 15:00—20:00 上班的非全日制工人数. 为便于分析，作图 1-8 表示不同工人的上班时段.

约束条件分 3 类：(1) 各时间点前可分拣的快件数应不超过该时间前到达的快件数；(2) 满足快递公司在 14:00、17:00 和 20:00 三个时间点上的承诺；(3) 各时间段内操作的工人数不超过现有机器数. 据此列出本问题数学模型如下：

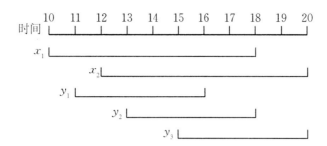

图 1-8　工人上班时间段

$$\min z = 150(x_1 + x_2) + 80(y_1 + y_2 + y_3)$$

$$\text{s. t.}\begin{cases}
500x_1 & \leqslant 5\ 000 \\
1\ 000x_1 + & 500y_1 & \leqslant 9\ 000 \\
1\ 500x_1 + 500x_2 + 1\ 000y_1 & \leqslant 11\ 500 \\
2\ 000x_1 + 1\ 000x_2 + 1\ 500y_1 + 500y_2 & \leqslant 16\ 000 \\
2\ 500x_1 + 1\ 500x_2 + 2\ 000y_1 + 1\ 000y_2 & \leqslant 18\ 500 \\
3\ 000x_1 + 2\ 000x_2 + 2\ 500y_1 + 1\ 500y_2 + 500y_3 \leqslant 21\ 500 \\
3\ 500x_1 + 2\ 500x_2 + 2\ 500y_1 + 2\ 000y_2 + 1\ 000y_3 \leqslant 25\ 500 \\
4\ 000x_1 + 3\ 000x_2 + 2\ 500y_1 + 2\ 500y_2 + 1\ 500y_3 \leqslant 30\ 000 \\
4\ 000x_1 + 3\ 500x_2 + 2\ 500y_1 + 2\ 500y_2 + 2\ 000y_3 \leqslant 33\ 500 \\
2\ 000x_1 + 1\ 000x_2 + 1\ 500y_1 + 500y_2 & \geqslant 11\ 500 \\
3\ 500x_1 + 2\ 500x_2 + 2\ 500y_1 + 2\ 000y_2 + 1\ 000y_3 \geqslant 21\ 500 \\
4\ 000x_1 + 4\ 000x_2 + 2\ 500y_1 + 2\ 500y_2 + 2\ 500y_3 \geqslant 36\ 500 \\
x_1 + x_2 + y_1 + y_2 + y_3 \leqslant 11 \\
x_1, x_2, y_1, y_2, y_3 \geqslant 0
\end{cases}$$

求得最优解 $x_1 = 1, x_2 = 5, y_1 = 3, y_2 = 0, y_3 = 2, z^* = 1\ 300$ 元 / 天.

习　题　1

1.把下列线性规划化为标准形式:

(1) $\min z = -x_1 + 2x_2 - x_3$

$$\text{s. t.}\begin{cases}
x_1 + x_3 - x_4 \leqslant 1 \\
2x_1 + x_2 - x_3 \geqslant -2 \\
3x_1 + x_2 + x_3 - x_4 = 1 \\
x_1 \leqslant 0, x_2, x_3 \geqslant 0, x_4 \text{ 无约束}
\end{cases}$$

(2) $\max z = 2x_1 + 3x_2$

$$\text{s. t.}\begin{cases}
x_1 + x_2 \leqslant 8 \\
-x_1 + x_2 \geqslant 1 \\
x_1 \leqslant 0, x_2 \text{ 无约束}
\end{cases}$$

2.用图解法求解下列线性规划问题,并指出问题解的类型:

(1) $\min z = 2x_1 + 3x_2$

$$\text{s.t.} \begin{cases} 4x_1 + 6x_2 \geqslant 6 \\ 4x_1 + 2x_2 \geqslant 4 \\ x_1, x_2 \geqslant 0 \end{cases}$$

(2) $\max z = 3x_1 + 2x_2$

$$\text{s.t.} \begin{cases} 2x_1 + x_2 \leqslant 2 \\ 3x_1 + 4x_2 \geqslant 12 \\ x_1, x_2 \geqslant 0 \end{cases}$$

(3) $\max z = x_1 + x_2$

$$\text{s.t.} \begin{cases} 6x_1 + 10x_2 \leqslant 120 \\ 5 \leqslant x_1 \leqslant 10 \\ 3 \leqslant x_2 \leqslant 8 \end{cases}$$

(4) $\max z = 5x_1 + 6x_2$

$$\text{s.t.} \begin{cases} 2x_1 - x_2 \geqslant 2 \\ 2x_1 - 3x_2 \geqslant -2 \\ x_1, x_2 \geqslant 0 \end{cases}$$

3. 找出下列线性规划问题的所有基解,指出哪些是基可行解,并从中确定基最优解.

$$\max z = 3x_1 + 2x_2$$

$$\text{s.t.} \begin{cases} 2x_1 + x_2 + x_3 = 6 \\ x_1 + 2x_2 + x_4 = 6 \\ x_j \geqslant 0, \quad j = 1,2,3,4 \end{cases}$$

4. 用单纯形法求解下列线性规划问题,并指出属于哪一类解:

(1) $\max z = 10x_1 + 4x_2$

$$\text{s.t.} \begin{cases} 3x_1 + 4x_2 \leqslant 9 \\ 5x_1 + 2x_2 \leqslant 8 \\ x_1, x_2 \geqslant 0 \end{cases}$$

(2) $\max z = 2x_1 + x_2$

$$\text{s.t.} \begin{cases} 5x_2 \leqslant 15 \\ 6x_1 + 2x_2 \leqslant 24 \\ x_1 + x_2 \leqslant 5 \\ x_1, x_2 \geqslant 0 \end{cases}$$

5. 分别用大 M 法和两阶段法求解下列线性规划问题,并指出属于哪一类解:

(1) $\max z = 3x_1 + 2x_2 + 3x_3$

$$\text{s.t.} \begin{cases} 2x_1 + x_2 + x_3 \leqslant 2 \\ 3x_1 + 4x_2 + 2x_3 \geqslant 8 \\ x_1, x_2, x_3 \geqslant 0 \end{cases}$$

(2) $\min z = 2x_1 + 3x_2 + x_3$

$$\text{s.t.} \begin{cases} x_1 + 4x_2 + 2x_3 \geqslant 8 \\ 3x_1 + 2x_2 \geqslant 6 \\ x_1, x_2, x_3 \geqslant 0 \end{cases}$$

6. 已知线性规划问题的初始单纯形表如表 1-19 所示,用单纯形法迭代后得到的表如表 1-20 所示,试求括弧中字母 $a \sim l$ 的值(其中 x_4, x_5 为松弛变量).

表 1-19　初始单纯形表

C_B	b	x_1	x_2	x_3	x_4	x_5
x_4	6	(b)	(c)	(d)	1	0
x_5	1	-1	3	(e)	0	1
$c_j - z_j$		(a)	-1	2	0	0

表 1-20　迭代后单纯形表

C_B	b	x_1	x_2	x_3	x_4	x_5
x_1	(f)	(g)	2	-1	1/2	0
x_5	4	(h)	(i)	1	1/2	1
$c_j - z_j$		0	-7	(j)	(k)	(l)

7. 某厂生产 Ⅰ,Ⅱ,Ⅲ 3 种产品,都分别经 A,B 两道工序加工.设 A 工序可分别在设备 A₁ 或 A₂ 上完成,B 工序可分别在设备 B₁,B₂,B₃ 上完成.已知产品 Ⅰ 可在 A,B 任何一种设备上加工;产品 Ⅱ 可在任何规格的 A 设备上加工,但完成 B 工序时,只能在 B₁ 设备上加工;产品 Ⅲ 只能在 A₂ 与 B₂ 设备上加工.加工单位产品所需工序时间及其他各项数据如表 1-21 所示,试安排最优生产计划,使该厂获利最大.

表 1 - 21　某厂生产参数表

设备	产品			设备有效台时	设备加工费 (元 /h)
	Ⅰ	Ⅱ	Ⅲ		
A_1	5	10	—	6 000	0.05
A_2	7	9	12	10 000	0.03
B_1	6	8	—	4 000	0.06
B_2	4	—	11	7 000	0.11
B_3	7	—	—	4 000	0.05
原料费(元 / 件)	0.25	0.35	0.50		
售价(元 / 件)	1.25	2.00	2.80		

8.(投资项目组合问题)　兴安公司有一笔 30 万元的资金,考虑今后三年内用于下列项目的投资.

(1) 三年内的每年年初均可投资,每年获利为投资额的 20%,其本利可一起用于下一年投资;

(2) 允许于第一年初投入,于第二年末收回,本利合计为投资额的 150%,但限额 15 万元;

(3) 允许于第二年初投入,于第三年末收回,本利合计为投资额的 160%,但限额 20 万元;

(4) 允许于第三年初投入,年末收回,可获利 40%,但限额为 10 万元.

试为该公司确定一个使第三年末本利和为最大的投资组合方案.

第二章 对偶理论与灵敏度分析

每一个线性规划问题必然有与之相伴而生的另一个线性规划问题,这就是原问题和对偶问题.两者有密切的联系,它们不仅有相同的数据集合、相同的最优目标函数值,而且在求得一个线性规划问题的最优解的同时,也同步得到对偶线性规划的最优解.学习对偶理论可以加深我们对线性规划问题的理解.

本章从对偶概念开始,逐步介绍对偶的性质、对偶问题最优解的经济意义及对偶单纯形法,最后进行线性规划问题最优解的后分析 —— 灵敏度分析.

第一节 单纯形法的矩阵描述

在学习线性规划的对偶理论之前,先用矩阵形式来描述单纯形法,这将使单纯形法的原理和步骤更简洁明了.

不失一般性,假设线性规划问题形如:

$$\max z = \boldsymbol{C}_1 \boldsymbol{X}_1$$
$$\text{s. t.} \begin{cases} \boldsymbol{A}_1 \boldsymbol{X}_1 \leqslant \boldsymbol{b} \\ \boldsymbol{X}_1 \geqslant \boldsymbol{0} \end{cases}$$

引入松弛变量 $\boldsymbol{X}_S$ 后,它对应的目标函数中系数 $\boldsymbol{C}_S = \boldsymbol{0}$,得到标准形式

$$\max z = \boldsymbol{C}_1 \boldsymbol{X}_1 + \boldsymbol{C}_S \boldsymbol{X}_S \tag{2.1.1}$$
$$\text{s. t.} \begin{cases} \boldsymbol{A}_1 \boldsymbol{X}_1 + \boldsymbol{I} \boldsymbol{X}_S = \boldsymbol{b} \tag{2.1.2} \\ \boldsymbol{X}_1, \boldsymbol{X}_S \geqslant \boldsymbol{0} \tag{2.1.3} \end{cases}$$

再表示为

$$\max z = \boldsymbol{C} \boldsymbol{X}$$
$$\text{s. t.} \begin{cases} \boldsymbol{A} \boldsymbol{X} = \boldsymbol{b} \\ \boldsymbol{X} \geqslant \boldsymbol{0} \end{cases}$$

其中 $\boldsymbol{A} = (\boldsymbol{A}_1, \boldsymbol{I}) = (\boldsymbol{P}_1, \boldsymbol{P}_2, \cdots, \boldsymbol{P}_n)$,$\boldsymbol{C} = (\boldsymbol{C}_1, \boldsymbol{C}_S)$,$\boldsymbol{I}$ 为单位矩阵.

设 $\boldsymbol{B}$ 是一个可行基,则 $\boldsymbol{A} = (\boldsymbol{B}, \boldsymbol{N})$,$\boldsymbol{X} = \begin{bmatrix} \boldsymbol{X}_B \\ \boldsymbol{X}_N \end{bmatrix}$,其中 $\boldsymbol{X}_B$ 为基变量,对应的价值系数为 $\boldsymbol{C}_B$;非基变量为 $\boldsymbol{X}_N$,对应的系数矩阵为 $\boldsymbol{N}$,价值系数为 $\boldsymbol{C}_N$,则上述模型可写成

$$\max z = \boldsymbol{C}_B \boldsymbol{X}_B + \boldsymbol{C}_N \boldsymbol{X}_N \tag{2.1.4}$$
$$\text{s. t.} \begin{cases} \boldsymbol{B} \boldsymbol{X}_B + \boldsymbol{N} \boldsymbol{X}_N = \boldsymbol{b} \tag{2.1.5} \\ \boldsymbol{X}_B \geqslant \boldsymbol{0}, \boldsymbol{X}_N \geqslant \boldsymbol{0} \end{cases}$$

将式(2.1.5)两边左乘 $\boldsymbol{B}^{-1}$,得

$$\boldsymbol{X}_B + \boldsymbol{B}^{-1}\boldsymbol{N}\boldsymbol{X}_N = \boldsymbol{B}^{-1}\boldsymbol{b} \tag{2.1.6}$$

移项后得

$$\boldsymbol{X}_B = \boldsymbol{B}^{-1}\boldsymbol{b} - \boldsymbol{B}^{-1}\boldsymbol{N}\boldsymbol{X}_N \tag{2.1.7}$$

将式(2.1.7)代入目标函数(2.1.4),得到

$$z = \boldsymbol{C}_B\boldsymbol{B}^{-1}\boldsymbol{b} + (\boldsymbol{C}_N - \boldsymbol{C}_B\boldsymbol{B}^{-1}\boldsymbol{N})\boldsymbol{X}_N \tag{2.1.8}$$

令 $\boldsymbol{X}_N = \boldsymbol{0}$,得到一个基解 $\boldsymbol{X}^{(1)} = \begin{pmatrix} \boldsymbol{B}^{-1}\boldsymbol{b} \\ \boldsymbol{0} \end{pmatrix}$,对应目标函数 $z = \boldsymbol{C}_B\boldsymbol{B}^{-1}\boldsymbol{b}$.

又将式(2.1.2)两边左乘 $\boldsymbol{B}^{-1}$,得

$$\boldsymbol{B}^{-1}\boldsymbol{A}_1\boldsymbol{X}_1 + \boldsymbol{B}^{-1}\boldsymbol{X}_S = \boldsymbol{B}^{-1}\boldsymbol{b} \tag{2.1.9}$$

从(2.1.6)～(2.1.9)表达式中可以看到:

(1)非基变量 $\boldsymbol{X}_N$ 的检验数 $\boldsymbol{\sigma}_N = \boldsymbol{C}_N - \boldsymbol{C}_B\boldsymbol{B}^{-1}\boldsymbol{N}$,基变量 $\boldsymbol{X}_B$ 的检验数 $\boldsymbol{\sigma}_B = \boldsymbol{0} = \boldsymbol{C}_B - \boldsymbol{C}_B\boldsymbol{B}^{-1}\boldsymbol{B}$,因此所有检验数可用 $\boldsymbol{\sigma} = \boldsymbol{C} - \boldsymbol{C}_B\boldsymbol{B}^{-1}\boldsymbol{A}$,或 $\sigma_j = c_j - \boldsymbol{C}_B\boldsymbol{B}^{-1}\boldsymbol{P}_j$;松弛变量 $\boldsymbol{X}_S$ 的检验数 $\boldsymbol{\sigma}_S = -\boldsymbol{C}_B\boldsymbol{B}^{-1}$.常将 $\boldsymbol{C}_B\boldsymbol{B}^{-1}$ 称为**单纯形乘子**,记作$(y_1, y_2, \cdots, y_m)$ 或 $\boldsymbol{Y}^T$,即

$$\boldsymbol{Y}^T = (y_1, y_2, \cdots, y_m) = \boldsymbol{C}_B\boldsymbol{B}^{-1} = -\boldsymbol{\sigma}_S$$

(2)常数 $\boldsymbol{b}' = \boldsymbol{B}^{-1}\boldsymbol{b}$;基变量的约束系数为 $\boldsymbol{I}$,非基变量的约束系数为 $\boldsymbol{N}' = \boldsymbol{B}^{-1}\boldsymbol{N}$,或者 $\boldsymbol{P}_j' = \boldsymbol{B}^{-1}\boldsymbol{P}_j$;松弛变量 $\boldsymbol{X}_S$ 的约束系数为 $\boldsymbol{B}^{-1}$.

(3)为叙述方便,将变量分成 3 组:在初始单纯形表中的基变量通常是松弛变量 $\boldsymbol{X}_S$,经过若干次迭代后对应的最终单纯形表中的基变量用 $\boldsymbol{X}_B$ 表示(注意 $\boldsymbol{X}_S$ 和 $\boldsymbol{X}_B$ 可以有公共变量);若还存在既不在 $\boldsymbol{X}_S$ 中也不在 $\boldsymbol{X}_B$ 中的其他变量,则用 $\boldsymbol{X}_{N'}$ 表示.3 组变量 $\boldsymbol{X}_B, \boldsymbol{X}_{N'}, \boldsymbol{X}_S$ 对应在目标函数中的系数分别为 $\boldsymbol{C}_B, \boldsymbol{C}_{N'}, \boldsymbol{0}$.它们在初始表中的增广矩阵分别表示为 $\boldsymbol{b}, \boldsymbol{B}, \boldsymbol{N}', \boldsymbol{I}$,而在最终表中的增广矩阵分别为 $\boldsymbol{B}^{-1}\boldsymbol{b}, \boldsymbol{I}, \boldsymbol{B}^{-1}\boldsymbol{N}', \boldsymbol{B}^{-1}$,于是初始单纯形表和最终单纯形表可分别表示为表 2-1 和表 2-2.

表 2-1　初始单纯形表

初始单纯形表			$\boldsymbol{C}_B$	$\boldsymbol{C}_{N'}$	$\boldsymbol{0}$
			$\boldsymbol{X}_B$	$\boldsymbol{X}_{N'}$	$\boldsymbol{X}_S$
$\boldsymbol{0}$	$\boldsymbol{X}_S$	$\boldsymbol{b}$	$\boldsymbol{B}$	$\boldsymbol{N}'$	$\boldsymbol{I}$
σ_j			σ_{X_B}	$\sigma_{X_{N'}}$	$\boldsymbol{0}$

表 2-2　最终单纯形表

最终单纯形表			$\boldsymbol{C}_B$	$\boldsymbol{C}_{N'}$	$\boldsymbol{0}$
			$\boldsymbol{X}_B$	$\boldsymbol{X}_{N'}$	$\boldsymbol{X}_S$
$\boldsymbol{C}_B$	$\boldsymbol{X}_B$	$\boldsymbol{B}^{-1}\boldsymbol{b}$	$\boldsymbol{I}$	$\boldsymbol{B}^{-1}\boldsymbol{N}'$	$\boldsymbol{B}^{-1}$
σ_j			$\boldsymbol{0}$	$\boldsymbol{C}_{N'} - \boldsymbol{C}_B\boldsymbol{B}^{-1}\boldsymbol{N}'$	$-\boldsymbol{C}_B\boldsymbol{B}^{-1}$

从代数的角度看,单纯形法实质上所做的就是一种矩阵的初等行变换.把选定的基矩阵 $\boldsymbol{B}$ 变为了单位矩阵,这同时也把原来的单位矩阵(初始基矩阵)变为了 $\boldsymbol{B}^{-1}$.

值得注意的是,上述讨论中的最终单纯形表可相应替换为单纯形法迭代过程中的任何一张单纯形表.

例 2.1　对第一章例 1.1 的单纯形法的计算过程用矩阵形式进行解释.

解　本题用单纯形法计算的初始表和最终表分别为第一章的表 1-5 和表 1-7. 在这两张表的变量 x_1 和 x_2 之间增加一个变量 x_4, 即重复写入了一列系数 P_4, 相应地得到表 2-3 和表 2-4.

表 2-3　初始单纯形表

c_j			2	0	3	0	0	0
C_B	X_B	b	x_1	x_4	x_2	x_3	x_4	x_5
0	x_3	12	2	0	2	1	0	0
0	x_4	16	4	1	0	0	1	0
0	x_5	15	0	0	5	0	0	1
σ_j			2	0	3	0	0	0

表 2-4　最终单纯形表

c_j			2	0	3	0	0	0
C_B	X_B	b	x_1	x_4	x_2	x_3	x_4	x_5
2	x_1	3	1	0	0	1/2	0	$-1/5$
0	x_4	4	0	1	0	-2	1	4/5
3	x_2	3	0	0	1	0	0	1/5
σ_j			0	0	0	-1	0	$-1/5$

初始表中的基变量是 x_3, x_4, x_5, 它们在最终表的系数列 P_3, P_4, P_5 构成矩阵 B^{-1}, 即

$$B^{-1} = \begin{pmatrix} \dfrac{1}{2} & 0 & -\dfrac{1}{5} \\ -2 & 1 & \dfrac{4}{5} \\ 0 & 0 & \dfrac{1}{5} \end{pmatrix}$$

于是

$$b' = B^{-1}b = \begin{pmatrix} \dfrac{1}{2} & 0 & -\dfrac{1}{5} \\ -2 & 1 & \dfrac{4}{5} \\ 0 & 0 & \dfrac{1}{5} \end{pmatrix} \begin{pmatrix} 12 \\ 16 \\ 15 \end{pmatrix} = \begin{pmatrix} 3 \\ 4 \\ 3 \end{pmatrix}$$

x_1 的系数列为

$$P'_1 = B^{-1}P_1 = \begin{pmatrix} \dfrac{1}{2} & 0 & -\dfrac{1}{5} \\ -2 & 1 & \dfrac{4}{5} \\ 0 & 0 & \dfrac{1}{5} \end{pmatrix} \begin{pmatrix} 2 \\ 4 \\ 0 \end{pmatrix} = \begin{pmatrix} 1 \\ 0 \\ 0 \end{pmatrix}$$

单纯形乘子为

$$\boldsymbol{Y}^{\mathrm{T}} = (y_1, y_2, y_3) = \boldsymbol{C}_B \boldsymbol{B}^{-1} = (2, 0, 3)\begin{pmatrix} \dfrac{1}{2} & 0 & -\dfrac{1}{5} \\ -2 & 1 & \dfrac{4}{5} \\ 0 & 0 & \dfrac{1}{5} \end{pmatrix} = \left(1, 0, \dfrac{1}{5}\right)$$

这表明对线性规划问题只要给出一个新的基,可以直接计算得到新的单纯形表,而不需要进行逐步迭代.这对于后面要介绍的对偶问题的基本性质和灵敏度分析很有帮助.

第二节　对偶问题的概念

2.2.1　对偶问题的提出

在第一章提到的例 1.1 中讨论如何安排可以获得最大利润,我们已经建立了对应的线性规划问题模型如下,用 LP_1 表示为

$$(LP_1) \quad \max z = 2x_1 + 3x_2$$

$$\text{s. t.} \begin{cases} 2x_1 + 2x_2 \leqslant 12 \\ 4x_1 \qquad\quad \leqslant 16 \\ \qquad\quad 5x_2 \leqslant 15 \\ x_1, x_2 \geqslant 0 \end{cases}$$

LP_1 是一个关于资源合理利用的问题,即如何安排生产计划使得既能充分利用现有资源又能使总利润最大.现在从另一个角度来讨论这个问题,假设该厂的决策者考虑不进行生产而把全部可利用的资源都出租或外售.这时工厂的决策者就要给这些资源定出一个合理的价格,既使得有其他厂家愿意租,又使得本厂出租或外售这些设备和资源所能获得的收益最大.设每小时出租设备的价格为 y_1 元 /h,原材料 A,B 的转让利润分别为 y_2,y_3 元 /kg.若是设备租金、原材料 A,B 的转让利润定价太高,势必失去顾客,从而也将减少收益.在市场竞争的时代,该厂的最佳决策应符合以下两条.

(1) 不吃亏原则,即出租设备和出让原材料 A,B 的所有收入不能低于加工两种产品所获利润.例如,生产一件 Ⅰ 型产品需耗设备 2 h,A 材料 4 kg,这些设备台时出租和原材料出让所得的收入为 $2y_1 + 4y_2$,而自己生产一件 Ⅰ 型产品可获利 2 元,从而得到约束条件 $2y_1 + 4y_2 \geqslant 2$;类似地考虑一件 Ⅱ 型产品,得到约束条件 $2y_1 + 5y_3 \geqslant 3$.由此构成了新问题的约束条件.

(2) 竞争性原则.把工厂所有设备台时和资源都出租和出让,其总收入为

$$w = 12y_1 + 16y_2 + 15y_3$$

从该厂的决策者来看,当然 w 愈大愈好,但从接受者来看他的支出愈少愈好,所以求 $w = 12y_1 + 16y_2 + 15y_3$ 的最小值,以便争取更多用户,实现他的愿望.由此建立了另一个线性规划数学模型(用 LP_2 表示)为

$$(LP_2) \quad \min w = 12y_1 + 16y_2 + 15y_3$$

$$\text{s. t.} \begin{cases} 2y_1 + 4y_2 & \geqslant 2 \\ 2y_1 + \quad 5y_3 \geqslant 3 \\ y_1, y_2, y_3 \geqslant 0 \end{cases}$$

从以上两个问题可以看出每一个求 $\max z$ 的线性规划问题 LP_1 必然有与之相伴而生的另一个求 $\min w$ 的线性规划问题 LP_2. 理论上将 LP_1 称为**原问题**,简记为 P;将 LP_2 称为**对偶问题**(dual problem),简记为 D. 这两个问题实际上是一个问题的两个方面,在后面的学习中将说明对偶性是线性规划问题中最基本且最重要的内容之一.

2.2.2 对称形式的对偶问题

满足下列条件的线性规划问题及其对偶问题称为具有**对称形式**(或**典式**).

设原问题的模型为

$$P: \quad \max z = c_1 x_1 + c_2 x_2 + \cdots + c_n x_n$$

$$\text{s. t.} \begin{cases} a_{11} x_1 + a_{12} x_2 + \cdots + a_{1n} x_n \leqslant b_1 \\ a_{21} x_1 + a_{22} x_2 + \cdots + a_{2n} x_n \leqslant b_2 \\ \quad\quad\quad\quad\quad \vdots \\ a_{m1} x_1 + a_{m2} x_2 + \cdots + a_{mn} x_n \leqslant b_m \\ x_j \geqslant 0, \quad j = 1, 2, \cdots, n \end{cases} \quad (2.2.1)$$

则对偶问题的一般模型为

$$D: \quad \min w = b_1 y_1 + b_2 y_2 + \cdots + b_m y_m$$

$$\text{s. t.} \begin{cases} a_{11} y_1 + a_{21} y_2 + \cdots + a_{m1} y_m \geqslant c_1 \\ a_{12} y_1 + a_{22} y_2 + \cdots + a_{m2} y_m \geqslant c_2 \\ \quad\quad\quad\quad\quad \vdots \\ a_{1n} y_1 + a_{2n} y_2 + \cdots + a_{mn} y_m \geqslant c_n \\ y_i \geqslant 0, \quad i = 1, 2, \cdots, m \end{cases} \quad (2.2.2)$$

比较具有对称形式的原问题和对偶问题,满足变量均为非负数,当目标函数求极大值时约束条件均取"$\leqslant$"(简称为"大目标小约束"),而当目标函数求极小值时约束条件均取"$\geqslant$"(简称为"小目标大约束"). 也可用矩阵形式表示如下:

$$P: \quad \max z = \boldsymbol{CX}$$

$$\text{s. t.} \begin{cases} \boldsymbol{AX} \leqslant \boldsymbol{b} \\ \boldsymbol{X} \geqslant \boldsymbol{0} \end{cases} \quad (2.2.3)$$

$$D: \quad \min w = \boldsymbol{b}^{\mathrm{T}} \boldsymbol{Y}$$

$$\text{s. t.} \begin{cases} \boldsymbol{A}^{\mathrm{T}} \boldsymbol{Y} \geqslant \boldsymbol{C}^{\mathrm{T}} \\ \boldsymbol{Y} \geqslant \boldsymbol{0} \end{cases} \quad (2.2.4)$$

其中,$\boldsymbol{Y} = (y_1, y_2, \cdots, y_m)^{\mathrm{T}}$ 为对偶向量,$\boldsymbol{A}^{\mathrm{T}}, \boldsymbol{C}^{\mathrm{T}}, \boldsymbol{b}^{\mathrm{T}}$ 分别是 $\boldsymbol{A}, \boldsymbol{C}, \boldsymbol{b}$ 的转置矩阵. 上述模型在形式上恰好是对称的,这也是称为对称形式的由来.

常把原问题的三要素简称为原变量,原目标和原约束,而对偶问题的三要素相应称为对偶变量,对偶目标和对偶约束. 在对称形式下,两者的联系与区别如下:

（1）原目标求极大值,对偶目标求极小值;

（2）原约束的个数 ＝ 对偶变量的个数,原变量的个数 ＝ 对偶约束的个数,且原约束对应对偶变量,原变量对应对偶约束;

（3）原约束全为 $\leqslant$ 方向,对偶约束全为 $\geqslant$ 方向;

（4）原目标的系数对应对偶约束的右端常数,原约束的右端常数对应对偶目标的系数;

（5）原系数矩阵与对偶系数矩阵互为转置;

（6）原变量与对偶变量都是非负取值.

它们之间的关系可以用表 2－5 表示.

表 2－5　原问题与对偶问题关系图

		c_1	c_2	$\cdots$	c_n	原关系	max z
		x_1	x_2	$\cdots$	x_n		
b_1	y_1	a_{11}	a_{12}	$\cdots$	a_{1n}	$\leqslant$	b_1
b_2	y_2	a_{21}	a_{22}	$\cdots$	a_{2n}	$\leqslant$	b_2
$\vdots$	$\vdots$	$\vdots$	$\vdots$		$\vdots$	$\vdots$	$\vdots$
b_m	y_m	a_{m1}	a_{m2}	$\cdots$	a_{mn}	$\leqslant$	b_m
对偶关系		$\geqslant$	$\geqslant$	$\cdots$	$\geqslant$	max z = min w	
min w		c_1	c_2	$\cdots$	c_n		

表 2－5 中粗线所围区域为原问题,虚线所围区域为对偶问题.

例 2.2　将下列问题作为原问题,写出其对偶问题.

$$\min w = 12y_1 + 16y_2 + 15y_3$$
$$\text{s. t.} \begin{cases} 2y_1 + 4y_2 & \geqslant 2 \\ 2y_1 + & 5y_3 \geqslant 3 \\ y_1, y_2, y_3 \geqslant 0 \end{cases}$$

解　先改写为原问题的对称形式

$$\max w' = -12y_1 - 16y_2 - 15y_3$$
$$\text{s. t.} \begin{cases} -2y_1 - 4y_2 & \leqslant -2 \\ -2y_1 - & 5y_3 \leqslant -3 \\ y_1, y_2, y_3 \geqslant 0 \end{cases}$$

再写出对偶问题

$$\min z = -2x_1 - 3x_2$$
$$\text{s. t.} \begin{cases} -2x_1 - 2x_2 \geqslant -12 \\ -4x_1 \qquad \geqslant -16 \\ \qquad -5x_2 \geqslant -15 \\ x_1, x_2 \geqslant 0 \end{cases}$$

最后简化得到所给问题的对偶问题：

$$\max z' = 2x_1 + 3x_2$$

$$\text{s. t.} \begin{cases} 2x_1 + 2x_2 \leqslant 12 \\ 4x_1 \qquad\ \ \leqslant 16 \\ \qquad\ \ 5x_2 \leqslant 15 \\ x_1, x_2 \geqslant 0 \end{cases}$$

　　不难发现当把 LP_2 当作原问题时，求出的对偶问题就是 LP_1. 这就是**互为对偶关系**.

　　若 D 是 P 的对偶问题，则 P 也是 D 的对偶问题，或者说对偶问题的对偶问题是原问题.

2.2.3　非对称形式的对偶问题

　　例 2.3　写出下列问题的对偶问题：

$$\min z = 7x_1 + 4x_2 - 3x_3$$

$$\text{s. t.} \begin{cases} -4x_1 + 2x_2 - 6x_3 \leqslant 24 \\ -3x_1 - 6x_2 - 4x_3 \geqslant 15 \\ \qquad\quad 5x_2 + 3x_3 = 30 \\ x_1 \leqslant 0, x_2\ \text{无约束}, x_3 \geqslant 0 \end{cases}$$

　　解　第一步，已知问题不是对称形式的问题，先改写为小目标下的对称形式. 注意第三个约束是等式，等价于两个不等式 $5x_2 + 3x_3 \geqslant 30$ 和 $5x_2 + 3x_3 \leqslant 30$，再将 $5x_2 + 3x_3 \leqslant 30$ 转换成 $-5x_2 - 3x_3 \geqslant -30$，其他变换类似于第一章中标准化方法.

　　令 $x_1' = -x_1$，$x_2 = x_2' - x_2''$，于是得模型

　　（LP'）　$\min z = -7x_1' + 4x_2' - 4x_2'' - 3x_3$

$$\text{s. t.} \begin{cases} -4x_1' - 2x_2' + 2x_2'' + 6x_3 \geqslant -24 \\ 3x_1' - 6x_2' + 6x_2'' - 4x_3 \geqslant 15 \\ \qquad\ \ 5x_2' - 5x_2'' + 3x_3 \geqslant 30 \\ \qquad -5x_2' + 5x_2'' - 3x_3 \geqslant -30 \\ x_1', x_2', x_2'', x_3 \geqslant 0 \end{cases}$$

　　第二步，根据对称形式的对偶定义写出上式的对偶问题.

　　（DP'）　$\max w = -24t_1 + 15t_2 + 30t_3 - 30t_4$

$$\text{s. t.} \begin{cases} -4t_1 + 3t_2 \qquad\qquad\qquad \leqslant -7 \\ -2t_1 - 6t_2 + 5t_3 - 5t_4 \leqslant 4 \\ 2t_1 + 6t_2 - 5t_3 + 5t_4 \leqslant -4 \\ 6t_1 - 4t_2 + 3t_3 - 3t_4 \leqslant -3 \\ t_1, t_2, t_3, t_4 \geqslant 0 \end{cases}$$

　　第三步，化简 DP' 得所给问题的对偶问题.

　　令 $y_1 = -t_1$，$y_2 = t_2$，$y_3 = t_3 - t_4$，得

$$（DP）\quad \max w = 24y_1 + 15y_2 + 30y_3$$

$$\text{s.t.} \begin{cases} -4y_1 - 3y_2 \geqslant 7 \\ 2y_1 - 6y_2 + 5y_3 = 4 \\ -6y_1 - 4y_2 + 3y_3 \leqslant -3 \\ y_1 \leqslant 0, y_2 \geqslant 0, y_3 \text{ 无约束} \end{cases}$$

观察结果,从中得到线性规划问题与其对偶问题的对应关系,归纳为表 2-6 所示.

表 2-6　线性规划问题与其对偶问题关系表

原问题(或对偶问题)			对偶问题(或原问题)	
目标函数　max z			目标函数　min w	
约束条件	m 个	m 个	变量	
	$\leqslant$	$\geqslant 0$		
	$\geqslant$	$\leqslant 0$		
	$=$	无约束		
变量	n 个	n 个	约束条件	
	$\geqslant 0$	$\geqslant$		
	$\leqslant 0$	$\leqslant$		
	无约束	$=$		
约束条件的右端项			目标函数的系数	
目标函数的系数			约束条件的右端项	

求任意一个线性规划问题的对偶问题的原则:若原问题对称,则对偶问题对称;若原问题不对称,则对偶问题不对称,且两个问题中一个问题的变量对应另一个问题的约束条件.如例 2.3 可以解释为

$$\min z = 7x_1 + 4x_2 - 3x_3 \quad \longleftrightarrow \quad \max w = 24y_1 + 15y_2 + 30y_3$$
$$-4x_1 + 2x_2 - 6x_3 \leqslant 24 \quad \longleftrightarrow \quad y_1 \leqslant 0$$
$$-3x_1 - 6x_2 - 4x_3 \geqslant 15 \quad \longleftrightarrow \quad y_2 \geqslant 0$$
$$5x_2 + 3x_3 = 30 \quad \longleftrightarrow \quad y_3 \text{ 无约束}$$
$$x_1 \leqslant 0 \quad \longleftrightarrow \quad -4y_1 - 3y_2 \geqslant 7$$
$$x_2 \text{ 无约束} \quad \longleftrightarrow \quad 2y_1 - 6y_2 + 5y_3 = 4$$
$$x_3 \geqslant 0 \quad \longleftrightarrow \quad -6y_1 - 4y_2 + 3y_3 \leqslant -3$$

第三节　对偶问题的基本性质

本节将从理论上讨论一对对偶问题之间更为深刻的关系.为简便起见,我们针对原

问题 P 和对偶问题 D 是对称形式(2.2.1),(2.2.2) 展开讨论.

性质 1(弱对偶性)　设 $\overline{\boldsymbol{X}}$ 和 $\overline{\boldsymbol{Y}}$ 分别是问题 P 和 D 的可行解,则必有 $\boldsymbol{C}\overline{\boldsymbol{X}} \leqslant \boldsymbol{b}^{\mathrm{T}}\overline{\boldsymbol{Y}}$.

证　因为 $\overline{\boldsymbol{X}}$ 是原问题 P 的可行解,$\overline{\boldsymbol{Y}}$ 是对偶问题 D 的可行解,所以 $\boldsymbol{A}\overline{\boldsymbol{X}} \leqslant \boldsymbol{b}$,从而得到

$$\overline{\boldsymbol{Y}}^{\mathrm{T}}\boldsymbol{A}\overline{\boldsymbol{X}} \leqslant \overline{\boldsymbol{Y}}^{\mathrm{T}}\boldsymbol{b}$$

又 $\boldsymbol{A}^{\mathrm{T}}\overline{\boldsymbol{Y}} \geqslant \boldsymbol{C}^{\mathrm{T}}$,得到

$$\overline{\boldsymbol{X}}^{\mathrm{T}}\boldsymbol{A}^{\mathrm{T}}\overline{\boldsymbol{Y}} \geqslant \overline{\boldsymbol{X}}^{\mathrm{T}}\boldsymbol{C}^{\mathrm{T}}, \quad \text{即} \quad \overline{\boldsymbol{Y}}^{\mathrm{T}}\boldsymbol{A}\overline{\boldsymbol{X}} \geqslant \boldsymbol{C}\overline{\boldsymbol{X}}$$

所以

$$\boldsymbol{C}\overline{\boldsymbol{X}} \leqslant \overline{\boldsymbol{Y}}^{\mathrm{T}}\boldsymbol{A}\overline{\boldsymbol{X}} \leqslant \overline{\boldsymbol{Y}}^{\mathrm{T}}\boldsymbol{b} = \boldsymbol{b}^{\mathrm{T}}\overline{\boldsymbol{Y}}$$

注　由以上证明可知,在互为对偶的一对原问题和对偶问题中,不管原问题求极大或极小,求极大的目标函数值一定不会超过求极小的目标函数值.

性质 2(最优性)　若 $\boldsymbol{X}^{*}$ 和 $\boldsymbol{Y}^{*}$ 分别是 P 和 D 的可行解,且 $\boldsymbol{C}\boldsymbol{X}^{*} = \boldsymbol{b}^{\mathrm{T}}\boldsymbol{Y}^{*}$,则 $\boldsymbol{X}^{*}$,$\boldsymbol{Y}^{*}$ 分别是问题 P 和 D 的最优解.

证　由弱对偶性,对于原问题 P 的任意可行解 $\overline{\boldsymbol{X}}$ 都有

$$\boldsymbol{C}\overline{\boldsymbol{X}} \leqslant \boldsymbol{b}^{\mathrm{T}}\boldsymbol{Y}^{*}$$

对于对偶问题 D 的任意可行解都有

$$\boldsymbol{b}^{\mathrm{T}}\overline{\boldsymbol{Y}} \geqslant \boldsymbol{C}\boldsymbol{X}^{*}$$

又 $\boldsymbol{C}\boldsymbol{X}^{*} = \boldsymbol{b}^{\mathrm{T}}\boldsymbol{Y}^{*}$,则

$$\boldsymbol{C}\overline{\boldsymbol{X}} \leqslant \boldsymbol{b}^{\mathrm{T}}\boldsymbol{Y}^{*} = \boldsymbol{C}\boldsymbol{X}^{*} \leqslant \boldsymbol{b}^{\mathrm{T}}\overline{\boldsymbol{Y}}$$

所以 $\boldsymbol{C}\overline{\boldsymbol{X}} \leqslant \boldsymbol{C}\boldsymbol{X}^{*}$,$\boldsymbol{b}^{\mathrm{T}}\overline{\boldsymbol{Y}} \geqslant \boldsymbol{b}^{\mathrm{T}}\boldsymbol{Y}^{*}$.由 $\overline{\boldsymbol{X}}$,$\overline{\boldsymbol{Y}}$ 的任意性知 $\boldsymbol{X}^{*}$,$\boldsymbol{Y}^{*}$ 分别是问题 P 和 D 的最优解.

性质 3(无界性)　若原问题有无界解,则其对偶问题无可行解.或叙述为,若对偶问题有无界解,则原问题无可行解.

证　由性质 1 知显然成立.

注　无界性的逆命题不成立.若原问题无可行解,则其对偶问题可能无可行解,也可能有无界解,此时可以统称为对偶问题无最优解.

例 2.4　已知原问题 P 和对偶问题 D 如下,分析最优解的情况.

(1) $P:\min w = x_1$

$$\text{s. t.} \begin{cases} x_1 + x_2 \geqslant 1 \\ -x_1 - x_2 \geqslant 1 \\ x_1, x_2 \text{ 取值无约束} \end{cases}$$

$D:\max z = y_1 + y_2$

$$\text{s. t.} \begin{cases} y_1 - y_2 = 1 \\ y_1 - y_2 = 0 \\ y_1, y_2 \geqslant 0 \end{cases}$$

(2) $P:\min w = x_1$

$$\text{s. t.} \begin{cases} x_1 + x_2 \geqslant 1 \\ -x_1 - x_2 \geqslant 1 \\ x_1, x_2 \geqslant 0 \end{cases}$$

$D:\max z = y_1 + y_2$

$$\text{s. t.} \begin{cases} y_1 - y_2 \leqslant 1 \\ y_1 - y_2 \leqslant 0 \\ y_1, y_2 \geqslant 0 \end{cases}$$

解　(1) 由图解法易知(1)中 P 无可行解,D 也无可行解;

(2) P 无可行解,D 有无界解.

一般地,对于给定的原问题 P 和对偶问题 D,共有下列 3 种情况:

① P 和 D 都有最优解;

② P 和 D 都无可行解;

③ 一个问题无可行解,另一个问题有无界解.

性质 4（对偶定理）　若原问题有最优解,则对偶问题一定有最优解,且有相同的目标函数值,即 $z_{\max} = w_{\min}$.

证　设 X^* 是原问题 P 的最优解.对应的基 B 必有 $C - C_B B^{-1} A \leqslant 0$,且松弛变量检验数 $-C_B B^{-1} \leqslant 0$.

定义 $Y^* = C_B B^{-1}$,则 $A^T Y^* \geqslant C^T$,且 $Y^* \geqslant 0$,因此 Y^* 是对偶问题的可行解,而且 $CX^* = C_B B^{-1} b = b^T Y^*$,由最优性,$Y^*$ 是对偶问题的最优解.

推论　若原问题有一个对应于基 B 的最优解,那么此时的单纯形乘子 $Y^T = C_B B^{-1}$ 是对偶问题的最优解.

注　若原问题有最优解,则在最终单纯形表中,原问题(对偶问题)的最优解(基变量的值)在第三列,而对偶问题(原问题)的最优解是松弛(剩余)变量检验数的相反数.例如,在表 1-7 中,原问题的最优解是 $X = (3,3,0,4,0)^T, z_{\max} = 15$,而对偶问题的最优解是 $Y = (1,0,1/5,0,0)^T, w_{\min} = 15$.

性质 5（互补松弛性）　在线性规划问题的最优解中,如果对应某一约束条件的对偶变量值为非零,则该约束条件取严格等式;反之,如果约束条件取严格不等式,则对应的对偶变量一定为零.即

(1) 如果 $y_i^* > 0$,则 $\sum\limits_{j=1}^{n} a_{ij} x_j^* = b_i$;如果 $\sum\limits_{j=1}^{n} a_{ij} x_j^* < b_i$,则 $y_i^* = 0$.

(2) 如果 $x_j^* > 0$,则 $\sum\limits_{i=1}^{m} a_{ij} y_i^* = c_j$;如果 $\sum\limits_{i=1}^{m} a_{ij} y_i^* > c_j$,则 $x_j^* = 0$.

证　设 $x_j^* \, (j = 1, 2, \cdots, n)$ 和 $y_i^* \, (i = 1, 2, \cdots, m)$ 分别为 P 和 D 的最优解.由性质 1 有

$$\sum_{j=1}^{n} c_j x_j^* \leqslant \sum_{i=1}^{m} \sum_{j=1}^{n} a_{ij} x_j^* y_i^* \leqslant \sum_{i=1}^{m} b_i y_i^*$$

又由性质 2 有

$$\sum_{j=1}^{n} c_j x_j^* = \sum_{i=1}^{m} b_i y_i^*$$

则

$$\sum_{j=1}^{n} c_j x_j^* = \sum_{i=1}^{m} \sum_{j=1}^{n} a_{ij} x_j^* y_i^* = \sum_{i=1}^{m} b_i y_i^*$$

移项得

$$\sum_{i=1}^{m} \Big(\sum_{j=1}^{n} a_{ij} x_j^* - b_i \Big) y_i^* = 0$$

又 $y_i^* \geqslant 0, a_{ij} x_j^* \leqslant b_i$,则 $(a_{ij} x_j^* - b_i) y_i^* \leqslant 0$,即对于任意 $i = 1, 2, \cdots, m$,有

$$\Big(\sum_{j=1}^{n} a_{ij} x_j^* - b_i \Big) y_i^* = 0$$

因此若 $y_i^* > 0$,则 $\sum\limits_{j=1}^{n} a_{ij} x_j^* = b_i$;若 $\sum\limits_{j=1}^{n} a_{ij} x_j^* < b_i$,则 $y_i^* = 0$.

综上所述,可知(1)成立,同理得(2)成立.

通常把最优解中取值非零的变量称为**松变量**,而取值为 0 的变量称为**紧变量**;将最优解代入约束条件中成为严格不等式的称为**松约束**,而成为严格等式的称为**紧约束**.于是

互补松弛性可以叙述如下:在最优解下原问题中的松变量对应对偶问题中的紧约束,而原问题中的松约束对应对偶问题中的紧变量. 常把互补松弛性称为"由松得紧性".

性质 6 P 和 D 之间存在一对互补的基解,互补性有以下 3 个含义:

(1) 原变量对应对偶剩余变量,原松弛变量对应对偶变量;

(2) 互相对应的变量在一个问题中是基变量,在另一个问题中是非基变量;

(3) 互补的基解对应的目标函数值相等.

证 由前面的讨论可知最终表的检验数可用单纯形乘子 $Y^T = C_B B^{-1}$ 进行计算,即

$$\sigma'_j = c_j - C_B P'_j = c_j - Y^T P_j$$

或

$$-\sigma_j = z_j - c_j = Y^T P_j - c_j$$

所以

$$\sum_{i=1}^{m} a_{ij} y_i - (z_j - c_j) = c_j$$

其中 $(z_j - c_j)$ 相当于对偶约束条件中的剩余变量. 又与原问题最优解中的基变量对应的对偶变量取值为零,故对偶问题中非零变量的个数不超过对偶问题的约束条件数,且不难证明这些非零变量对应的系数列向量线性无关,故检验数行的相反数 $-\sigma_j$ 或 $(z_j - c_j)$ 恰好是对偶问题的基解. 又有 $z = CX = C_B B^{-1} b = Y^T b = w$,表明这对互补的基解代入各自目标函数后函数值相等.

例 2.5 比较例 2.2 中两个互为对偶的线性规划问题的变量的对应关系.

解 两者分别添加松弛变量和剩余变量后化为

$$(LP_1) \quad \max z = 2x_1 + 3x_2 + 0x_3 + 0x_4 + 0x_5$$

$$\text{s. t.} \begin{cases} 2x_1 + 2x_2 + x_3 = 12 \\ 4x_1 + x_4 = 16 \\ 5x_2 + x_5 = 15 \\ x_1, x_2, x_3, x_4, x_5 \geqslant 0 \end{cases}$$

$$(LP_2) \quad \min w = 12y_1 + 16y_2 + 15y_3 + 0y_4 + 0y_5$$

$$\text{s. t.} \begin{cases} 2y_1 + 4y_2 - y_4 = 2 \\ 2y_1 + 5y_3 - y_5 = 3 \\ y_1, y_2, y_3, y_4, y_5 \geqslant 0 \end{cases}$$

再用单纯形法和两阶段法求得两个问题的最终单纯形表分别如表 2-7 和表 2-8 所示.

表 2-7 LP_1 最终单纯形表

c_j			原问题变量		原问题的松弛变量		
C_B	X_B	b	x_1	x_2	x_3	x_4	x_5
2	x_1	3	1	0	1/2	0	$-1/5$
0	x_4	4	0	0	-2	1	4/5
3	x_2	3	0	1	0	0	1/5
$-\sigma_j$			0	0	1	0	1/5
			y_4	y_5	y_1	y_2	y_3
			对偶问题的剩余变量		对偶问题变量		

表 2 - 8 LP_2 最终单纯形表

c_j			对偶问题变量			对偶问题的剩余变量	
C_B	X_B	b	y_1	y_2	y_3	y_4	y_5
12	y_1	1	1	2	0	$-1/2$	0
15	y_3	1/5	0	$-4/5$	1	1/5	$-1/5$
$-\sigma_j$			0	4	0	3	3
			x_3	x_4	x_5	x_1	x_2
			原问题的松弛变量			原问题变量	

从这两张表中可以清楚地看出两个问题变量之间的对应关系,使得我们只需要求解其中一个问题,从最终单纯形表中同时可以得到另一个问题的最优解.

根据上述对偶问题的性质,在一对互补的基解中,若原问题是可行解,对偶问题也是可行解,则相应解分别是两个问题的最优解;若原问题是可行解,而对偶问题是非可行解,则相应解代入目标函数后有 $z < z_{\max}$;若原问题是非可行解,而对偶问题是可行解,则相应解代入目标函数后有 $z > z_{\max}$;若互补的基解都非可行解,则不能判定大小. 以上关系可用表格形式叙述,如表 2-9 所示.

表 2 - 9 互补基解的对应关系

一对互补的基解代入目标函数		原问题	
		可行解	非可行解
对偶问题	可行解	最优解	$z > z_{\max}$
	非可行解	$z < z_{\max}$	不确定

例 2.6 试用例 2.5 比较两个互为对偶问题间的互补基解.

解 两个问题各有 8 个基解,表 2 - 10 中列出了它们的全部基解及对应关系.

表 2 - 10 线性规划问题与其对偶问题基解关系

序号	原问题 LP_1					是否可行	$z = w$	对偶问题 LP_2					是否可行
	x_1	x_2	x_3	x_4	x_5			y_1	y_2	y_3	y_4	y_5	
1	4	3	-2	0	0	否	17	0	1/2	3/5	0	0	是
2	3	3	0	4	0	是	15*	1	0	1/5	0	0	是
3	4	2	0	0	5	是	14	3/2	$-1/4$	0	0	0	否
4	4	0	4	0	15	是	8	0	1/2	0	0	-3	否
5	6	0	0	-8	15	否	12	1	0	0	0	-1	否
6	0	3	6	16	0	是	9	0	0	3/5	-2	0	否
7	0	6	0	16	-15	否	18	3/2	0	0	1	0	是
8	0	0	12	16	15	是	0	0	0	0	-2	-3	否

注:表中标 * 号的为两个问题的最优解.

第四节 对偶问题最优解的经济解释 —— 影子价格

从第三节对偶问题的基本性质可知,如果原问题 P 有最优解 $\boldsymbol{X}^*$,那么对偶问题 D 有互补的最优 $\boldsymbol{Y}^*$,而且代入目标函数有 $z = \sum_{j=1}^{n} c_j x_j^* = \sum_{i=1}^{m} b_i y_i^*$,其中 y_i^* 的值代表在资源最优利用条件下,对第 i 种资源的估价. 所以对偶变量 y_i^* 的意义是:若目标函数是利润,则 y_i 表示对一个单位的第 i 种资源的利润估计,称为第 i 种资源的影子利润;如果目标函数是销售金额,则 y_i 表示对一个单位的第 i 种资源的价格估计,称为影子价格. 但我们讨论时将 y_i^* 统称为第 i 种资源的**影子价格**(Shadow price). 这种价格不是资源的市场价格,而是根据资源在生产中做出贡献的大小而做出的估计.

影子价格主要有以下特点:

(1) 资源的市场价格只随市场的供求关系变化,在企业内通常是稳定的,而它的影子价格则依赖于资源的利用情况. 当企业生产任务、产品结构或工艺技术条件等情况发生变化时,影子价格也将随之变化,在企业内通常是不稳定的.

(2) 影子价格是一种边际价格. 在 $z = \sum_{i=1}^{m} b_i y_i$ 中对 b_i 求偏导数得到 $\frac{\partial z}{\partial b_i} = y_i$,即 y_i 表示 z 对 b_i 的变化率. 这说明 y_i 的值相当于在给定的生产条件下,当资源拥有量 b_i 每增加一个单位时目标函数 z 的增量.

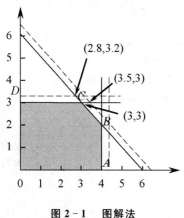

图 2-1 图解法

图 2-1 是例 1.1 用图解法求解时的情形,图中阴影部分为可行域,点 $C(3,3)$ 是最优解,代入目标函数得 $z_{\max} = 15$. 若该问题的设备可多用 1 个单位,即第一个约束右端项 b_1 增加 1 个单位,相对应的直线往上平移,得最优解是 $(3.5,3)$,则 $z = 16$,即 z 的增量 $\Delta z = 1$,对应 $y_1 = 1$,设备的影子价格为 1 百元. 类似地,若 b_2 增加 1 个单位,最优解不变,仍是 $(3,3)$,则 $\Delta z = 0$,对应 $y_2 = 0$,原材料 A 的影子价格为 0. 若 b_3 增加 1 个单位,最优解是 $(2.8,3.2)$,则 $\Delta z = 0.2$,对应 $y_3 = 0.2$,原材料 B 的影子价格为 0.2 百元. 即:在该厂现有资源和现有生产方案下,设备的每小时租费为 100 元,1 kg 原材料 A 可按原成本出让,1 kg 原材料 B 出让费为除成本外再附加 20 元.

(3) 影子价格是一种机会成本. 在纯市场条件下,设第 i 种资源的单位市场价格为 m_i,而影子价格为 y_i. 若目标函数是销售金额,当 $y_i > m_i$ 时,企业愿意购进这种资源,可获单位纯利为 $y_i - m_i$,则有利可图;当 $y_i < m_i$ 时,企业愿意有偿转让这种资源,可获单位纯利为 $m_i - y_i$,否则企业无利可图,甚至亏损. 随着资源的买进和卖出,它的影子价格也将随之发生变化,一直到影子价格和单位市场价格保持同等水平时,才处于平衡状态.

（4）影子价格的大小客观地反映了各种不同资源在系统内的稀缺程度. 由对偶问题的互补松弛性知,在资源的最优配置下,若资源 b_i 未得到充分利用,则影子价格 y_i 为 0;若影子价格 y_i 大于 0,则表明该资源 b_i 在生产中已经耗完. 从而可以利用影子价格为不同资源的稀缺程度进行评级,影子价格越高,说明资源在系统内越稀缺.

（5）用影子价格解释检验数的经济意义. 因为

$$\sigma_j = c_j - C_B B^{-1} P_j = c_j - \sum_{i=1}^{m} a_{ij} y_i$$

$\sum_{i=1}^{m} a_{ij} y_i$ 是生产一个单位该种产品所消耗的各项资源的影子价格的总和,常称为该产品的**隐含成本**. 当产品的单价（或利润）大于隐含成本时,表明生产该项产品有利,可在计划中安排该项产品;否则用这些资源来生产其他产品更有利,即不在生产计划中安排该项产品. 这就是单纯形法中各个检验数的经济意义.

（6）一般对线性规划问题的求解是确定资源的最优分配方案,而对于对偶问题的求解则是确定对资源的恰当估价. 这种估价直接涉及资源的最有效利用. 具体来说,影子价格的意义就在于使管理者掌握增加何种资源对企业更有利,并了解花多大代价买进资源或卖出资源是合适的,也可为新产品的定价提供依据. 总之,掌握影子价格可使有限资源发挥出更大的经济效益.

第五节　对偶单纯形法

2.5.1　对偶单纯形法的基本思路

对偶单纯形法是求解线性规划的另一种基本方法. 它是根据单纯形法的原理和对偶问题的基本性质设计出来的. 单纯形法可以解释为:在保持原问题可行性的前提下,使目标函数值不断增大,向对偶问题可行解的方向迭代. 这样的算法也称为**原始单纯形法**.

由对偶问题的基本性质可以知道,单纯形表中同时反映原问题与对偶问题互补的基解,故可以从求对偶问题最优解的角度来求解原问题的最优解. 即求解对偶问题时,应在保持对偶问题可行性的前提下,使目标函数值不断减少,向原问题可行解的方向迭代. 或者说,求解线性规划问题时,在保持检验数全非正的前提下,可以从原问题的一个基解（一般不是基可行解）开始,逐步迭代使目标函数值减少,当迭代到原问题出现可行解时,即找到了该问题的最优解,这就是**对偶单纯形法**. 不能简单地将其理解为求解对偶问题的单纯形法.

2.5.2　对偶单纯形法的计算步骤

第一步,建立检验数全部非正的初始单纯形表;

第二步,所有右端常数项 $b_i \geqslant 0$,则最优解已经达到,否则进入第三步;

第三步,按照下列要求进行基变换:

按 $\min_i \{ (B^{-1}b)_i \,|\, (B^{-1}b)_i < 0 \} = (B^{-1}b)_l$ 对应的变量 x_l 为换出变量;

计算比值 $\theta_k = \min \left\{ \dfrac{\sigma_j}{a_{lj}} \,\middle|\, a_{lj} < 0 \right\}$,并选取 θ_k 所对应的列的非基变量 x_k 为换入变量;

称 a_{lk} 为主元素或主元,仍用方括号[ ]标记.利用主元进行基变换,即通过矩阵的初等行变换,把 x_k 所对应的列向量变为单位列向量,即主元 a_{lk} 变为1,同列中其他元素变为0,转第二步.

说明:使用对偶单纯形法时,初始表中检验数必须全部为 $\sigma_j \leqslant 0$,即保证对偶问题为可行解.

例 2.7　用对偶单纯形法求解线性规划问题:

$$\min w = 12y_1 + 16y_2 + 15y_3$$
$$\text{s. t.}\begin{cases}2y_1 + 4y_2 \qquad\quad \geqslant 2 \\ 2y_1 \qquad\quad + 5y_3 \geqslant 3 \\ y_1,y_2,y_3 \geqslant 0\end{cases}$$

解　先化为标准形式

$$\max w' = -12y_1 - 16y_2 - 15y_3 + 0y_4 + 0y_5$$
$$\text{s. t.}\begin{cases}2y_1 + 4y_2 \quad - y_4 \quad = 2 \\ 2y_1 \quad + 5y_3 \quad - y_5 = 3 \\ y_i \geqslant 0, \quad i = 1,2,3,4,5\end{cases}$$

再将两个等式约束条件两边乘以 -1,可得到含有单位矩阵的模型

$$\max w' = -12y_1 - 16y_2 - 15y_3 + 0y_4 + 0y_5$$
$$\text{s. t.}\begin{cases}-2y_1 - 4y_2 \quad + y_4 \quad = -2 \\ -2y_1 \quad - 5y_3 \quad + y_5 = -3 \\ y_i \geqslant 0, \quad i = 1,2,3,4,5\end{cases}$$

列单纯形表计算,如表 2-11 所示.

表 2-11　单纯形表

c_j			-12	-16	-15	0	0
C_B	X_B	b	y_1	y_2	y_3	y_4	y_5
0	y_4	-2	-2	-4	0	1	0
0	y_5	-3	-2	0	$[-5]$	0	1
	σ_j		-12	-16	-15	0	0
	θ		6	$-$	3	$-$	$-$

表 2-11 中,基变量 y_4,y_5 的取值都小于0,选择其中最小的对应变量 y_5 为换出变量.依照比值的计算规则,只有负系数才有对应的比值,即 $\theta = \min\left\{\dfrac{-12}{-2}, -, \dfrac{-15}{-5}, -, -\right\} = 3$. 故变量 y_3 为换入变量,从而元素 -5 为主元(用[ ]标记).这个计算过程可直接在表中进行.利用初等行变换将 $[-5]$ 变为 1,此列其他系数变为 0,得到新的单纯形表(见表 2-12).

表 2-12　新的单纯形表

C_B	X_B	b	y_1	y_2	y_3	y_4	y_5
		c_j	-12	-16	-15	0	0
0	y_4	-2	$[-2]$	-4	0	1	0
-15	y_3	$3/5$	$2/5$	0	1	0	$-1/5$
	σ_j		-6	-16	0	0	-3
	θ		3	4	$-$	$-$	$-$

表中 y_4 为换出变量. 依照比值的计算规则 $\theta = \min\left\{\dfrac{-6}{-2}, \dfrac{-16}{-4}, -, -, -\right\} = 3$. 故变量 y_1 为换入变量,从而元素 -2 为主元,再将 $[-2]$ 变为 1,此列其他系数变为 0,得到新的单纯形表(见表 2-13).

表 2-13　最终单纯形表

C_B	X_B	b	y_1	y_2	y_3	y_4	y_5
		c_j	-12	-16	-15	0	0
-12	y_1	1	1	2	0	$-1/2$	0
-15	y_3	$1/5$	0	$-4/5$	1	$1/5$	$-1/5$
	σ_j		0	-4	0	-3	-3

表 2-13 中所有基变量的取值均非负,得到最优解 $\boldsymbol{Y}^* = (1,0,1/5)^{\mathrm{T}}, w_{\min} = 15$. 进一步由于非基变量的检验数全小于 0,该问题有唯一最优解. 同时也得到对偶问题的最优解 $\boldsymbol{X}^* = (3,3,0,4,0)^{\mathrm{T}}, z_{\max} = 15$.

注　(1)用对偶单纯形法求解线性规划问题时,当约束条件为 $\geqslant$ 时,不必引入人工变量,可使计算简化. 但是在初始单纯形表中其对偶问题应是基可行解(即检验数全非正). 这一点对于任意线性规划问题很难实现. 因此对偶单纯形法一般不单独使用,而主要应用于下一节将要介绍的灵敏度分析中.

(2)由对偶问题的基本性质知:当对偶问题有可行解时,原问题可能有可行解,也可能无可行解. 对后一种情况的判断准则是:当某个基变量的取值 b_r 小于 0 时,且这一行所有的系数都非负,即 $a_{rj} \geqslant 0\,(j = 1, 2, \cdots, n)$. 此时不妨假设对应的第 r 行的约束方程为

$$x_r + a_{r,m+1}x_{m+1} + \cdots + a_{rn}x_n = b_r$$

因为 $a_{rj} \geqslant 0\,(j = m+1, m+2, \cdots, n)$,且 $b_r < 0$,所以不可能存在满足 $x_j \geqslant 0\,(j = 1, 2, \cdots, n)$ 的解. 故原问题无可行解,这时对偶问题的目标函数值无界.

第六节　　灵敏度分析

广义灵敏度分析又称敏感性分析或优化分析,是对系统或事物因周围条件变化而显示出来的敏感程度的分析.若敏感性太强,则说明最优解的稳定性程度较低.具体到线性规划问题中的**灵敏度分析**是指研究基础数据发生波动后对最优解的影响,即分析问题中一个或多个参数发生变化时,最优解将如何改变;或者分析参数在一个怎样的范围内变化时,问题的最优解不变.已知线性规划问题如下:

$$\max z = \boldsymbol{CX}$$
$$\text{s. t.} \begin{cases} \boldsymbol{AX} = \boldsymbol{b} \\ \boldsymbol{X} \geqslant \boldsymbol{0} \end{cases}$$

前面我们假定问题中的 $\boldsymbol{A}, \boldsymbol{b}, \boldsymbol{C}$ 都是已知的,但实际上这是一些估计或预测的数字.通常将需要进行分析的参数分成 3 组:

c_j —— 目标函数系数的变化,即市场条件的改变;

b_i —— 约束右端项的变化,即资源拥有量的改变;

$\boldsymbol{P}_j$ —— 约束左端系数的变化,即工艺技术条件的改变.

而实际问题中可能发生变化的还有增加一种新产品或增加一道新工序等.

当线性规划问题中的一个或者几个参数变化时,可以用单纯形法从头开始计算,看最优解有无变化.这样做思路简单,但计算很麻烦.单纯形法的迭代计算是从一组基向量变换为另一组基向量,每一步迭代得到的数字只随基向量的不同选择而改变.因此有可能把个别参数的变化直接在计算得到的最优单纯形表上体现出来.再直接对该表进行修改,观察这些参数变化后是否仍然满足最优解的要求.若不满足,则继续迭代,直到找到最优解为止.因此,灵敏度分析的主要步骤如下:

第一步,利用最终单纯形表将变化后的结果按下述基本原则修改最终表.

(1) c_j 的变化:

$$(c_j - z_j) = c_j - \sum_{i=1}^{m} a_{ij} y_i^*$$

可以用对偶变量进行计算,也可以直接修改最终表中相关变量的价值,并重新计算检验数;

(2) b_i 的变化:当右端常数 $\boldsymbol{b}$ 变化到 $\boldsymbol{b} + \Delta \boldsymbol{b}$ 时,

$$(\boldsymbol{b} + \Delta \boldsymbol{b})' = \boldsymbol{B}^{-1}(\boldsymbol{b} + \Delta \boldsymbol{b}) = \boldsymbol{B}^{-1}\boldsymbol{b} + \boldsymbol{B}^{-1}\Delta \boldsymbol{b} = \boldsymbol{b}' + (\Delta \boldsymbol{b})', \quad 即 \quad (\Delta \boldsymbol{b})' = \boldsymbol{B}^{-1}\Delta \boldsymbol{b}$$

(3) $\boldsymbol{P}_j$ 的变化:当系数列向量从 $\boldsymbol{P}_j$ 变化到 $\boldsymbol{P}_j'$ 时,最终表中对应的系数列向量变为 $\boldsymbol{B}^{-1}\boldsymbol{P}_j'$;

(4) 增加新产品:相当于增加了一个决策变量,仿照 $\boldsymbol{P}_j$ 变化;

(5) 增加新工序:相当于增加了一个约束条件,直接反映到最终表中.

第二步,在最终表中分别检查原问题和对偶问题是否为可行解.若基变量的取值没有负数,则原问题的基解是可行解;若检验数没有正数,则对偶问题的基解是可行解.

第三步,按表 2-14 所列情况进行.

表 2 - 14　原问题与对偶问题解的几种情况下的处理方法

原问题	对偶问题	结论
可行解	可行解	仍为最优解
可行解	非可行解	用单纯形法继续
非可行解	可行解	用对偶单纯形法继续
非可行解	非可行解	引入人工变量,用单纯形法继续

2.6.1　价值系数 c_j 的变化分析

例 2.8　已知线性规划问题如下,试分析 λ_1 和 λ_2 分别在什么范围内变化时,问题的最优解不变.

$$\max z = (2+\lambda_1)x_1 + (3+\lambda_2)x_2$$

$$\text{s. t.} \begin{cases} 2x_1 + 2x_2 \leqslant 12 \\ 4x_1 \qquad\quad \leqslant 16 \\ \qquad\quad 5x_2 \leqslant 15 \\ x_1, x_2 \geqslant 0 \end{cases}$$

解　当 $\lambda_1 = \lambda_2 = 0$ 时,上述线性规划问题就是第一章的例 1.1,对应的最终单纯形表如表 2 - 15 所示.

表 2 - 15　最终单纯形表

	c_j		2	3	0	0	0
C_B	X_B	b	x_1	x_2	x_3	x_4	x_5
2	x_1	3	1	0	1/2	0	$-1/5$
0	x_4	4	0	0	-2	1	4/5
3	x_2	3	0	1	0	0	1/5
	σ_j		0	0	-1	0	$-1/5$

(1) 当 $\lambda_2 = 0$ 时分析 λ_1 的影响,将 λ_1 反映到表 2 - 15 得到表 2 - 16.

表 2 - 16　新的单纯形表

	c_j		$2+\lambda_1$	3	0	0	0
C_B	X_B	b	x_1	x_2	x_3	x_4	x_5
$2+\lambda_1$	x_1	3	1	0	1/2	0	$-1/5$
0	x_4	4	0	0	-2	1	4/5
3	x_2	3	0	1	0	0	1/5
	σ_j		0	0	$-1-1/2\lambda_1$	0	$-1/5+1/5\lambda_1$

为使表 2 - 16 中的解为最优解,条件是

$$\begin{cases} -1-\dfrac{1}{2}\lambda_1 \leqslant 0 \\ -\dfrac{1}{5}+\dfrac{1}{5}\lambda_1 \leqslant 0 \end{cases}$$

当 $-2\leqslant\lambda_1\leqslant 1,\lambda_2=0$ 时,满足要求.

(2)当 $\lambda_1=0$ 时分析 λ_2 的影响,将 λ_2 反映到表 2-15 得到表 2-17.

表 2-17　新的单纯形表

c_j			2	$3+\lambda_2$	0	0	0
C_B	X_B	b	x_1	x_2	x_3	x_4	x_5
2	x_1	3	1	0	1/2	0	$-1/5$
0	x_4	4	0	0	-2	1	4/5
$3+\lambda_2$	x_2	3	0	1	0	0	1/5
σ_j			0	0	-1	0	$-1/5-1/5\lambda_2$

为使表 2-17 中的解为最优解,条件是

$$-\frac{1}{5}-\frac{1}{5}\lambda_2 \leqslant 0$$

当 $-1\leqslant\lambda_2<+\infty,\lambda_1=0$ 时,满足要求.

综上所述,为使最优解不变,必须满足

$$\begin{cases} -2\leqslant\lambda_1\leqslant 1 \\ \lambda_2=0 \end{cases} \quad 或 \quad \begin{cases} \lambda_1=0 \\ -1\leqslant\lambda_2<+\infty \end{cases}$$

2.6.2　右端常数 b_i 的变化分析

例 2.9　已知线性规划问题如下,试分析 λ_1,λ_2 和 λ_3 分别在什么范围内变化时,问题的最优基不变.

$$\max z = 2x_1+3x_2$$
$$\text{s. t.} \begin{cases} 2x_1+2x_2 \leqslant 12+\lambda_1 \\ 4x_1 \quad\quad\ \leqslant 16+\lambda_2 \\ \quad\quad 5x_2 \leqslant 15+\lambda_3 \\ x_1,x_2 \geqslant 0 \end{cases}$$

解　当 $\lambda_1=\lambda_2=\lambda_3=0$ 时,上述线性规划问题就是第一章的例1.1,对应的最终单纯形表如表 2-15 所示,其中

$$b'=\begin{bmatrix} 3 \\ 4 \\ 3 \end{bmatrix}, \quad B^{-1}=\begin{bmatrix} \dfrac{1}{2} & 0 & -\dfrac{1}{5} \\ -2 & 1 & \dfrac{4}{5} \\ 0 & 0 & \dfrac{1}{5} \end{bmatrix}$$

(1)当 $\lambda_2=\lambda_3=0$ 时,分析 λ_1 的影响.

$$\Delta \boldsymbol{b} = \begin{pmatrix} \lambda_1 \\ 0 \\ 0 \end{pmatrix}, \quad 则 (\Delta \boldsymbol{b})' = \boldsymbol{B}^{-1} \Delta \boldsymbol{b} = \begin{pmatrix} \dfrac{1}{2} & 0 & -\dfrac{1}{5} \\ -2 & 1 & \dfrac{4}{5} \\ 0 & 0 & \dfrac{1}{5} \end{pmatrix} \begin{pmatrix} \lambda_1 \\ 0 \\ 0 \end{pmatrix} = \begin{pmatrix} \dfrac{1}{2}\lambda_1 \\ -2\lambda_1 \\ 0 \end{pmatrix}$$

使问题最优基不变的条件为

$$(\boldsymbol{b} + \Delta \boldsymbol{b})' = \begin{pmatrix} 3 \\ 4 \\ 3 \end{pmatrix} + \begin{pmatrix} \dfrac{1}{2}\lambda_1 \\ -2\lambda_1 \\ 0 \end{pmatrix} = \begin{pmatrix} 3 + \dfrac{1}{2}\lambda_1 \\ 4 - 2\lambda_1 \\ 3 \end{pmatrix} \geqslant \begin{pmatrix} 0 \\ 0 \\ 0 \end{pmatrix}$$

解得 $-6 \leqslant \lambda_1 \leqslant 2$.

(2) 当 $\lambda_1 = \lambda_3 = 0$ 时,分析 λ_2 的影响.

$$\Delta \boldsymbol{b} = \begin{pmatrix} 0 \\ \lambda_2 \\ 0 \end{pmatrix}, \quad 则 (\Delta \boldsymbol{b})' = \boldsymbol{B}^{-1} \Delta \boldsymbol{b} = \begin{pmatrix} \dfrac{1}{2} & 0 & -\dfrac{1}{5} \\ -2 & 1 & \dfrac{4}{5} \\ 0 & 0 & \dfrac{1}{5} \end{pmatrix} \begin{pmatrix} 0 \\ \lambda_2 \\ 0 \end{pmatrix} = \begin{pmatrix} 0 \\ \lambda_2 \\ 0 \end{pmatrix}$$

使问题最优基不变的条件为

$$(\boldsymbol{b} + \Delta \boldsymbol{b})' = \begin{pmatrix} 3 \\ 4 + \lambda_2 \\ 3 \end{pmatrix} \geqslant \begin{pmatrix} 0 \\ 0 \\ 0 \end{pmatrix}$$

解得 $-4 \leqslant \lambda_2 < +\infty$.

(3) 当 $\lambda_1 = \lambda_2 = 0$ 时,分析 λ_3 的影响.

$$\Delta \boldsymbol{b} = \begin{pmatrix} 0 \\ 0 \\ \lambda_3 \end{pmatrix}, \quad 则 (\Delta \boldsymbol{b})' = \boldsymbol{B}^{-1} \Delta \boldsymbol{b} = \begin{pmatrix} \dfrac{1}{2} & 0 & -\dfrac{1}{5} \\ -2 & 1 & \dfrac{4}{5} \\ 0 & 0 & \dfrac{1}{5} \end{pmatrix} \begin{pmatrix} 0 \\ 0 \\ \lambda_3 \end{pmatrix} = \begin{pmatrix} -\dfrac{1}{5}\lambda_3 \\ \dfrac{4}{5}\lambda_3 \\ \dfrac{1}{5}\lambda_3 \end{pmatrix}$$

使问题最优基不变的条件为

$$(\boldsymbol{b} + \Delta \boldsymbol{b})' = \begin{pmatrix} 3 - \dfrac{1}{5}\lambda_3 \\ 4 + \dfrac{4}{5}\lambda_3 \\ 3 + \dfrac{1}{5}\lambda_3 \end{pmatrix} \geqslant \begin{pmatrix} 0 \\ 0 \\ 0 \end{pmatrix}$$

解得 $-5 \leqslant \lambda_3 \leqslant 15$.

综上所述,使问题最优基不变的条件为

$$\begin{cases} -6 \leqslant \lambda_1 \leqslant 2 \\ \lambda_2 = \lambda_3 = 0 \end{cases} \quad 或 \quad \begin{cases} \lambda_1 = \lambda_3 = 0 \\ -4 \leqslant \lambda_2 < +\infty \end{cases} \quad 或 \quad \begin{cases} \lambda_1 = \lambda_2 = 0 \\ -5 \leqslant \lambda_3 \leqslant 15 \end{cases}$$

2.6.3　增加一个变量的分析

例 2.10　已知线性规划问题如下,若增加一个变量 x_6(相当于例 1.1 中生产一种新药品),且 $c_6 = 4$,$\boldsymbol{P}_6 = (2,4,5)^{\mathrm{T}}$,试分析问题最优解的变化.

$$\max z = 2x_1 + 3x_2$$

$$\text{s. t.} \begin{cases} 2x_1 + 2x_2 \leqslant 12 \\ 4x_1 \qquad\quad \leqslant 16 \\ \qquad\quad 5x_2 \leqslant 15 \\ x_1, x_2 \geqslant 0 \end{cases}$$

解　当没有变量 x_6 时由第一章的例 1.1 得该线性规划问题的最终单纯形表,如表 2-15 所示,其中

$$\boldsymbol{B}^{-1} = \begin{pmatrix} \dfrac{1}{2} & 0 & -\dfrac{1}{5} \\ -2 & 1 & \dfrac{4}{5} \\ 0 & 0 & \dfrac{1}{5} \end{pmatrix}$$

已知 $\boldsymbol{P}_6 = \begin{pmatrix} 2 \\ 4 \\ 5 \end{pmatrix}$,故

$$\boldsymbol{P}_6' = \boldsymbol{B}^{-1}\boldsymbol{P}_6 = \begin{pmatrix} \dfrac{1}{2} & 0 & -\dfrac{1}{5} \\ -2 & 1 & \dfrac{4}{5} \\ 0 & 0 & \dfrac{1}{5} \end{pmatrix} \begin{pmatrix} 2 \\ 4 \\ 5 \end{pmatrix} = \begin{pmatrix} 0 \\ 4 \\ 1 \end{pmatrix}$$

在表 2-15 中增加一列并继续用单纯形法求解得到表 2-18.

表 2-18　新的单纯形表

C_B	X_B	b	x_1	x_2	x_3	x_4	x_5	x_6	θ
	c_j		2	3	0	0	0	4	
2	x_1	3	1	0	1/2	0	$-1/5$	0	—
0	x_4	4	0	0	-2	1	4/5	4	1
3	x_2	3	0	1	0	0	1/5	1	3
	σ_j		0	0	-1	0	$-1/5$	1	
2	x_1	3	1	0	1/2	0	$-1/5$	0	
4	x_6	1	0	0	$-1/2$	1/4	1/5	1	
3	x_2	2	0	1	$-1/2$	$-1/4$	0	0	
	σ_j		0	0	$-1/2$	$-1/4$	$-2/5$	0	

故新的最优解为 $x_1 = 3$,$x_2 = 2$,$x_6 = 1$,$z_{\max} = 16$.注意结果中最优基发生了改变.

2.6.4 增加一个约束条件的分析

增加一个约束条件在实际问题中相当于增添一道工序. 分析的方法是先将原问题最优解代入新增的约束条件. 若满足, 则说明新增的约束未起到限制作用, 原最优解不变. 否则将新增的约束直接反映到最终单纯形表中, 得到一个非标准单纯形表, 用矩阵的初等行变换将其化为标准表, 再进一步分析.

例 2.11 已知线性规划问题如下, 若增加一个约束条件 $3x_1 + 2x_2 \leqslant 14$, 试分析问题最优解的变化.

$$\max z = 2x_1 + 3x_2$$

$$\text{s.t.} \begin{cases} 2x_1 + 2x_2 \leqslant 12 \\ 4x_1 \quad\quad\ \leqslant 16 \\ \quad\quad 5x_2 \leqslant 15 \\ x_1, x_2 \geqslant 0 \end{cases}$$

解 当没有增加新约束条件时由第一章的例 1.1 得该线性规划问题的最终单纯形表, 如表 2-15 所示.

将表 2-15 中最优解 $x_1 = 3$, $x_2 = 3$ 代入 $3x_1 + 2x_2 \leqslant 14$, 不满足新的约束条件. 引入松弛变量 x_6 将新约束化为 $3x_1 + 2x_2 + x_6 = 14$, 并加进表 2-15, 得表 2-19.

表 2-19 新的单纯形表

	c_j		2	3	0	0	0	0
C_B	X_B	b	x_1	x_2	x_3	x_4	x_5	x_6
2	x_1	3	1	0	1/2	0	$-1/5$	0
0	x_4	4	0	0	-2	1	4/5	0
3	x_2	3	0	1	0	0	1/5	0
0	x_6	14	3	2	0	0	0	1
	σ_j		0	0	-1	0	$-1/5$	-1

表 2-19 中没有单位矩阵, 将其化为标准单纯形表得到表 2-20.

表 2-20 新的单纯形表

	c_j		2	3	0	0	0	0
C_B	X_B	b	x_1	x_2	x_3	x_4	x_5	x_6
2	x_1	3	1	0	1/2	0	$-1/5$	0
0	x_4	4	0	0	-2	1	4/5	0
3	x_2	3	0	1	0	0	1/5	0
0	x_6	-1	0	0	$-3/2$	0	1/5	1
	σ_j		0	0	-1	0	$-1/5$	0

此时,原问题非可行解而对偶问题为可行解,故用对偶单纯形法继续计算,如表 2 - 21 所示.

表 2 - 21　新的单纯形表

c_j			2	3	0	0	0	0
C_B	X_B	b	x_1	x_2	x_3	x_4	x_5	x_6
2	x_1	3	1	0	1/2	0	$-1/5$	0
0	x_4	4	0	0	-2	1	4/5	0
3	x_2	3	0	1	0	0	1/5	0
0	x_6	-1	0	0	$[-3/2]$	0	1/5	1
	σ_j		0	0	-1	0	$-1/5$	0
	θ		—	—	2/3	—	—	
2	x_1	8/3	1	0	0	0	$-2/15$	1/3
0	x_4	16/3	0	0	0	1	14/15	4/3
3	x_2	3	0	1	0	0	1/5	0
0	x_3	2/3	0	0	1	0	$-2/15$	$-2/3$
	σ_j		0	0	0	0	$-1/15$	$-2/3$

得到唯一最优解 $X = (8/3, 3, 2/3, 16/3, 0, 0)^{\mathrm{T}}$,此时 $z_{\max} = 43/3$.

习　　题　　2

1. 已知某线性规划的初始单纯形表和最终单纯形表分别如表 2 - 22 和表 2 - 23 所示,请把表中空白处的数字填上,并指出最优基 B 及 B^{-1}.

表 2 - 22　初始单纯形表

c_j			2	-1	1	0	0	0
C_B	X_B	b	x_1	x_2	x_3	x_4	x_5	x_6
0	x_4		3	1	1	1	0	0
0	x_5		1	-1	2	0	1	0
0	x_6		1	1	-1	0	0	1
	σ_j		2	-1	1	0	0	0

表 2 - 23　最终单纯形表

C_B	X_B	b	x_1	x_2	x_3	x_4	x_5	x_6
	c_j		2	-1	1	0	0	0
0	x_4	10					-1	-2
2	x_1	15					$1/2$	$1/2$
-1	x_2	5					$-1/2$	$1/2$
	σ_j							

2. 直接写出下列线性规划问题的对偶问题：

(1) $\max z = 3x_1 - x_2 + x_3$

$$\text{s. t.} \begin{cases} x_1 + 2x_2 + x_3 \leqslant 4 \\ -x_1 + 2x_2 - 4x_3 \geqslant 1 \\ x_1 - x_2 + 3x_3 = 1 \\ x_1 \geqslant 0, x_2 \leqslant 0, x_3 \text{ 无约束} \end{cases}$$

(2) $\min z = 2x_1 - x_2 + 3x_3 + x_4$

$$\text{s. t.} \begin{cases} x_1 + 2x_2 - x_3 - x_4 \leqslant 4 \\ -x_1 + x_2 + 2x_3 = 2 \\ 2x_1 + x_3 + 2x_4 \geqslant 1 \\ x_1 \geqslant 0, x_2 \leqslant 0, x_3, x_4 \text{ 无约束} \end{cases}$$

(3) $\min z = \sum_{i=1}^{m} \sum_{j=1}^{n} c_{ij} x_{ij}$

$$\text{s. t.} \begin{cases} \sum_{j=1}^{n} x_{ij} = a_i, \quad i = 1, 2, \cdots, m \\ \sum_{i=1}^{m} x_{ij} = b_j, \quad j = 1, 2, \cdots, n \\ x_{ij} \geqslant 0, \quad i = 1, 2, \cdots, m; \ j = 1, 2, \cdots, n \end{cases}$$

(4) $\max z = \sum_{j=1}^{n} c_j x_j$

$$\text{s. t.} \begin{cases} \sum_{j=1}^{n} a_{ij} x_j \leqslant b_i, \quad i = 1, 2, \cdots, m_1, m_1 < m \\ \sum_{j=1}^{n} a_{ij} x_j = b_i, \quad i = m_1 + 1, m_1 + 2, \cdots, m \\ x_j \geqslant 0, \quad j = 1, 2, \cdots, n_1, n_1 < n \\ x_j \text{ 无约束}, \quad j = n_1 + 1, n_1 + 2, \cdots, n \end{cases}$$

3. 已知线性规划问题：

$$\max z = x_1 + x_2$$

$$\text{s. t.} \begin{cases} -x_1 + x_2 + x_3 \leqslant 2 \\ -2x_1 + x_2 - x_3 \leqslant 10 \\ x_1, x_2, x_3 \geqslant 0 \end{cases}$$

请用对偶理论证明该问题具有无界解.

4.已知线性规划问题:

$$\max z = 3x_1 + 2x_2$$

$$\text{s. t.}\begin{cases} -x_1 + 2x_2 \leqslant 4 \\ 3x_1 + 2x_2 \leqslant 14 \\ x_1 + 2x_2 \leqslant 3 \\ x_1, x_2 \geqslant 0 \end{cases}$$

请用对偶理论说明原问题与对偶问题都存在最优解.

5.已知线性规划问题:

$$\max z = 3x_1 + 2x_2$$

$$\text{s. t.}\begin{cases} -x_1 + 2x_2 \leqslant 4 \\ 3x_1 + 2x_2 \leqslant 12 \\ x_1 - x_2 \leqslant 3 \\ x_1, x_2 \geqslant 0 \end{cases}$$

(1)用单纯形法求该线性规划问题的最优解和最优值;

(2)写出该线性规划问题的对偶问题;

(3)求对偶问题的最优解和最优值.

6.已知一个极大线性规划问题的最终单纯形表如表2-24所示(其中 x_4, x_5 为松弛变量),请写出原问题和对偶问题的最优解.

表 2 - 24　最终单纯形表

c_j			3/2	2	3	0	0
C_B	X_B	b	x_1	x_2	x_3	x_4	x_5
2	x_2	1	1/5	1	0	3/5	−1/5
3	x_3	3	3/5	0	1	−1/5	2/5
σ_j			−7/10	0	0	−3/5	−4/5

7.已知线性规划问题:

$$\min w = 2x_1 + 3x_2 + 5x_3 + 2x_4 + 3x_5$$

$$\text{s. t.}\begin{cases} x_1 + x_2 + 2x_3 + x_4 + 3x_5 \geqslant 4 \\ 2x_1 - x_2 + 3x_3 + x_4 + x_5 \geqslant 3 \\ x_1, x_2, x_3, x_4, x_5 \geqslant 0 \end{cases}$$

其对偶问题的最优解为 $y_1^* = 4/5, y_2^* = 3/5, z^* = 5$,试用对偶理论求原问题的最优解.

8.已知线性规划问题:

$$\min z = 8x_1 + 6x_2 + 3x_3 + 6x_4$$

$$\text{s. t.}\begin{cases} x_1 + 2x_2 + x_4 \geqslant 3 \\ 3x_1 + x_2 + x_3 + x_4 \geqslant 6 \\ x_3 + x_4 \geqslant 2 \\ x_1 + x_3 \geqslant 2 \\ x_j \geqslant 0, \quad j = 1,2,3,4 \end{cases}$$

(1)写出对偶问题;

(2)已知原问题的最优解为 $\boldsymbol{X}^* = (1,1,2,0)^\top$,求对偶问题的最优解.

9.用对偶单纯形法求下面线性规划问题:

(1) $\min z = 5x_1 + 2x_2 + 4x_3$

$$\text{s. t.} \begin{cases} 3x_1 + x_2 + 2x_3 \geqslant 4 \\ 6x_1 + 3x_2 + 5x_3 \geqslant 10 \\ x_1, x_2, x_3 \geqslant 0 \end{cases}$$

(2) $\min z = 4x_1 + 12x_2 + 18x_3$

$$\text{s. t.} \begin{cases} x_1 + 3x_3 \geqslant 3 \\ 2x_2 + 2x_3 \geqslant 5 \\ x_1, x_2, x_3 \geqslant 0 \end{cases}$$

10. 已知线性规划问题

$$\max z = 10x_1 + 5x_2$$

$$\text{s. t.} \begin{cases} 3x_1 + 4x_2 \leqslant 9 \\ 5x_1 + 2x_2 \leqslant 8 \\ x_1, x_2 \geqslant 0 \end{cases}$$

的最优表如表 2 - 25 所示.

表 2 - 25　最优表

X_B	b'	x_1	x_2	x_3	x_4
x_2	3/2	0	1	5/14	-3/14
x_1	1	1	0	-1/7	2/7
σ_j	-35/2	0	0	-5/14	-25/14

试分别回答下列问题：

(1) 价值系数 c_1, c_2 分别在什么范围内变动, 最优解不变?

(2) 当约束条件右端项 b_1, b_2 中一个保持不变时, 另一个在什么范围内变化, 原问题最优基保持不变?

(3) 右端常数由 $\begin{pmatrix} 9 \\ 8 \end{pmatrix}$ 变为 $\begin{pmatrix} 11 \\ 19 \end{pmatrix}$ 时, 最优解为多少?

(4) 增加一个变量 x_5, 其在目标函数中的系数 $c_5 = 4$, $P_5 = (2, 1)^T$, 重新确定最优解;

(5) 增加一个新的约束条件 $-x_1 + 2x_2 \leqslant 2$, 原最优解如何变化?

11. 某厂生产甲、乙、丙产品, 有关数据如表 2 - 26 所示.

表 2 - 26　甲、乙、丙产品参数表

产品	原料 A(kg)	原料 B(kg)	单价(元 / 件)
甲	6	3	30
乙	3	4	10
丙	5	5	40
原料限量	450	300	

试分别回答下列问题：

(1) 求该厂收益最大的生产计划;

(2) 若乙、丙单件利润不变, 则甲产品单位利润在什么范围内变化时, 所得最优解不变?

(3) 若有一种新产品丁, 每件消耗原料 A 为 3 kg, B 为 2 kg, 单价为 2.5 元 / 件, 问产品丁是否值得生产? 若答案是肯定的, 请求出新的生产计划?

(4) 若原料 A 紧缺, 除现有量外一时无法购进, 而原料 B 如数量不足可去市场购买, 单价为 5 元 /kg, 问该厂是否应该购买? 若应该, 购进多少为宜?

第三章 运输问题

运输问题是一类特殊的线性规划问题.本章从案例研究入手,首先,描述运输问题的特征,并说明如何用产销平衡表表示此类问题.其次,介绍求解产销平衡运输问题的表上作业法.表上作业法是单纯形法在求解运输问题时的一种简化算法,其实质是单纯形法.值得指出的是,表上作业法是在运筹学发展早期为简化手工计算而提出的,在实际应用时存在弊端,没有应用到商业计算软件中.但用产销平衡表直观地表示问题的方法在建模中十分有意义.最后,介绍运输问题的变形问题及各种应用.有些问题虽然不涉及商品运输,但仍可以看作是运输问题的变形.通过本章的学习,能识别出哪些问题可以看作是运输问题的变形是本章的一个重要目标.

第一节 运输问题及数学模型

3.1.1 运输问题

例 3.1 P&T公司是一家主营生鲜制品加工、销售的企业.它收购新鲜蔬菜并在食品加工厂加工成罐头,然后再把这些罐头食品分销到各地.豌豆罐头是这家公司生产的主要产品之一.这种罐头在 3 个加工厂(A_1,A_2,A_3)加工完成,然后用卡车把它们送到 4 个分销仓库(B_1,B_2,B_3,B_4).对于即将来到的收获季度,公司对每个罐头厂的产量进行了估计,并且给每个仓库从总产量中分配了一定的分销比例.这些数据如表 3-1 所示.公司每辆卡车的运输成本如表 3-2 所示.现在要制订一个使总成本最小的运输计划.

表 3-1 P&T 公司的运输数据表(单位:车)

罐头加工厂	产 量	分销仓库	分销比例	分销量
A_1	7	B_1	15%	3
A_2	4	B_2	30%	6
A_3	9	B_3	25%	5
		B_4	30%	6
总 计	20			20

表 3 - 2　P&T 公司每辆卡车的运输成本表(单位:百元)

分销仓库 加工厂	B₁	B₂	B₃	B₄
A₁	3	11	3	10
A₂	1	9	2	8
A₃	7	4	10	5

为了描述运输问题的模型,我们将给出 P&T 公司问题与运输问题在术语上的对应关系,如表 3 - 3 所示.

表 3 - 3　P&T 公司问题与运输问题在术语上的对应关系

P&T 公司问题	运输问题
运输豌豆罐头的车辆数	运输商品的数量
罐头加工厂	商品运输的出发地(产地)
分销仓库	商品运输的目的地(销地)
罐头加工厂的产量	出发地的供应量(产量)
仓库的分销量	目的地的需求量(销量)
从罐头加工厂到仓库的每车运输成本	从产地到目的地的单位运输成本(单价)

正如表 3 - 3 所示,每个产地都有一定的供应量配送到销地,每个销地都有一定的需求量,接受从产地发出的产品.运输问题的模型在供应量、需求量和运输成本 3 方面做出了如下假设:

(1)需求假设:每个产地都有一个固定的供应量,所有的供应量必须配送到销地.与之类似,每个销地都有一个固定的需求量,整个需求量必须由产地满足.不难推出,这个假设成立的前提是产地的总供应量等于销地的总需求量,简称产销平衡.

(2)成本假设:从任何一个产地到任何一个销地的货物配送成本和所配送的数量成线性关系,因此这个成本就等于配送的单位成本乘以所配送的数量.

综上所述,描述运输问题所需要的数据仅仅是供应量、需求量和单位成本,所有这些参数都可以总结在一个表格中,如表 3 - 4 所示.**运输问题**要解决的是如何以最低配送成本把产地的某一商品配送到每一个销地.如果一个问题的参数可以由表 3 - 4 所示的形式完全描述,且符合需求假设和成本假设,那么这个问题(不管是否涉及运输) 都适用于运输问题模型.

表 3 - 4　P&T 公司问题的参数表

销地 单位运价 产地	B₁	B₂	B₃	B₄	供应量
A₁	3	11	3	10	7
A₂	1	9	2	8	4
A₃	7	4	10	5	9
需求量	3	6	5	6	

3.1.2 运输问题的数学模型

运输问题是一类线性规划问题，我们可以构建它的线性规划模型. 设 x_{ij} 表示产地 i 配送到销地 j 的配送车辆数，其中 $i=1,2,3；j=1,2,3,4$. P&T 公司问题的数学模型为

$$\min z = 3x_{11} + 11x_{12} + 3x_{13} + 10x_{14} + x_{21} + 9x_{22}$$
$$+ 2x_{23} + 8x_{24} + 7x_{31} + 4x_{32} + 10x_{33} + 5x_{34}$$

$$\text{s. t.} \begin{cases} x_{11} + x_{12} + x_{13} + x_{14} = 7 \\ x_{21} + x_{22} + x_{23} + x_{24} = 4 \\ x_{31} + x_{32} + x_{33} + x_{34} = 9 \\ x_{11} + x_{21} + x_{31} = 3 \\ x_{12} + x_{22} + x_{32} = 6 \\ x_{13} + x_{23} + x_{33} = 5 \\ x_{14} + x_{24} + x_{34} = 6 \\ x_{ij} \geqslant 0, \quad i = 1,2,3; j = 1,2,3,4 \end{cases} \tag{3.1.1}$$

运输模型的求解算法具有整数解性质. 只要供应量和需求量都是整数，任何有可行解的运输问题，必然有所有的决策变量都是整数的最优解. 因此，没有必要在模型中加上所有变量都是整数的约束.

更一般地，某种商品有 m 个产地 $A_i(i=1,2,\cdots,m)$，其产量分别为 $a_i(i=1,2,\cdots,m)$；有 n 个销地 $B_j(j=1,2,\cdots,n)$，其销量分别为 $b_j(j=1,2,\cdots,n)$. A_i 到 B_j 的单位运价是 c_{ij}，一般的运输模型为

$$\min z = \sum_{i=1}^{m} \sum_{j=1}^{n} c_{ij} x_{ij}$$

$$\text{s. t.} \begin{cases} \sum_{j=1}^{n} x_{ij} = a_i, \quad i = 1,2,\cdots,m \\ \sum_{i=1}^{m} x_{ij} = b_j, \quad j = 1,2,\cdots,n \\ x_{ij} \geqslant 0, \quad i = 1,2,\cdots,m; j = 1,2,\cdots,n \end{cases} \tag{3.1.2}$$

此模型中有 $m \times n$ 个决策变量，$m+n$ 个约束条件. 前 m 个约束条件表明从每一个产地运往各个销地的物资数量之和等于该产地的产量，后 n 个约束条件表明从各个产地运往每一个销地的物资数量之和等于该销地的销量. 这是因为在产销平衡的条件下，每一个产地的物资必须全部运出才能满足所有销地的销量；同时，调运到每一个销地的物资之和也恰好等于它的销量，否则，无法满足所有销地的需求.

3.1.3 运输问题的表格描述

运输问题可以更为直观地用一种产销平衡运输表（简称为运输表）表示. **运输表**是一种矩阵形式的表格，它的行代表产地，列代表销地. 矩阵中的每一个元素代表相应的产地到销地的配送量（即模型中的一个决策变量），如表 3-5 所示. 为了模型求解的方便，将单位运价列在方格的右上角，并在表格的最后一行和最后一列列出了需求量和供应量. "产

销平衡"在运输表中体现出以下两点：

（1）总供应和总需求的平衡，即总供应量等于总需求量，见表 3-5，即
$$7+4+9=3+6+5+6=20$$

（2）每个供应点和需求点的供需平衡，即填入每行方格的数字之和等于该行最后一个数（每一个产地运往各个销地的物资数量之和等于该产地的供应量）；填入每列方格的数字之和等于该列最后一个数（从各个产地运往每一个销地的物资数量之和等于该销地的需求量）.

表 3-5   P&T 公司问题的运输表

单位运价 销地 产地	B_1		B_2		B_3		B_4		供应量
A_1	x_{11}	3	x_{12}	11	x_{13}	3	x_{14}	10	7
A_2	x_{21}	1	x_{22}	9	x_{23}	2	x_{24}	8	4
A_3	x_{31}	7	x_{32}	4	x_{33}	10	x_{34}	5	9
需求量	3		6		5		6		

观察运输问题的数学模型(3.1.2)，可知其系数矩阵具有以下形式：

$$
\begin{array}{cccccccccccc}
x_{11} & x_{12} & \cdots & x_{1n} & x_{21} & x_{22} & \cdots & x_{2n} & \cdots & x_{m1} & x_{m2} & \cdots & x_{mn}
\end{array}
$$

$$
\boldsymbol{A}=\left[
\begin{array}{cccccccccccc}
1 & 1 & \cdots & 1 & & & & & & & & \\
 & & & & 1 & 1 & \cdots & 1 & & & & \\
 & & & & & & & & \ddots & & & \\
 & & & & & & & & & 1 & 1 & \cdots & 1 \\
1 & & & & 1 & & & & & 1 & & \\
 & 1 & & & & 1 & & & & & 1 & \\
 & & \ddots & & & & \ddots & & & & & \ddots & \\
 & & & 1 & & & & 1 & & & & & 1
\end{array}
\right]
\begin{array}{l}
\left.\rule{0pt}{40pt}\right\} m\ \text{行} \\
\left.\rule{0pt}{40pt}\right\} n\ \text{行}
\end{array}
$$

从 $\boldsymbol{A}$ 可以看出：

（1）系数矩阵的元素均为 1 或 0；

（2）每一列只有两个元素为 1，其余元素均为 0，且两个元素 1 分别处于第 i 行和第 $m+j$ 行，即
$$\boldsymbol{P}_{ij}=(0,\cdots,0,1,0,\cdots,0,1,0,\cdots,0)^{\mathrm{T}}=\boldsymbol{e}_i+\boldsymbol{e}_{m+j}$$

（3）若将该矩阵分块，前 m 行构成 m 个 $m\times n$ 阶矩阵，而且第 k 个矩阵只有第 k 行元素全为 1，其余元素全为 0 $(k=1,2,\cdots,m)$；后 n 行构成 m 个 n 阶单位矩阵；

（4）运输问题的基变量总数是 $m+n-1$.

考虑 $\boldsymbol{A}$ 的增广矩阵 $\overline{\boldsymbol{A}}$ 前 m 行相加之和减去后 n 行相加之和结果是零向量，说明 $m+n$ 个行向量线性相关，因此 $\overline{\boldsymbol{A}}$ 的秩小于 $m+n$.

$$\overline{A} = \begin{matrix} x_{11} & x_{12} & \cdots & x_{1n} & x_{21} & x_{22} & \cdots & x_{2n} & \cdots & x_{m1} & x_{m2} & \cdots & x_{mn} \end{matrix}$$

$$\overline{A} = \left[\begin{array}{cccccccccccc} 1 & 1 & \cdots & 1 & & & & & & & & & a_1 \\ & & & & 1 & 1 & \cdots & 1 & & & & & a_2 \\ & & & & & & & & \ddots & & & & \vdots \\ & & & & & & & & & 1 & 1 & \cdots & 1 & a_m \\ 1 & & & & 1 & & & & & 1 & & & b_1 \\ & 1 & & & & 1 & & & & & 1 & & b_2 \\ & & \ddots & & & & \ddots & & & & & \ddots & \vdots \\ & & & 1 & & & & 1 & & & & & 1 & b_n \end{array}\right] \begin{array}{l} \left.\rule{0pt}{40pt}\right\} m\,\text{行} \\ \left.\rule{0pt}{40pt}\right\} n\,\text{行} \end{array}$$

由 $\overline{A}$ 的第二行至第 $m+n$ 行和前 n 列及 $x_{21}, x_{31}, x_{41}, \cdots, x_{m1}$ 对应的列交叉处元素构成 $m+n-1$ 阶方阵 D.

$$|D| = \left|\begin{array}{ccccc} & 1 & & & \\ & & 1 & & \\ & & & \ddots & \\ 1 & 1 & 1 & \cdots & 1 \\ 1 & & & & \\ & \ddots & & & \\ & & 1 & & \end{array}\right| \xlongequal{\text{按第一列展开}} (-1)^{m+1} \left|\begin{array}{ccc} & & 1 \\ & \ddots & \\ 1 & & \\ 1 & & \\ & \ddots & \\ & & 1 \end{array}\right| \neq 0$$

因此 D 的秩恰好等于 $m+n-1$,又 D 本身就含于 A 中,故 A 的秩也等于 $m+n-1$. 由此可以证明系数矩阵 A 及其增广矩阵 $\overline{A}$ 的秩都是 $m+n-1$. 同时也可以证明 $m+n$ 个约束方程中的任意 $m+n-1$ 个方程都是线性无关的.

第二节　　求解运输模型的表上作业法

表上作业法是根据运输模型的特殊结构,用运输表替代标准的单纯形表完成计算过程. 它是单纯形法在求解运输问题时的一种简化方法,其实质是单纯形法. 表上作业法的基本步骤与单纯形法一致,可分为以下 3 步:

第一步:找出初始基可行解(也称初始调运方案).

第二步:求各非基变量的检验数,判断当前基可行解是否是最优解. 如果已为最优解,则停止计算;否则,转第三步.

第三步:确定换入变量和换出变量,找出新的基可行解(也称新调运方案),转第二步.

下面,通过例 3.1 说明表上作业法的求解过程.

3.2.1　求初始基可行解

在产销平衡的条件下,模型(3.1.2)中只有 $m+n-1$ 个独立方程,即约束条件中有一个方程可以由其他方程线性表示,是多余的. 这意味着运输问题的基本可行解包含 $m+n-1$

个基变量,如例 3.1 的基本可行解包含 $3+4-1=6$ 个基变量.如果用单纯形法求解,需要添加人工变量,计算比较复杂.下面分别介绍两种在运输表中直接求初始基可行解的方法.

关于基可行解在运输表中的表示方法需要说明的是:得出一个运输模型的基可行解后,基变量 x_{ij} 的值填入对应的方格(A_i,B_j)内,并将这种方格称为**数字格**;非基变量取值为 0,其对应的方格不填数字,称为**空格**.

1. 最小元素法

最小元素法的基本思想是就近供应.算法的基本步骤是:

第一步:从运输表中选择运价最小的方格(若有两个以上方格的运价都为最小,可任选其一).

第二步:在所选方格中填入数量尽可能大的调运量.若方格对应产地的供应量不小于其对应销地的需求量,则填入需求量;若供应量小于需求量,则填入供应量.

第三步:调整所选方格对应的供应量和需求量,即供应量(需求量)减去调运量.调整后,若供应量(需求量)为 0,则划掉所选方格所在的行(列);若供应量和需求量同时为 0,则从行或者列中任选一个划掉.

第四步:若运输表中恰有一行(列)没有被划掉,则算法终止;否则,从运输表中没有划掉的方格中选择运价最小的方格,转第二步.

例 3.2　用最小元素法求例 3.1 的初始基可行解.

计算过程如下:

① $x_{21}=3$,划掉 B_1 对应的列,A_2 行对应的供应量调整为 1;

② $x_{23}=1$,划掉 A_2 对应的行,B_3 列对应的需求量调整为 4;

③ $x_{13}=4$,划掉 B_3 对应的列,A_1 行对应的供应量调整为 3;

④ $x_{32}=6$,划掉 B_2 对应的列,A_3 行对应的供应量调整为 3;

⑤ $x_{34}=3$,划掉 A_3 对应的行,B_4 列对应的需求量调整为 3;

⑥ $x_{14}=3$,划掉 A_1 对应的行(或 B_4 对应的列),此时表格中只剩 B_4 列(或 A_1 行)没有划掉,计算终止.

总运费 $z=4\times3+3\times10+3\times1+1\times2+6\times4+3\times5=86$(百元)

表 3-6　用最小元素法求 P&T 公司初始方案

	销地 产地	① B_1	④ B_2	③ B_3	B_4	供应量
⑥	A_1	3	11	4 ⎡3⎤	3 ⎡10⎤	7-4
②	A_2	1 ⎡3⎤	9	2 ⎡1⎤	8	4-3
⑤	A_3	7	4 ⎡6⎤	10	5 ⎡3⎤	9-6
	需求量	3	6	5-1	6-3-3	

2. 伏格尔(Vogel) 近似法

最小元素法以局部观点优先考虑最小运价, 有时为了节省一处的运费, 可能在其他位置多花几倍的运费, 造成整体规划的不合理. 例如, 用最小元素法求表 3-7 的初始解, 首先选择运价最小的方格 (A_1, B_1), 得到 $x_{11} = 20$, 划掉 A_1 行. 这将会使 B_2 不能以最小运价 $c_{12} = 2$ 就近供应, 而以次小运价 $c_{22} = 6$ 供应. 此时, 调运到 B_2 的物资的单位运价就产生了一个惩罚成本 $4(6-2 = 4)$. 类似可得每个产地和销地的惩罚成本(见表 3-8), 优先让惩罚成本大的产地(销地)以最小运费做调运, 可求得表 3-7 的一个新的基可行解(见表 3-8), 即

① $x_{12} = 20$, 划掉 A_1 行, B_2 列的需求量调整为 10;

② $x_{21} = 30$, 划掉 B_1 列, A_2 行的供应量调整为 10;

③ $x_{22} = 10$, 划掉 B_2 列, 终止.

表 3-7　最小元素法求初始解

产地＼销地	B_1	B_2	供应量
① A_1	20 〔1〕	〔2〕	20
③ A_2	10 〔3〕	30 〔6〕	40
需求量	30	30	

表 3-8　根据惩罚成本调整后的初始解

产地＼销地	B_1	B_2	供应量	产地惩罚成本
① A_1	〔1〕	20 〔2〕	20	$2-1=1$
A_2	30 〔3〕	10 〔6〕	$40-30$	$6-3=3$
需求量	30	$30-20$		
销地惩罚成本	$3-1=2$	$6-2=4$		

比较表 3-7 和表 3-8 所示方案的总成本可以发现, 表 3-8 的总成本为 190, 比表 3-7 的总成本 230 少, 说明表 3-8 的方案优于表 3-7. 由上面的分析可以得出: 一个产地(销地)惩罚成本越大, 当不能按最小运价做配送时, 运费增加得越多. 因而对于惩罚成本最大处, 就应优先采用最小运费调运. 伏格尔近似法正是根据上述思想设计的一种求初始基可行解的方法, 算法步骤如下:

第一步: 计算表中各行及各列的惩罚成本, 即

$$行(列)惩罚成本 = 行(列)次低运价 - 行(列)最低运价$$

第二步: 从行或列中找出惩罚成本最大者. 若有几行(列)的惩罚成本同时达到最大,

任选其一. 在所选行(列)的最小运价对应的方格中,填入数量尽可能大的调运量(方法同最小元素法第二步).

第三步:可能出现以下 4 种情况:

(1) 恰有一行(列)没有被划掉,算法终止;

(2) 只有一行(列)的供应量大于 0,根据最小运价确定该行(列)的基变量,并在相应的方格中填入调运量,同时划掉相应的行或列(方法同最小元素法第三步、第四步);

(3) 所有没有被划掉的行(列)的供应量(需求量)均为 0,根据最小元素法确定取值为 0 的基变量,算法终止;

(4) 否则,重新计算没有划掉行(列)惩罚成本,返回第二步.

例 3.3 用伏格尔近似法求表 3-5 的初始方案.

解 为确定第一笔调运量:计算每行(列)惩罚成本,见表 3-9.最大惩罚值为 5,用 □ 标记,对应 B_2 列,B_2 列的最小运费为 $c_{32}=4$,故 $x_{32}=6$.

表 3-9 伏格尔近似法求第一笔调运量

销地 产地	B_1	B_2	B_3	B_4	供应量	行惩罚成本
A_1	3	11	3	10	7	3−3=0
A_2	1	9	2	8	4	2−1=1
A_3	7	4 6	10	5	9	5−4=1
需求量	3	6	5	6		
列惩罚成本	3−1=2	9−4=⑤	3−2=1	8−5=3		

用表 3-9 中未被划掉的元素再分别计算各行、各列的惩罚成本,重复上述计算,直到求出初始解为止. 具体过程如表 3-10 所示.总运费为

$$z = 5 \times 3 + 2 \times 10 + 3 \times 1 + 1 \times 8 + 6 \times 4 + 3 \times 5 = 85(百元)$$

表 3-10 伏格尔近似法求初始解

	销地 产地	③ B_1	① B_2	④ B_3	B_4	供应量	行惩罚成本 ① ② ③ ④
⑥	A_1	3	11	3 5	10 2	7—5	0 0 0 ⑦
⑤	A_2	1 3	9	2 1	8	4—3	1 1 1 6
②	A_3	7	4 6	10	5	9—6	1 2 — —
	需求量	3	6	5	6−3−1−2		
列 惩 罚 成 本	①	2	⑤	1	3		
	②	2	—	1	③		
	③	②	—	1	2		
	④			1	2		

求运输问题的初始方案可以用最小元素法和伏格尔近似法中的任意一种. 一般情况下, 伏格尔近似法求出的初始基可行解比最小元素法求出的更优. 当问题规模较小时, 伏格尔近似法求出的初始解和最优解差别不大, 因此, 伏格尔近似法常用来求运输问题的近似最优解.

3.2.2 最优解的判别

和单纯形法一样, 表上作业法根据检验数判断解的最优性. 因为运输问题的目标函数是极小值函数, 所以当所有空格的检验数大于或等于 0 时, 为最优解. 下面介绍两种求空格检验数的方法.

1. 闭回路法

闭回路是指在给出调运方案的运输表中, 从一个空格 (非基变量) 出发, 由连续的水平和垂直的直线围成, 除起点和终点外其他顶点都是有数字的方格 (基变量) 的封闭回路. 由于任意非基变量均可表示为基变量的唯一线性组合, 因此, 从任一空格出发可以找到, 并且也只能找到唯一一条闭回路. 如表 3-11 所示, 以空格 (A_2, B_4) 为起点的闭回路为 (A_2, B_4)—(A_2, B_3)—(A_1, B_3)—(A_1, B_4)—(A_2, B_4).

表 3-11　闭回路法求空格检验数

销地\产地	B_1	B_2	B_3	B_4	供应量
A_1	3	11	4(+1)　3	3(−1)　10	7
A_2	1　3	9	1(−1)　2	(+1)　8	4
A_3	7	4　6	10	5　3	9
需求量	3	6	5	6	

闭回路法计算检验数的经济解释为: 在已给出初始解的表 3-6 中, 从任一空格出发, 如 (A_2, B_4), 若让 A_2 的产品调运 1 车到 B_4, 为了保持产销平衡, 就要依次做如下调整: (A_2, B_3) 处减少 1 车, (A_1, B_3) 处增加 1 车, (A_1, B_4) 处减少 1 车, 即构成了以 (A_2, B_4) 空格为起点, 其他顶点为数字格的闭回路. 沿着闭回路调整各方格的调运量, 总运费的变化量为

$$(+1) \times 8 + (-1) \times 2 + (+1) \times 3 + (-1) \times 10 = -1 (百元)$$

这表明若空格 (A_2, B_4) 的调运量增加 1 个单位, 总运费减少 1 (百元). 这个费用的变化值就是空格 (A_2, B_4) 的检验数, 记作 σ_{24}. 因此, 检验数的经济含义即为当空格的调运量增加 1 个单位时, 总运费的变化量.

例 3.4　用闭回路法求表 3-6 所有空格的检验数, 并检验当前解是否为最优解.

解　根据闭回路法, 可以计算表 3-6 所有空格的检验数, 如表 3-12 所示. 因为 (A_2, B_4) 的检验数为 −1, 不满足最优性条件, 所以当前解不是最优解.

表 3 - 12 闭回路法求检验数

空 格	闭 回 路	检验数 σ_{ij}
(A_1,B_1)	$(A_1,B_1)-(A_1,B_3)-(A_2,B_3)-(A_2,B_1)-(A_1,B_1)$	1
(A_1,B_2)	$(A_1,B_2)-(A_1,B_4)-(A_3,B_4)-(A_3,B_2)-(A_1,B_2)$	2
(A_2,B_2)	$(A_2,B_2)-(A_2,B_3)-(A_1,B_3)-(A_1,B_4)-(A_3,B_4)-(A_3,B_2)-$ (A_2,B_2)	1
(A_2,B_4)	$(A_2,B_4)-(A_2,B_3)-(A_1,B_3)-(A_1,B_4)-(A_2,B_4)$	-1
(A_3,B_1)	$(A_3,B_1)-(A_3,B_4)-(A_1,B_4)-(A_1,B_3)-(A_2,B_3)-(A_2,B_1)-$ (A_3,B_1)	10
(A_3,B_3)	$(A_3,B_3)-(A_3,B_4)-(A_1,B_4)-(A_1,B_3)-(A_3,B_3)$	12

2. 位势法

用闭回路法求检验数时,需给每个空格找一个闭回路.当产地和销地很多时,这种计算很复杂.下面介绍一种较为简便的方法 —— 位势法.位势法是根据线性规划的互补松弛性理论得出的,我们先说明计算方法,理论证明在后面给出.

运输表中每行和每列对应的乘子,分别称为**行位势**和**列位势**.第 i 行的行位势记作 $u_i(i=1,2,\cdots,m)$,第 j 列的列位势记为 $v_j(j=1,2,\cdots,n)$.对于每个基变量 x_{ij},有

$$c_{ij}=u_i+v_j \qquad (3.2.1)$$

运输问题的基本可行解包含 $m+n-1$ 个基变量.故对于任意基可行解,根据公式(3.2.1)可得到含有 $m+n$ 个未知数,$m+n-1$ 个方程的线性方程组.这组方程的任意一组解(通常令 $u_1=0$)即为所求的位势.已知位势的条件下,空格检验数满足

$$\sigma_{ij}=c_{ij}-(u_i+v_j) \qquad (3.2.2)$$

例 3.5 用位势法求表 3 - 6 所示的基可行解的检验数.

解 第一步:根据式(3.2.1)求位势,如表 3 - 13 所示.

表 3 - 13 位势的计算

基变量	位势方程	解
x_{13}	$c_{13}=3=u_1+v_3$	由 $u_1=0$,得 $v_3=3$
x_{14}	$c_{14}=10=u_1+v_4$	由 $u_1=0$,得 $v_4=10$
x_{21}	$c_{21}=1=u_2+v_1$	由 $u_2=-1$,得 $v_1=2$
x_{23}	$c_{23}=2=u_2+v_3$	由 $v_3=3$,得 $u_2=-1$
x_{32}	$c_{32}=4=u_3+v_2$	由 $u_3=-5$,得 $v_2=9$
x_{34}	$c_{34}=5=u_3+v_4$	由 $v_4=10$,得 $u_3=-5$

总结上表有 $u_1=0,u_2=-1,u_3=-5,v_1=2,v_2=9,v_3=3,v_4=10$.

在实际计算时,不必列出表 3 - 13,可先在运输表上添加一行和一列分别表示行位势和列位势,然后根据式(3.2.1)直接计算,并填入 u_i 和 v_j 相应的方格中,如表 3 - 14 所示.

表 3－14　　运输表上位势法的运用

产地＼销地		$v_1=2$ B$_1$	$v_2=9$ B$_2$	$v_3=3$ B$_3$	$v_4=10$ B$_4$	供应量
$u_1=0$	A$_1$	3	11	3　4	10　3	7
$u_2=-1$	A$_2$	1　3	9	2　1	8	4
$u_3=-5$	A$_3$	7	4　6	10	5　3	9
需求量		3	6	5	6	

第二步：根据式(3.2.2)求非基变量检验数，见表 3－15.

表 3－15　　检验数表

非基变量	检验数
x_{11}	$\sigma_{11}=c_{11}-(u_1+v_1)=3-(0+2)=1$
x_{12}	$\sigma_{12}=c_{12}-(u_1+v_2)=11-(0+9)=2$
x_{22}	$\sigma_{22}=c_{22}-(u_2+v_2)=9-(-1+9)=1$
x_{24}	$\sigma_{24}=c_{24}-(u_2+v_4)=8-(-1+10)=-1$
x_{31}	$\sigma_{31}=c_{31}-(u_3+v_1)=7-(-5+2)=10$
x_{33}	$\sigma_{33}=c_{33}-(u_3+v_3)=10-(-5+3)=12$

以上检验数可标记在运输表相应方格的左下方，如表 3－16 所示.

表 3－16　　运输表上的检验数

产地＼销地		$v_1=2$ B$_1$	$v_2=9$ B$_2$	$v_3=3$ B$_3$	$v_4=10$ B$_4$	供应量
$u_1=0$	A$_1$	3　　1	11　　2	3　4	10　3	7
$u_2=-1$	A$_2$	1　3	9　　1	2　1	8　　-1	4
$u_3=-5$	A$_3$	7　　10	4　6	10　　12	5　3	9
需求量		3	6	5	6	

3.2.3　基可行解的改进

当运输表中空格处出现负检验数时，表明未得到最优解，还可以进行改进. 和单纯形法一样，解的改进方法也分为 3 个步骤：选换入变量，选换出变量，求改进的基可行解.

1. 选换入变量

根据检验数的经济解释,选检验数为负数,且绝对值最大的空格为换入变量(若有两个以上空格的检验数同时满足条件,任选其一). 以表 3－17 为例,选(A_2,B_4)为换入变量.

2. 选换出变量

换入变量的检验数小于 0,说明增大该变量的值会使总运费减小. 因此,在改进基可行解时应尽量使这个值更大. 设改进后换入变量的取值为 θ,θ 的最大取值应满足以下两个条件:

(1) 每个供应点和需求点供需平衡;

(2) 所有变量的取值非负.

由以上两个条件,可确定 θ 的最大取值和换出变量. 首先考虑满足条件(1). 以换入变量对应的空格为起点作一条闭回路. 如表 3－17 所示,换入变量(A_2,B_4)的调运量增加 θ,闭回路上的其他顶点的调运量要做相应调整:(A_2,B_3)和(A_1,B_4)的调运量减少 θ,(A_1,B_3)的调运量增加 θ,可保持运输表的平衡性. 接下来考虑条件(2). 调整后,闭回路上运量减少的基变量应满足

$$x_{14} = 3 - \theta \geqslant 0$$
$$x_{23} = 1 - \theta \geqslant 0$$

由此,最大调整量 $\theta = \min\{3,1\}$. 一般地,θ 取闭回路上需减少运量的调运量的最小值. 同时,(A_2,B_3)的调运量将会减小到 0,成为换出变量. 若调运量减小为 0 的基变量方格不止一个,则任选一个作为换出变量.

表 3－17　　运输表上选换入变量

销地／产地	$v_1=2$ B$_1$	$v_2=9$ B$_2$	$v_3=3$ B$_3$	$v_4=10$ B$_4$	供应量
$u_1=0$　A$_1$	3 ／ 1	11 ／ 2	3 ／ (4+θ)	10 ／ (3-θ)	7
$u_2=-1$　A$_2$	1 ／ 3	9 ／ 1	2 ／ (1-θ)	8 ／ -1	4
$u_3=-5$　A$_3$	7 ／ 10	4 ／ 6	10 ／ 12	5 ／ 3	9
需求量	3	6	5	6	

3. 求改进的基可行解

根据前面的分析可知,只调整闭回路上各顶点方格的调运量,其他方格调运量不变,能得到一个改进的基可行解. 需要注意的是,调整后,换入变量的调运量为 $\theta(0+\theta=\theta)$,其对应的方格由空格变为数字格;换出变量变为非基变量,其对应的方格由数字格变为

空格.表 3-17 的调整结果见表 3-18.由位势法计算新的基可行解的检验数,所有空格的检验数都大于或等于 0,满足最优性条件,求得最优解.

表 3-18　调整后的运输表

产地\销地	$v_1=3$ B$_1$	$v_2=9$ B$_2$	$v_3=3$ B$_3$	$v_4=10$ B$_4$	供应量
$u_1=0$　A$_1$	[3]　0	[11]　2	[3]　5	[10]　2	7
$u_2=-2$　A$_2$	[1]　3	[9]　2	[2]　1	[8]　1	4
$u_3=-5$　A$_3$	[7]　9	[4]　6	[10]　12	[5]　3	9
需求量	3	6	5	6	

综上所述,例 3.1 的最优解如表 3-19 所示.

表 3-19　最优解

产地	销地	调运量(车)
A$_1$	B$_3$	5
A$_1$	B$_4$	2
A$_2$	B$_1$	3
A$_2$	B$_4$	1
A$_3$	B$_2$	6
A$_3$	B$_4$	3

总运费 $z_{\min}=5\times3+2\times10+3\times1+1\times8+6\times4+3\times5=85$(百元)

3.2.4　表上作业法计算中的问题

1. 无穷多最优解

产销平衡的运输问题必定存在最优解.那么是唯一最优解还是无穷多最优解?判断依据与第一章单纯形法描述相似,即某个非基变量的检验数为 0 时,模型有无穷多最优解.如在表 3-18 中,(A$_1$,B$_1$)的检验数为 0,例 3.1 有无穷多最优解.以(A$_1$,B$_1$)为起点,作闭回路,经调整可得另一基最优解,分别如表 3-20,表 3-21 所示.

表 3 - 20　以（A_1,B_1）为起点作闭回路

产地＼销地	B_1	B_2	B_3	B_4	供应量
A_1	3　（+θ）　0	11　2	3　5	10　（2−θ）	7
A_2	1　（3−θ）　2	9　1	2　−1	8　（1+θ）	4
A_3	7　9	4　6	10　12	5　3	9
需求量	3	6	5	6	

表 3 - 21　另一最优解

	销地	$v_1=3$ B_1	$v_2=9$ B_2	$v_3=3$ B_3	$v_4=10$ B_4	供应量
$u_1=0$	A_1	3　2　2	11	3　5	10　0	7
$u_2=-2$	A_2	1　1　2	9　2	2　1	8　3	4
$u_3=-5$	A_3	7　5	4　6	10　12	5　3	9
	需求量	3	6	5	6	

2. 退化解

用表上作业法求解运输问题,在以下两种情况中出现退化解.

(1) 当确定初始解的调运量时,基变量对应的供应量和需求量相等. 如用最小元素法求表 3 - 22 的初始解时,第 1 步选 x_{12} 为基变量,其对应的供应量和需求量相等,在(A_1,B_2)填入 15,任取第 1 行或第 2 列,用一条直线划掉(不妨划掉第 2 列),A_1 的供应量调整为 0;第 2 步选 x_{31} 为基变量,在(A_3,B_1)填入 5,划掉第 1 列,A_3 的供应量调整为 5;第 3 步选 x_{23} 为基变量,在(A_2,B_3)填入 15,划掉第 3 列,A_2 的供应量调整为 10;第 4 步选 x_{14} 为基变量,在(A_1,B_4)填入 0(这个 0 一定要标记出来),划掉第 1 行,B_4 的需求量仍为 15;第 5 步选 x_{34} 为基变量,在(A_3,B_4)填入 5,划掉第 3 行,B_4 的需求量调整为 10;第 6 步选 x_{24} 为基变量,在(A_2,B_4)填入 10,得到初始解,由于出现了基变量为 0 的情况,常称为退化解.

表 3－22　最小元素法求初始解

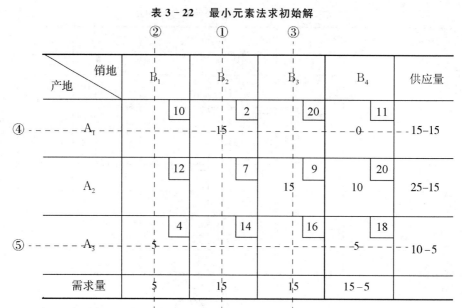

产地 \ 销地	② B$_1$	① B$_2$	③ B$_3$	B$_4$	供应量
④ A$_1$	10	2　15	20	11　0	15-15
A$_2$	12	7	9　15	20　10	25-15
⑤ A$_3$	4　5	14	16	18　5	10-5
需求量	5	15	15	15-5	

（2）用闭回路调整时,调运量减小为 0 的方格不止一个.

运输问题出现退化解时,在相应的方格中一定要填一个 0,以表示此格为数字格. 如表 3-23 给出了一个运输问题的基可行解,且计算出了相应的检验数和调整的闭回路. 调整量 $\theta = \min\{5,5,10\} = 5$,调整后,$(A_1,B_1)$ 和 (A_2,B_2) 调运量减小为 0,但换出变量只能任选其中一个.假设选 x_{11} 为换出变量,则调整后 (A_2,B_2) 应填入 0（见表 3-24）.

表 3－23　基可行解的改进

产地 \ 销地	$v_1=10$ B$_1$	$v_2=2$ B$_2$	$v_3=4$ B$_3$	$v_4=15$ B$_4$	供应量
$u_1=0$ A$_1$	10 $(5-\theta)$	2 $(10+\theta)$	20 16	11 -4	15
$u_2=5$ A$_2$	12 -3	7 $(5-\theta)$	9 15	20 $(5+\theta)$	25
$u_3=3$ A$_3$	4 $(+\theta)$ -9	14 9	16 9	18 $(10-\theta)$	10
需求量	5	15	15	15	

表 3 - 24　调整后的运输表

产地＼销地	B₁	B₂	B₃	B₄	供应量
A₁	10	2 15	20	11	15
A₂	12 0	7 15	9 10	20	25
A₃	4 5	14	16	18 5	10
需求量	5	15	15	15	

3.2.5　位势法的理论证明

上面介绍的运输表的位势法和单纯形法的关系可由对偶理论推导. 设 $u_i(i=1,2,\cdots,m)$, $v_j(j=1,2,\cdots,n)$ 表示模型(3.1.2)的前 m 个产量约束和后 n 个销量约束对应的对偶变量,运输模型的对偶问题可表示为

$$\max w = \sum_{i=1}^{m} a_i u_i + \sum_{j=1}^{n} b_j v_j$$
$$\text{s. t.} \begin{cases} u_i + v_j \leqslant c_{ij} \\ u_i, v_j \text{ 取值无约束}, \quad i=1,2,\cdots,m; j=1,2,\cdots,n \end{cases} \quad (3.2.3)$$

由对偶问题基解的互补性,已知原问题的基解,则对应的对偶问题的基解为 $\boldsymbol{Y} = \boldsymbol{C}_B \boldsymbol{B}^{-1}$, $\boldsymbol{Y} = (u_1,\cdots,u_m,v_1,\cdots,v_n)^{\mathrm{T}}$,将 $\boldsymbol{Y}$ 代入(3.2.3)的约束条件中,原问题基变量对应的约束条件恰好得等式,故原问题的每个基变量有 $c_{ij} = u_i + v_j$ 成立. 又根据单纯形法检验数的计算公式 $\sigma_{ij} = c_{ij} - \boldsymbol{C}_B \boldsymbol{B}^{-1} \boldsymbol{P}_{ij}$,变量 x_{ij} 的检验数等于其对应的对偶约束左边与右边值之差,即

$$\sigma_{ij} = c_{ij} - u_i - v_j, \quad i=1,2,\cdots,m; j=1,2,\cdots,n$$

从而式(3.2.2)成立.

3.2.6　表上作业法的步骤框图

将前面的内容归纳一下,用表上作业法求解运输问题的步骤框图如图 3 - 1 所示.

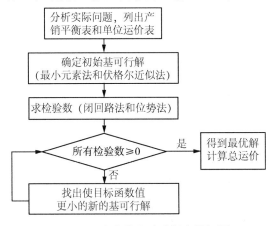

图 3 - 1　表上作业法求解步骤框图

第三节　　特殊的运输问题

3.3.1　产销不平衡的运输问题

前面的表上作业法都是以产销平衡,即

$$\sum_{i=1}^{m} a_i = \sum_{j=1}^{n} b_j$$

为前提的. 但是,实际问题中存在许多产销不平衡的情形,这就需要把产销不平衡的问题转化为产销平衡的问题.

当产大于销,即

$$\sum_{i=1}^{m} a_i > \sum_{j=1}^{n} b_j$$

时,供应点存在多余的物资,考虑就地保存,相应的数学模型为

$$\min z = \sum_{i=1}^{m} \sum_{j=1}^{n} c_{ij} x_{ij}$$

$$\text{s. t.} \begin{cases} \sum_{j=1}^{n} x_{ij} \leqslant a_i, & i = 1, 2, \cdots, m \\ \sum_{i=1}^{m} x_{ij} = b_j, & j = 1, 2, \cdots, n \\ x_{ij} \geqslant 0, & i = 1, 2, \cdots, m; j = 1, 2, \cdots, n \end{cases} \tag{3.3.1}$$

要利用表上作业法求解这个问题,需将模型(3.3.1)转化为产销平衡的运输模型. 假设一个销地 B_{n+1},其需求量为

$$b_{n+1} = \sum_{i=1}^{m} a_i - \sum_{j=1}^{n} b_j$$

产地 A_i 多余的库存量假想为配送到 B_{n+1} 的调运量 $x_{i,n+1}(i = 1, 2, \cdots, m)$. 由于这部分调运量是虚拟的,任意产地到 B_{n+1} 的单位运价 $c_{i,n+1} = 0$ $(i = 1, 2, \cdots, m)$. 这样就把一个产销不平衡的问题转化为产销平衡问题,可以用表上作业法求解.

类似地,当销大于产,即

$$\sum_{i=1}^{m} a_i < \sum_{j=1}^{n} b_j$$

时,销地的需求不能被完全满足,存在缺货假想供应. 可以虚设一个产地 A_{m+1},其供应量

$$a_{m+1} = \sum_{j=1}^{n} b_j - \sum_{i=1}^{m} a_i$$

销地 B_j 的缺货量假想为从 A_{m+1} 的调运量 $x_{m+1,j}(j = 1, 2, \cdots, n)$,其单位运价 $c_{m+1,j} = 0$ $(j = 1, 2, \cdots, n)$,有时也要看情形而定.

例 3.6　设有产量分别为 $30, 50, 60$ 的 3 个原料产地 A_1, A_2, A_3. 要将原料运往需求量分别为 $15, 10, 40, 45$ 的 4 个销地 B_1, B_2, B_3, B_4,单位运价如表 3-25 所示. 试求总运费最少的调运方案.

表 3 - 25　单位运价表

产地＼销地	B₁	B₂	B₃	B₄
A₁	3	5	8	4
A₂	7	4	8	6
A₃	10	3	5	2

解　问题中总产量为 140，总销量为 110，为产大于销的不平衡运输问题. 增加一个虚拟的销地 B_5，需求量 $b_5 = 30$，且单位运价 $c_{i5} = 0, i = 1,2,3$，由此可得产销平衡表，如表 3 - 26 所示.

表 3 - 26　产销平衡表

产地＼销地	B₁	B₂	B₃	B₄	B₅	供应量
A₁	3	5	8	4	0	30
A₂	7	4	8	6	0	50
A₃	10	3	5	2	0	60
需求量	15	10	40	45	30	

用表上作业法求表 3 - 26.

（1）利用伏格尔近似法求初始基可行解，如表 3 - 27 所示.

表 3 - 27　伏格尔近似法求初始基可行解

		②	④	③		①					
产地＼销地		B₁	B₂	B₃	B₄	B₅	供应量		行惩罚成本		
								①	②	③	④
⑥	A₁	3 ·15	5	8	4 ·15	0	30−15	3	1	1	1
	A₂	7	4 ·10	8	6 ·10	0 ·30	50−30−10	4	2	2	2
⑤	A₃	10	3	5 ·40	2 ·20	0	60−40	2	1	1	1
需求量		15	10	40	45−20−15	30					
列惩罚成本	①	4	1	3	2	0					
	②	4	1	3	2						
	③		1	3	2						
	④		1		2						

此时总运费 $z = 15 \times 3 + 15 \times 4 + 10 \times 4 + 10 \times 6 + 30 \times 0 + 40 \times 5 + 20 \times 2 = 445$.

（2）用位势法求初始基可行解的检验数，如表 3 - 28 所示.

表 3 - 28　　检验数及初始基可行解的改进

销地 产地	$v_1=3$ B_1	$v_2=2$ B_2	$v_3=7$ B_3	$v_4=4$ B_4	$v_5=-2$ B_5
$u_1=0$　A$_1$	3 15 	5 　 3	8 　 1	4 15 	0 　 2
$u_2=2$　A$_2$	7 　 2	4 10 	8 $(+\theta)$ -1	6 $(10-\theta)$	0 30
$u_3=-2$　A$_3$	10 　 9	3 　 3	5 $(40-\theta)$	2 $(20+\theta)$	0 　 4

由表 3 - 28 的检验数知（A$_2$，B$_3$）的检验数小于 0，不满足最优性条件，需要改进.

（3）求改进的基可行解.

选（A$_2$，B$_3$）对应的非基变量 x_{23} 为换入变量，从（A$_2$，B$_3$）出发作闭回路，如表 3 - 28 中箭头所示.取调整量 $\theta = \min\{10,40\} = 10$，确定换出变量为 x_{24}，得到改进的基可行解，如表 3 - 29 所示，此时总运费 $z = 435$.

（4）用位势法求改进后基可行解的检验数，如表 3 - 29 所示.

表 3 - 29　　改进后基可行解及检验数

销地 产地	$v_1=3$ B_1	$v_2=3$ B_2	$v_3=7$ B_3	$v_4=4$ B_4	$v_5=-1$ B_5
$u_1=0$　A$_1$	3 15 	5 　 2	8 　 1	4 15 	0 　 1
$u_2=1$　A$_2$	7 　 3	4 10 	8 10 	6 　 1	0 30
$u_3=-2$　A$_3$	10 　 9	3 　 2	5 30 	2 30 	0 　 3

由表 3 - 29 的检验数知，已求得最优解，最优解如表 3 - 30 所示.

表 3 - 30　总运费最少的调运方案

产地	销地	调运量
A_1	B_1	15
A_1	B_4	15
A_2	B_2	10
A_2	B_3	10
A_3	B_3	30
A_3	B_4	30

总运费 $z_{\min} = 15 \times 3 + 15 \times 4 + 10 \times 4 + 10 \times 8 + 30 \times 5 + 30 \times 2 + 30 \times 0 = 435.$
其中 $x_{25} = 30$,说明产地 A_2 库存 30 个单位的原料.

3.3.2　多商品运输问题

例 3.7　汽车公司生产 4 种不同型号的汽车 MG_1, MG_2, MG_3, MG_4, 它有 3 个生产基地 A_1, A_2, A_3, 2 个分销中心 B_1, B_2. A_1 厂生产 MG_1, MG_2, MG_4 型汽车, A_2 厂生产 MG_1, MG_2 型汽车, A_3 厂生产 MG_3, MG_4 型汽车. 每个生产基地的生产能力和每个分销中心的销售能力如表 3-31 所示. 生产基地到分销中心的单位运价见表 3-32, 求使总运费最小的运输方案.

表 3 - 31　汽车公司生产与销售数据表

产品型号		MG_1	MG_2	MG_3	MG_4	总量
生产基地	A_1	500	600	—	400	1 500
	A_2	800	400	—	—	1 200
	A_3	—	—	700	300	1 000
分销中心	B_1	700	500	500	600	2 300
	B_2	600	500	200	100	1 400

表 3 - 32　汽车公司运输成本表

生产基地 ＼ 分销中心	B_1	B_2
A_1	100	108
A_2	102	68
A_3	80	215

解　这虽然是一个产销平衡的运输问题, 但问题涉及 4 种型号汽车的运输, 不能直接用表上作业法求解. 因为每种型号的汽车的供求量相互独立, 所以可以分别对应每种汽车建立相应的运输模型, 逐一求解, 从而得到问题的最优解. 这样做的计算量将比较

大. 此题可将多产品运输转化为一种产品的运输问题 —— 即将生产(销售)多种型号汽车的生产基地(分销中心)转化为只生产(销售)一种型号汽车的生产基地(分销中心),这是解决这个问题的核心. 以生产基地 A_1 为例, A_1 生产 3 种型号的汽车 MG_1,MG_2,MG_4, 可将 A_1 看作由 3 个生产工厂组成,分别生产不同型号的汽车,即将 A_1 替换为 $A_1 - MG_1$, $A_1 - MG_2$,$A_1 - MG_4$. 类似地,将 B_1 替换为 4 个需求地 $B_1 - MG_1$,$B_1 - MG_2$,$B_1 - MG_3$, $B_1 - MG_4$. 因为 $A_1 - MG_1$ 只代表生产 MG_1 型汽车的工厂,所以 $A_1 - MG_1$ 不能调运给需求地 $B_1 - MG_2$,$B_1 - MG_3$,$B_1 - MG_4$,相应的单位运价设为 M,M 是一个充分大的正数. 根据上面的方法,可将这个问题转化为产销平衡的运输问题(见表 3 - 33),再用表上作业法求解. 具体求解过程不再赘述.

表 3 - 33　替换后的产销平衡表

生产基地 \ 分销中心		B_1				B_2				供应量
		MG_1	MG_2	MG_3	MG_4	MG_1	MG_2	MG_3	MG_4	
A_1	MG_1	100	M	M	M	108	M	M	M	500
	MG_2	M	100	M	M	M	108	M	M	600
	MG_4	M	M	M	100	M	M	M	108	400
A_2	MG_1	102	M	M	M	68	M	M	M	800
	MG_2	M	102	M	M	M	68	M	M	400
A_3	MG_3	M	M	80	M	M	M	215	M	700
	MG_4	M	M	M	80	M	M	M	215	300
需求量		700	500	500	600	600	500	200	100	

3.3.3　需求有上、下限的运输问题

例 3.8　设有 3 个化肥厂(A,B,C)供应 4 个地区(Ⅰ,Ⅱ,Ⅲ,Ⅳ)的农用化肥. 假定等量的化肥在这些地区的使用效果相同. 各化肥厂年产量、各地区年需要量及从各化肥厂到各地区的单位运价如表 3 - 34 所示. 试求总运费最小的化肥调运方案.

表 3 - 34　化肥厂供应数据表(单位:万元 / 万吨)

化肥厂 \ 地区	Ⅰ	Ⅱ	Ⅲ	Ⅳ	产量(万吨)
A	16	13	22	17	50
B	14	13	19	15	60
C	19	20	23	—	50
最低需求(万吨)	30	70	0	10	
最高需求(万吨)	50	70	30	不限	

解　首先注意到化肥厂 C 到地区 Ⅳ 的单位运价为"—",表示此处不能安排调运,我们用 M 表示,另外这个问题与标准运输问题的区别有两点:

(1) 运输模型的基本假设条件 1(本章第一节)规定,商品的每个需求地的需求量是一个固定的数,而这个问题需求地的需求量,除了需求地 Ⅱ 之外,其他需求量都是表 3-34 最后两行最低需求量和最高需求量之间的一个数.事实上,在这两个需求量之间确定一个最佳值也是问题的决策目的之一.

(2) 这是一个产销不平衡的运输问题,总产量为 160 万吨,4 个地区的总需求量最低为 110 万吨,最高为无限.

要用表上作业法求解这个问题,就需要把它化成标准的产销平衡运输问题.首先,根据现有产量,地区 Ⅳ 每年最多分配到 60 万吨(60 = 160-0-70-30).因此,可将地区 Ⅳ 的最高需求量修正为 60 万吨.第二,将问题中需求有上、下限的地区 Ⅰ 和 Ⅳ,分别看作两个需求地,分别是 Ⅰ′,Ⅰ″和 Ⅳ′,Ⅳ″,它们的需求量分别为需求下限和上限与下限的差值.这样不确定的需求转化为固定需求,总需求量为 210 万吨.最后,经过前两步后,问题转化为产销不平衡的运输问题.总产量为 160 万吨,总销量为 210 万吨,产小于销.虚设一个供应地 D,供应量为 50 万吨.根据实际出发,需求地的最低需求应该被满足,Ⅰ′,Ⅳ′不能由虚拟的供应地 D 供给,相应的运价为 M;而高出最低需求的需求量,可以不满足或部分满足,D 到 Ⅰ″,Ⅳ″的单位运价为 0.根据上面的分析,可以写出问题的产销平衡表(见表 3-35).

表 3-35　化肥厂供应产销平衡表

产地＼销地	Ⅰ′	Ⅰ″	Ⅱ	Ⅲ	Ⅳ′	Ⅳ″	产量(万吨)
A	16	16	13	22	17	17	50
B	14	14	13	19	15	15	60
C	19	19	20	23	M	M	50
D	M	0	M	0	M	0	50
销量(万吨)	30	20	70	30	10	50	

由表上作业法求出最优解,如表 3-36 所示.

表 3-36　表上作业法求出最优解

产地＼销地	Ⅰ′	Ⅰ″	Ⅱ	Ⅲ	Ⅳ′	Ⅳ″	产量(万吨)
A			50				50
B			20		10	30	60
C	30	20	0				50
D				30		20	50
销量(万吨)	30	20	70	30	10	50	

问题最优方案如表 3-37 所示.

表 3 - 37　化肥厂总运费最优方案

化肥厂	地区	调运量
A	II	50
B	II	20
B	IV	40
C	I	50

总运费 $z_{min} = 13 \times 50 + 13 \times 20 + 15 \times 40 + 19 \times 50 = 2\,460$(万元)

3.3.4　转运问题

例 3.9　某品牌汽车有 2 个生产工厂 P_1,P_2,3 个销售商 D_1,D_2,D_3 和 2 个中转仓库 T_1,T_2,配送网络如图 3 - 2 所示.P_1,P_2 的生产量分别为 1 000,1 200 辆,D_1,D_2,D_3 的销售需求量分别为 800,900 和 500 辆.单位运价标记在图 3 - 2 中,单位:百元 / 辆.求使总运费最小的运输方案.

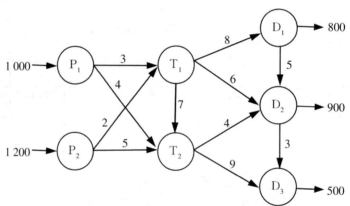

图 3 - 2　某品牌汽车配送网络

解　从图 3 - 2 可以看出这是一个产销平衡的运输问题,且商品有 6 个出发地 (P_1,P_2,T_1,T_2,D_1,D_2)和 5 个目的地(T_1,T_2,D_1,D_2,D_3),其中 T_1,T_2,D_1,D_2 是商品的中转点.若用产销平衡表表示这个问题的数学模型,决策变量对应着 6×5 的矩阵方格.相应的单位运价分为两种情形:若某一对(出发地,目的地)之间有带箭头的线相连,表示这两点间可直接调运物资,其单位运价即为箭线旁边的数字;否则,令其运价为 M.又由图 3 - 2 所示的供需关系可得供应量和需求量的计算方法如下:

生产工厂 P_1,P_2 的供应量 = 生产量

销售商 D_1,D_2 和中转仓库 T_1,T_2 的供应量 = 总生产量

中转仓库 T_1,T_2 的需求量 = 总生产量

销售商 D_1,D_2 的需求量 = 总生产量 + 销售需求

销售商 D_3 的需求量 = 销售需求

该问题的产销平衡参数表如表 3 - 38 所示.

表 3 - 38 产销平衡参数表

目的地 出发地	T_1	T_2	D_1	D_2	D_3	供应量
P_1	3	4	M	M	M	1 000
P_2	2	5	M	M	M	1 200
T_1	0	7	8	6	M	2 200
T_2	M	0	M	4	9	2 200
D_1	M	M	0	5	M	2 200
D_2	M	M	M	0	3	2 200
需求量	2 200	2 200	800 + 2 200	900 + 2 200	500	

用表上作业法求得的最优解用网络图表示,如图 3 - 3 所示,其中箭线旁边的数字代表调运量.

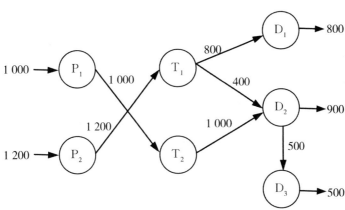

图 3 - 3 最优配送网络

第四节 运输模型的应用

在本章第三节 3.1.1 中曾提到,如果一个问题的参数可以用产销平衡运输的形式完全描述,且符合需求假设和成本假设,那么这个问题(不管是否涉及运输)就适用于运输问题模型.

例 3.10(生产-存贮控制问题) 某厂按合同规定需于每个季度末分别提供 10,15,25,20 台同一规格的柴油机.该厂各季度的生产能力及生产每台柴油机的成本如表 3 - 39 所示.如果生产出的柴油机当季不交货,每台每积压一个季度需增加存贮、维护等费用 0.15 万元.要求在完成合同的情况下,做出使该厂全年生产(包括存贮、维护)费用最小的决策方案.

表 3 - 39　某厂生产柴油机参数表

季度	生产能力(台)	单位成本(万元)
Ⅰ	25	10.80
Ⅱ	35	11.10
Ⅲ	30	11.00
Ⅳ	10	11.30

解　要用运输模型求解,首先建立生产-存贮控制问题和运输问题术语上的对应关系,如表 3 - 40 所示.

表 3 - 40　对应关系表

运输问题	生产-存贮控制问题
产地	生产季度
销地	交货季度
产地的供应量	生产季度的供货量
销地的需求量	交货季度的需求量
单位运价	1.生产季度不迟于交货季度:生产成本 + 存贮、维护费用 2.生产季度迟于交货季度:M

同时,总供应量100台大于总需求量70台,虚拟一个需求点 Ⅴ,其需求量为30台,单位运价为0.问题的产销平衡参数表如表 3 - 41 所示.

表 3 - 41　产销平衡参数表

销地\产地	Ⅰ	Ⅱ	Ⅲ	Ⅳ	Ⅴ	供应量
Ⅰ	10.80	$10.80+0.15$	$10.80+0.15\times2$	$10.80+0.15\times3$	0	25
Ⅱ	M	11.10	$11.10+0.15$	$11.10+0.15\times2$	0	35
Ⅲ	M	M	11.00	$11.00+0.15$	0	30
Ⅳ	M	M	M	11.30	0	10
需求量	10	15	25	20	30	

用表上作业法求出的最优方案如表 3 - 42 所示.

表 3－42　柴油机生产费用最小方案

产地＼销地	Ⅰ	Ⅱ	Ⅲ	Ⅳ	Ⅴ	供应量
Ⅰ	10	15	0			25
Ⅱ			5		30	35
Ⅲ			20	10		30
Ⅳ				10		10
需求量	10	15	25	20	30	

　　问题最优解为 Ⅰ 季度生产 25 台，10 台当季度交货，15 台 Ⅱ 季度交货；Ⅱ 季度生产 5 台，用于 Ⅲ 季度交货；Ⅲ 季度生产 30 台，20 台当季度交货，10 台 Ⅳ 季度交货；Ⅳ 季度生产 10 台，于当季度交货. 总费用为 773 万元.

　　例 3.11　有一份中文说明书，需翻译成英、日、德、俄 4 种文字，分别记作 A，B，C，D. 现有甲、乙、丙、丁 4 人，他们将说明书译成不同语种的说明书所需时间如表 3－43 所示. 问应如何分配工作使所需总时间最少？

表 3－43　翻译说明书所需时间参数表

翻译人员＼语种	A	B	C	D
甲	2	15	13	4
乙	10	4	14	15
丙	9	14	16	13
丁	7	8	11	9

　　解　这是一个分配问题（或指派问题），与上例一样，首先建立指派问题与运输问题术语对应关系表（见表 3－44）.

表 3－44　对应关系表

运输问题	分配问题
产地	翻译人员
销地	语种
产地的供应量	翻译人员需翻译的语种数 ＝ 1
销地的需求量	每个语种需要的翻译人员数 ＝ 1
单位运价	完成时间

　　可得产销平衡表和单位运价表，如表 3－45 所示.

表 3 – 45　运输问题的参数表

产地＼销地	A	B	C	D	供应量
甲	2	15	13	4	1
乙	10	4	14	15	1
丙	9	14	16	13	1
丁	7	8	11	9	1
需求量	1	1	1	1	

用表上作业法求出表 3 – 45 最优解,如表 3 – 46 所示.

表 3 – 46　最优解

产地＼销地	A	B	C	D	供应量
甲				1	1
乙		1			1
丙	1				1
丁			1		1
需求量	1	1	1	1	

表 3 – 46 仅有填 1 的方格对应的指派关系成立,因此,数字 1 代表选择是否成立.问题的最优解如表 3 – 47 所示.

表 3 – 47　最优方案

任务	人	总完工时间
A	丙	
B	乙	$z_{\min} = 4 + 4 + 9 + 11 = 28 (\text{h})$
C	丁	
D	甲	

分配问题是一类特殊的整数规划问题,我们将在第五章继续讨论它的模型特点和求解方法.

习　题　3

1.已知各个运输问题的参数分别如表 3-48,表 3-49,表 3-50 所示,用表上作业法分别求各题的最优解.

表 3 - 48　　运输问题参数表(1)

销地 产地	B_1	B_2	B_3	供应量
A_1	5	1	8	12
A_2	2	4	1	14
A_3	3	6	7	4
需求量	9	10	11	

表 3 - 49　　运输问题参数表(2)

销地 产地	B_1	B_2	B_3	B_4	供应量
A_1	10	12	20	11	15
A_2	12	7	9	20	25
A_3	2	14	16	18	5
需求量	5	15	15	10	

表 3 - 50　　运输问题参数表(3)

销地 产地	B_1	B_2	B_3	B_4	供应量
A_1	8	4	1	2	7
A_2	6	9	4	7	25
A_3	5	3	4	3	26
需求量	10	10	20	15	

2. 某百货公司去外地采购 A,B,C,D 4 种规格的服装,数量分别为 A—1 500 套,B— 2 000 套,C— 3 000 套,D—3 500 套,有 3 个城市可供应上述规格服装,供应数量为城市 Ⅰ—2 500 套,Ⅱ—2 500 套, Ⅲ—5 000 套,由于这些城市的服装成本、运价不同,预计售出后的利润(元 / 套)也不同,详见表 3 - 51. 请为该公司确定一个预期盈利最大的采购方案.

表 3 - 51　　预计售出后的利润表(单位:元 / 套)

销地 产地	A	B	C	D
Ⅰ	10	5	6	7
Ⅱ	8	2	7	6
Ⅲ	9	3	4	8

3. 某工厂生产 A,B,C 3 种新玩具,每月可供应量分别为 1 000,2 000,2 000 件,它们分别送到甲、 乙、丙 3 家百货商店销售.已知每月每家百货商店各类玩具的预期销售量之和为 1 500 件.由于经营方面 的原因,各商店销售不同玩具的利润不同(见表 3 - 52),又知丙商店要求至少供应 C 玩具 1 000,而拒绝 购进 A 种玩具.求满足上述条件下使总盈利额最大的供销分配方案.

表 3 - 52 玩具供销参数表

销地 \ 产地	A	B	C
甲	5	16	12
乙	4	8	10
丙	—	9	11

4. 远东国际航运公司承担 6 个港口城市 A,B,C,D,E,F 之间 4 条航线的货运任务. 已知各条航线的起终点,即每天航班数(见表 3-53). 假定各航线使用相同型号船只. 各港口间航程天数(见表 3-54). 又知每天船只在装卸货的时间各需 1 天,为维修等所需备用船只数占总数的 20%,问该航运公司至少应配备多少条船,才能满足所有航线的货运要求?

表 3 - 53 每天各航线航班数

航线	起点城市	终点城市	每天航班数
1	E	D	3
2	B	C	2
3	A	F	1
4	D	B	1

表 3 - 54 各港口间航程天数

	B	C	D	E	F
A	1	2	14	7	7
B		3	13	8	8
C			15	5	5
D				17	20
E					3

5. 有 2 家工厂 A_1 和 A_2 以某种商品供应 3 个零售店 B_1,B_2 和 B_3. A_1 和 A_2 可供应的件数分别是 200 件和 300 件,而 B_1,B_2,B_3 的需求量分别是 100,200 和 50 件. 各工厂和零售店之间可以进行转运. 如果运输的单位成本如表 3-55 所示,求最优的转运安排.

表 3 - 55 运输单位成本

产地 \ 销地	A_1	A_2	B_1	B_2	B_3
A_1	0	6	7	8	9
A_2	6	0	5	4	3
B_1	7	2	0	5	1
B_2	1	5	1	0	4
B_3	8	9	7	6	0

6. 把 4 道工序分配到 4 台机床上,分配成本如表 3-56 所示. 已知工序 1 不能分配到机床 3 上,工序 3 又不能分配到机床 4 上. 求最优分配方案.

表 3 - 56　工序分配成本表

工序\机床	1	2	3	4
1	5	5	—	2
2	7	4	2	3
3	9	3	5	—
4	7	2	6	7

7.已知某运输问题的产销平衡表与单位运价表如表 3 - 57 所示.

表 3 - 57　运输问题参数表

产地\销地	B_1	B_2	B_3	生产量
A_1	4	2	5	8
A_2	3	5	3	7
A_3	13	2	4	4
需求量	4	8	5	

(1) 用表上作业法找出最优调运方案;

(2) 分析从 A_1 到 B_1 的单位运价 c_{11} 的可能变化范围,使最优调运方案保持不变;

(3) 分析从 A_2 到 B_3 的单位运价 c_{23} 的可能变化范围,使最优调运方案保持不变.

8.已知某运输问题的产销平衡表与单位运价表如表 3 - 58 所示.

表 3 - 58　运输问题参数表

产地\销地	A	B	C	D	E	产量
Ⅰ	10	15	20	20	40	50
Ⅱ	20	40	15	30	30	100
Ⅲ	30	35	40	55	25	150
销量	25	115	60	30	70	

(1) 求最优调运方案;

(2) 若产地 Ⅲ 的产量变为 130 单位,而 B 地区需要的 115 单位必须满足,试重新确定最优调运方案.

第四章　目　标　规　划

在前面所研究的线性规划问题中,所建立的数学模型都有一个共同点:在满足一组约束条件的情况下,寻求某一个目标的最优解.但在很多实际问题中,就同一组限制条件,在实现主要目标的同时,往往还有许多方面的因素需要考虑.例如,在现代企业管理中,往往既要求产、销量高,质量好,又要求资源消耗少,成本低,同时还要达到环保、可持续发展等多方面的要求.这时要考虑多个目标,一般的线性规划求解就比较困难了,因此需 要 探 索 新 的 模 型 与 解 法.1961 年, 美 国 学 者 查 恩 斯 (A. Charnes) 和 库 柏 (W. W. Cooper) 提出了目标规划(goal programming)的概念与数学模型,以解决多目标决策问题.目前,目标规划已经在经济计划、生产管理、经营管理、市场分析、财务管理等方面得到了广泛的应用.

第一节　目标规划问题与数学模型

4.1.1　目标规划问题的提出

例 4.1　在第一章例 1.1 中制药厂应如何安排生产,使计划期内的总利润最大的问题中,我们已经给出这个问题的线性规划模型如下:

$$\max z = 2x_1 + 3x_2$$
$$\text{s. t.} \begin{cases} 2x_1 + 2x_2 \leqslant 12 \\ 4x_1 \qquad\ \leqslant 16 \\ \qquad\ 5x_2 \leqslant 15 \\ x_1, x_2 \geqslant 0 \end{cases}$$

经求解得出最优解 $x_1 = 3, x_2 = 3, z^* = 15$(百元).

但实际上企业的经营目标不仅仅是收益,而是考虑多个方面.假如企业决策者现拟订如下目标:

(1) 设备贵重,严格禁止超时使用;

(2) 利润不低于 1 500 元;

(3) 考虑市场需求,Ⅰ,Ⅱ 两种药品的比例应尽量保持 1:2;

(4) 原料 A 不够可以通过别的供应商提供补充,但要控制;原材料 B 紧缺,要充分利用,又尽可能少从外部购买.在重要性上,原料 B 是原料 A 的 3 倍.

要考虑上述多方面的目标和要求,线性规划已不能很好地解决该问题,这就需要用目标规划.**目标规划**是根据企业制订的经营目标以及这些目标的轻重缓急次序,考虑现有资源情况,分析如何达到规定目标或从总体上离规定目标的差作为最小的一种方法.
目标规划可以根据其模型的特征,分为如下两种类型:

(1) 线性目标规划 —— 目标函数与约束条件都是线性的目标模型.

(2) 非线性目标规划 —— 目标函数与约束条件部分或全部是非线性的目标模型.

相对地说,线性目标规划是目前研究和讨论比较完整的多目标问题,本章我们主要介绍线性目标规划问题.

下面我们引入线性目标规划数学模型的有关概念.

4.1.2　目标规划的数学模型

目标规划通过以下几个方面来解决线性规划建模中的局限性,构建新的数学模型.

1. 偏差变量

偏差变量用来表示实际值与目标值之间的差距,有以下两种情况:

(1) d^+ —— 超出目标值的差距,称正偏差变量;

(2) d^- —— 未达到目标值的差距,称负偏差变量.

并规定 $d^+ \geqslant 0, d^- \geqslant 0$.

在一次决策中,实际值不可能既超过目标值又未达到目标值,故有 $d^+ \times d^- = 0$,即 d^+, d^- 两者至少有一个为零.事实上,当超额完成规定的指标时,则 $d^+ > 0, d^- = 0$;当未完成规定的指标时,则 $d^+ = 0, d^- > 0$;当恰好完成指标时,则 $d^+ = 0, d^- = 0$.

2. 绝对约束与目标约束

绝对约束(系统约束)是指必须严格满足的等式或不等式约束,这种约束是由客观条件限定的,管理者无法控制,故不应考虑其偏差量,所以又称为硬约束或刚性约束.线性规划中的所有约束条件都是绝对约束.如在例 4.1 中要求(1)设备贵重,严格禁止超时使用,可建立如下刚性约束:

$$2x_1 + 2x_2 \leqslant 12$$

定义了目标值的正、负偏差变量后,对那些不严格限定的约束,就可以构造新的约束条件,即**目标约束**.目标约束既可对原目标函数起作用,也可对原约束起作用.目标约束是目标规划中特有的,是弹性约束.线性规划问题的约束,在给定目标值和加入正、负偏差变量后,即变为目标约束.如在例 4.1 中要求(3)Ⅰ,Ⅱ 两种药品的比例应尽量保持 1:2 是目标约束.当 Ⅰ,Ⅱ 两种药品的比例是 1:2 时有 $2x_1 - x_2 = 0$.由于对这个比例允许有偏差,当药品 Ⅰ 的 2 倍产量少于 Ⅱ 时,这时可加上一个负偏差变量 $d_2^- > 0$,使 $2x_1 - x_2 + d_2^- = 0$;反之 Ⅰ 的 2 倍产量超过 Ⅱ 时,这时可减去一个正偏差变量 $d_2^+ > 0$,使 $2x_1 - x_2 - d_2^+ = 0$.综合起来可以表示为

$$2x_1 - x_2 + d_2^- - d_2^+ = 0$$

同理,(2)中要求利润不低于 1 500 元,可表示为

$$2x_1 + 3x_2 + d_1^- - d_1^+ = 15$$

而(4)中要求原料 A 不够可以通过别的供应商提供补充,但要控制,可表示为

$$4x_1 + d_3^- - d_3^+ = 16$$

原材料 B 要充分利用,又消耗不得超过拥有量,可表示为

$$5x_2 + d_4^- - d_4^+ = 15$$

综上所述,目标规划中的约束包含无偏差量的绝对约束和允许有偏差量的目标约束.

3. 目标规划的目标函数

当每一目标值确定后,管理者的要求是尽可能缩小偏离目标值.因此,目标规划的目标函数应当是各个实际值与目标值之间的最小差距.因为这些差距已经通过偏离变量来表示,所以目标规划中的目标函数表示为偏差变量的函数,即 $\min z = f(d^+, d^-)$.其基本形式有 3 种:

第 1 种,要求恰好达到目标值,即正、负偏差变量都要尽可能地小.这时

$$\min z = f(d^+ + d^-)$$

第 2 种,要求不超过目标值,即允许达不到目标值,也就是正偏差量要尽可能地小.这时

$$\min z = f(d^+)$$

第 3 种,要求超过目标值,即超过量不限,因此,负偏差量要尽可能地小.这时

$$\min z = f(d^-)$$

下面对例 4.1 中的每个弹性约束对应的目标分别进行考虑:

对于目标(2) 企业希望利润值不低于 1 500 元,即不希望出现 $d_1^+ = 0, d_1^- > 0$,属于上述第三种情形.因此,目标函数可以写为 $\min z = d_1^-$.

对于目标(3) 为使两种药品的比例尽量保持 1∶2,目标函数可表示为

$$\min z = d_2^- + d_2^+$$

对于目标(4) 原材料 A 不够可以通过别的供应商提供补充,但要控制,目标函数可表示为

$$\min z = d_3^+$$

原材料 B 既要充分利用,又尽可能少的从外部购买,目标函数可表示为

$$\min z = d_4^- + d_4^+$$

4. 优先因子与权因子

一个规划问题常常有若干个目标.但决策者在要求达到这些目标时,是有主次之分和轻重缓急的.为达到某一目标可牺牲一些次要目标,称这些目标是属于不同层次的优先级.优先级层次的高低可分别通过优先因子 $P_1, P_2, \cdots$ 表示,凡是重要的、要求第一位达到的目标赋予优先因子 P_1,次要的目标赋予优先因子 P_2,依此类推,并规定 $P_k \gg P_{k+1}$,表示 P_k 比 P_{k+1} 有更大的优先权.即首先要保证 P_1 级目标的实现,这时可不考虑次级目标;而 P_2 级目标是在实现 P_1 级目标的基础上考虑的,依此类推.如例 4.1 中产量要求赋予优先因子 P_1;产品的比例为次目标,赋予 P_2;原料的利用则为第三目标,赋予 P_3.

另外,需要注意的是,目标的重要程度是相对的,不同的优先级之间无法从数量上衡量、比较.对于属同一优先级、且度量单位相同的不同目标,按其重要程度可分别冠以不同的权系数 w_j,以区别同等目标间的差别,如第三优先级中原料 B 的重要性为原料 A 的 3 倍.权系数是一种可以用数量来衡量的指标,即这是一个定量指标.优先因子与权系数都由决策者按实际决策问题的需要来给定,常常是主观的,模糊的,很难给出一个绝对的数值.

综上所述,例 4.1 的目标规划模型可以写为

$$\min z = P_1 d_1^- + P_2(d_2^- + d_2^+) + P_3 d_3^+ + 3P_3(d_4^- + d_4^+)$$

$$\text{s.t.} \begin{cases} 2x_1 + 2x_2 & \leqslant 12 \\ 2x_1 + 3x_2 + d_1^- - d_1^+ = 15 \\ 2x_1 - x_2 + d_2^- - d_2^+ = 0 \\ 4x_1 + d_3^- - d_3^+ = 16 \\ 5x_2 + d_4^- - d_4^+ = 15 \\ x_1, x_2, d_i^-, d_i^+ \geqslant 0 \ (i = 1, 2, 3, 4) \end{cases}$$

目标规划的一般数学模型为

$$\min z = \sum_{l=1}^{L} P_l \sum_{k=1}^{K} (w_{lk}^- d_k^- + w_{lk}^+ d_k^+)$$

$$\text{s.t.} \begin{cases} \sum_{j=1}^{n} c_{kj} x_j + d_k^- - d_k^+ = g_k \ (k = 1, 2, \cdots, K) \quad (\text{系统约束}) \\ \sum_{j=1}^{n} a_{ij} x_j \leqslant (=, \geqslant) b_i \ (i = 1, 2, \cdots, m) \quad (\text{目标约束}) \\ x_j \geqslant 0 \ (j = 1, 2, \cdots, n) \\ d_k^-, d_k^+ \geqslant 0 \ (k = 1, 2, \cdots, K) \end{cases}$$

式中，P_l 为优先因子，w_{lk}^-, w_{lk}^+ 为权系数，g_k 为预期目标值.

建立目标规划的数学模型时，需要确定目标值、优先等级、权系数等，它们都具有一定的主观性和模糊性，可以用专家评定法进行量化，这里不再详述. 与线性规划相比，线性规划旨在寻求最优解（或可判定无界解或无可行解），而目标规划只需找出满意解就可以了.

第二节　目标规划的图解法

对只有两个决策变量的线性规划模型，可以用图解法求解. 同样地，对只有两个决策变量的目标规划的数学模型，也可以用图解法来分析求解.

例 4.2　用图解法求解例 4.1.

解　先以 x_1, x_2 为轴画出平面直角坐标系，将代表各目标约束方程分别标示在坐标平面内. 绝对约束条件的作图与线性规划相同. 在本例中满足绝对约束的可行域为三角形 OAB. 做目标约束时，先令 $d_i^-, d_i^+ = 0$，作相应的直线，然后在这直线旁标上 d_i^-, d_i^+，如图 4-1 所示，箭头表明目标约束可以沿 d_i^-, d_i^+ 所示的方向平移.

下面根据例 4.1 目标函数中的优先因子来分析求解.

首先考虑具有 P_1 优先因子的目标的实现，从图 4-1 中可见，直线 ①$2x_1 + 3x_2 = 15$ 上的点有

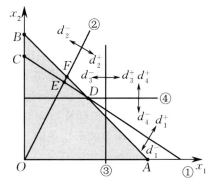

图 4-1　图解法示例

$d_1^- = d_1^+ = 0$,实现 $\min d_1^-$ 应在直线右上方,又考虑必须在三角形 OAB 内,故使问题的范围缩小为三角形 BCD.再考虑约束 $2x_1 - x_2 + d_2^- - d_2^+ = 0$,见图 4-1 中直线 ②,因 P_2 级目标要求 $\min z = d_2^- + d_2^+$,故问题的解应在线段 EF 上.再对 P_3 级进行优化,约束 $4x_1 + d_3^- - d_3^+ = 16$ 和 $5x_2 + d_4^- - d_4^+ = 15$ 分别对应图 4-1 中直线 ③ 和 ④.因此 EF 线段上的点都不可能使 $d_3^+ + 3(d_4^- + d_4^+)$ 为零,需对 E 点和 F 点进行比较.E 点和 F 点的坐标为 $E(1.875, 3.75)$ 和 $F(2, 4)$,对 E 点有 $d_3^- = 8.5, d_3^+ = 0, d_4^- = 0, d_4^+ = 3.75, d_3^+ + 3(d_4^- + d_4^+) = 11.25$;对 F 点有 $d_3^- = 8, d_3^+ = 0, d_4^- = 0, d_4^+ = 5, d_3^+ + 3(d_4^- + d_4^+) = 23$,故 E 点为该目标规划问题的满意解.

第三节　目标规划的单纯形法

目标规划是在线性规划的基础上发展起来的,两者的数学模型在结构形式上没有本质的区别,通过比较可以得到:

(1) 线性规划只讨论一个线性目标函数在一组线性约束条件下的极值问题;而目标规划是多个目标决策,可求得更切合实际的解.

(2) 线性规划中的约束条件是同等重要的,是硬约束;而目标规划中有轻重缓急和主次之分,即有优先权.

(3) 线性规划要求最优解,这种最优解是绝对意义下的最优,但有时需花去大量的人力、物力、财力才能得到;实际过程中,目标规划只要求得到一个满意解,就能满足需要(或更能满足需要).

因此,将单纯形法稍做改进后就可以用于求解目标规划问题.因为目标规划问题的目标函数都是求最小值,所以有别于单纯形法中的一点,目标规划问题应以所有的检验数大于等于零为最优准则.

解目标规划问题的单纯形法的计算步骤如下:

(1) 建立初始单纯形表,因为非基变量的检验数中含有不同等级的优先因子,所以在表中将检验数行按优先因子个数及优先顺序分别列成 K 行,置 $k=1$,即对应优先因子行中的第 1 行开始计算.

(2) 检查该行中是否存在负检验数,且对应的前 $k-1$ 行的系数是零.若该行中有负的检验数,取其中最小者对应的变量为换入变量,转步骤(3);若无负数,则转步骤(5).

(3) 按最小比值规则确定换出变量,当存在两个或两个以上相同的最小比值时,选取具有较高优先级别的变量为换出变量.

(4) 按单纯形法进行基变换运算,建立新的计算表,返回步骤(2).

(5) 当 $k = K$ 时,计算结束.表中的解即为满意解.否则置 $k = k+1$,返回步骤(2).

例 4.3　试用单纯形法求解

$$\min z = P_1 d_1^+ + P_2(d_2^- + d_2^+) + P_3 d_3^-$$

$$\text{s. t.} \begin{cases} 2x_1 + \ x_2 & \leqslant 11 \\ x_1 - \ x_2 + d_1^- - d_1^+ = 0 \\ x_1 + 2x_2 + d_2^- - d_2^+ = 10 \\ 8x_1 + 10x_2 + d_3^- - d_3^+ = 56 \\ x_1, x_2, d_i^-, d_i^+ \geqslant 0, \quad i = 1, 2, 3 \end{cases}$$

解　引入松弛变量 x_3，将模型化为如下形式：

$$\min z = P_1 d_1^+ + P_2(d_2^- + d_2^+) + P_3 d_3^-$$

$$\text{s. t.} \begin{cases} 2x_1 + \ x_2 + x_3 & = 11 \\ x_1 - \ x_2 + & d_1^- - d_1^+ = 0 \\ x_1 + 2x_2 + & d_2^- - d_2^+ = 10 \\ 8x_1 + 10x_2 + & d_3^- - d_3^+ = 56 \\ x_1, x_2, x_3, d_i^-, d_i^+ \geqslant 0, \quad i = 1, 2, 3 \end{cases}$$

① 取 x_3, d_1^-, d_2^-, d_3^- 为初始基变量，列初始单纯形表，见表 $4-1$.

表 $4-1$　初始单纯形表

	c_j		0	0	0	0	P_1	P_2	P_2	P_3	0	θ
C_B	X_B	b	x_1	x_2	x_3	d_1^-	d_1^+	d_2^-	d_2^+	d_3^-	d_3^+	
0	x_3	11	2	1	1	0	0	0	0	0	0	11
0	d_1^-	0	1	-1	0	1	-1	0	0	0	0	—
P_1	d_2^-	10	1	[2]	0	0	0	1	-1	0	0	5
P_3	d_3^-	56	8	10	0	0	0	0	0	1	-1	$\dfrac{28}{5}$
	P_1		0	0	0	0	1	0	0	0	0	
σ_j	P_2		-1	-2	0	0	0	0	2	0	0	
	P_3		-8	-10	0	0	0	0	0	0	1	

② 取 $k=1$，检查检验数的 P_1 行，因该行无负的检验数，故转步骤(5).

③ 因 $k < K$，置 $k = k+1$，返回步骤(2).

④ 查出检验数 P_2 行中有 $-1, -2$，取 $\min\{-1, -2\} = -2$. 它对应的变量 x_2 为换入变量，转入步骤(3).

⑤ 在表 $4-1$ 上计算最小比值

$$\theta = \min\left\{11, -, 5, \frac{28}{5}\right\} = 5$$

它对应的变量 d_2^- 为换出变量，转入步骤(4).

⑥ 进行基变换运算，得表 $4-2$，回到步骤(2).

依此类推,直到最终表,如表 4 - 3 所示. 表 4 - 3 的解 $x_1 = 2, x_2 = 4$ 为满意解.

表 4 - 2　　新的单纯形表

c_j			0	0	0	0	P_1	P_2	P_2	P_3	0	θ
C_B	X_B	b	x_1	x_2	x_3	d_1^-	d_1^+	d_2^-	d_2^+	d_3^-	d_3^+	
0	x_3	6	3/2	0	1	0	0	$-1/2$	1/2	0	0	4
0	d_1^-	5	3/2	0	0	1	-1	1/2	$-1/2$	0	0	10/3
0	x_2	5	1/2	1	0	0	0	1/2	$-1/2$	0	0	10
P_3	d_3^-	6	[3]	0	0	0	0	-5	5	1	-1	2
	P_1		0	0	0	0	1	0	0	0	0	
σ_j	P_2		0	0	0	0	0	1	1	0	0	
	P_3		-3	0	0	0	0	5	-5	0	1	

表 4 - 3　　一个满意解的单纯形表

c_j			0	0	0	0	P_1	P_2	P_2	P_3	0	θ
C_B	X_B	b	x_1	x_2	x_3	d_1^-	d_1^+	d_2^-	d_2^+	d_3^-	d_3^+	
0	x_3	3	0	0	1	0	0	2	-2	$-1/2$	1/2	6
0	d_1^-	2	0	0	0	1	-1	3	-3	$-1/2$	1/2	4
0	x_2	4	0	1	0	0	0	4/3	$-4/3$	$-1/6$	1/6	24
0	x_1	2	1	0	0	0	0	$-5/3$	5/3	1/3	$-1/3$	—
	P_1		0	0	0	0	1	0	0	0	0	
σ_j	P_2		0	0	0	0	0	1	1	0	0	
	P_3		0	0	0	0	0	0	0	1	0	

第四节　　目标规划的层次算法

目标规划求解体现了目标规划中各目标之间有优先顺序或主次之别的特征,所以多目标规划的求解可以先将其分解为多个单目标规划问题,然后用分级的方法逐个求解.为保证较低层级优化在较高层优化范围内进行,可将上一层次目标的优化值作为约束,加到下一层模型中,这种方法称为**层次算法**. 具体步骤为:先求第一目标的最优解,在第一目标已达到最优的范围内求第二目标的最优,然后在第一、第二目标都已满意的条件下,求第三目标的最优解,依此类推,直到前面若干个目标已达满意的条件下,求最后一级目标的最优解.

例 4.4　用层次算法求解例 4.1 的目标规划模型.

解　P_1 层次的优化模型 LP_1 为

$$LP_1: \min z_1 = d_1^-$$

$$\text{s.t.} \begin{cases} 2x_1 + 2x_2 \leqslant 12 \\ 2x_1 + 3x_2 + d_1^- - d_1^+ = 15 \\ 2x_1 - x_2 + d_2^- - d_2^+ = 0 \\ 4x_1 + d_3^- - d_3^+ = 16 \\ 5x_2 + d_4^- - d_4^+ = 15 \\ x_1, x_2, d_i^-, d_i^+ \geqslant 0, \quad i = 1,2,3,4 \end{cases}$$

求得 $z_1^* = 0$,故 P_2 层次的优化模型中加上约束 $d_1^- = 0$,得到模型 LP_2,即

$$LP_2: \min z_2 = d_2^- + d_2^+$$

$$\text{s.t.} \begin{cases} 2x_1 + 2x_2 \leqslant 12 \\ 2x_1 + 3x_2 + d_1^- - d_1^+ = 15 \\ 2x_1 - x_2 + d_2^- - d_2^+ = 0 \\ 4x_1 + d_3^- - d_3^+ = 16 \\ 5x_2 + d_4^- - d_4^+ = 15 \\ d_1^- = 0 \\ x_1, x_2, d_i^-, d_i^+ \geqslant 0, \quad i = 1,2,3,4 \end{cases}$$

求得 $z_2^* = 0$,故 P_3 层次的优化模型中加上 $d_2^- + d_2^+ = 0$,得到模型 LP_3,即

$$LP_3: \min z_3 = d_3^+ + 3(d_4^- + d_4^+)$$

$$\text{s.t.} \begin{cases} 2x_1 + 2x_2 \leqslant 12 \\ 2x_1 + 3x_2 + d_1^- - d_1^+ = 15 \\ 2x_1 - x_2 + d_2^- - d_2^+ = 0 \\ 4x_1 + d_3^- - d_3^+ = 16 \\ 5x_2 + d_4^- - d_4^+ = 15 \\ d_1^- = 0 \\ d_2^- + d_2^+ = 0 \\ x_1, x_2, d_i^-, d_i^+ \geqslant 0, \quad i = 1,2,3,4 \end{cases}$$

求得 $z_3^* = 11.25$,满意解对应图 4-1 中的点 $E(1.875, 3.75)$.

第五节　　目标规划的应用举例

例4.5　某彩色电视机组装工厂,生产 A,B,C 3 种规格电视机.装配工作在同一生产线上完成,3 种产品装配时的工时消耗分别为 6 h,8 h 和 10 h.生产线每月正常工作时间为 200 h;3 种规格电视机销售后,每台分别可获利 500 元,650 元和 800 元.3 种规格电视机每月销量预计为 12 台、10 台和 6 台.该厂经营目标如下:

(1) 利润指标定为每月 1.6×10^4 元;

(2) 充分利用生产能力;

(3) 加班时间不超过 24 h;

（4）产量以预计销量为标准.

为确定最优生产计划,试建立该问题的目标规划模型.

解 设生产电视机 A 型为 x_1 台,B 型为 x_2 台,C 型为 x_3 台,该问题的目标规划模型为

$$\min z = P_1 d_1^- + P_2 d_2^- + P_3 d_3^+ + P_4(d_4^- + d_4^+ + d_5^- + d_5^+ + d_6^- + d_6^+)$$

$$\text{s. t.} \begin{cases} 500x_1 + 650x_2 + 800x_3 + d_1^- - d_1^+ = 1.6 \times 10^4 \\ 6x_1 + 8x_2 + 10x_3 + d_2^- - d_2^+ = 200 \\ \qquad\qquad\qquad\qquad d_2^+ + d_3^- - d_3^+ = 24 \\ x_1 \qquad\qquad\qquad + d_4^- - d_4^+ = 12 \\ \qquad x_2 \qquad\qquad + d_5^- - d_5^+ = 10 \\ \qquad\qquad x_3 + d_6^- - d_6^+ = 6 \\ x_1, x_2, x_3, d_i^-, d_i^+ \geqslant 0, \quad i = 1, 2, \cdots, 6 \end{cases}$$

求得满意解为

$$x_1 = 112, \quad x_2 = 10, \quad x_3 = 20, \quad d_1^+ = 13, \quad d_2^+ = 12, \quad d_3^- = 12$$

其余变量取 0.

例 4.6 已知有 3 个产地给 4 个销地供应某种产品,产销地之间的供需量和单位运价如表 4-4 所示,有关部门在研究调运方案时依次考虑以下 7 项目标,并规定其相应的优先等级:

P_1:B_4 是重点保证单位,必须满足其全部需要;

P_2:A_3 向 B_1 提供的供应量不少于 100;

P_3:每个销地的供应量不小于其需要量的 80%;

P_4:所定调运方案的总运费不超过最小运费调运方案的 10%;

P_5:因路段问题,尽量避免安排将 A_2 的产品运往 B_4;

P_6:给 B_1 和 B_3 的供应率要相同;

P_7:力求总运费最省.

试求满意的调运方案.

表 4-4　运输问题参数表

销地 产地	B_1	B_2	B_3	B_4	产量
A_1	5	2	6	7	300
A_2	3	5	4	6	200
A_3	4	5	2	3	400
销量	200	100	450	250	

分析 因本题有一个总运费最省的目标,故需要首先求出最小运费值.

解 设 x_{ij} 表示从 A_i 运往 B_j 的运量,记 c_{ij} 为相应运价,a_i 为 A_i 的供应量,b_j 为 B_j 的销售量,可建立该问题的线性规划模型为

$$\min z = \sum_{i=1}^{3} \sum_{j=1}^{4} c_{ij} x_{ij}$$

$$\text{s. t.} \begin{cases} \sum_{j=1}^{4} x_{ij} = a_i, & i = 1,2,3 \\ \sum_{i=1}^{3} x_{ij} \leqslant b_j, & j = 1,2,3,4 \\ x_{ij} \geqslant 0, & i = 1,2,3; j = 1,2,3,4 \end{cases}$$

求得最优目标值为 2 950 元.再考虑本题的 7 项目标,得下述目标规划模型:

$$\min z = P_1 d_1^- + P_2 d_2^- + P_3 (d_3^- + d_4^- + d_5^- + d_6^-) + P_4 d_7^+ + P_5 d_8^+ + P_6 (d_9^- + d_9^+) + P_7 d_{10}^+$$

$$\text{s. t.} \begin{cases} x_{11} + x_{12} + x_{13} + x_{14} = 300 \\ x_{21} + x_{22} + x_{23} + x_{24} = 200 \\ x_{31} + x_{32} + x_{33} + x_{34} = 400 \\ x_{31} + x_{21} + x_{11} \leqslant 200 \\ x_{32} + x_{22} + x_{12} \leqslant 100 \\ x_{33} + x_{23} + x_{13} \leqslant 450 \\ x_{34} + x_{24} + x_{14} + d_1^- - d_1^+ = 250 \\ x_{31} + d_2^- - d_2^+ = 100 \\ x_{31} + x_{21} + x_{11} + d_3^- - d_3^+ = 200 \times 0.8 \\ x_{32} + x_{22} + x_{12} + d_4^- - d_4^+ = 100 \times 0.8 \\ x_{33} + x_{23} + x_{13} + d_5^- - d_5^+ = 450 \times 0.8 \\ x_{34} + x_{24} + x_{14} + d_6^- - d_6^+ = 250 \times 0.8 \\ 5x_{11} + 2x_{12} + 6x_{13} + 7x_{14} + 3x_{21} + 5x_{22} + 4x_{23} + 6x_{24} \\ \quad + 4x_{31} + 5x_{32} + 2x_{33} + 3x_{34} + d_7^- - d_7^+ = 2\ 950 \times 1.1 \\ x_{24} + d_8^- - d_8^+ = 0 \\ (x_{11} + x_{21} + x_{31}) - \dfrac{200}{450}(x_{13} + x_{23} + x_{33}) + d_9^- - d_9^+ = 0 \\ 5x_{11} + 2x_{12} + 6x_{13} + 7x_{14} + 3x_{21} + 5x_{22} + 4x_{23} + 6x_{24} \\ \quad + 4x_{31} + 5x_{32} + 2x_{33} + 3x_{34} + d_{10}^- - d_{10}^+ = 2\ 950 \\ x_{ij} \geqslant 0, \quad i = 1,2,3; j = 1,2,3,4 \\ d_k^+, d_k^- \geqslant 0, \quad k = 1,2,\cdots,10 \end{cases}$$

其满意解为

$$x_{11} = 0, x_{12} = 100, x_{13} = 0, x_{14} = 200, x_{21} = 90, x_{22} = 0, x_{23} = 110, x_{24} = 0,$$
$$x_{31} = 100, x_{32} = 0, x_{33} = 250, x_{34} = 50.$$

习　题　4

1.判断下列命题是否正确:

(1) 线性规划问题是目标规划问题的一种特殊形式;

(2) 正偏差变量应取正值,负偏差变量应取负值;

(3) 目标规划模型中,应同时包含绝对约束与目标约束;

(4) 当目标规划问题模型中存在 $x_1 + x_2 = 4$ 的约束条件,则该约束为绝对约束.

2. 用图解法找出下列目标规划问题的满意解:

(1) $\min z = P_1 d_1^+ + P_2 d_2^+ + P_3 d_3^+$

$$\text{s. t.} \begin{cases} -x_1 + 2x_2 + d_1^- - d_1^+ = 4 \\ x_1 - 2x_2 + d_2^- - d_2^+ = 4 \\ x_1 + 2x_2 + d_3^- - d_3^+ = 8 \\ x_1, x_2, d_i^-, d_i^+ \geqslant 0, \quad i = 1,2,3 \end{cases}$$

(2) $\min z = P_1 d_3^+ + P_2 d_2^- + P_3 (d_1^- + d_1^+)$

$$\text{s. t.} \begin{cases} 6x_1 + 2x_2 + d_1^- - d_1^+ = 24 \\ x_1 + x_2 + d_2^- - d_2^+ = 5 \\ 5x_2 + d_3^- - d_3^+ = 15 \\ x_1, x_2, d_i^-, d_i^+ \geqslant 0, \quad i = 1,2,3 \end{cases}$$

3. 用单纯形法求下列目标规划问题的满意解:

(1) $\min z = P_1 d_1^- + P_2 d_2^+ + P_3 (d_3^- + d_3^+)$

$$\text{s. t.} \begin{cases} 3x_1 + x_2 + x_3 + d_1^- - d_1^+ = 60 \\ x_1 - x_2 + 2x_3 + d_2^- - d_2^+ = 10 \\ x_1 + x_2 - x_3 + d_3^- - d_3^+ = 20 \\ x_1, x_2, x_3, d_i^-, d_i^+ \geqslant 0, \quad i = 1,2,3 \end{cases}$$

(2) $\min z = P_1 d_1^- + P_2 d_2^+ + P_3 (2d_3^- + d_4^+)$

$$\text{s. t.} \begin{cases} x_1 + x_2 + d_1^- - d_1^+ = 40 \\ x_1 + x_2 + d_2^- - d_2^+ = 50 \\ x_1 + d_3^- - d_3^+ = 24 \\ x_2 + d_4^- - d_4^+ = 30 \\ x_1, x_2, d_i^-, d_i^+ \geqslant 0, \quad i = 1,2,3,4 \end{cases}$$

4. 某计算机制造厂生产 A,B,C 3 种型号的计算机,它们在同一条生产线上装配,3 种产品每台工时消耗分别为 5 h,8 h,12 h,生产线上每月正常运转时间是 170 h,这 3 种产品的利润分别为每台 1 000 元、1 440 元、2 520 元.该厂的经营目标如下:

P_1:充分利用现有工时,必要时可以加班;

P_2:生产线的加班时间每月不超过 20 h;

P_3:A,B,C 3 种产品的月销售指标分别定为 10 台、12 台、10 台,并依单位工时的利润比例确定权系数.

试建立目标规划模型.

5. 某纺织厂生产两种布料,一种用来做服装,另一种用来做窗帘.该厂实行两班生产,每周生产时间定为 80 h.这两种布料每小时都生产 1 000 m.假定窗帘布每米的利润为 2.5 元;衣料布每米的利润为 1.5 元.该厂在制订生产计划时有以下各级目标:

P_1:每周必须用足 80 h 的生产时间;

P_2:每周加班时间不超过 10 h;

P_3:每周销售窗帘布 70 000 m,衣料布 45 000 m;

P_4:加班时间尽可能减少.

试建立这个问题的目标规划模型.

6.某农场有 3 万亩农田,欲种植玉米、大豆和小麦 3 种农作物.预计秋后玉米每亩可收获 500 kg,售价为 2.4 元/kg;大豆每亩可收获 200 kg,售价为 4.0 元/kg;小麦每亩可收获 300 kg,售价为 3.0 元/kg.农场年初规划时依次考虑以下的几个方面:

P_1:年终收益不低于 350 万元;

P_2:总产量不低于 1.25 万吨;

P_3:小麦产量以 0.5 万吨为宜;

P_4:大豆产量不少于 0.2 万吨;

P_5:玉米产量不超过 0.6 万吨.

试建立其目标规划模型.

7.用层次算法求下列问题的满意解:

(1) $\min z = P_1 d_1^- + P_2 d_2^+ + P_3 d_3^-$

$$\text{s. t.} \begin{cases} 5x_1 + 10x_2 & \leqslant 60 \\ x_1 - 2x_2 + d_1^- - d_1^+ = 0 \\ 4x_1 + 4x_2 + d_2^- - d_2^+ = 36 \\ 6x_1 + 8x_2 + d_3^- - d_3^+ = 48 \\ x_1, x_2, d_i^-, d_i^+ \geqslant 0, \quad i = 1,2,3 \end{cases}$$

(2) $\min z = P_1 d_1^- + P_2 (2.5d_3^+ + d_4^+) + P_3 d_2^+$

$$\text{s. t.} \begin{cases} 30x_1 + 12x_2 + d_1^- - d_1^+ = 650 \\ 2x_1 + x_2 + d_2^- - d_2^+ = 140 \\ 2x_1 + x_2 + d_3^- - d_3^+ = 60 \\ x_2 + d_4^- - d_4^+ = 100 \\ x_1, x_2, d_i^-, d_i^+ \geqslant 0, \quad i = 1,2,3,4 \end{cases}$$

第五章 整 数 规 划

在许多实际问题中,决策变量除了要求非负外还必须是整数才有意义.在这种情况下,需要应用整数规划进行优化求解.本章将先介绍一种特殊的整数线性规划模型——0-1规划,再介绍一般整数规划的求解方法.

第一节 整数规划问题的提出和解的特点

5.1.1 整数规划问题的提出

当规划问题的决策变量部分或全部限制为整数时,称为**整数规划**.目前还没有一种方法能有效地求解一切整数规划.若在线性规划模型中,变量限制为整数,则称为**整数线性规划**(记作 IP).如不加特殊说明,本章只讨论整数线性规划,简称整数规划.整数规划分为两类:若所有决策变量都要求取整数,则称为**纯整数规划**(记作 PIP);若仅有部分决策变量要求取整数,则称为**混合整数规划**(记作 MIP).整数规划是规划论中近年发展起来的一个重要分支.

例 5.1 红旗厂拟用两种设备 A,B 生产甲、乙两种机床,两种机床每台消耗不同设备的工时、两种机床每台可获利润以及两种设备工时的限额如表 5-1 所示.问如何安排生产才能使获得的利润最大?

表 5-1 红旗厂生产相关信息表

设备 ＼ 机床	甲	乙	设备工时限量(h)
A	1.2	0.8	10
B	2	2.5	25
单位利润(万元)	4	3	

解 设甲、乙两种机床分别生产 x_1, x_2 台,则数学模型为

$$\max z = 4x_1 + 3x_2$$

$$\text{s.t.} \begin{cases} 1.2x_1 + 0.8x_2 \leqslant 10 \\ 2x_1 + 2.5x_2 \leqslant 25 \\ x_1, x_2 \geqslant 0 \text{ 且均为整数} \end{cases} \tag{5.1.1}$$

一般整数规划的数学模型是

$$\max(\text{或}\min)z = \boldsymbol{CX}$$
$$\text{s. t.}\begin{cases}\boldsymbol{AX} = (\text{或}\leqslant, \geqslant)\boldsymbol{b}\\ \boldsymbol{X} \geqslant \boldsymbol{0}, \text{且全部或部分变量为整数}\end{cases} \tag{5.1.2}$$

通常将不考虑变量取整数的条件对应的线性规划问题称为该整数规划的松弛问题（记作 L_0），即

$$L_0: \max(\text{或}\min)z = \boldsymbol{CX}$$
$$\text{s. t.}\begin{cases}\boldsymbol{AX} = (\text{或}\leqslant, \geqslant)\boldsymbol{b}\\ \boldsymbol{X} \geqslant \boldsymbol{0}\end{cases} \tag{5.1.3}$$

5.1.2　整数规划与其松弛问题的关系

整数规划与其松弛问题在形式上非常相似，两者有如下关系：

（1）松弛问题的可行域包含整数规划的可行域；

（2）若两者都有最优解，则松弛问题的目标函数最优值不劣于整数规划的目标函数最优值；

（3）若松弛问题的最优解为整数解，则该最优解就是整数规划的最优解；

（4）若松弛问题无可行解，则整数规划也无可行解.

若松弛问题的最优解为非整数解，尽管整数规划与它在形式上只是增加了变量的整数条件，初看起来，为了满足整数解的条件，只要对相应松弛问题的非整数最优解四舍五入或简单取整就可以了，但如果仔细分析将发现并非这么简单.当增加了整数条件以后，其对应的可行域已不再是凸集，而是一些离散的整数点.因而使得整数规划的最优解可能与松弛问题的结果完全不同.下面通过例 5.1 来说明这一点.例 5.1 的松弛问题的可行域如图 5-1 中的阴影部分所示.该可行域有 4 个顶点分别是 $O(0,0), A(0,10), B(3.57, 7.14)$ 和 $C(8.33,0)$.

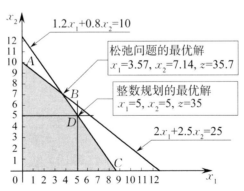

图 5-1　例 5.1 的图示

用图解法求得点 B 为松弛问题的最优解，即当 $x_1 = 3.57, x_2 = 7.14$ 时，$z = 35.7$.考虑决策变量取整的限制，用凑整的方式考虑点 B 附近的 4 个整数点，分别是 $(4,7)$，$(4,8)$，$(3,8)$ 和 $(3,7)$.由于整数规划的可行域是包含在图中可行域内的整数点，因此 $(4,7)$，$(4,8)$ 和 $(3,8)$ 都不是整数规划的可行解，虽然 $(3,7)$ 是整数规划的可行解，代入目标函数得 $z = 33$，并非目标函数的最优值.实际上，该整数规划的最优解在点 $D(5,5)$

处取得,对应 $z_{max} = 35$. 由图 5-1 知,点 D 不是可行域的顶点,直接用图解法或单纯形法都无法求出整数规划问题的最优解,并且点 D 远离松弛问题的最优解.

在线性规划中,决策变量通常是在一个连续的范围内取值,因此可行解的个数为无限多. 而在整数规划中变量只能取离散的整数值,可行解的数量往往是有限的. 这样,关于整数规划问题求解,是否可以采用枚举法呢? 即把问题的整数可行解全部列举出来,进行比较,从而找到最优解. 实际上,当决策变量不是很多并且各个决策变量取值的整数范围又不是很大时,采用枚举法还是可行的. 但对于一般整数规划问题来说,可行解的总数随决策变量个数的增加成指数倍增加,使枚举法失去意义. 例如,对于 8 个变量的情形,假设每个变量的可能取值不超过 100 个,就有 10^{16} 组可行解,采用每秒亿次的计算机计算所有可行解的目标函数值大约需要 3 年. 因此求解整数规划问题的最优解需要采用其他特殊方法,将在本章的第四节和第五节进行讨论.

第二节　0-1规划和隐枚举法

5.2.1　0-1变量和 0-1 规划

在实际问题中经常碰到一类特殊的决策问题,例如,是否投资新项目,是否使用新设备,或是否开发新产品,等等. 要求回答"是"或"否". 这类问题的决策变量 x_j 取值只有两个,用 0 或 1 表示,这时的决策变量 x_j 称为 0-1 **变量**或**逻辑变量**. 0-1 变量通常用来表示只有两种结果的选择性决策. 例如,决策者是否选择某个方案,可引入如下的决策变量:

$$x_j = \begin{cases} 1, & \text{决策者选择该方案} \\ 0, & \text{决策者不选择该方案} \end{cases}$$

若线性规划的决策变量都是 0-1 变量,则称为 0-1 型整数规划,也简称 0-1 **规划**(记作 BIP).

5.2.2　0-1变量在建模中的意义

1. 将数学命题表示成一般线性约束条件

例 5.2　用 0-1 变量将命题"$2x_1 + 3x_2 \leqslant 5$ 或 $4x_1 - x_2 \geqslant 1$"表示成一般线性约束条件.

解　引入 2 个 0-1 变量,令 $y_i = \begin{cases} 1, & \text{第 } i \text{ 个约束不起作用,} \\ 0, & \text{第 } i \text{ 个约束起作用,} \end{cases}$　$i = 1, 2$,

$$\text{s. t.} \begin{cases} 2x_1 + 3x_2 \leqslant 5 + My_1 \\ 4x_1 - x_2 \geqslant 1 - My_2 \\ y_1 + y_2 \leqslant 1 \\ y_i = 0, 1, \quad i = 1, 2 \end{cases}$$

其中,M 是充分大的数. 一般地,已知 m 个约束条件

$$\sum_{j=1}^{n} a_{ij} x_j \leqslant b_i, \quad i = 1, 2, \cdots, m$$

若只有 k 个起作用,则引入 m 个 0-1 变量,令

$$y_i = \begin{cases} 1, & \text{第 } i \text{ 个约束不起作用}, \\ 0, & \text{第 } i \text{ 个约束起作用}, \end{cases} \quad i = 1, 2, \cdots, m$$

则原命题可表述为

$$\begin{cases} \sum\limits_{j=1}^{n} a_{ij} x_j \leqslant b_i + M y_i, & i = 1, 2, \cdots, m \\ y_1 + y_2 + \cdots + y_m = m - k \\ y_i = 0, 1, & i = 1, 2, \cdots, m \end{cases} \tag{5.2.1}$$

例 5.3　用 $0-1$ 变量将命题"x 只能取 $2, 4, 6, 8$ 中的一个值"表示成一般线性约束条件.

解　引入 4 个 $0-1$ 变量,令

$$y_i = \begin{cases} 1, & x \text{ 取第 } i \text{ 个值}, \\ 0, & x \text{ 不取第 } i \text{ 个值}, \end{cases} \quad i = 1, 2, 3, 4$$

于是,原命题可表述为

$$\begin{cases} x = 2y_1 + 4y_2 + 6y_3 + 8y_4 \\ y_1 + y_2 + y_3 + y_4 = 1 \\ y_i = 0, 1, & i = 1, 2, 3, 4 \end{cases}$$

一般地,若约束条件的右端项(或变量 x)只能取 $b_1, b_2, \cdots, b_r$ 中的一个值,则引入 r 个 $0-1$ 变量,令

$$y_i = \begin{cases} 1, & \text{右端项(或 } x \text{)取第 } i \text{ 个值 } b_i, \\ 0, & \text{右端项(或 } x \text{)不取第 } i \text{ 个值 } b_i, \end{cases} \quad i = 1, 2, \cdots, r$$

则原命题可表述为

$$\begin{cases} \sum\limits_{j=1}^{n} a_{ij} x_j \leqslant b_1 y_1 + b_2 y_2 + \cdots + b_r y_r (\text{或 } x = b_1 y_1 + b_2 y_2 + \cdots + b_r y_r) \\ y_1 + y_2 + \cdots + y_r = 1 \\ y_i = 0, 1, & i = 1, 2, \cdots, r \end{cases} \tag{5.2.2}$$

例 5.4　用 $0-1$ 变量将命题"若 $x_1 \leqslant 5$,则 $x_2 \geqslant 4$;否则 $x_2 \leqslant 3$"表示成一般线性约束条件.

解　引入 2 个 $0-1$ 变量,令

$$y_i = \begin{cases} 1, & \text{第 } i \text{ 个约束不起作用}, \\ 0, & \text{第 } i \text{ 个约束起作用}, \end{cases} \quad i = 1, 2$$

则原命题可表述为

$$\begin{cases} x_1 \leqslant 5 + M y_1 \\ x_2 \geqslant 4 - M y_1 \\ x_1 > 5 - M y_2 \\ x_2 \leqslant 3 + M y_2 \\ y_1 + y_2 = 1 \\ y_i = 0, 1, & i = 1, 2 \end{cases}$$

2. 将管理问题表示成整数规划问题

例 5.5　华美公司现有资金 M 万元,可用于 5 个项目的投资. 已知第 j 个项目($j=1$, $2,3,4,5$) 的投资金额和期望净收益分别为 a_j 和 c_j(万元). 由于技术原因,项目的选择必须同时满足以下条件:

(1) 项目 1,2,3 中至少选择一项;

(2) 项目 4 和 5 至多选择一项;

(3) 项目 5 被选择的前提是项目 1 必须被选择.

应如何选择一个投资方案使净收益最大?请建立该问题的数学模型.

解　设决策变量为

$$x_j = \begin{cases} 1, & \text{投资第 } j \text{ 个项目}, \\ 0, & \text{不投资第 } j \text{ 个项目}, \end{cases} \quad j=1,2,3,4,5$$

则建立 0 - 1 规划模型

$$\max z = \sum_{j=1}^{5} c_j x_j$$

$$\text{s. t.} \begin{cases} \sum_{j=1}^{5} a_j x_j \leqslant M \\ x_1 + x_2 + x_3 \geqslant 1 \\ x_4 + x_5 \leqslant 1 \\ x_5 \leqslant x_1 \\ x_j = 0,1, \quad j=1,2,3,4,5 \end{cases}$$

例 5.6　某厂需生产 3 000 件产品,该产品可以利用 A,B,C,D 设备中的任意一种或几种加工. 已知每种设备的生产准备结束费用、生产该产品时的单件成本以及每种设备限定的最大加工件数如表 5 - 2 所示,应如何选择一个加工方案使费用最小?试建立该问题的数学模型.

表 5 - 2　某厂生产信息表

设备	生产准备结束费用(元)	生产成本(元 / 件)	生产能力(件)
A	1 200	24	800
B	1 000	26	1 000
C	900	18	1 200
D	800	20	1 500

解　设决策变量为

$$x_j = \begin{cases} 1, & \text{使用第 } j \text{ 种设备}, \\ 0, & \text{不使用第 } j \text{ 种设备}, \end{cases} \quad j=1,2,3,4$$

另设使用第 j 种设备生产 y_j 件产品($j=1,2,3,4$),则建立整数规划模型

$$\min z = 1\,200x_1 + 1\,000x_2 + 900x_3 + 800x_4 + 24y_1 + 26y_2 + 18y_3 + 20y_4.$$

$$\text{s. t.}\begin{cases} y_1 + y_2 + y_3 + y_4 \geqslant 3\,000 \\ y_1 \leqslant 800x_1 \\ y_2 \leqslant 1\,000x_2 \\ y_3 \leqslant 1\,200x_3 \\ y_4 \leqslant 1\,500x_4 \\ x_j = 0,1, y_j \geqslant 0 \text{ 且为整数}, \quad j = 1,2,3,4 \end{cases}$$

例 5.7　已知 30 个物品,其中 6 个长 0.51 m,6 个长 0.27 m,6 个长 0.26 m,余下 12 个长 0.23 m,箱子长为 1 m.问最少需要多少个箱子才能把 30 个物品全部装进箱子?(假设不考虑物品与箱子的宽度和高度)

解　先考虑使用 30 个箱子.用 w_i 表示第 i 个物品的长度($i = 1,2,\cdots,30$),设

$$y_j = \begin{cases} 1, & \text{使用第 } j \text{ 个箱子}, \\ 0, & \text{不使用第 } j \text{ 个箱子}, \end{cases} \quad j = 1,2,\cdots,30$$

$$x_{ij} = \begin{cases} 1, & \text{第 } i \text{ 个物品放入第 } j \text{ 个箱子}, \\ 0, & \text{第 } i \text{ 个物品不放入第 } j \text{ 个箱子}, \end{cases} \quad i,j = 1,2,\cdots,30$$

建立整数规划模型为

$$\min z = \sum_{j=1}^{30} y_j$$

$$\text{s. t.}\begin{cases} \displaystyle\sum_{j=1}^{30} x_{ij} = 1, \quad i = 1,2,\cdots,30 \\ \displaystyle\sum_{i=1}^{30} w_i x_{ij} \leqslant y_j, \quad j = 1,2,\cdots,30 \\ x_{ij}, y_j = 0,1, \quad i,j = 1,2,\cdots,30 \end{cases}$$

5.2.3　隐枚举法

含有 n 个决策变量的 0–1 规划至多有 2^n 个可行解.当 n 较小时,可以采用穷举法求解,但当 n 较大(例如,$n > 10$)时,这几乎是不可能的.因此常设计一些方法,只检查 n 个 0–1 变量所有组合中的一部分,就能求得问题的最优解.这样的方法称为**隐枚举法**.

例 5.8　求解 0–1 规划:

$$\max z = 4x_1 + 3x_2 + 2x_3$$

$$\text{s. t.}\begin{cases} 2x_1 - 5x_2 + 3x_3 \leqslant 4 \\ 4x_1 + x_2 + 3x_3 \leqslant 5 \\ x_2 + x_3 \leqslant 1 \\ x_1, x_2, x_3 = 0,1 \end{cases}$$

解　本题若用穷举法,因有 3 个 0–1 变量,共有 $2^3 = 8$ 个解.又因为有 3 个约束条件,则需进行 $8 \times 3 = 24$ 次运算,才能比较出最优解.现按照隐枚举法进行,可以大大减少运算量.

(1) 先观察目标函数,选出使目标函数为极大值的一个解 $x_1 = 1, x_2 = 1, x_3 = 1$,再

验证是否满足约束条件.经检验知,该解不满足第二个和第三个约束条件,故非可行解.

（2）考虑到目标函数是极大形式的,将价值系数最小的变量,即变量 x_3 取 0 值,得到解 $x_1=1,x_2=1,x_3=0$,再验证是否满足约束条件.经检验知,该解满足约束条件,故最优解为 $\boldsymbol{X}^*=(1,1,0),z_{\max}=7$.

一般来讲,先观察目标函数,并选出一个使目标函数最优的解的组合,再检查它是否满足约束条件.若不满足约束条件,按目标函数中价值系数的大小顺序重新排列各变量,以使最优解有可能较早地出现.对于极大化问题,可按由小到大的顺序排列;对于极小化问题,则相反.每改变一个决策变量的取值,需验证是否满足约束条件,直到求出最优解.

隐枚举法与穷举法的最大区别在于,它不需要将所有可能的变量组合一一枚举,而是通过分析、判断,排除了很多不可行的变量组合,从而更有效率地求出最优解.

第三节　　分配问题与匈牙利法

5.3.1　分配问题及其数学模型

例 5.9　需安排 4 个人甲、乙、丙、丁去完成 4 项任务 A,B,C,D,每个人完成各项任务所消耗的时间如表 5-3 所示,规定每个人只能完成一项任务,每项任务只能由一个人完成.应如何安排可以使总耗时最少?

表 5-3　各人完成各项任务所消耗的时间表(单位:h)

任务〈br〉人员	A	B	C	D
甲	2	15	13	4
乙	10	4	14	15
丙	9	14	16	13
丁	7	8	11	9

解　设 c_{ij} 表示第 i 个人完成第 j 项任务的时间($i,j=1,2,3,4$),设

$$x_{ij}=\begin{cases}1,&\text{安排第 }i\text{ 个人完成第 }j\text{ 项任务,}\\0,&\text{不安排第 }i\text{ 个人完成第 }j\text{ 项任务,}\end{cases}\quad i,j=1,2,3,4$$

建立 0-1 规划模型为

$$\min z=\sum_{i=1}^{4}\sum_{j=1}^{4}c_{ij}x_{ij}$$

$$\text{s.t.}\begin{cases}\sum_{j=1}^{4}x_{ij}=1,&i=1,2,3,4\\\sum_{i=1}^{4}x_{ij}=1,&j=1,2,3,4\\x_{ij}=0,1,&i,j=1,2,3,4\end{cases}$$

在现实生活中经常会遇到诸如此类的问题.一般地,有 m 项工作要交给 m 个人完成,

已知第 i 人完成第 j 项工作的时间(或效率)为 $c_{ij}(i,j=1,2,\cdots,m)$,规定每个人只能完成其中一项工作,而每项工作只能交给其中一个人完成.应如何分配,可使所需的总时间最少(或总效率最高).将此类问题统称为**分配问题**或**指派问题**(记作 AP).

不论 c_{ij} 的含义是时间还是效率,都将 $m \times m$ 矩阵

$$\boldsymbol{C} = (c_{ij})_{m \times m} = \begin{pmatrix} c_{11} & c_{12} & \cdots & c_{1m} \\ c_{21} & c_{22} & \cdots & c_{2m} \\ \vdots & \vdots & & \vdots \\ c_{m1} & c_{m2} & \cdots & c_{mm} \end{pmatrix}$$

称为分配问题的**效率矩阵**,此时也将分配问题称为 m 阶分配问题.为了便于讨论,将既满足效率矩阵的元素非负($c_{ij} \geqslant 0$),又要求目标函数极小值的分配问题称为**标准分配问题**.

引入 m^2 个 $0-1$ 变量

$$x_{ij} = \begin{cases} 1, & \text{分配第 } i \text{ 人完成第 } j \text{ 项工作,} \\ 0, & \text{不分配第 } i \text{ 人完成第 } j \text{ 项工作 ,} \end{cases} \quad i,j=1,2,\cdots,m$$

则 m 阶标准分配问题的数学模型为

$$\min z = \sum_{i=1}^{m} \sum_{j=1}^{m} c_{ij} x_{ij}$$

$$\text{s. t.} \begin{cases} \sum_{j=1}^{m} x_{ij} = 1, & i=1,2,\cdots,m \\ \sum_{i=1}^{m} x_{ij} = 1, & j=1,2,\cdots,m \\ x_{ij} = 0,1, & i,j=1,2,\cdots,m \end{cases} \tag{5.3.1}$$

显然,分配问题是 $0-1$ 规划的特例,同时也是运输问题的特例.分配问题一定有最优解,但可以不唯一.基于分配问题的特点,它有自己特有的解法 —— 匈牙利法.

5.3.2　匈牙利法

例 5.10　已知分配问题的效率矩阵为 $\begin{pmatrix} 4 & 0 & 5 & 6 \\ 5 & 4 & 0 & 5 \\ 7 & 6 & 3 & 0 \\ 0 & 5 & 6 & 2 \end{pmatrix}$,求最优解.

解　观察到效率矩阵中存在一组位于不同行不同列的零元素,则只要令对应于这些零元素位置的 $x_{ij}=1$,其余的 $x_{ij}=0$,即得到问题的最优解,即当 $x_{12}=x_{23}=x_{34}=x_{41}=1$,其他变量 $=0$ 时,$z_{\min}=0$,对应的最优分配方案如表 $5-4$ 所示.

表 5 - 4　最优分配方案

人	1	2	3	4
工作	2	3	4	1

为便于讨论,将效率矩阵中不同行不同列的零元素称为**独立零元素**,记作(0).一般分配问题的效率矩阵是没有"0"元素的,如何产生并寻找到 m 个独立零元素,从而顺利求

出最优解?匈牙利数学家康尼格为此进行了细致的研究,并证明了下面两个基本定理,为分配问题的解决奠定了基础.

定理 1　如果从效率矩阵(c_{ij})的第 i 行元素中分别减去一个常数u_i,或者从第 j 列元素中分别减去一个常数 v_j,得到一个新的效率矩阵(c'_{ij}),其中 $c'_{ij} = c_{ij} - u_i - v_j$,则以$(c'_{ij})$为效率矩阵的最优解等价于以$(c_{ij})$为效率矩阵的最优解.效率矩阵的任一行(或列)减去同一常数,所得新效率矩阵对应的分配问题的最优解与原问题的最优解相同.

证　设以(c_{ij})为效率矩阵的目标函数值为 $z = \sum_{i=1}^{m} \sum_{j=1}^{m} c_{ij} x_{ij}$,则以$(c'_{ij})$为效率矩阵的目标函数值为 $z' = \sum_{i=1}^{m} \sum_{j=1}^{m} c'_{ij} x_{ij}$. 因为 $c'_{ij} = c_{ij} - u_i - v_j$,所以

$$z' = \sum_{i=1}^{m} \sum_{j=1}^{m} (c_{ij} - u_i - v_j) x_{ij} = \sum_{i=1}^{m} \sum_{j=1}^{m} c_{ij} x_{ij} - \sum_{i=1}^{m} \sum_{j=1}^{m} u_i x_{ij} - \sum_{i=1}^{m} \sum_{j=1}^{m} v_j x_{ij}$$

$$= z - \sum_{i=1}^{m} u_i \sum_{j=1}^{m} x_{ij} - \sum_{j=1}^{m} v_j \sum_{i=1}^{m} x_{ij} = z - \sum_{i=1}^{m} u_i - \sum_{j=1}^{m} v_j = z - 常数$$

在相同的约束下,"z'"与"z"只相差一个常数,故以(c'_{ij})为效率矩阵的分配问题的最优解等价与以(c_{ij})为效率矩阵的分配问题的最优解.

定理 2　若效率矩阵 **C** 的元素可分成"0"与非"0"两部分,则覆盖"0"元素的最少直线数等于独立零元素的最大个数.

1955 年库恩在上述理论的基础上提出了求解分配问题的一种方法,习惯上称之为**匈牙利法**.下面用例 5.9 来具体说明匈牙利法的计算步骤.

解　第一步,变换效率矩阵(即造"0").

先使效率矩阵的各行分别减去本行中最小元素,再使各列分别减去本列中最小元素,这样可使效率矩阵的每行、每列都至少有一个"0"元素,同时保证元素非负.

$$\begin{matrix} & & \min \\ \begin{bmatrix} 2 & 15 & 13 & 4 \\ 10 & 4 & 14 & 15 \\ 9 & 14 & 16 & 13 \\ 7 & 8 & 11 & 9 \end{bmatrix} & \begin{matrix} 2 \\ 4 \\ 9 \\ 7 \end{matrix} \rightarrow \begin{bmatrix} 0 & 13 & 11 & 2 \\ 6 & 0 & 10 & 11 \\ 0 & 5 & 7 & 4 \\ 0 & 1 & 4 & 2 \end{bmatrix} \rightarrow \begin{bmatrix} 0 & 13 & 7 & 0 \\ 6 & 0 & 6 & 9 \\ 0 & 5 & 3 & 2 \\ 0 & 1 & 0 & 0 \end{bmatrix} \\ & \min \ \ 0 \ \ \ 0 \ \ \ 4 \ \ \ 2 & \end{matrix}$$

第二步,确定独立零元素的个数(即划直线).

用(0) 标记独立零元素,具体步骤如下:

(1) 从第一行开始,若该行只有一个未标记的 0,对其加( ) 标记(表明这个人必须完成对应的工作),同时划一条直线覆盖该列的所有元素(表明此项工作不能再由其他人完成);否则轮空,转下一行检查,直到最后一行为止;

(2) 从第一列开始,若该列只有一个未标记的 0,对其加( ) 标记(表明这项工作必须由对应的人完成),同时划一条直线覆盖该行的所有元素(表明此人不能再完成其他工作);否则轮空,转下一列检查,直到最后一列为止;

(3) 重复步骤(1),(2),直至再划不出这样的直线,可能出现 3 种情况:

① 矩阵中恰有 m 个独立零元素,则只要令对应独立零元素位置上的变量 $x_{ij} = 1$,其

余的变量 $x_{ij} = 0$,就得到问题的最优解,计算总时间,结束.

② 矩阵中独立零元素少于 m 个,且有未被直线覆盖的"0"元素.这些"0"元素将形成闭回路,这时可顺着闭回路的走向,对每个间隔的"0"元素加"( )"标记,同时划去该0所在的一列,例如,

$$\begin{pmatrix} 0 & \cdots & 0 & * \\ \vdots & * & \vdots & * \\ 0 & \cdots & * & 0 \\ * & * & 0 & 0 \end{pmatrix} \rightarrow \begin{pmatrix} (0) & \cdots & 0 & * \\ \vdots & * & \vdots & * \\ 0 & \cdots & * & (0) \\ * & * & (0) & 0 \end{pmatrix}$$

③ 矩阵中独立零元素少于 m 个,所有"0"元素均被划去,出现僵局,需要转入第三步.

第三步,在未被直线覆盖的元素中变换出"0"元素(即打破僵局).

(1) 从未被直线覆盖的元素中找出一个最小的元素,用 k 表示;

(2) 逐行检查,若该行有直线覆盖,则令该行的常数 $u_i = 0$,否则令 $u_i = k$;

(3) 逐列检查,若该列有直线覆盖,则令该列的常数 $v_j = -k$,否则令 $v_j = 0$;

(4) 在现有效率矩阵中同时减去 u_i 和 v_j,得到新的效率矩阵,转入第二步.

例 5.10 出现了第 ① 种情况,其操作过程如下所示:

$$\begin{pmatrix} 0 & 13 & 7 & 0 \\ 6 & (0) & 6 & 9 \\ 0 & 5 & 3 & 2 \\ 0 & 1 & 0 & 0 \end{pmatrix} \rightarrow \begin{pmatrix} 0 & 13 & 7 & 0 \\ 6 & (0) & 6 & 9 \\ (0) & 5 & 3 & 2 \\ 0 & 1 & 0 & 0 \end{pmatrix} \rightarrow \begin{pmatrix} (0) & 13 & 7 & 0 \\ 6 & (0) & 6 & 9 \\ (0) & 5 & 3 & 2 \\ 0 & 1 & (0) & 0 \end{pmatrix} \rightarrow \begin{pmatrix} 0 & 13 & 7 & (0) \\ 6 & (0) & 6 & 9 \\ (0) & 5 & 3 & 2 \\ 0 & 1 & (0) & 0 \end{pmatrix}$$

从上述效率矩阵可以得到与"(0)"元素对应的最优分配方案为

$$\boldsymbol{X} = \begin{pmatrix} 0 & 0 & 0 & 1 \\ 0 & 1 & 0 & 0 \\ 1 & 0 & 0 & 0 \\ 0 & 0 & 1 & 0 \end{pmatrix}$$

即最优分配方案如表 5-5 所示.

表 5-5　最优工作分配方案

人	甲	乙	丙	丁
工作	D	B	A	C

此方案的目标值为

$$z_{\min} = \sum_{i=1}^{4} \sum_{j=1}^{4} c_{ij} x_{ij} = c_{14} + c_{22} + c_{31} + c_{43} = 4 + 4 + 9 + 11 = 28 \text{ (h)}$$

例 5.11　已知分配问题的效率矩阵为 $\begin{pmatrix} 2 & 10 & 9 & 7 \\ 15 & 4 & 14 & 8 \\ 13 & 14 & 16 & 11 \\ 4 & 15 & 13 & 9 \end{pmatrix}$,求最优解.

解　第一步,变换效率矩阵(即造"0").

$$\begin{matrix}\text{min}\end{matrix}$$

$$\begin{pmatrix} 2 & 10 & 9 & 7 \\ 15 & 4 & 14 & 8 \\ 13 & 14 & 16 & 11 \\ 4 & 15 & 13 & 9 \end{pmatrix}\begin{matrix} 2 \\ 4 \\ 11 \\ 4 \end{matrix} \rightarrow \begin{pmatrix} 0 & 8 & 7 & 5 \\ 11 & 0 & 10 & 4 \\ 2 & 3 & 5 & 0 \\ 0 & 11 & 9 & 5 \end{pmatrix} \rightarrow \begin{pmatrix} 0 & 8 & 2 & 5 \\ 11 & 0 & 5 & 4 \\ 2 & 3 & 0 & 0 \\ 0 & 11 & 4 & 5 \end{pmatrix}$$

$$\begin{matrix}\text{min} & 0 & 0 & 5 & 0\end{matrix}$$

第二步,确定独立零元素的个数(即划直线).

$$\begin{pmatrix} (0) & 8 & 2 & 5 \\ 11 & 0 & 5 & 4 \\ 2 & 3 & 0 & 0 \\ 0 & 11 & 4 & 5 \end{pmatrix} \rightarrow \begin{pmatrix} (0) & 8 & 2 & 5 \\ 11 & (0) & 5 & 4 \\ 2 & 3 & 0 & 0 \\ 0 & 11 & 4 & 5 \end{pmatrix} \rightarrow \begin{pmatrix} (0) & 8 & 2 & 5 \\ 11 & (0) & 5 & 4 \\ 2 & 3 & (0) & 0 \\ 0 & 11 & 4 & 5 \end{pmatrix}$$

出现僵局即第 ③ 种情况,进入第三步,打破僵局.由现有的效率矩阵知 $k = 2$.

$$\begin{matrix}u_i\end{matrix}$$

$$\begin{pmatrix} (0) & 8 & 2 & 5 \\ 11 & (0) & 5 & 4 \\ 2 & 3 & (0) & 0 \\ 0 & 11 & 4 & 5 \end{pmatrix}\begin{matrix} 2 \\ 2 \\ 0 \\ 2 \end{matrix} \rightarrow \begin{pmatrix} 0 & 8 & 0 & 3 \\ 11 & 0 & 3 & 2 \\ 4 & 5 & 0 & 0 \\ 0 & 11 & 2 & 3 \end{pmatrix}$$

$$\begin{matrix}v_j & -2 & -2 & 0 & 0\end{matrix}$$

再进入第二步,确定独立零元素的个数.

$$\begin{pmatrix} 0 & 8 & 0 & 3 \\ 11 & (0) & 3 & 2 \\ 4 & 5 & 0 & 0 \\ 0 & 11 & 2 & 3 \end{pmatrix} \rightarrow \begin{pmatrix} 0 & 8 & 0 & 3 \\ 11 & (0) & 3 & 2 \\ 4 & 5 & 0 & 0 \\ (0) & 11 & 2 & 3 \end{pmatrix} \rightarrow \begin{pmatrix} (0) & 8 & (0) & 3 \\ 11 & (0) & 3 & 2 \\ 4 & 5 & 0 & 0 \\ (0) & 11 & 2 & 3 \end{pmatrix} \rightarrow \begin{pmatrix} 0 & 8 & (0) & 3 \\ 11 & (0) & 3 & 2 \\ 4 & 5 & 0 & (0) \\ (0) & 11 & 2 & 3 \end{pmatrix}$$

从上述效率矩阵可以得到与"(0)"元素对应的最优分配方案为

$$\boldsymbol{X} = \begin{pmatrix} 0 & 0 & 1 & 0 \\ 0 & 1 & 0 & 0 \\ 0 & 0 & 0 & 1 \\ 1 & 0 & 0 & 0 \end{pmatrix}$$

即最优分配方案如表 5-6 所示.

表 5-6　最优工作分配方案

人	1	2	3	4
工作	3	2	4	1

此方案的目标值为

$$z_{\min} = \sum_{i=1}^{4}\sum_{j=1}^{4}c_{ij}x_{ij} = c_{13} + c_{22} + c_{34} + c_{41} = 9 + 4 + 11 + 4 = 28$$

注　例 5.9 和例 5.11 的效率矩阵互为转置,尽管计算过程不相同,但最优解是等价的.

5.3.3　非标准分配问题的处理

实际问题中的分配问题通常是非标准形式的,通常的处理方法是先将它们转化为标准形式,然后再用匈牙利法求解.

1. 最大化分配问题

设最大化分配问题效率矩阵 $\boldsymbol{C} = (c_{ij})_{m \times m}$,其中最大元素为 A.

令矩阵 $\boldsymbol{B} = (b_{ij})_{m \times m} = (A - c_{ij})_{m \times m}$,则以 $\boldsymbol{B}$ 为效率矩阵的最小化分配问题和以 $\boldsymbol{C}$ 为效率矩阵的最大化分配问题有相同最优解.

2. 人数和工作数不等的分配问题

若人数少于工作数,则增加虚拟的"人",使得人数和工作数匹配.这些虚拟的"人"完成各项工作的效率均取 0.

若人数多于工作数,则增加虚拟的"工作",使得人数和工作数匹配.若无特别要求,这些虚拟的"工作"被不同的人完成的效率同样也取 0;若有特别要求则要依据实际情况而定.若允许一个人完成几项工作,应将该人化作相同的几个"人"来接受分配.这几个"人"完成同一项工作的效率都是一样的.若规定某项工作一定不能由某个人完成,则应将相应的效率取足够大的数 M.

例 5.12　分别分配甲、乙、丙、丁 4 人完成 A,B,C,D,E 5 项任务,每人完成各项任务的时间(单位:h)如表 5-7 所示.规定:任务 A 由甲或丙完成,任务 C 由丙或丁完成,任务 E 由甲或乙或丁完成,且 4 人中丙或丁完成 2 项任务,其他每人完成 1 项,应如何安排可使总时间最小?

表 5-7　每人完成各项任务的时间

人员＼任务	A	B	C	D	E
甲	25	29	31	42	37
乙	39	38	26	20	33
丙	34	27	28	40	32
丁	24	42	36	23	45

解　根据题意,增加虚拟的人"戊",修改效率矩阵,如表 5-8 所示.

表 5-8　增加虚拟人员后的时间

人员＼任务	A	B	C	D	E
甲	25	29	M	42	37
乙	M	38	M	20	33
丙	34	27	28	40	M
丁	M	42	36	23	45
戊	34	27	28	23	45

再用匈牙利法解得最优分配方案,如表 5-9 所示.

表 5 – 9　最优分配方案

人	甲	乙	丙	丁
工作	A	E	B,C	D

此时, $z_{\min} = 136(\text{h})$.

第四节　分枝定界法

在前面的学习中已经探讨了整数规划的特点,如整数规划的可行域不是凸集;可行解的个数通常是有限的;当可行解个数不多时,可以用枚举法求解;当可行解个数较多时,不能通过对其松弛问题的最优解简单地进行四舍五入或枚举法得到.那么整数规划问题到底如何求解呢?整数规划常用的解法有两种:分枝定界法(branch and bound method)和割平面法(cutting-plane method).本节介绍分枝定界法,下一节再介绍割平面法.

5.4.1　分枝定界法的原理

分枝定界法具有灵活且便于用计算机求解的优点.简单说来,就是在求解某问题时,先放宽或取消其中某些约束,求解一个较简单的替代问题,而且总是保证原问题的可行域包含在替代问题的可行域中.即利用连续的线性规划模型来求解非连续的整数规划问题.

具体而言,假定 x_k 是一个有取整约束的变量,而其最优连续值 x_k^* 不是整数,那么在 $[x_k^*]$ (这里 $[\ ]$ 表示向下取整值)和 $[x_k^*]+1$ 之间不包括任何整数值.因此, x_k 的可行整数值必然满足 $x_k \leqslant [x_k^*]$ 或 $x_k \geqslant [x_k^*]+1$ 之一.把这两个条件分别加到原线性规划的约束条件中,产生两个互斥的线性规划子问题.实际上这一过程利用了整数约束条件,在"分割"时删除了不包含可行整数点的部分连续空间($[x_k^*]<x_k<[x_k^*]+1$).采用与原问题相同的目标函数,可继续求解每一个线性规划子问题.通常,把全部可行解空间反复地分割为越来越小的子集,这称为"分枝";并且对每个子集内的解集计算一个目标上(下)界(对于最大(小)值问题),这称为"定界";在每次分枝后,将每个子问题计算出的界限与已知可行解集的目标值进行比较,这称为"比较";凡是界限不优于已知可行解集目标值的那些子集不再进一步分枝,这样,许多子集可不予考虑,这称为"剪枝".

"分枝"为整数规划最优解的出现创造了条件,而"定界"则可以提高搜索的效率.经验表明,在可能的情况下,根据对实际问题的了解,事先选择一个合理的"界限",可以提高分枝定界法的搜索效率.

5.4.2　分枝定界法的步骤

由上面的原理得到用分枝定界法求解整数规划(最大化)问题的步骤.

先将要求解的整数规划问题称为问题 A ,将与它对应的松弛问题称为问题 B .求解问题 B 可能得到以下 3 种情况之一:

(1) B 没有可行解,这时 A 也没有可行解,停止.

(2) B 有最优解,并符合问题 A 的整数条件, B 的最优解即为 A 的最优解,停止.

(3) B 有最优解,但不符合问题 A 的整数条件,记 B 的最优目标函数值为 $\bar{z}$.用观察法

找问题 A 的一个整数可行解,一般可取 $x_j = 0(j = 1,2,\cdots,n)$,求得目标函数值为 0,并记作 $\underline{z}$,即 $\underline{z} = 0$.以 z^* 表示问题 A 的最优目标函数值,这时有 $\underline{z} \leqslant z^* \leqslant \bar{z}$,进行迭代.

第一步:分枝与定界.

在 B 的最优解中任选一个不符合整数条件的变量 x_j,其值为 b_j.构造两个约束条件

$$x_j \leqslant [b_j], \quad x_j \geqslant [b_j] + 1$$

将这两个约束条件分别加入问题 B,得到两个后继规划问题 B_1 和 B_2.不考虑整数条件求解这两个后继问题.

以每个后继问题为一个分枝,标出求解结果,并从解的结果中,找出最优目标函数值最大者作为新的上界 $\bar{z}$.同时从已符合整数条件的各分枝的解中,找出目标函数值的最大者作为新的下界 $\underline{z}$,若无,则取 $\underline{z} = 0$.

第二步:比较与剪枝.

各分枝的最优目标函数值中若有小于 $\underline{z}$ 者,则剪掉这支,即以后不再考虑了.若大于 $\underline{z}$,且不符合整数条件,则重复第一步,直到 $\underline{z} = \bar{z}$ 为止.此时问题 A 的最优目标函数值 $z^* = \underline{z}$,对应符合整数条件的分枝的解为问题 A 的最优整数解 x^*.

下面通过一个例子,具体说明如何用分枝定界法求解整数规划问题.

例 5.13　用分枝定界法求解例 5.1:

$$\max z = 4x_1 + 3x_2$$

$$\text{s.t.} \begin{cases} 1.2x_1 + 0.8x_2 \leqslant 10 \\ 2x_1 + 2.5x_2 \leqslant 25 \\ x_1, x_2 \geqslant 0 \text{ 且均为整数} \end{cases}$$

解　(1)将原整数规划记作问题 A,其对应的松弛问题记作 B,即

$$B:\max z = 4x_1 + 3x_2$$

$$\text{s.t.} \begin{cases} 1.2x_1 + 0.8x_2 \leqslant 10 \\ 2x_1 + 2.5x_2 \leqslant 25 \\ x_1, x_2 \geqslant 0 \end{cases}$$

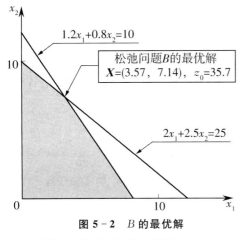

图 5 - 2　B 的最优解

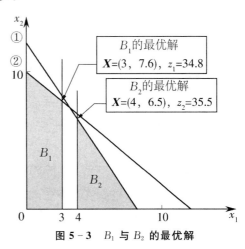

图 5 - 3　B_1 与 B_2 的最优解

用图解法得到 B 的最优解 $\boldsymbol{X} = (3.57, 7.14)$,$z_0 = 35.7$,如图 5 - 2 所示.

B 的最优解不符合整数条件. 这时, z_0 是原问题 A 的最优目标函数值 z^* 的上界, 记作 $\bar{z}$. 显然 $x_1=0, x_2=0$ 是原问题 A 的一个整数可行解, 这时 $z=0$, 是 z^* 的一个下界, 记作 $\underline{z}$, 即 $0 \leqslant z^* \leqslant 35.7$.

(2) 因为 x_1, x_2 当前均非整数, 所以不满足整数要求, 任选一个变量进行分枝. 假设选 x_1 进行分枝: $x_1 \leqslant [3.57]=3, x_1 \geqslant [3.57]+1=4$, 将松弛问题 B 分成两个子问题 B_1 和 B_2.

$$B_1 : \max z = 4x_1 + 3x_2$$
$$\text{s.t.} \begin{cases} 1.2x_1 + 0.8x_2 \leqslant 10 \\ 2x_1 + 2.5x_2 \leqslant 25 \\ x_1 \leqslant 3 \\ x_1, x_2 \geqslant 0 \end{cases}$$

$$B_2 : \max z = 4x_1 + 3x_2$$
$$\text{s.t.} \begin{cases} 1.2x_1 + 0.8x_2 \leqslant 10 \\ 2x_1 + 2.5x_2 \leqslant 25 \\ x_1 \geqslant 4 \\ x_1, x_2 \geqslant 0 \end{cases}$$

用图解法得 B_1 和 B_2 的最优解, 如图 5-3 所示. 此时 B_1 和 B_2 的可行域的并集包含问题 A 的全部可行解. B_1 的最优解为 $\boldsymbol{X}=(3, 7.6), z_1=34.8, B_2$ 的最优解为 $\boldsymbol{X}=(4, 6.5)$, $z_2=35.5$. 定界得 $0 \leqslant z^* \leqslant 35.5$.

(3) 选择目标值较大的分枝 B_2 进行分枝, 增加约束 $x_2 \leqslant 6, x_2 \geqslant 7$, 由图 5-3 知 $x_2 \geqslant 7$ 不可行, 因此得到线性规划 B_3.

$$B_3 : \max z = 4x_1 + 3x_2$$
$$\text{s.t.} \begin{cases} 1.2x_1 + 0.8x_2 \leqslant 10 \\ 2x_1 + 2.5x_2 \leqslant 25 \\ x_1 \geqslant 4, x_2 \leqslant 6 \\ x_1, x_2 \geqslant 0 \end{cases}$$

用图解法得 B_3 的最优解, 如图 5-4 所示. 由图 5-4 可知, B_3 的最优解为 $\boldsymbol{X}=(4.33, 6), z_3=35.33$. 再定界得 $0 \leqslant z^* \leqslant 35.33$.

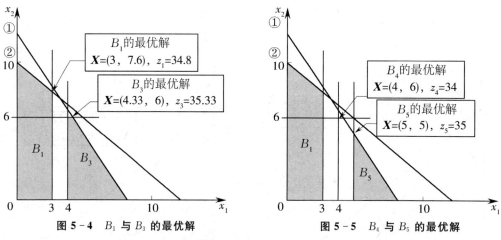

图 5-4 B_1 与 B_3 的最优解　　图 5-5 B_4 与 B_5 的最优解

(4) 再对 B_3 进行分枝, 增加约束 $x_1 \leqslant 4$ 及 $x_1 \geqslant 5$, 得到两个线性规划 B_4 和 B_5. 显然 B_4 的可行解在 $x_1=4$ 的线段上, 用图解法可得 B_4 和 B_5 的最优解, 如图 5-5 所示.

$$B_4 : \max z = 4x_1 + 3x_2$$
$$\text{s. t.} \begin{cases} 1.2x_1 + 0.8x_2 \leqslant 10 \\ 2x_1 + 2.5x_2 \leqslant 25 \\ x_1 \leqslant 4, x_2 \leqslant 6 \\ x_1, x_2 \geqslant 0 \end{cases}$$

$$B_5 : \max z = 4x_1 + 3x_2$$
$$\text{s. t.} \begin{cases} 1.2x_1 + 0.8x_2 \leqslant 10 \\ 2x_1 + 2.5x_2 \leqslant 25 \\ x_1 \geqslant 5, x_2 \leqslant 6 \\ x_1, x_2 \geqslant 0 \end{cases}$$

从图 $5-5$ 知,B_4 的最优解为 $\boldsymbol{X} = (4,6)$,$z_4 = 34$,B_5 的最优解为 $\boldsymbol{X} = (5,5)$,$z_5 = 35$,都已是整数解. 再定界得 $35 \leqslant z^* \leqslant 35$. 尽管 B_1 还可以对 x_2 分枝,但 $z_1 < z_5$,比较目标值知,B_5 的解是问题 A 的最优解,即原整数规划问题的最优解为 $\boldsymbol{X} = (5,5)$,目标函数最优值 $z^* = 35$.

上述分枝过程可用图 $5-6$ 表示.

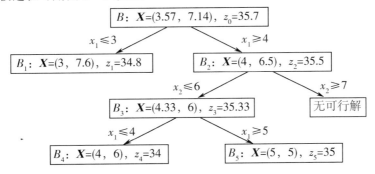

图 5 - 6　分枝过程简图

值得注意的是,当存在若干变量均有取整约束时,分枝既广且深. 在最坏的情况下相当于组合所有可能的整数解. 求解一般整数规划问题属于一类未解决的难题,称为 NP 问题,只有少数特殊问题有好的算法,例如前面介绍的分配问题.

第五节　割　平　面　法

5.5.1　割平面法的原理

1958 年,高莫雷(R. E. Gomory)提出求解整数规划的另一种方法 —— **割平面法**. 这个方法与分枝定界法有相同的理论基础和目的. 其基本原理是放宽变量的整数约束,首先求对应松弛问题的最优解. 当某个变量 x_i 不满足整数要求时,寻找一个约束方程并添加到松弛问题中,其作用是切割掉不是整数值的点,缩小原松弛问题的可行域,使整数点暴露在新的可行域的边界上,最后逼近整数规划的最优解.

为最终获得整数最优解,每次增加的线性约束条件应当具备两个基本性质:

(1)已获得的不符合整数要求的线性规划最优解不满足该线性约束条件,从而不可能在以后的解中再出现;

(2)凡整数可行解均满足该线性约束条件,因而整数最优解始终被保留在每次形成的新线性规划可行域中.

设整数规划 A 为

$$A_: \max z = \sum_{j=1}^{n} c_j x_j$$

$$\text{s. t.} \begin{cases} \sum_{j=1}^{n} a_{ij} x_j = b_i, & i = 1, 2, \cdots, m \\ x_j \geqslant 0 \text{ 且为整数}, & j = 1, 2, \cdots, n \end{cases} \tag{5.5.1}$$

则其对应的松弛问题 B 为

$$B_: \max z = \sum_{j=1}^{n} c_j x_j$$

$$\text{s. t.} \begin{cases} \sum_{j=1}^{n} a_{ij} x_j = b_i, & i = 1, 2, \cdots, m \\ x_j \geqslant 0, & j = 1, 2, \cdots, n \end{cases} \tag{5.5.2}$$

求得 B 的最优解为 $\boldsymbol{X} = (\boldsymbol{B}^{-1}\boldsymbol{b}, \boldsymbol{0})^{\mathrm{T}}$, $\bar{\boldsymbol{b}} = \boldsymbol{B}^{-1}\boldsymbol{b} = (\bar{b}_1, \bar{b}_2, \cdots, \bar{b}_m)^{\mathrm{T}}$, 其中 $\boldsymbol{B}$ 为最优基. 若 $\bar{b}_i (i = 1, 2, \cdots, m)$ 均为整数, 则 $\boldsymbol{X}$ 为整数规划 A 的最优解.

若存在 $\bar{b}_i$ 不是整数, 由约束条件有

$$x_i + \sum_k \bar{a}_{ik} x_k = \bar{b}_i$$

x_k 为非基变量(取值为0). 将 $\bar{b}_i$ 及 $\bar{a}_{ik}$ 分离成一个整数与一个非负真分数之和, 即

$$\bar{b}_i = [\bar{b}_i] + f_i, \quad \bar{a}_{ik} = [\bar{a}_{ik}] + f_{ik}, \quad 0 < f_i < 1, \quad 0 \leqslant f_{ik} < 1$$

则有

$$x_i + \sum_k [\bar{a}_{ik}] x_k + \sum_k f_{ik} x_k = [\bar{b}_i] + f_i$$

即

$$x_i - [\bar{b}_i] + \sum_k [\bar{a}_{ik}] x_k = f_i - \sum_k f_{ik} x_k \tag{5.5.3}$$

在式(5.5.3)中, 左边是一个整数, 右边是一个小于1的整数, 因此有

$$f_i - \sum_k f_{ik} x_k \leqslant 0 \tag{5.5.4}$$

式(5.5.4)加入松弛变量 s_i(非负整数)得

$$s_i - \sum_k f_{ik} x_k = -f_i \tag{5.5.5}$$

将式(5.5.5)称为**割平面方程**(或称为**高莫雷约束方程**).

一方面, 若将松弛问题 B 的最优解 $\boldsymbol{X} = (\bar{\boldsymbol{b}}, \boldsymbol{0})^{\mathrm{T}}$ 代入式(5.5.5), 由于非基变量为零, 因此有$-f_i = s_i \geqslant 0$, 这与 $0 < f_i < 1$ 相矛盾. 另一方面, 整数规划问题 A 的可行解一定满足式(5.5.5). 因此, 割平面方程具备了前述的两个基本性质.

将割平面方程加入到松弛问题 B 的最优表中, 用对偶单纯形法计算, 若最优解中还有非整数解, 则继续切割, 直到得到整数最优解为止. 例如, $x_1 + \dfrac{5}{6} x_3 - \dfrac{1}{6} x_4 = \dfrac{5}{3}$ 分解成 $x_1 + \dfrac{5}{6} x_3 + \left(-1 + \dfrac{5}{6}\right) x_4 = 1 + \dfrac{2}{3}$, 将整数部分列于等式左边, 分数部分列于等式右边得

$$x_1 - x_4 - 1 = \frac{2}{3} - \frac{5}{6} x_3 - \frac{5}{6} x_4$$

因为左边是一个整数, 右边是一个小于1的整数, 因此有

$$\frac{2}{3} - \frac{5}{6}x_3 - \frac{5}{6}x_4 \leqslant 0$$

加入松弛变量得到割平面方程

$$s_1 - \frac{5}{6}x_3 - \frac{5}{6}x_4 = -\frac{2}{3}, \quad 或 \quad s_1 - 5x_3 - 5x_4 = -4$$

5.5.2 割平面法的步骤

利用上面的原理得到割平面法的求解步骤.

第一步:求原问题的松弛问题的最优解,若满足整数约束,即为原问题的最优解,否则进入下一步;

第二步:分解其中一个非整分量,构造割平面方程(5.5.5),加入原松弛问题中,形成新的线性规划;

第三步:求新线性规划问题的最优解,若满足整数约束,则为原问题的最优解,否则进入第二步.

经验表明,若从最优单纯形表中选择分数部分最大的非整分量构造割平面方程,往往可以提高"切割"效果,减少"切割"次数.

例 5.14 用割平面法求解整数线性规则问题:

$$\max z = 4x_1 + 3x_2$$
$$\text{s. t.} \begin{cases} 6x_1 + 4x_2 \leqslant 30 \\ x_1 + 2x_2 \leqslant 10 \\ x_1, x_2 \geqslant 0 \text{ 且为整数} \end{cases}$$

解 放宽变量的整数限制,对应的松弛问题是

$$\max z = 4x_1 + 3x_2$$
$$\text{s. t.} \begin{cases} 6x_1 + 4x_2 \leqslant 30 \\ x_1 + 2x_2 \leqslant 10 \\ x_1, x_2 \geqslant 0 \end{cases}$$

加入松弛变量 x_3 及 x_4 后,用单纯形法求解,得到最优表,如表 5-10 所示.

表 5-10 松弛问题的单纯形表

C_B	X_B	b	x_1	x_2	x_3	x_4
	c_j		4	3	0	0
4	x_1	5/2	1	0	1/4	-1/2
3	x_2	15/4	0	1	-1/8	3/4
	σ_j		0	0	-5/8	-1/4

最优解 $X^{(0)} = \left(\frac{5}{2}, \frac{15}{4}\right)$,不是整数线性规则的最优解.选择表 5-10 的第一行对应的约束条件,即

$$x_1 + \frac{1}{4}x_3 - \frac{1}{2}x_4 = \frac{5}{2}$$

分离系数后改写成

$$x_1 + \frac{1}{4}x_3 + \left(-1 + \frac{1}{2}\right)x_4 = 2 + \frac{1}{2}$$

整理得 $x_1 - x_4 - 2 = \frac{1}{2} - \frac{1}{4}x_3 - \frac{1}{2}x_4 \leqslant 0$, 即 $-x_3 - 2x_4 \leqslant -2$

加入松弛变量 x_5,得到割平面方程

$$-x_3 - 2x_4 + x_5 = -2 \tag{5.5.6}$$

将式(5.5.6)作为约束条件添加到表 5-10 中,用对偶单纯形法计算,如表 5-11 所示.

表 5-11 加入 x_5 后的单纯形表

c_j			4	3	0	0	0
C_B	X_B	b	x_1	x_2	x_3	x_4	x_5
4	x_1	5/2	1	0	1/4	−1/2	0
3	x_2	15/4	0	1	−1/8	3/4	0
0	x_5	−2	0	0	−1	[−2]	1
	σ_j		0	0	−5/8	−1/4	0
	θ		—	—	1/8	1/8	—
4	x_1	3	1	0	1/2	0	−1/4
3	x_2	3	0	1	−1/2	0	3/8
0	x_4	1	0	0	1/2	1	−1/2
	σ_j		0	0	−1/2	0	−1/8

最优解 $X^{(1)} = (3,3)$,最优值 $z = 21$. 所有变量均为整数,$X^{(1)}$ 就是原问题的最优解.

注 如果 $X^{(1)}$ 不是整数解,需要继续切割,重复上述计算过程. 在实际应用中,割平面法在有些情况下收敛迅速,而另一些情况下又可能收敛得很慢. 若将割平面法与分枝定界法等结合起来使用,往往能收到比较好的效果.

习 题 5

1. 用 0-1 变量将下列命题表示成一般线性约束条件:

(1) $x = 0$ 或 $x \geqslant 10$;

(2) 若 $x_1 \leqslant 2$,则 $x_2 \geqslant 5$;否则 $x_2 \leqslant 4$;

(3) 3 个约束 $x_1 + x_2 \leqslant 6, 2x_1 - x_2 \leqslant 5, x_2 \geqslant 3$ 中至少满足 2 个.

2. 某市为方便学生,拟在新建的 7 个居民小区增设若干所学校.已知各备选校址代号及其能覆盖的居民小区编号如表 5-12 所示.为覆盖所有居民小区至少应建多少所学校,试建立问题的数学模型.

表 5-12 学校覆盖小区情况

备选校址	A	B	C	D	E	F
小区编号	5,7	1,2,5	1,3,5	2,4,5	3,6	4,6

3. 校篮球队需要选择 5 名队员组成出场阵容参加比赛.8 名队员的身高及擅长位置如表 5-13 所示.

表 5-13 校篮球队队员情况

队员	1	2	3	4	5	6	7	8
身高(m)	1.92	1.90	1.88	1.86	1.85	1.83	1.80	1.78
擅长位置	中锋	中锋	前锋	前锋	前锋	后卫	后卫	后卫

出场阵容应满足以下条件:

(1) 只能有一名中锋上场;

(2)至少有一名后卫上场；

(3)如1号和4号均上场，则6号不出场.

应选择哪5名队员上场，才能使出场队员的平均身高最高?试建立数学模型.

4.用隐枚举法求解0-1规划：

$$\max z = 4x_1 + 3x_2 + 2x_3$$

$$\text{s.t.} \begin{cases} 2x_1 - 5x_2 + 3x_3 \leqslant 4 \\ 4x_1 + x_2 + 3x_3 \geqslant 3 \\ x_2 + x_3 \geqslant 1 \\ x_1, x_2, x_3 = 0, 1 \end{cases}$$

5.用匈牙利法求解下列分配问题：

$$(1) \begin{bmatrix} 15 & 18 & 21 & 24 \\ 19 & 23 & 22 & 18 \\ 26 & 17 & 16 & 19 \\ 19 & 21 & 23 & 17 \end{bmatrix} \qquad (2) \begin{bmatrix} 2 & 9 & 3 & 5 & 7 \\ 6 & 1 & 5 & 6 & 6 \\ 9 & 4 & 7 & 9 & 3 \\ 2 & 5 & 4 & 4 & 1 \\ 9 & 6 & 2 & 4 & 6 \end{bmatrix}$$

6.分配甲、乙、丙、丁4人完成A,B,C,D 4项任务，每人完成各项任务可获利润如表5-14所示.应如何安排可使总利润最大?

表5-14 任务分配利润表

任务\人员	A	B	C	D
甲	2	3	4	1
乙	6	4	2	5
丙	2	5	3	4
丁	3	7	6	2

7.分配甲、乙、丙、丁4人完成A,B,C,D,E 5项任务，每人完成各项任务的时间（单位：h）如表5-15所示.规定任务E必须完成，其他4项中可任选3项完成.请确定使完成任务的总时间最小的分配方案.

表5-15 各人完成不同任务的时间

任务\人员	A	B	C	D	E
甲	25	29	31	42	37
乙	39	38	26	20	33
丙	34	27	28	40	32
丁	24	42	36	23	45

8.分别用分枝定界法和割平面法求解下述整数规划问题：

(1) $\max z = 2x_1 + x_2$

$$\text{s.t.} \begin{cases} 2x_1 + 5x_2 \leqslant 13 \\ 5x_1 + 4x_2 \leqslant 24 \\ x_1, x_2 \geqslant 0 \text{ 且均为整数} \end{cases}$$

(2) $\max z = 4x_1 + 3x_2$

$$\text{s.t.} \begin{cases} 3x_1 + 4x_2 \leqslant 12 \\ 4x_1 + 2x_2 \leqslant 9 \\ x_1, x_2 \geqslant 0 \text{ 且均为整数} \end{cases}$$

第六章 动 态 规 划

动态规划是运筹学的一个分支,是求解多阶段决策过程最优化的一种数学方法.20世纪 50 年代初,贝尔曼(R.E.Bellman)等人在研究多阶段决策过程的优化问题时,提出了著名的最优性原理,把多阶段优化问题转化为一系列单阶段优化问题,逐个求解,创立了解决这类过程优化问题的新方法 —— 动态规划.这种方法问世以来,在经济管理、生产调度、工程技术和最优控制等方面得到了广泛的应用.例如,最短路线、生产计划、投资决策、设备更新、资源分配等问题,用动态规划方法比用其他方法求解更为方便.

应指出,动态规划是求解某类问题的一种方法,是考虑问题的一种途径,而不是一种特殊算法,必须对具体问题进行具体分析处理.因此,在学习时,除了要对基本概念和方法正确理解外,应以丰富的想象力去建立模型,用创造性的技巧去求解.

第一节   多阶段决策问题的提出

规划问题的最终目的就是确定各决策变量的取值,以使目标函数达到极大或极小.在线性规划和非线性规划中,决策变量都是以集合的形式被一次性处理的;然而,有时我们也会面对决策变量需要分期、分批处理的多阶段决策过程,即求解以时间划分阶段的动态过程的优化问题.同时一些与时间无关的静态规划,只要恰当地引进时间因素,也可把它视为多阶段决策过程以便于求解.所谓**多阶段决策过程**是指可以分解为若干个互相联系的阶段,在每一阶段分别对应着一组可供选取的决策集合,即构成过程的每个阶段都需要进行一次决策(见图 6-1).这个决策不仅决定这一阶段的效益,而且决定下一阶段的初始状态.每个阶段的决策确定以后,就得到一个决策序列,称为**策略**.根据过程的时间变量是离散的还是连续的,分为离散时间决策过程和连续时间决策过程;根据过程的演变是确定的还是随机的,分为确定性决策过程和随机性决策过程,其中应用最广的是确定性多阶段决策过程.

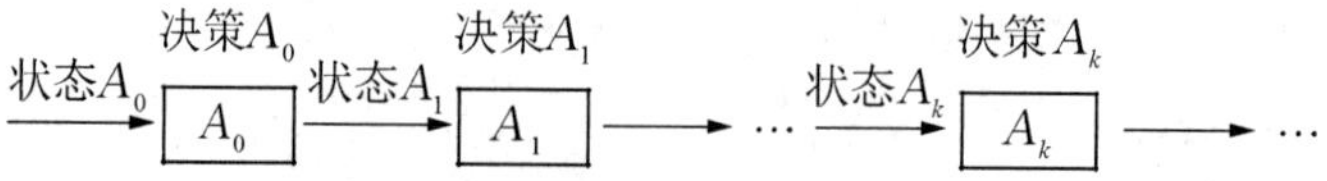

图 6-1 多阶段决策过程

显然,由于各个阶段选取的决策不同,对应整个过程可以有一系列不同的策略.当一个过程采取某个具体策略时,相应可以得到一个确定的效果,采取不同的策略,就会得到不同的效果.**多阶段的决策问题**就是要在所有可能采取的策略中选取一个最优的策略,以便得到最佳的效果.

　　为了具体了解这类问题的特点,下面列举几个经典的多阶段决策问题.

　　例 6.1(最短路线问题)　某物流公司承包了某企业的物流配送任务.考虑如图 6 - 2 所示的各城区之间的交通线路网,连线上的数字表示两城区之间的距离.试寻求一条由 A 到 E 距离最短的路线.

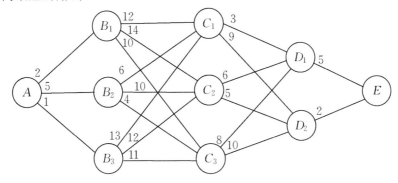

图 6 - 2　各城区交通线路网

　　分析可以看出,这是一个 4 阶段决策问题.从 A 出发到 B_i($i=1,2,3$)为第一阶段,这时有 3 个选择,即走到 B_1 或走到 B_2 或走到 B_3,则从 A 点出发,有一个可供选择的决策集合$\{B_1,B_2,B_3\}$.若我们选择走到 B_1 的决策,则 B_1 就是下一个阶段的起始点.在下一阶段,我们从 B_1 点出发,又有一个可供选择的决策集合$\{C_1,C_2,C_3\}$.很明显,前面各阶段的决策如何选择,直接影响着其余各阶段的行进路线.我们的目的就是在每个阶段选择一个决策,使由它们决定的总路程最短.

　　例 6.2(生产计划问题)　工厂生产某种产品,每单位(千件)的成本为 1 千元,每次开工的固定成本为 3 千元,工厂每季度的最大生产能力为 6 千件.经调查,市场对该产品的需求量第一、二、三、四季度分别为 2,3,2,4(千件).如果工厂在第一、二季度将全年的需求都生产出来,自然可以降低成本(少付固定成本费),但是对于第三、四季度才能上市的产品需付存储费,每季度每千件的存储费为 0.5 千元.还规定年初和年末这种产品均无库存.试制定一个生产计划,即安排每个季度的产量,使一年的总费用(生产成本和存储费)最少.

　　分析知,这也是一个 4 阶段决策问题,把每个季度作为一个阶段逐次决策.

　　例 6.3(投资决策问题)　某公司现有资金 Q 万元,在今后 5 年内考虑给 A,B,C,D 4 个项目投资,这些项目投资的回收期限、回报率均不相同,问该公司应如何确定这些项目每年的投资额,使到第 5 年末拥有资金的本利总额最大?

　　分析知,这是一个 5 阶段决策问题,按年划分阶段,每年年初要做出各项目投资决策.

　　例 6.4(设备更新问题)　企业在使用设备时都要考虑设备的更新问题,因为设备越陈旧所需的维修费用越多,但购买新设备则要一次性支出较大的费用.现某企业要决定一台设备未来 8 年的更新计划,已预测到不同年份购买设备的价格不同,设备的折旧费逐年下降,以及设备的年维修费逐年增加,问应在哪些年份更新设备可使总费用最小?

　　分析知,这是一个 8 阶段决策问题,每年年初要做出决策,是继续使用旧设备,还是购买新设备.

第二节　　动态规划的基本概念和基本思想

6.2.1　动态规划的基本概念

一个多阶段决策过程最优化问题的动态规划模型通常包含以下几个要素.

1. 阶段

阶段(stage)是对整个过程的自然划分.通常根据时间顺序或空间顺序特征来划分阶段,以便按阶段的次序求解优化问题.描述阶段的变量称为**阶段变量**,一般用 $k = 1, 2, \cdots, n$ 表示.

例 6.1 中由 A 出发为 $k = 1$,由 $B_i(i = 1,2,3)$ 出发为 $k = 2$,由 $C_i(i = 1,2,3)$ 出发为 $k = 3$,由 $D_i(i = 1,2)$ 出发为 $k = 4$,共 $n = 4$ 个阶段.在例 6.2 中按照第一、二、三、四季度分为 $k = 1,2,3,4$,共 $n = 4$ 个阶段.

2. 状态

状态(state)表示每个阶段开始所处的自然状况和客观条件.状态描述了研究问题过程的状况,是各阶段信息的传递点和结合点,既反映前面各阶段系列决策的结果,又是本阶段决策的一个出发点和依据.它能描述过程的特征并且无后效性,即当某阶段的状态变量给定时,这个阶段以后过程的演变与该阶段以前各阶段的状态无关.也就是说,当前的状态是过去历史的一个完整总结,过去的历史只能通过当前状态去影响它未来的发展.通常还要求状态是直接或间接可以观测的.

描述状态的变量称**状态变量**(state variable),简称为状态.状态变量允许取值的范围称**允许状态集合**(set of admissible states).用 s_k 表示第 k 阶段的状态变量,它可以是一个数或一个向量.用 S_k 表示第 k 阶段的允许状态集合.在例 6.1 中 s_2 可取 B_1,B_2,B_3,即 $S_2 = \{B_1,B_2,B_3\}$.

每个阶段的状态可分为**初始状态**和**终止状态**,或称输入状态和输出状态,第 k 阶段的初始状态记作 s_k,终止状态记为 s_{k+1},同时 s_{k+1} 也是第 $k+1$ 阶段的初始状态.n 个阶段的决策过程有 $n+1$ 个状态变量,s_{n+1} 表示 s_n 演变的结果.在例 6.1 中 $s_5 = E$.

根据过程演变的具体情况,状态变量可以是离散的或连续的.为了计算的方便有时将连续变量离散化;为了分析的方便有时又将离散变量视为连续的.

3. 决策

当一个阶段的状态确定后,可以做出各种选择或决定,从而演变到下一阶段的某个状态,这种选择手段称为**决策**(decision),在最优控制问题中也称为**控制**(control).

描述决策的变量称**决策变量**(decision variable),简称决策.决策变量允许取值的范围称**允许决策集合**(set of admissible decisions).用 $u_k(s_k)$ 表示第 k 阶段处于状态 s_k 时的决策变量,它是 s_k 的函数,用 $D_k(s_k)$ 表示 s_k 的允许决策集合.在例 6.1 中,$u_2(B_1)$ 可取 C_1,C_2 或 C_3,从而 $D_2(B_1) = \{C_1,C_2,C_3\}$.

4. 策略

各个阶段的决策确定后,整个问题的决策组成的序列称为**策略**(policy).一个 n 阶段决策过程,从 1 到 n 称为问题的**原过程**,对于任意一个给定的 $k(1 \leqslant k \leqslant n)$,从第 k 阶段到第 n 阶段的过程称为原过程的一个**后部子过程**. 由初始状态 s_1 开始的全过程的策略记作 $p_{1,n}(s_1)$,即

$$p_{1,n}(s_1) = \{u_1(s_1), u_2(s_2), \cdots, u_n(s_n)\}$$

由第 k 阶段的状态 s_k 开始到终止状态的后部子过程的策略(简称子策略)记作 $p_{k,n}(s_k)$,即

$$p_{k,n}(s_k) = \{u_k(s_k), \cdots, u_n(s_n)\}, \quad k = 1, 2, \cdots, n-1$$

类似地,由第 k 阶段到第 j 阶段的子过程的策略记作

$$p_{k,j}(s_k) = \{u_k(s_k), \cdots, u_j(s_j)\}, \quad k = 1, 2, \cdots, j-1$$

可供选择的策略有一定的范围,称为**允许策略集合**(set of admissible policies),分别用 $P_{1,n}(s_1)$ 和 $P_{k,n}(s_k)$ 表示允许策略集和后部子过程允许策略集.

在例 6.1 中 $p_{1,4}(A)$ 可取 $\{B_i, C_j, D_k, E\}(i = 1, 2, 3, j = 1, 2, 3, k = 1, 2)$, $p_{2,4}(B_1)$ 可取 $\{C_j, D_k, E\}(j = 1, 2, 3, k = 1, 2)$,其中,

$$P_{1,4}(A) = \{\{B_i, C_j, D_k, E\} \mid i = 1, 2, 3, \ j = 1, 2, 3, \ k = 1, 2\}$$
$$P_{2,4}(B_1) = \{\{C_j, D_k, E\} \mid j = 1, 2, 3, \ k = 1, 2\}$$

5. 状态转移方程

动态规划中本阶段的状态往往是上一阶段状态和上一阶段的决策结果. 在确定性过程中,一旦某阶段的状态和决策为已知,下一阶段的状态便完全确定. 从第 k 阶段的状态变量 s_k 的某一状态值出发,当决策变量 $u_k(s_k)$ 的取值决定后,则第 $k+1$ 阶段的状态变量 s_{k+1} 的取值也就随之确定,这种转移的演变规律被称为**状态转移方程**(equation of state transition,也称为状态转移律),即下一阶段状态的取值是上一阶段状态变量与决策变量的函数,记为

$$s_{k+1} = T_k(s_k, u_k), \quad k = 1, 2, \cdots, n \tag{6.2.1}$$

在例 6.1 中状态转移方程为 $s_{k+1} = u_k(s_k)$.

6. 指标函数和最优值函数

指标函数(objective function)是衡量过程优劣的数量指标,它是定义在全过程和所有后部子过程上的数量函数,可分为阶段指标函数和过程指标函数两种. **阶段指标函数**是对应某一阶段状态和从该状态出发的一个阶段决策的某种效率度量,即从状态 s_k 出发,采取决策 $u_k(s_k)$ 时的效益,用 $d(s_k, u_k)$ 来表示;**过程指标函数**是用来衡量所实现过程优劣的数量指标,是定义在全过程(策略)或后续子过程(子策略)上的一个数量函数,是指从某个状态 s_k 出发至过程的最终,当采取某种子策略时按预定标准得到的效益值,记为 $V_{k,n}(s_k, p_{k,n})$,而全过程的指标函数常用 $V_{1,n}(s_1, p_{1,n})$ 来表示.

构成动态规划的过程指标函数,应具有可分性并满足递推关系,即

$$V_{k,n}(s_k, p_{k,n}) = d_k(s_k, u_k) \oplus V_{k+1,n}(s_{k+1}, p_{k+1,n})$$

这里的 $\oplus$ 表示某种运算,最常见的运算关系有如下两种:

(1)过程指标函数是阶段指标之和,即

$$V_{k,n} = \sum_{j=k}^{n} d_j(s_j, u_j)$$

则

$$V_{k,n} = d_k + V_{k+1,n}$$

（2）过程指标函数是阶段指标之积，即

$$V_{k,n} = \prod_{j=k}^{n} d_j(s_j, u_j)$$

则

$$V_{k,n} = d_k \times V_{k+1,n}$$

在 s_k 给定时，指标函数 $V_{k,n}$ 对 $p_{k,n}$ 的最优值称为**最优值函数**（optimal value function），记为 $f_k(s_k)$，即

$$f_k(s_k) = \operatorname*{opt}_{p_{k,n} \in P_{k,n}(s_k)} V_{k,n}(s_k, p_{k,n})$$

其中"opt"是最优化（optimization）的缩写，可根据具体情况取 max 或 min. 它表示从第 k 阶段状态 s_k 采用最优策略 $p_{k,n}^*$ 到过程终止时的最佳效益值. 当 $k = 1$ 时，$f_1(s_1)$ 就是从初始状态 s_1 到全过程结束的整体最优函数.

在例 6.1 中，指标函数是距离. 如第 2 阶段，状态为 B_1 时，$d(B_1, C_2)$ 表示从 B_1 出发，采用决策到下一阶段到达点 C_2 的距离，$V_{2,4}(B_1)$ 表示从 B_1 到 E 的距离，而 $f_2(B_1)$ 则表示从 B_1 到 E 的最短距离. 本问题的总目标是求 $f_1(A)$，即从 A 到终点 E 的最短距离.

7. 最优策略和最优轨线

使指标函数 $V_{k,n}$ 达到最优值的策略是从 k 开始的后部子过程的最优策略，记作 $p_{k,n}^* = \{u_k^*, \cdots, u_n^*\}$，而 $p_{1,n}^*$ 是全过程的最优策略，简称**最优策略**（optimal policy）. 从初始状态 $s_1 (= s_1^*)$ 出发，过程按照 $p_{1,n}^*$ 和状态转移方程演变所经历的状态序列 $\{s_1^*, s_2^*, \cdots, s_{n+1}^*\}$ 称为**最优轨线**（optimal trajectory）.

6.2.2　动态规划的基本思想

下面结合例 6.1 最短路线问题介绍动态规划的基本思想.

例 6.1 是一个多阶段决策问题，所选路线不同，会有若干个不同策略. 为求出最短路线，一种简单的方法是枚举法. 从 A 至 E 共有 $C_3^1 C_3^1 C_2^1 C_1^1 = 18$ 条不同路径，每条路径要做 3 次加法，要求出最短路线需要做 54 次加法运算和 17 次比较. 当问题的段数很多、各段的状态也很多时，这种方法的计算量会大大增加，甚至使得求优成为不可能.

在例 6.1 中，最短路线问题具有这样的特性：若某一点在最短路线上，那么从此点到终点的最短路线也在该最短路线上.

事实上，用反证法不难证明. 设 S 点到 T 点的最短路线为

$$S = S_1 \to S_2 \to \cdots \to S_k \to S_{k+1} \to \cdots \to S_n \to T$$

那么这条路线上的任一点 S_k 到 T 点的最短路线，必然包含在上述 $S \to T$ 的最短路线中，即为

$$S_k \to S_{k+1} \to \cdots \to S_n \to T$$

解决最短路线问题的动态规划方法，一般是假设每一点都在到终点（或从初始点出发）的最优路线上，然后做相关计算. 例如，从终点 E 开始，用逆序递推方法往回计算每个点到终点 E 的最短距离，直到初始点 A，最后求得 A 点到 E 点的最短路线.

前面我们已经建立了例 6.1 的动态规划模型,即规定了该例的阶段数、状态变量、决策变量,给出了转移方程、指标函数等. 下面我们研究该模型的求解.

第一步:从 $k = 4$ 开始,状态变量 s_4 可取两种状态 D_1, D_2,它们到 E 点的路长分别为 $5, 2$,即

$$f_4(D_1) = 5, \quad f_4(D_2) = 2$$

第二步:$k = 3$,状态变量 s_3 可取 3 个值 C_1, C_2, C_3,这是经过一个中途点到达终点 E 的两级决策问题,从 C_1 到 E 有两条路线,需加以比较,取其中最短的,即

$$f_3(C_1) = \min \left\{ \begin{matrix} d_3(C_1, D_1) + f_4(D_1) \\ d_3(C_1, D_2) + f_4(D_2) \end{matrix} \right\} = \min \left\{ \begin{matrix} 3 + 5 \\ 9 + 2 \end{matrix} \right\} = 8$$

则由 C_1 到终点 E 最短距离为 8,路径为 $C_1 \to D_1 \to E$,相应决策为 $u_3^*(C_1) = D_1$.

$$f_3(C_2) = \min \left\{ \begin{matrix} d_3(C_2, D_1) + f_4(D_1) \\ d_3(C_2, D_2) + f_4(D_2) \end{matrix} \right\} = \min \left\{ \begin{matrix} 6 + 5 \\ 5 + 2 \end{matrix} \right\} = 7$$

则由 C_2 到终点 E 最短距离为 7,路径为 $C_2 \to D_2 \to E$,相应决策为 $u_3^*(C_2) = D_2$.

$$f_3(C_3) = \min \left\{ \begin{matrix} d_3(C_3, D_1) + f_4(D_1) \\ d_3(C_3, D_2) + f_4(D_2) \end{matrix} \right\} = \min \left\{ \begin{matrix} 8 + 5 \\ 10 + 2 \end{matrix} \right\} = 12$$

则由 C_3 到终点 E 最短距离为 12,路径为 $C_3 \to D_2 \to E$,相应决策为 $u_3^*(C_3) = D_2$.

第三步:$k = 2$,经过类似计算,有

$$f_2(B_1) = 20, \quad u_2^*(B_1) = C_1$$
$$f_2(B_2) = 14, \quad u_2^*(B_2) = C_1$$
$$f_2(B_3) = 19, \quad u_2^*(B_3) = C_2$$

第四步:$k = 1$,有

$$f_1(A) = 19, \quad u_1^*(A) = B_2$$

则从 A 到 E 的最短距离为 19. 再按计算顺序反推,可得最优决策序列,即

$$u_1^*(A) = B_2, \quad u_2^*(B_2) = C_1, \quad u_3^*(C_1) = D_1, \quad u_4^*(D_1) = E$$

最优路线为 $A \to B_2 \to C_1 \to D_1 \to E$.

从例 6.1 的计算过程中可以看出,在求解的各阶段,都利用了第 k 阶段和第 $k+1$ 阶段的如下关系:

$$\begin{cases} f_5(s_5) = 0 \\ f_k(s_k) = \min\limits_{u_k \in D_k(s_k)} \{d_k(s_k, u_k) + f_{k+1}(s_{k+1})\}, \quad k = 4, 3, 2, 1 \end{cases} \tag{6.2.2}$$

式 (6.2.2) 是动态规划问题的递推关系式,称为**动态规划的基本方程**,式中 $f_5(s_5) = 0$ 为边界条件.

图 6-3 直观表示出最短路线的计算过程,每个结点上方的数,表示该点到终点 E 的最短距离,连接各点到 E 点的粗实线表示最短路径. 这种在图上直接计算的方法叫**标号法**. 动态规划标号法只进行了 18 次加法运算,11 次比较运算,远比枚举法计算量小. 而且随着问题段数的增加和复杂程度的提高,相对枚举法的计算量将更少. 其次,动态规划的计算结果不仅得到了从 A 到 E 的最短路线,而且得到了中间段任意一点到 E 的最短路线,这对许多实际问题来讲,是很有意义的.

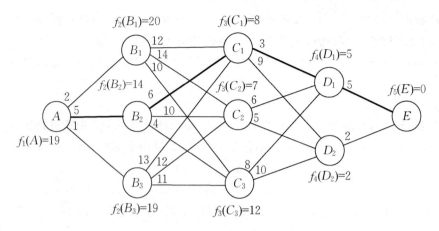

图 6 - 3　最短路线问题的标号法

通过对最短路线问题的求解,我们可以把动态规划方法的基本思想和方法归纳如下.

动态规划方法的关键,在于利用最优性原理给出最优值函数的递推关系式和边界条件,为此,必须先将问题的过程划分为几个相互联系的阶段,适当选取状态变量、决策变量、状态转移方程及定义最优值函数.把一个大问题化成一系列同类型的子问题,然后逐个求解.求解时从边界条件开始,逆(或顺)过程行进方向,逐段递推寻优.在每一个子问题求解时,都要使用它前面已求出的子问题的最优结果,最后一个子问题的最优解,就是整个问题的最优解.

其中状态转移方程是基于贝尔曼等人提出的最优化原理推导得来的.最优化原理可阐述为:一个最优化策略具有这样的性质,不论过去状态和决策如何,对前面的决策所形成的状态而言,余下的诸决策必须构成最优策略.简而言之,一个最优化策略的子策略总是最优的.

第三节　　动态规划模型及求解方法

6.3.1　动态规划的模型

建立动态规划的模型,就是分析问题并建立问题的动态规划基本方程.成功地应用动态规划方法的关键,在于识别问题的多阶段特征,将问题分解成为可用递推关系式联系起来的若干子问题,或者说正确地建立具体问题的基本方程.而正确建立基本递推关系方程的关键又在于正确选择状态变量,保证各阶段的状态变量具有递推的状态转移关系,如式(6.2.1).

下面以设备更新问题为例介绍动态规划的建模条件及方法.

设备更新问题的一般提法:在已知一台设备的效益函数 $r(t)$,维修费用函数 $u(t)$ 及更新费用函数 $c(t)$ 条件下,要求在 n 年内的每年年初做出决策,是继续使用旧设备还是更换一台新设备,使 n 年总效益最大.

这是一个明显的多阶段问题,可以按照计划时间自然划分为 n 个阶段.

设 $r_k(t)$ 表示在第 k 年设备已使用过 t 年（或称役龄为 t 年），再使用 1 年时的效益；$u_k(t)$ 表示在第 k 年设备役龄为 t 年，再使用 1 年时的维修费用；$c_k(t)$ 表示在第 k 年卖掉一台役龄为 t 年的设备，买进一台新设备的更新净费用；α 为折扣因子 $(0 \leqslant \alpha \leqslant 1)$，表示 1 年以后的单位收入价值相当于现年的 α 单位.

用动态规划方法求解时，首先要建立动态规划的数学模型.

(1) 阶段变量：$k = n, \cdots, 2, 1$，将每年作为一个阶段.

(2) 状态变量：s_k 为第 k 年初设备的役龄，则允许状态集为
$$S_k = \{s_k \mid 0 \leqslant s_k \leqslant k-1, s_k \text{ 为整数}\}, \quad k = n, \cdots, 2, 1$$

(3) 决策变量：$x_k = \begin{cases} 1, & \text{当第 } k \text{ 年初更新设备,} \\ 0, & \text{当第 } k \text{ 年初保留设备,} \end{cases} \quad k = n, \cdots, 2, 1.$

(4) 状态转移方程：$s_{k+1} = \begin{cases} 1, & x_k = 1, \\ s_k + 1, & x_k = 0, \end{cases} \quad k = n, \cdots, 2, 1, \text{且 } s_1 = 0.$

(5) 阶段指标函数：$v_k(s_k, x_k) = \begin{cases} r_k(0) - u_k(0) - c_k(s_k), & x_k = 1, \\ r_k(s_k) - u_k(s_k), & x_k = 0, \end{cases}$ 表示在第 k 年初，使用一台役龄为 s_k 年的设备，做出决策 x_k，所获得的该年收益.

(6) 指标函数：$V_{k,n}(s_k, x_k) = \sum_{j=k}^{n} v_j(s_j, x_j)$，表示第 k 年初，使用一台役龄为 s_k 年的设备，做出若干决策，所获得的第 k 年初到第 n 年末的累积收益.

(7) 最优指标函数：$f_k(s_k)$，表示第 k 年初，使用一台役龄为 s_k 年的设备，到第 n 年末的最大累积收益.

(8) 基本方程：$\begin{cases} f_k(s_k) = \max\limits_{x_k = 0 \text{或} 1} \{v_k(s_k, x_k) + \alpha f_{k+1}(s_{k+1})\}, & k = n, \cdots, 2, 1 \\ f_{n+1}(s_{n+1}) = 0 \end{cases}$

实际上，$f_k(s_k) = \max \begin{cases} r_k(0) - u_k(0) - c_k(s_k) + \alpha f_{k+1}(1) \\ r_k(s_k) - u_k(s_k) + \alpha f_{k+1}(s_k + 1) \end{cases}, \quad k = n, \cdots, 2, 1$

一般地，如果一个问题能用动态规划方法求解，那么，我们可以按下列步骤，首先建立起动态规划的数学模型.

(1) 按时间或空间的顺序，将过程划分成恰当的阶段；

(2) 正确选择状态变量 s_k，使它既能描述过程的状态，又满足无后效性，同时确定允许状态集合 S_k；

(3) 选择决策变量 u_k，确定允许决策集合 $D_k(s_k)$；

(4) 根据状态变量与决策变量的含义，写出状态转移方程；

(5) 确定阶段指标 $d_k(s_k, u_k)$ 及指标函数 $V_{k,n}$ 的形式（阶段指标之和或积，阶段指标最大或最小等）；

(6) 写出基本方程即最优值函数满足的递推关系式，以及边界条件.

6.3.2 动态规划的求解方法

动态规划是一种随各种应用而变化以解决问题的一般方法，没有能解决任何动态规划的通用演算法或计算机软件程序，实际建模需要经验与技巧，关键是灵活地运用最优

性原理.尽管如此,通常有两种基本思想用于求解动态规划:一是按阶段的逆序从后向前进行的;二是按阶段的顺序从前向后进行的.

1. 逆序算法

在例 6.1 的计算过程中,我们采取了以下求解动态规划的最优策略.已知边界条件 $f_{n+1}(s_{n+1})=0$,利用式(6.2.2)即可求得最后一个阶段的最优指标函数 $f_n(s_n)$;有了 $f_n(s_n)$,继续利用式(6.2.2)即可求得最后两个阶段的最优指标函数 $f_{n-1}(s_{n-1})$;有了 $f_{n-1}(s_{n-1})$,进一步又可以求得最后三个阶段的最优指标函数 $f_{n-2}(s_{n-2})$;反复递推下去,最终即可求得全过程 n 个阶段的最优指标函数 $f_1(s_1)$,从而使问题得到解决.由于上述最优指标函数的构建是按阶段的逆序从后向前进行的,因此也称为动态规划的**逆序算法**.

一般地,可以把逆序算法写成状态转移方程,如式(6.2.1)和如下基本方程,

$$\begin{cases} f_{n+1}(s_{n+1}) = f_{n+1}, \\ f_k(s_k) = \operatorname*{opt}_{u_k \in D_k(s_k)} \{d_k(s_k,u_k) \oplus f_{k+1}(s_{k+1})\}, & k=n,\cdots,2,1 \end{cases} \quad (6.3.1)$$

式中 $f_{n+1}(s_{n+1})=f_{n+1}$ 为**边界条件**,$\oplus$ 可为加法或乘法.若第 n 阶段的输出状态 s_{n+1} 已经不再影响本过程的策略,则当 $\oplus$ 为加法时,式中的边界条件 $f_{n+1}(s_{n+1})=0$,当 $\oplus$ 为乘法时,式中的边界条件 $f_{n+1}(s_{n+1})=1$.但当问题第 n 阶段的输出状态 s_{n+1} 对本过程的策略产生某种影响时,边界条件 $f_{n+1}(s_{n+1})$ 就要根据问题的具体情况取适当的值.

例 6.5 设某台设备的年效益、年均维修费及更新净费用如表 6-1 所示.试确定今后 5 年内的更新策略,使总收益最大(设折扣因子 $\alpha=1$).

表 6-1　年效益、年均维修费及更新净费用(单位:万元)

项目 ＼ 役龄	0	1	2	3	4	5
年效益 $r_k(t)$	5	5	4.5	4.5	4	4
年维修费 $u_k(t)$	0.5	1	1.5	2	2.5	3
更新净费用 $c_k(t)$	0.5	1.5	2.3	3	3.5	3.7

解　如前述建立动态规划模型.

(1)分为 5 个阶段,状态变量 s_k 为第 k 年初役龄;

(2)决策变量 x_k 表示第 k 年初是否更新设备,当第 k 年初更新设备时,$x_k=1$,否则 $x_k=0$;

(3)状态转移方程为 $s_{k+1} = \begin{cases} 1, & x_k=1, \\ s_k+1, & x_k=0, \end{cases}$ $k=5,4,3,2,1,$且 $s_1=0$;

(4)逆序的基本方程为

$$f_k(s_k) = \max \left\{ \begin{array}{ll} r_k(0)-u_k(0)-c_k(s_k)+f_{k+1}(s_{k+1}), & x_k=1 \\ r_k(s_k)-u_k(s_k)+f_{k+1}(s_{k+1}), & x_k=0 \end{array} \right\}, \quad k=5,4,3,2,1$$

且 $f_6(s_6)=0$.

求解动态规划方程:

当 $k = 5$ 时,状态变量 s_5 可取 $1,2,3,4$,且

$$f_5(s_5) = \max \begin{cases} r_5(0) - u_5(0) - c_5(s_5), & x_5 = 1 \\ r_5(s_5) - u_5(s_5), & x_5 = 0 \end{cases}$$

故

$$f_5(1) = \max \begin{Bmatrix} 5 - 0.5 - 1.5 \\ 5 - 1 \end{Bmatrix} = \max \begin{Bmatrix} 3 \\ 4 \end{Bmatrix} = 4, \quad x_5(1) = 0$$

$$f_5(2) = \max \begin{Bmatrix} 5 - 0.5 - 2.3 \\ 4.5 - 1.5 \end{Bmatrix} = \max \begin{Bmatrix} 2.2 \\ 3 \end{Bmatrix} = 3, \quad x_5(2) = 0$$

$$f_5(3) = \max \begin{Bmatrix} 5 - 0.5 - 3 \\ 4.5 - 2 \end{Bmatrix} = \max \begin{Bmatrix} 1.5 \\ 2.5 \end{Bmatrix} = 2.5, \quad x_5(3) = 0$$

$$f_5(4) = \max \begin{Bmatrix} 5 - 0.5 - 3.5 \\ 4 - 2.5 \end{Bmatrix} = \max \begin{Bmatrix} 1 \\ 1.5 \end{Bmatrix} = 1.5, \quad x_5(4) = 0$$

当 $k = 4$ 时,状态变量 s_4 可取 $1,2,3$,且

$$f_4(s_4) = \max \begin{cases} r_4(0) - u_4(0) - c_4(s_4) + f_5(1), & x_4 = 1 \\ r_4(s_4) - u_4(s_4) + f_5(s_4 + 1), & x_4 = 0 \end{cases}$$

故

$$f_4(1) = \max \begin{Bmatrix} 5 - 0.5 - 1.5 + 4 \\ 5 - 1 + 3 \end{Bmatrix} = \max \begin{Bmatrix} 7 \\ 7 \end{Bmatrix} = 7, \quad x_4(1) = 0,1$$

$$f_4(2) = \max \begin{Bmatrix} 5 - 0.5 - 2.3 + 4 \\ 4.5 - 1.5 + 2.5 \end{Bmatrix} = \max \begin{Bmatrix} 6.2 \\ 5.5 \end{Bmatrix} = 6.2, \quad x_4(2) = 1$$

$$f_4(3) = \max \begin{Bmatrix} 5 - 0.5 - 3 + 4 \\ 4.5 - 2 + 1.5 \end{Bmatrix} = \max \begin{Bmatrix} 5.5 \\ 4 \end{Bmatrix} = 5.5, \quad x_4(3) = 1$$

当 $k = 3$ 时,状态变量 s_3 可取 $1,2$,且

$$f_3(s_3) = \max \begin{cases} r_3(0) - u_3(0) - c_3(s_3) + f_4(1), & x_3 = 1 \\ r_3(s_3) - u_3(s_3) + f_4(s_3 + 1), & x_3 = 0 \end{cases}$$

故

$$f_3(1) = \max \begin{Bmatrix} 5 - 0.5 - 1.5 + 7 \\ 5 - 1 + 6.2 \end{Bmatrix} = \max \begin{Bmatrix} 10 \\ 10.2 \end{Bmatrix} = 10.2, \quad x_3(1) = 0$$

$$f_3(2) = \max \begin{Bmatrix} 5 - 0.5 - 2.3 + 7 \\ 4.5 - 1.5 + 5.5 \end{Bmatrix} = \max \begin{Bmatrix} 9.2 \\ 8.5 \end{Bmatrix} = 9.2, \quad x_3(2) = 1$$

当 $k = 2$ 时,状态变量 s_2 只可取 1,且

$$f_2(s_2) = \max \begin{cases} r_2(0) - u_2(0) - c_2(s_2) + f_3(1), & x_2 = 1 \\ r_2(s_2) - u_2(s_2) + f_3(s_2 + 1), & x_2 = 0 \end{cases}$$

故

$$f_2(1) = \max \begin{Bmatrix} 5 - 0.5 - 1.5 + 10.5 \\ 5 - 1 + 9.2 \end{Bmatrix} = \max \begin{Bmatrix} 13.5 \\ 13.2 \end{Bmatrix} = 13.5, \quad x_2(1) = 1$$

当 $k = 1$ 时,状态变量 s_1 只可取 0,且

$$f_1(s_1) = \max \begin{cases} r_1(0) - u_1(0) - c_1(s_1) + f_2(1), & x_1 = 1 \\ r_1(s_1) - u_1(s_1) + f_2(s_1 + 1), & x_1 = 0 \end{cases}$$

故

$$f_1(0) = \max \begin{cases} 5 - 0.5 - 0.5 + 13.5 \\ 5 - 0.5 + 13.5 \end{cases} = \max \begin{cases} 17.5 \\ 18 \end{cases} = 18, \quad x_1(0) = 0$$

上述计算反推,当 $x_1^* = 0$,则 $s_2 = s_1 + 1 = 1$,查 $f_2(1)$,得 $x_2^* = 1$,故 $s_3 = 1$;查 $f_3(1)$,得 $x_3^* = 0$,故 $s_4 = s_3 + 1 = 2$;查 $f_4(2)$,得 $x_4^* = 1$,故 $s_5 = 1$;查 $f_5(1)$,得 $x_5^* = 0$.所以最优策略为:第一年初购买设备,第二、四年初均更新设备,到第五年末,其总效益为 18 万元.

2. 顺序算法

对某些动态规划问题,也可采用**顺序算法**,即寻优方向同于过程的行进方向,计算时从第一阶段开始逐段向后递推,计算后一阶段要用到前一阶段的求优结果,最后一段计算的结果就是全过程的最优结果.

我们再次用例 6.1 来说明顺序算法.由于此问题的始点 A 与终点 E 都是固定的,计算由 A 点到 E 点的最短路线与由 E 点到 A 点的最短路线没有什么不同,因此若设 $f_k(s_{k+1})$ 表示从起点 A 到第 k 阶段末的结束状态 s_{k+1} 的最短距离,我们就可以由前向后逐步求出起点 A 到各阶段起点的最短距离,最后求出 A 点到 E 点的最短距离及路径.计算步骤如下.

边界条件,$k = 0$ 时,$f_0(s_1) = f_0(A) = 0$.

第一步:从 $k = 1$ 开始,状态变量 s_2 可取 3 个值 B_1, B_2, B_3,它们到 A 点的路长分别为 2, 5, 1,即

$$\begin{cases} f_1(B_1) = 2 \\ u_1^*(B_1) = A \end{cases} \quad \begin{cases} f_1(B_2) = 5 \\ u_1^*(B_2) = A \end{cases} \quad \begin{cases} f_1(B_3) = 1 \\ u_1^*(B_3) = A \end{cases}$$

第二步:$k = 2$,状态变量 s_3 可取 3 个值 C_1, C_2, C_3,这是经过一个中途点到达 A 点的两级决策问题,从 C_1 到 A 有 3 条路线,需加以比较,取其中最短的,即

$$f_2(C_1) = \min \begin{cases} d_2(C_1, B_1) + f_1(B_1) \\ d_2(C_1, B_2) + f_1(B_2) \\ d_2(C_1, B_3) + f_1(B_3) \end{cases} = \min \begin{cases} 12 + 2 \\ 6 + 5 \\ 13 + 1 \end{cases} = 11$$

则由 C_1 点到 A 点最短距离为 11,路径为 $C_1 \to B_2 \to A$,相应决策为 $u_2^*(C_1) = B_2$.

$$f_2(C_2) = \min \begin{cases} d_2(C_2, B_1) + f_1(B_1) \\ d_2(C_2, B_2) + f_1(B_2) \\ d_2(C_2, B_3) + f_1(B_3) \end{cases} = \min \begin{cases} 14 + 2 \\ 10 + 5 \\ 12 + 1 \end{cases} = 13$$

则由 C_2 点到 A 点最短距离为 13,路径为 $C_2 \to B_3 \to A$,相应决策为 $u_2^*(C_2) = B_3$.

$$f_2(C_3) = \min \begin{cases} d_2(C_3, B_1) + f_1(B_1) \\ d_2(C_3, B_2) + f_1(B_2) \\ d_2(C_3, B_3) + f_1(B_3) \end{cases} = \min \begin{cases} 10 + 2 \\ 4 + 5 \\ 11 + 1 \end{cases} = 9$$

则由 C_3 点到 A 点最短距离为 9,路径为 $C_3 \to B_2 \to A$,相应决策为 $u_2^*(C_3) = B_2$.

第三步:$k=3$,状态变量 s_4 可取两个值 D_1,D_2,类似地,可以计算得

$$f_3(D_1)=\min\begin{cases}d_3(D_1,C_1)+f_2(C_1)\\d_3(D_1,C_2)+f_2(C_2)\\d_3(D_1,C_3)+f_2(C_3)\end{cases}=\min\begin{cases}3+11\\6+13\\8+9\end{cases}=14,\quad u_3^*(D_1)=C_1$$

$$f_3(D_2)=\min\begin{cases}d_3(D_2,C_1)+f_2(C_1)\\d_3(D_2,C_2)+f_2(C_2)\\d_3(D_2,C_3)+f_2(C_3)\end{cases}=\min\begin{cases}9+11\\5+13\\10+9\end{cases}=18,\quad u_3^*(D_2)=C_2$$

第四步:$k=4$,状态变量 s_5 可取一个值 E,类似地,可以计算得

$$f_4(E)=\min\begin{cases}d_4(E,D_1)+f_3(D_1)\\d_4(E,D_2)+f_3(D_2)\end{cases}=\min\begin{cases}5+14\\2+18\end{cases}=19,\quad u_4^*(E)=D_1$$

则由 A 点到 E 点的最短距离为19.最优路线为 $A\rightarrow B_2\rightarrow C_1\rightarrow D_1\rightarrow E$.

所得结果与前节逆序算法的结果一致.全部计算情况如图 6-4 所示.图中每节点旁的数表示该点到 A 点的最短距离.

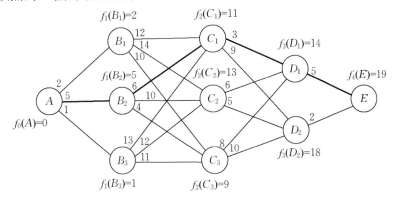

图 6-4　最短路线问题的顺序标号法

类似于逆序算法,可以把顺序算法写成如下的状态转移方程:
$$s_k=T_k(s_{k+1},u_k),\quad k=n,n-1,\cdots,1$$
和如下基本方程:
$$\begin{cases}f_0(s_1)=f_0\\f_k(s_{k+1})=\underset{u_k\in D_k(s_{k+1})}{\text{opt}}\{d_k(s_{k+1},u_k)\oplus f_{k-1}(s_k)\},\quad k=1,2,\cdots,n\end{cases}$$

式中 $\oplus$ 可为加法或乘法.$f_0(s_1)=f_0$ 为边界条件,当 $\oplus$ 为加法时,$f_0(s_1)=0$;当 $\oplus$ 为乘法时,$f_0(s_1)=1$.$f_k(s_{k+1})$ 为从初始阶段状态 s_1 到第 k 阶段末的结束状态 s_{k+1} 的最优指标函数.

6.3.3　逆序算法与顺序算法的关系

使用顺序算法与逆序算法求解时,除了求解的行进方向不同外,在建模时要注意以下区别.

1. 状态转移方式不同

如图 6-5 所示,逆序算法中第 k 阶段的输入状态为 s_k,决策为 $u_k(s_k)$,由此确定输出

为 s_{k+1},所以状态转移方程为 $s_{k+1} = T_k(s_k, u_k(s_k))$,阶段指标函数为 $d_k(s_k, u_k(s_k))$.

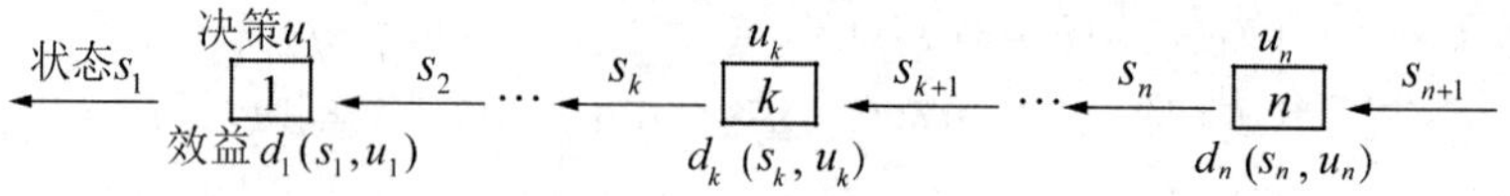

图 6-5 逆序算法示意图

而如图 6-6 所示,顺序算法中第 k 阶段的输入状态为 s_{k+1},决策为 $u_k(s_{k+1})$,由此确定输出为 s_k,所以状态转移方程为 $s_k = T_k(s_{k+1}, u_k(s_{k+1}))$,阶段指标函数为 $d_k(s_{k+1}, u_k(s_{k+1}))$.

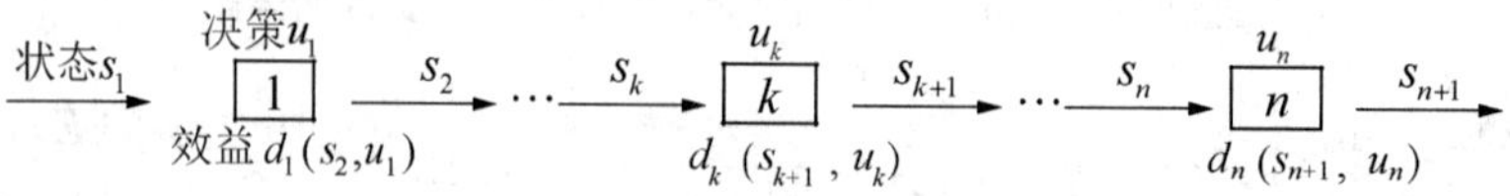

图 6-6 顺序算法示意图

2. 指标函数的定义不同

逆序算法中,我们定义最优指标函数 $f_k(s_k)$ 表示从第 k 阶段状态 s_k 出发,到终点后部子过程最优效益值,$f_{n+1}(s_{n+1})$ 为边界条件,$f_1(s_1)$ 是整体最优函数值.

顺序算法中,应定义最优指标函数 $f_k(s_{k+1})$ 表示从起点到第 k 阶段末状态 s_{k+1} 的前部子过程最优效益值,$f_0(s_1)$ 为边界条件,$f_n(s_{n+1})$ 是整体最优函数值.

3. 基本方程形式不同

当指标函数为阶段指标和形式时,在逆序算法中,$V_{k,n} = \sum\limits_{j=k}^{n} d_j(s_j, u_j)$,则基本方程为

$$\begin{cases} f_{n+1}(s_{n+1}) = f_{n+1} \\ f_k(s_k) = \operatorname*{opt}\limits_{u_k \in D_k(s_k)} \{d_k(s_k, u_k) + f_{k+1}(s_{k+1})\}, \quad k = n, \cdots, 2, 1 \end{cases} \quad (6.3.2)$$

顺序算法中,$V_{1,k} = \sum\limits_{j=1}^{k} d_j(s_{j+1}, u_j)$,则基本方程为

$$\begin{cases} f_0(s_1) = f_0 \\ f_k(s_{k+1}) = \operatorname*{opt}\limits_{u_k \in D_k(s_{k+1})} \{d_k(s_{k+1}, u_k) + f_{k-1}(s_k)\}, \quad k = 1, 2, \cdots, n \end{cases} \quad (6.3.3)$$

当指标函数为阶段指标积形式时,在逆序算法中,$V_{k,n} = \prod\limits_{j=k}^{n} d_j(s_j, u_j)$,则基本方程为

$$\begin{cases} f_{n+1}(s_{n+1}) = f_{n+1} \\ f_k(s_k) = \operatorname*{opt}\limits_{u_k \in D_k(s_k)} \{d_k(s_k, u_k) \times f_{k+1}(s_{k+1})\}, \quad k = n, \cdots, 2, 1 \end{cases} \quad (6.3.4)$$

顺序算法中,$V_{1,k} = \prod\limits_{j=1}^{k} d_j(s_{j+1}, u_j)$,则基本方程为

$$\begin{cases} f_0(s_1) = f_0 \\ f_k(s_{k+1}) = \operatorname*{opt}\limits_{u_k \in D_k(s_{k+1})} \{d_k(s_{k+1}, u_k) \times f_{k-1}(s_k)\}, \quad k = 1, 2, \cdots, n \end{cases} \quad (6.3.5)$$

注 当过程的起止状态不影响本过程的策略时,式(6.3.2)和式(6.3.3)中边界条件可取值为 0,而式(6.3.4)和式(6.3.5)中边界条件可取值为 1.

总之,顺序算法与逆序算法本质上并无区别,一般地说,当初始状态给定时可用逆序算法,当终止状态给定时可用顺序算法.若问题给定了一个初始状态与一个终止状态,则两种方法均可使用,如例 6.1.但若初始状态虽已给定,终点状态有多个,需比较到达不同终点状态的各个路径及最优指标函数值,以选取总效益最佳的终点状态时,使用顺序算法比较简便.

第四节 动态规划与静态规划

6.4.1 动态规划与静态规划的关系和转化

线性规划和非线性规划所研究的问题,通常都是与时间无关的,故又可称为**静态规划**;而动态规划所研究的问题是多阶段决策问题,往往与时间相关.但是静态规划和动态规划都属于数学规划的范畴,研究的对象本质上都是在若干约束条件下的函数极值问题.这两类规划在很多情况下,原则上是可以相互转换的.动态规划可以看作是求决策 $u_1, u_2, \cdots, u_n$,使得指标函数 $V_{1,n}(u_1, u_2, \cdots, u_n)$ 达到最优的极值问题,状态转移方程、边界条件、允许状态集以及允许决策集等是约束条件,原则上可以用线性规划或非线性规划方法求解.反过来,一些静态规划只要适当引入阶段变量、状态、决策变量等要素就可以用动态规划方法来求解.

例 6.6 求解非线性规划问题:

$$\max z = x_1 x_2^2 x_3$$

$$\text{s. t.} \begin{cases} x_1 + x_2 + x_3 = 4 \\ x_1, x_2, x_3 \geqslant 0 \end{cases}$$

解法 1 逆序算法.

阶段:依次给变量 x_1, x_2, x_3 赋值,各看成一个阶段,则此非线性规划问题可看作一个 3 阶段决策问题,$k = 3, 2, 1$.将约束条件右端常数看成某种资源拥有量.

状态变量:s_k 表示第 k 阶段初剩余的资源,显然 $s_1 = 4$.

决策变量:$x_k, k = 3, 2, 1$;允许决策集为 $D_k(s_k) = \{x_k \mid 0 \leqslant x_k \leqslant s_k\}(k = 3, 2, 1)$.

状态转移方程:

$$\begin{cases} s_1 = 4 \\ s_{k+1} = s_k - x_k, \quad k = 1, 2, 3 \end{cases}$$

指标函数:$v_1(s_1, x_1) = x_1, v_2(s_2, x_2) = x_2^2, v_3(s_3, x_3) = x_3$,各阶段指标按乘积方式结合.

最优值函数:$f_k(s_k)$ 表示为当第 k 阶段的初始状态为 s_k 时,从第 k 阶段到第 3 阶段所得到的最大值.

动态规划基本方程:

$$\begin{cases} f_k(s_k) = \max_{x_k \in D_k(s_k)} \{v_k(s_k, x_k) \cdot f_{k+1}(s_{k+1})\}, \quad k = 3, 2, 1 \\ f_4(s_4) = 1 \end{cases}$$

对基本方程求解:

当 $k = 3$ 时, $f_3(s_3) = \max\limits_{x_3 = s_3} \{x_3\} = s_3$,即最优解为 $x_3^* = s_3$.

当 $k = 2$ 时,

$$f_2(s_2) = \max\limits_{x_2 + x_3 \leqslant s_2} \{x_2^2 \cdot x_3\} = \max\limits_{0 \leqslant x_2 \leqslant s_2} \{x_2^2 \cdot f_3(s_3)\}$$
$$= \max\limits_{0 \leqslant x_2 \leqslant s_2} \{x_2^2 \cdot (s_2 - x_2)\}$$

令 $h_2(x_2) = x_2^2 \cdot (s_2 - x_2)$,由 $h_2'(x_2) = 2x_2 s_2 - 3x_2^2 = 0$,得

$$x_2 = \frac{2}{3}s_2 \quad 和 \quad x_2 = 0(舍去)$$

又 $h_2''\left(\frac{2}{3}s_2\right) = [2s_2 - 6x_2]_{x_2 = \frac{2}{3}s_2} = -2s_2 < 0$, 故 $x_2 = \frac{2}{3}s_2$ 为极大值点. 所以

$f_2(s_2) = \frac{4}{27}s_2^2$,即最优解为 $x_2^* = \frac{2}{3}s_2$.

当 $k = 1$ 时,

$$f_1(s_1) = \max\limits_{x_1 + x_2 + x_3 \leqslant s_1} \{x_1 \cdot x_2^2 \cdot x_3\} = \max\limits_{0 \leqslant x_1 \leqslant s_1} \{x_1 \cdot f_2(s_2)\}$$
$$= \max\limits_{0 \leqslant x_1 \leqslant s_1} \left\{x_1 \cdot \frac{4}{27}(s_1 - x_1)^3\right\}$$

令 $h_1(x_1) = x_1 \cdot \frac{4}{27}(s_1 - x_1)^3$,由 $h_1'(x_1) = \frac{4}{27}(s_1 - x_1)^2(s_1 - 4x_1) = 0$,得

$$x_1^* = \frac{1}{4}s_1 \quad 和 \quad x_1 = 0(舍去)$$

由 $s_1 = 4$,则 $x_1^* = 1, f_1(s_1) = \frac{1}{64}s_1^4 = 4$.

由 $s_2 = s_1 - x_1$,则 $s_2 = 3, x_2^* = \frac{2}{3}s_2 = 2, f_2(s_2) = \frac{4}{27}s_2^3 = 4$.

由 $s_3 = s_2 - x_2$,则 $s_3 = 1, x_3^* = s_3 = 1, f_3(s_3) = s_3 = 1$.

因此最优解为 $x_1^* = 1, x_2^* = 2, x_3^* = 1$.最大值为 $f_1(s_1) = 4$.

解法 2　顺序算法.

阶段:依次给变量 x_1, x_2, x_3 赋值,各看成一个阶段,则此非线性规划问题可看作一个 3 阶段决策问题, $k = 1, 2, 3$.

状态变量: s_{k+1} 表示第 k 阶段末已用资源,显然 $s_4 = 4$.

决策变量: $x_k, k = 1, 2, 3$;允许决策集为 $D_k(s_k) = \{x_k \mid 0 \leqslant x_k \leqslant s_k\}(k = 3, 2, 1)$.

状态转移方程:

$$\begin{cases} s_4 = 4 \\ s_k = s_{k+1} - x_k, \quad k = 3, 2, 1 \end{cases}$$

指标函数: $v_1(s_2, x_1) = x_1, v_2(s_3, x_2) = x_2^2, v_3(s_4, x_3) = x_3$,各阶段指标按乘积方式结合.

最优值函数: $f_k(s_{k+1})$ 表示为当第 k 阶段末的结束状态为 s_{k+1} 时,从第 1 阶段到第 k 阶段所得到的最大值.

动态规划基本方程:

$$\begin{cases} f_k(s_{k+1}) = \max_{x_k \in D_k(s_{k+1})} \{v_k(s_{k+1}, x_k) \cdot f_{k-1}(s_k)\}, \quad k = 1, 2, 3 \\ f_0(s_1) = 1 \end{cases}$$

对基本方程求解:

当 $k = 1$ 时, $f_1(s_2) = \max_{x_1 = s_2} \{x_1\} = s_2$, 即最优解为 $x_1^* = s_2$.

当 $k = 2$ 时,

$$\begin{aligned} f_2(s_3) &= \max_{x_1 + x_2 \leqslant s_3} \{x_1 \cdot x_2^2\} = \max_{0 \leqslant x_2 \leqslant s_3} \{x_2^2 \cdot f_1(s_2)\} \\ &= \max_{0 \leqslant x_2 \leqslant s_3} \{x_2^2 \cdot (s_3 - x_2)\} \end{aligned}$$

注意到,

$$x_2^2 \cdot (s_3 - x_2) = \frac{1}{2} x_2^2 \cdot 2(s_3 - x_2) \leqslant \frac{1}{2} \left[\frac{x_2 + x_2 + 2(s_3 - x_2)}{3} \right]^3 = \frac{4}{27} s_3^3$$

且该不等式等号成立的充要条件为 $x_2 = s_3 - x_2$, 所以最优解为 $x_2^* = \frac{2}{3} s_3$, 且 $f_2(s_3) = \frac{4}{27} s_3^3$.

当 $k = 3$ 时,

$$\begin{aligned} f_3(s_4) &= \max_{x_1 + x_2 + x_3 \leqslant s_4} \{x_1 \cdot x_2^2 \cdot x_3\} = \max_{0 \leqslant x_3 \leqslant s_4} \{x_3 \cdot f_2(s_3)\} \\ &= \max_{0 \leqslant x_3 \leqslant s_4} \left\{ x_3 \cdot \frac{4}{27} (s_4 - x_3)^3 \right\} \end{aligned}$$

类似可得最优解为 $x_3^* = \frac{1}{4} s_4$, 且 $f_3(s_4) = \frac{1}{64} s_4^4$.

由 $s_4 = 4$, 则 $x_3^* = \frac{1}{4} s_4 = 1$, $f_3(s_4) = \frac{1}{64} s_4^4 = 4$.

由 $s_3 = s_4 - x_3$, 则 $s_2 = 3$, $x_2^* = \frac{2}{3} s_3 = 2$, $f_2(s_3) = \frac{4}{27} s_3^3 = 4$.

由 $s_2 = s_3 - x_2$, 则 $s_2 = 1$, $x_1^* = s_2 = 1$, $f_1(s_2) = s_2 = 1$.

因此最优解为 $x_1^* = 1$, $x_2^* = 2$, $x_3^* = 1$. 最大值为 $f_3(s_4) = 4$.

6.4.2　动态规划与静态规划的比较

1. 动态规划的优越性

(1) 能够得到全局最优解. 由于约束条件确定的约束集合往往很复杂, 即使指标函数较简单, 用非线性规划方法也很难求出全局最优解. 而动态规划方法把全过程化为一系列结构相似的子问题, 每个子问题的变量个数大大减少, 约束集合也简单得多, 易于得到全局最优解. 特别是对于约束集合、状态转移和指标函数不能用分析形式给出的优化问题, 可以对每个子过程用枚举法求解, 而约束条件越多, 决策的搜索范围越小, 求解也越容易. 对于这类问题, 动态规划通常是求全局最优解的唯一方法.

(2) 可以得到一族最优解. 与非线性规划只能得到全过程的一个最优解不同, 动态规划得到的是全过程及所有后部子过程的各个状态的一族最优解. 有些实际问题需要这样的解族, 即使不需要, 它们在分析最优策略和最优值对于状态的稳定性时也是很有用的. 当最优策略由于某些原因不能实现时, 这样的解族可以用来寻找次优策略.

(3) 能够利用经验提高求解效率. 如果实际问题本身就是动态的, 由于动态规划方法反映了过程逐段演变的前后联系和动态特征,在计算中可以利用实际知识和经验提高求解效率.如在策略迭代法中,实际经验能够帮助选择较好的初始策略,提高收敛速度.

2. 动态规划的主要缺点

（1）没有统一的标准模型,也没有构造模型的通用方法,甚至还没有判断一个问题能否构造动态规划模型的准则.这样就只能对每类问题进行具体分析,构造具体的模型.对于较复杂的问题在选择状态、决策、确定状态转移规律等方面需要丰富的想象力和灵活的技巧性,这就带来了应用上的局限性.

（2）用数值方法求解时存在维数灾.若一维状态变量有 m 个取值,那么对于 n 维问题,状态 s_k 就有 m^n 个值,对于每个状态值都要计算、存储最优值函数 $f_k(x_k)$,对于 n 稍大的实际问题的计算往往是不现实的.目前还没有克服维数灾的有效方法.

习　　题　　6

1.有 4 个工人,要指派他们分别完成 4 项工作,每人做各项工作所消耗的时间如表 6-2 所示.如何分配工作可使总的消耗时间最小?试用动态规划方法求解此问题.

表 6-2　工作耗时参数表

工人＼工作	A	B	C	D
甲	15	18	21	24
乙	19	23	22	18
丙	26	17	16	19
丁	19	21	23	17

2.美国黑金石油公司在阿拉斯加的北斯洛波发现了大规模石油储量.为了开发这一油田,首先必须建立相应的运输网络,使北斯洛波生产的原油能运至美国的 3 个装运港之一.在油田的集输站(结点 C)与装运港(结点 P_1,P_2,P_3)之间需要若干个中间站,中间站之间的连通情况如图 6-7 所示,图中线段上的数字代表两个地点之间的距离(单位:10 km).试确定最佳的运输线路,使原油的输送距离最短.

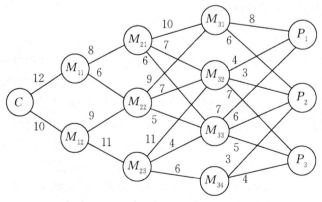

图 6-7　石油运输路线表

3.为保证某一设备的正常运转,需备有 3 种不同的零件 E_1,E_2,E_3.若增加备用零件的数量,可提高设备正常运转的可靠性,但增加了费用,而投资额仅为 8 000 元.已知备用零件数与它的可靠性和费用的关系如表 6-3 所示.现要求在既不超出投资额的限制,又能尽量提高设备运转的可靠性的条件下,问各种零件的备件数量应是多少为好?

表 6-3 设备零件参数表

备件数量	增加的可靠性			设备的费用(千元)		
	E_1	E_2	E_3	E_1	E_2	E_3
1	0.3	0.2	0.1	1	3	2
2	0.4	0.5	0.2	2	5	3
3	0.5	0.9	0.7	3	6	4

4.用动态规划方法求解下列非线性规划问题:

(1) $\max z = 4x_1 + 9x_2 + x_3^2$

s. t. $\begin{cases} x_1 + x_2 + x_3 = 10 \\ x_1, x_2, x_3 \geqslant 0 \end{cases}$

(2) $\max z = x_1 x_2^2 x_3$

s. t. $\begin{cases} x_1 + 2x_2 + x_3 = 4 \\ x_1, x_2, x_3 \geqslant 0 \end{cases}$

5.某一印刷厂有 6 项加工任务,对印刷车间和装订车间所需时间(单位:天)如表 6-4 所示,试求最优的加工顺序和总加工天数.

表 6-4 印刷厂加工任务表

任务	1	2	3	4	5	6
印刷车间	3	10	5	2	9	11
装订车间	8	12	9	6	5	2

6.某公司拟将 500 万元的资本投入所属的甲、乙、丙 3 个工厂进行技术改造,各工厂获得投资后年利润将有相应的增长,增长额如表 6-5 所示.试确定 500 万元资本的分配方案,以使公司总的年利润增长额最大.

表 6-5 投资后的增长额情况

投资额	100 万元	200 万元	300 万元	400 万元	500 万元
甲	30	70	90	120	130
乙	50	100	110	110	110
丙	40	60	110	120	120

7.设某工厂有 1 000 台机器,生产两种产品 A,B,若投入 x 台机器生产 A 产品,则纯收入为 $5x$;若投入 x 台机器生产 B 种产品,则纯收入为 $4x$.又知生产 A 种产品机器的年折损率为 20%,生产 B 种产品机器的年折损率为 10%.问在 5 年内如何安排各年度的生产计划,才能使总收入最高?

第七章 图与网络分析

图是一种新的数学工具,为直观描述系统各组成部分之间的关系提供了帮助.在实际背景中,图以各种各样的形式存在,如交通图、电路图和通信网络图等.同时,图也被广泛用于解决不同领域中的各种不同问题,如生产、分配、项目管理、选址、资源管理等.

第一节 图与网络的基本概念

7.1.1 图及其分类

在自然界和人类社会中,大量事物及事物之间的关系可以用图表示.例如,现有 A,B,C,D,E,F 6 种化学药品需要存放,由于这些药品的化学性质,A,B 不能存放在一个仓库,C,D,F 不能存放在一个仓库,则这 6 种化学药品的存放关系可以用图 7-1 表示,A,B,C,D,E,F 6 种化学药品分别用 6 个点表示,若某两种药品能存放在一个仓库,则用一条连线把它们对应的点连接起来.

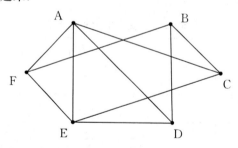

图 7-1 6 种化学药品的存放关系图

如果进一步考虑,安全存放所有化学药品最少需要多少仓库,则可以用给顶点染色的方法.考虑用最少的颜色给所有顶点染色,不同颜色代表不同仓库.因为有线条相连的化学药品能存放在一个仓库,所以染色要求是有线条相连的顶点能染同一种颜色.这是图论中的最小覆盖问题.

在现实中还存在不对称的关系,如比赛中的胜负关系,甲胜乙和乙胜甲是不同的.反映这种非对称关系,只用一条连线就不行了.为了反映这类非对称关系,可以用一条带箭头的连线表示.例如,甲胜了乙,就从甲引一条带箭头的

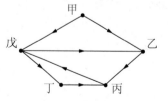

图 7-2 乒乓球比赛胜负关系图

线连到乙.图 7-2 表示了 5 个人比赛的胜负情况,可见乙打了 3 场球,一胜两负.类似胜负这种非对称关系,生产和生活中是很常见的,如交通运输中的单行线,部门之间的领导与被领导关系,一项工程中各工序之间的先后关系,等等.

从上面的例子可以看出,这里所研究的图与几何中的图不同,我们只关心图中有多少个点,点与点之间有无连线,而与点的位置和线条的形状、长度无关.因此,可以说图是由点和线(带箭头或不带箭头)组成的,反映对象之间关系的一种数学工具.

为了区别起见,把两点之间不带箭头的连线称为**边**,带箭头的连线称为**弧**.

1. 有向图、无向图和图的阶

由点(或顶点、节点)和边构成的图称为**无向图**,记为 $G(V,E)$,其中 V,E 分别表示 G 的点集和边集.一条连接点 $v_i, v_j \in V$ 之间的边 e 记为 $[v_i, v_j]$(或 $[v_j, v_i]$).此时,称 v_i, v_j 为 e 的**顶点**或**端点**,v_i 与 v_j **相邻**,v_i, v_j 与 e **关联**.

图 7-3 是一个无向图,$V = \{v_1, v_2, v_3, v_4\}$,$E = \{e_1, e_2, \cdots, e_7\}$,其中

$$e_1 = [v_1, v_2], \quad e_2 = [v_1, v_2], \quad e_3 = [v_2, v_3], \quad e_4 = [v_1, v_3]$$
$$e_5 = [v_1, v_4], \quad e_6 = [v_4, v_4], \quad e_7 = [v_3, v_4]$$

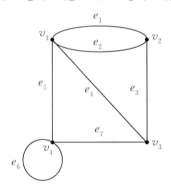

图 7-3　无向图示例

连接两个相同顶点的边的条数,称为**边的重数**.重数大于 1 的边称为**多重边**,如图 7-3 中的 e_1 和 e_2.两个端点重合的边称为**环**,如图 7-3 中的 e_6.既无环又无多重边的图称为**简单图**.

由点和弧构成的图称为**有向图**,记为 $D(V,A)$,其中 V,A 分别表示 D 的点集和弧集,一条方向从点 v_i 指向 v_j 的弧 a 记为 (v_i, v_j).v_i, v_j 分别为 a 的**始点**和**终点**.

图 7-4 是一个有向图,$V = \{v_1, v_2, \cdots, v_7\}$,$A = \{a_1, a_2, \cdots, a_{11}\}$,其中

$$a_1 = (v_1, v_2), \quad a_2 = (v_1, v_3), \quad a_3 = (v_2, v_3), \quad a_4 = (v_4, v_2)$$
$$a_5 = (v_5, v_2), \quad a_6 = (v_3, v_5), \quad a_7 = (v_5, v_4), \quad a_8 = (v_5, v_4)$$
$$a_9 = (v_4, v_6), \quad a_{10} = (v_5, v_6), \quad a_{11} = (v_6, v_7)$$

图中顶点的个数称为图的**阶**,图 7-3 是 4 阶无向图,图 7-4 是 7 阶有向图.

2. 链、圈、路和回路

无向图 G 的一条**链**是指一个有限非空序列 $w = (v_0, e_1, v_1, e_2, \cdots, e_k, v_k)$,它的交替项为顶点和边,其中各边互不相同,且使得 $1 \leqslant i \leqslant k$,边 e_i 的端点是 v_{i-1} 和 v_i.若链中的所有顶点互不相同,这样的链称为**路**.例如,在图 7-3 中,$(v_1, e_1, v_2, e_3, v_3)$ 是一条从 v_1 到 v_3

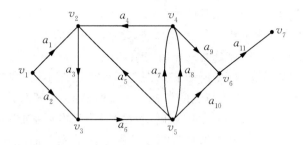

图 7 - 4   有向图示例

的路,$(v_1, e_1, v_2, e_3, v_3, e_4, v_1, e_5, v_4)$ 是一条链,但不是路. 若 G 是一个简单图,链(路)可以简单地由其顶点的序列表示. 对起点和终点重合的链称作**圈**.

有向图 D 的一条路是一个点、弧交错的有限非空序列 $\Gamma = (v_0, a_1, v_1, a_2, \cdots, a_k, v_k)$,使得 $1 \leqslant i \leqslant k$,弧 a_i 的始点是 v_{i-1},终点是 v_i,且序列中的顶点互不相同. 例如,在图 7 - 4 中,$(v_1, a_1, v_2, a_3, v_3, a_6, v_5, a_7, v_4, a_9, v_6)$ 是一条从 v_1 到 v_6 的路. 不论是无向图还是有向图,若路的第一个顶点和最后一个顶点相同,均称为**回路**.

3. 连通图

若无向图 G 的任意两点之间都存在一条链,则称 G 是**连通图**,否则称为不连通图.

4. 网络图

如果在图中赋予各边(弧)一个数,这样的图称为**网络图**,数称为边上的**权**. 权可以是距离,也可以是时间、费用、容量等.

7.1.2   图的矩阵表示

为了能用计算机解决图论及网络分析中的问题,需要用计算机可以解读的方式来表示一个图或网络的模型,最常用的方法就是用矩阵来表示图的邻接性或关联性.

1. 关联矩阵

定义无环无向图 G 的关联矩阵 $\boldsymbol{B}(G) = (b_{ij})$ 是一个 $n \times m$ 阶矩阵,其中 n 为图 G 的阶数,m 为图 G 边的条数,则

$$b_{ij} = \begin{cases} 1, & v_i \text{ 与 } e_j \text{ 关联} \\ 0, & v_i \text{ 与 } e_j \text{ 不关联} \end{cases}$$

例 7.1   求无环图 7 - 5 的关联矩阵.

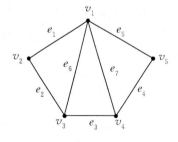

图 7 - 5   无环图 G

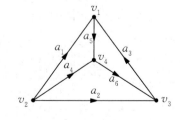

图 7 - 6   有向图 D

解 该图 G 的关联矩阵为

$$
\boldsymbol{B}(G) = \begin{array}{c} \\ v_1 \\ v_2 \\ v_3 \\ v_4 \\ v_5 \end{array} \begin{array}{c} e_1 \ \ e_2 \ \ e_3 \ \ e_4 \ \ e_5 \ \ e_6 \ \ e_7 \\ \left[\begin{array}{ccccccc} 1 & 0 & 0 & 0 & 1 & 1 & 1 \\ 1 & 1 & 0 & 0 & 0 & 0 & 0 \\ 0 & 1 & 1 & 0 & 0 & 1 & 0 \\ 0 & 0 & 1 & 1 & 0 & 0 & 1 \\ 0 & 0 & 0 & 1 & 1 & 0 & 0 \end{array} \right] \end{array}
$$

若有向图 D 无环,称矩阵 $\boldsymbol{B}(D) = (b'_{ij})$ 为 D 的关联矩阵,其中

$$
b'_{ij} = \begin{cases} 1, & v_i \text{ 是边 } a_j \text{ 的始点} \\ -1, & v_i \text{ 是边 } a_j \text{ 的终点} \\ 0, & \text{其他} \end{cases}
$$

例 7.2 有向图 D 如图 7-6 所示,求 D 的关联矩阵.

解 有向图 D 的关联矩阵为

$$
\boldsymbol{B}(D) = \begin{array}{c} \\ v_1 \\ v_2 \\ v_3 \\ v_4 \end{array} \begin{array}{c} a_1 \qquad a_2 \qquad a_3 \qquad a_4 \qquad a_5 \qquad a_6 \\ \left[\begin{array}{cccccc} -1 & 0 & -1 & 0 & 1 & 0 \\ 1 & 1 & 0 & 1 & 0 & 0 \\ 0 & -1 & 1 & 0 & 0 & -1 \\ 0 & 0 & 0 & -1 & -1 & 1 \end{array} \right] \end{array}
$$

2. 邻接矩阵

无向图 G 的邻接矩阵可以用一个 n 阶方阵 $\boldsymbol{A}(G) = (a_{ij})_{n \times n}$ 表示,其中 n 为图 G 的阶数,且

$$
a_{ij} = \begin{cases} k, & v_i \text{ 与 } v_j \text{ 之间连接的边数} \\ 0, & v_i \text{ 与 } v_j \text{ 之间无边连接} \end{cases}
$$

例 7.3 求无向图 7-5 的邻接矩阵.

解 $\boldsymbol{A}(G) = \begin{array}{c} \\ v_1 \\ v_2 \\ v_3 \\ v_4 \\ v_5 \end{array} \begin{array}{c} v_1 \ \ v_2 \ \ v_3 \ \ v_4 \ \ v_5 \\ \left[\begin{array}{ccccc} 0 & 1 & 1 & 1 & 1 \\ 1 & 0 & 1 & 0 & 0 \\ 1 & 1 & 0 & 1 & 0 \\ 1 & 0 & 1 & 0 & 1 \\ 1 & 0 & 0 & 1 & 0 \end{array} \right] \end{array}$

有向图 D 的邻接矩阵记作 $\boldsymbol{A}(D) = (a'_{ij})_{n \times n}$,其中 n 是图 D 的阶数,且 a'_{ij} 是以 v_i 为始点,v_j 为终点的弧的数目.

例 7.4 有向图 D 如图 7-6 所示,求 D 的邻接矩阵.

解 $\boldsymbol{A}(D) = \begin{array}{c} \\ v_1 \\ v_2 \\ v_3 \\ v_4 \end{array} \begin{array}{c} v_1 \ \ v_2 \ \ v_3 \ \ v_4 \\ \left[\begin{array}{cccc} 0 & 0 & 0 & 1 \\ 1 & 0 & 1 & 1 \\ 1 & 0 & 0 & 0 \\ 0 & 0 & 1 & 0 \end{array} \right] \end{array}$

第二节　最小支撑树

最小支撑树是一种进行网络最优设计的优化模型. 在这类问题中, 节点已经给出, 而我们需要决定在图中加入哪些边. 特别地, 向图中插入的每条边都有成本. 为了使每两个节点之间形成通路, 我们需要插入足够多的边. 问题的目标是在使边的总成本最小的情况下完成这一工作. 下面我们举一个例子来说明这个问题.

例 7.5　摩登公司决定铺设光导纤维网络, 为其主要中心之间提供高速通信(数据、声音和图像). 图 7-7 中的节点表示该公司的主要中心, 连线表示铺设光导纤维主要可能的位置, 连线旁边的数字表示如果选择在这个位置铺设光导纤维需要花费的成本(单位: 百万元).

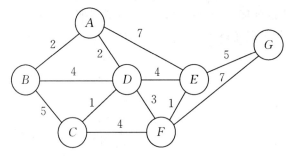

图 7-7　摩登公司的主要中心分布

由于光纤技术的高速通信优势, 不需要在每两个中心之间都用一根光纤把它们连接起来. 现在的问题是要确定需要铺设哪些光导纤维, 使公司的主要中心之间高速通信的总成本最低. 实际上, 这就是一个最小支撑树问题.

为什么要采用最小支撑树这样一个奇怪的名字呢? 接下来, 用图论的术语来解释.

7.2.1　树的概念与性质

1. 支撑子图

给定一个图 $G(V, E)$, 如果有图 $G'(V', E')$, 使 $V = V'$, $E' \subseteq E$, 则称 G' 为 G 的**支撑子图**.

图 7-8(a) ~ (c) 都是图 7-7 的支撑子图. 图 7-8(a) 有一个孤立点 G, 不连通. 图 7-8(c) 含有一个圈. 根据题意, 例 7.5 是要求一个无圈、连通的支撑子图.

2. 树

无圈的连通图称为**树**.

树是一类重要的简单图, 在实际中有很多应用, 例如, 管理中常用的组织结构图, 邮件、图书的分拣过程均可以表示成一个树. 由树的定义可以得到如下相关的树的性质.

性质 1　树 T 的任意两节点之间有且仅有一条路相通.

性质 2　一个具有 n 个节点的树有且仅有 $n-1$ 条边.

性质 3　任何具有 n 个节点, $n-1$ 条边的连通图是一个树.

性质 4　一个图是树的充分必要条件为它是一个边数最少的连通图.

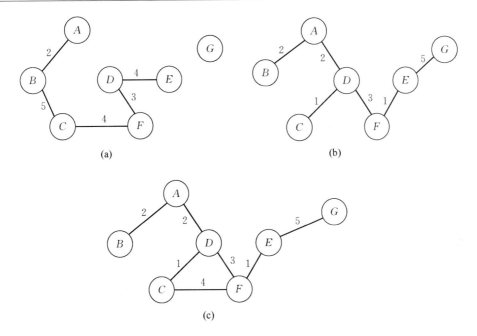

图 7 - 8　支撑子图

3. 支撑树

设图 $T = (V, E')$ 是图 $G(V, E)$ 的一个支撑子图,如果图 $T = (V, E')$ 是一个树,则称 T 是 G 的一个支撑树.图 7-8(b) 是图 7-7 的一个支撑树.

4. 最小支撑树

如果 $T = (V, E')$ 是网络 G 的一个支撑树,称 E' 中所有边的权之和为支撑树 T 的权,即

$$w(T) = \sum_{[v_i, v_j] \in E'} w_{ij}$$

如果支撑树 T^* 的权 $w(T^*)$ 是 G 的所有支撑树中的权最小者,则称 T^* 是 G 的**最小支撑树**.

7.2.2　求最小支撑树的算法

若把图中的所有点分为两个不相交的集合 C 和 $\overline{C}$,则两个集合中的最短边(即权最小的边)一定包含在最小支撑树内.基于此思想,1957 年,美国数学家普里姆给出了求最小支撑树的一个算法(普里姆算法),算法步骤如下.

已知图 $G(V, E)$,记 C_k 为第 k 步迭代时相互连通的顶点集合,$\overline{C}_k = V \backslash C_k$.

第一步:初始化 $C_0 = \varnothing, \overline{C}_0 = V$;

第二步:从中任选一个点 $v_i, C_1 = \{v_i\}, \overline{C}_1 = V - \{v_i\}, k = 1$;

第三步:选择 $C_k, \overline{C}_k$ 之间权最小的边 $[v^*_i, v^*_j], v^*_i \in C_k, v^*_j \in \overline{C}_k$,添加到支撑子图中. $C_k = C_k \bigcup \{v^*_j\}, \overline{C}_k = \overline{C}_k \backslash \{v^*_j\}$;

第四步:若 $\overline{C}_k = \varnothing$,算法终止;否则,$k = k + 1$,返回第三步.

例 7.6　　用普里姆算法计算例 7.5 摩登公司的问题.

注　若出现两条备选边同时达到最少时，任选其一

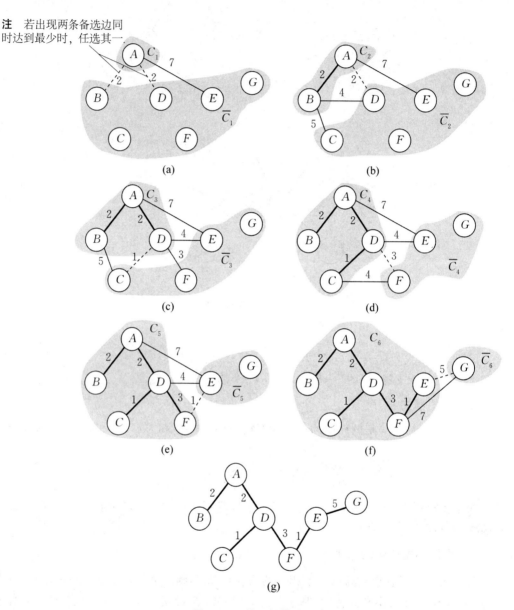

图 7-9　普里姆算法

解　用普里姆算法的求解过程如图 7-9 所示,算法首先从节点 A 开始,

$$C_1 = \{A\}, \qquad \overline{C}_1 = \{B, C, D, E, F, G\}$$

图中虚线表示每步的备选边(若有两条以上,任选其一),粗线表示已选的添加在支撑子图中的边,细线表示集合 C 和 $\overline{C}$ 之间的备选边,阴影部分分别表示集合 C_k 与 $\overline{C}_k$. 最优方案为图 7-9(g),总费用为 $2+2+1+3+1+5 = 14$(百万元).

第三节　最短路问题

顾名思义,**最短路问题**是找沿着一些连接两节点的边(或者弧)从出发地到目的地距离最短的路.在一个网络图中,出发地到目的地的距离是指路径中所有边(或者弧)的权之和.在实际问题中,边(弧)旁边的数字可以表示距离、时间、成本等.

例 7.7　里特城是一个乡村小镇,它的消防队要为社区内的大片地区服务.这个地区从消防站到社区有很多道路,消防队长希望事先确定从消防站到任意一个地区的最短路.消防站到各社区的道路分布如图 7-10 所示,其中 v_0 表示消防站,其余节点表示小镇的各个社区.

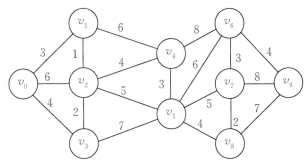

图 7-10　消防站到各社区的道路分布

7.3.1　最短路算法

本节将介绍两种求最短路径的方法:狄克斯特拉(Dijkstra)算法和弗洛伊德(Floyd)算法.

狄克斯特拉算法是求给定两点或一个起点到其他任意点的最短路径;弗洛伊德算法考虑的情形更为一般,它是求任意两点间的最短路径.

1. 狄克斯特拉算法

狄克斯特拉算法是由狄克斯特拉于 1959 年提出的,用于求解指定两点之间的最短路径,或从指定点到其余各点的最短路径.这是目前公认的在权大于或等于零的情况下,求两点之间最短路的最好方法之一.算法基于以下原理:

若 P 是图 G 中 v_0 到 v_i 的最短路,v_i 是 P 中一点,那么 v_0 沿 P 到 v_i 的路是 v_0 到 v_i 的最短路.算法的计算过程是从起点 v_0 出发,依次向外探寻最短路.

狄克斯特拉算法是一种节点标号法.记 u_i 为起点到节点 v_i 的最短距离,d_{ij} 为边 $[i,j]$(或弧 (i,j))的权.给已标号的点 v_i 相邻的节点 v_j 的标号为

$$[u_j, v_i] = [u_i + d_{ij}, v_i], \quad d_{ij} \geqslant 0 \qquad (7.3.1)$$

标号的第二个元素 v_i 表示在搜索得到的 v_s 到 v_j 的这条路径中,v_j 的前一个节点为 v_i.起点 v_0 的标号为 $[0,—]$,表示起点前面没有节点.

节点标号有两种状态,即永久(P)和临时(T).对于节点 v_j 而言,若能找到一条比当前路径更短的路,v_j 的标号将会被修正;否则,v_j 标号的状态由临时(T)改为永久(P).算法的标号过程如下:

第一步,给起点 v_0 永久标号 $[0,-]$,置 $i=0$.

第二步,考虑与节点 v_i 相邻的没有永久标号的节点 v_j:

(1) 若 v_j 无标号,则给 v_j 标号 $[u_j,v_i]=[u_i+d_{ij},v_i]$;

(2) 若 v_j 有标号 $[u_j,v_k]$,且 $u_j>u_i+d_{ij}$,则将 v_j 的标号修改为 $[u_i+d_{ij},v_i]$.

第三步,若所有节点都获得永久标号,则算法终止;否则,从节点的临时标号中选择路长最短的标号 $[u_r,v_k]$(若有多个,任选其一),将 $[u_r,v_k]$ 状态修改为永久标号.置 $i=r$,返回第二步.

例 7.8　用狄克斯特拉算法求例 7.7 的最短路径问题.

解　狄克斯特拉算法的步骤:

首先,先给起点 v_0 标号 $[0,-]$;

第 1 次迭代:列出与节点 v_0 相邻的没有永久标号的节点 v_1,v_2 和 v_3. 根据公式 (7.3.1) 给 v_1,v_2 和 v_3 标号,其标号状态为临时,具体如表 7-1 所示.

表 7-1　狄克斯特拉算法第 1 次迭代

节点	标号	标号状态
v_0	$[0,-]$	P
v_1	$[3,v_0]$	$T\to P$
v_2	$[6,v_0]$	T
v_3	$[4,v_0]$	T

从表 7-1 可以看出,3 个临时标号中,v_1 的标号的距离值最小,为 3. 因此,将 v_1 的标号状态由 T 改为 P.

第 2 次迭代:列出与 v_1 相邻的没有永久标号的节点 v_2,v_4. v_4 获得临时标号 $[9,v_1]$.

由于 $u_1+d_{12}<u_2$ ($3+1<6$),节点 v_2 的标号更新为 $[4,v_1]$,新的标号节点如表 7-2 所示. 表 7-2 中,距离最小的临时标号为 v_2,v_3. 任选 v_2,将其标号状态调整为 P.

表 7-2　狄克斯拉特算法第 2 次迭代

节点	标号	标号状态
v_0	$[0,-]$	P
v_1	$[3,v_0]$	P
v_2	$[4,v_1]$	$T\to P$
v_3	$[4,v_0]$	T
v_4	$[9,v_1]$	T

第 3 次迭代:列出与 v_2 相邻的没有永久标号的节点 v_3,v_4 和 v_5. 给 v_5 临时标号 $[9,v_2]$,并将 v_4 的标号修正为 $[8,v_2]$,v_3 的标号不变,新的标号节点如表 7-3 所示. 由表 7-3,将 v_3 的标号状态修改为 P.

表 7 - 3　狄克斯特拉算法第 3 次迭代

节点	标号	标号状态
v_0	$[0,-]$	P
v_1	$[3,v_0]$	P
v_2	$[4,v_1]$	P
v_3	$[4,v_0]$	$T \to P$
v_4	$[8,v_2]$	T
v_5	$[9,v_2]$	T

第 4 次迭代:列出与 v_3 相邻的没有永久标号的节点 v_5.因为 $u_3+d_{35}>u_5(4+7>9)$,所以 v_5 的标号不需要修正.新的标号如表 7 - 4 所示.将 v_4 的标号状态修改为 P.

表 7 - 4　狄克斯特拉算法第 4 次迭代

节点	标号	标号状态
v_0	$[0,-]$	P
v_1	$[3,v_0]$	P
v_2	$[4,v_1]$	P
v_3	$[4,v_0]$	P
v_4	$[8,v_2]$	$T \to P$
v_5	$[9,v_2]$	T

第 5 次迭代:列出与 v_4 相邻的没有永久标号的节点 v_5,v_6.给 v_6 临时标号 $[16,v_4]$.因为 $u_4+d_{45}>u_5(8+3>9)$,所以 v_5 的标号不需要修正.新的标号如表 7-5 所示.将 v_5 的标号状态修改为 P.

表 7 - 5　狄克斯特拉算法第 5 次迭代

节点	标号	标号状态
v_0	$[0,-]$	P
v_1	$[3,v_0]$	P
v_2	$[4,v_1]$	P
v_3	$[4,v_0]$	P
v_4	$[8,v_2]$	P
v_5	$[9,v_2]$	$T \to P$
v_6	$[16,v_4]$	T

第 6 次迭代:列出与 v_5 相邻的没有永久标号的节点 v_6,v_7 和 v_8.给 v_7 和 v_8 临时标号 $[14,v_5]$,$[13,v_5]$.因为 $u_5+d_{56}>u_6(9+6>16)$,所以 v_6 的标号不需要修正.新的标号如表 7 - 6 所示.将 v_8 的标号状态修改为 P.

表 7-6　狄克斯特拉算法第 6 次迭代

节点	标号	标号状态
v_0	$[0,\,-]$	P
v_1	$[3,\,v_0]$	P
v_2	$[4,\,v_1]$	P
v_3	$[4,\,v_0]$	P
v_4	$[8,\,v_2]$	P
v_5	$[9,\,v_2]$	P
v_6	$[15,\,v_5]$	T
v_7	$[14,\,v_5]$	T
v_8	$[13,\,v_5]$	$T \to P$

第 7 次迭代：列出与 v_8 相邻的没有永久标号的节点 v_7 和 v_9. 给 v_9 临时标号 $[20,v_8]$. 因为 $u_8 + d_{87} > u_7(13+2 > 14)$，所以 v_7 的标号不需要修正. 新的标号如表 7-7 所示. 将 v_7 的标号状态修改为 P.

表 7-7　狄克斯特拉算法第 7 次迭代

节点	标号	标号状态
v_0	$[0,\,-]$	P
v_1	$[3,\,v_0]$	P
v_2	$[4,\,v_1]$	P
v_3	$[4,\,v_0]$	P
v_4	$[8,\,v_2]$	P
v_5	$[9,\,v_2]$	P
v_6	$[15,\,v_5]$	T
v_7	$[14,\,v_5]$	$T \to P$
v_8	$[13,\,v_5]$	P
v_9	$[20,\,v_8]$	T

第 8 次迭代：列出与 v_7 相邻的没有永久标号的节点 v_6 和 v_9. 因为 $u_7 + d_{76} > u_6(14+2 > 15)$，所以 v_6 的标号不需要修正. 又因为 $u_7 + d_{79} > u_9(14+8 > 20)$，所以 v_9 的标号不需要修正. 新的标号如表 7-8 所示. 将 v_6 的标号状态修改为 P.

表 7 - 8　狄克斯特拉算法第 8 次迭代

节点	标号	标号状态
v_0	$[0, —]$	P
v_1	$[3, v_0]$	P
v_2	$[4, v_1]$	P
v_3	$[4, v_0]$	P
v_4	$[8, v_2]$	P
v_5	$[9, v_2]$	P
v_6	$[15, v_5]$	$T \rightarrow P$
v_7	$[14, v_5]$	P
v_8	$[13, v_5]$	P
v_9	$[20, v_8]$	T

第 9 次迭代:列出与 v_6 相邻的没有永久标号的节点 v_9. 因为 $u_6 + d_{69} < u_9 (15 + 4 < 20)$, v_9 的标号修正为 $[19, v_6]$. v_9 的标号状态改为 P. 此时,所有节点都获得 P 标号,算法终止(见表 7 - 9).

表 7 - 9　狄克斯特拉算法第 9 次迭代

节点	标号	标号状态
v_0	$[0, —]$	P
v_1	$[3, v_0]$	P
v_2	$[4, v_1]$	P
v_3	$[4, v_0]$	P
v_4	$[8, v_2]$	P
v_5	$[9, v_2]$	P
v_6	$[15, v_5]$	P
v_7	$[14, v_5]$	P
v_8	$[13, v_5]$	P
v_9	$[19, v_6]$	$T \rightarrow P$

以上标号过程可以在图中完成,具体见图 7-11,标号右下方()内的数字表示迭代的次数.

最后求起点 v_0 到其余各点的最短路径,可以用"反向追踪"的方法. 例如,要求 v_0 到

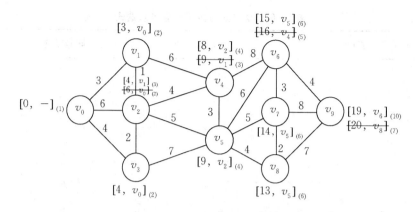

图 7 - 11　狄克斯特拉算法求解消防站到社区最短路径

v_9 的最短路径,由 v_9 的标号知,这条路径上的 v_9 的前一个点为 v_6,又由 v_6 的标号知,这条路径上的 v_6 的前一个点为 v_5,以此类推,可得 v_0 到 v_9 的最短路径为

$$v_0 \rightarrow v_1 \rightarrow v_2 \rightarrow v_5 \rightarrow v_6 \rightarrow v_9$$

最短路径长度为 19.

2. 弗洛伊德算法

狄克斯特拉算法只适用于所有 $d_{ij} \geqslant 0$ 的情形,当图中存在负权时,则算法失效. 如图 7 - 12 所示的有向图中,由狄克斯特拉算法得到的 v_1 到 v_3 的最短路的权为 1,但这显然是不对的,因为 v_1 到 v_3 的最短路是 $v_1 \rightarrow v_2 \rightarrow v_3$,权是 -1.

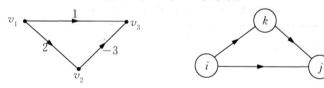

图 7 - 12　赋权有向图　　　　　**图 7 - 13　赋权有向图**

弗洛伊德算法是根据赋权矩阵求任意两点的最短路. 假定 3 个节点 i, j 和 k,其相邻关系如图 7 - 13 所示.

若

$$d_{ik} + d_{kj} < d_{ij}$$

即节点 i 经过节点 k 到达节点 j 的距离比 i 直接到 j 的距离短,则将 i 到 j 的最短路径由 $i \rightarrow j$ 替换为 $i \rightarrow k \rightarrow j$,算法步骤如下:

第一步,构造赋权矩阵 $\boldsymbol{D}_0$ 和节点矩阵 $\boldsymbol{S}_0. k = 1.$

$$\boldsymbol{D}_0 = \begin{matrix} & \begin{matrix} 1 & 2 & \cdots & j & \cdots & n \end{matrix} & \\ \left(\begin{matrix} - & d_{12} & \cdots & d_{1j} & \cdots & d_{1n} \\ d_{21} & - & \cdots & d_{2j} & \cdots & d_{2n} \\ \vdots & \vdots & & \vdots & & \vdots \\ d_{i1} & d_{i2} & \cdots & d_{ij} & \cdots & d_{in} \\ \vdots & \vdots & & \vdots & & \vdots \\ d_{n1} & d_{n2} & \cdots & d_{nj} & \cdots & - \end{matrix}\right) & \begin{matrix} 1 \\ 2 \\ \vdots \\ i \\ \vdots \\ n \end{matrix} \end{matrix}$$

节点 i,j 之间不存在边（弧）时，$d_{ij} = \infty$.

$$S_0 = \begin{matrix} & \begin{matrix} 1 & 2 & \cdots & j & \cdots & n \end{matrix} & \\ \begin{pmatrix} - & 2 & \cdots & j & \cdots & n \\ 1 & - & \cdots & j & \cdots & n \\ \vdots & \vdots & & \vdots & & \vdots \\ 1 & 2 & \cdots & j & \cdots & n \\ \vdots & \vdots & & \vdots & & \vdots \\ 1 & 2 & \cdots & j & \cdots & - \end{pmatrix} & \begin{matrix} 1 \\ 2 \\ \vdots \\ i \\ \vdots \\ n \end{matrix} \end{matrix}$$

矩阵 S_0 的行对应着路径的起点，列对应着终点.矩阵中的元素表示路径中中间节点.

第二步，计算 $D_k = (d_{ij}^k)_{n \times n}$，$S_k = (s_{ij}^k)_{n \times n}$. 对于 D_{k-1} 中的每一个元素 d_{ij}^{k-1}，若

$$d_{ik}^{k-1} + d_{kj}^{k-1} < d_{ij}^{k-1} \quad (i \neq k, j \neq k, i \neq j)$$

则 $d_{ij}^k = d_{ik}^{k-1} + d_{kj}^{k-1}$，$s_{ij}^k = k$；否则，$d_{ij}^k = d_{ij}^{k-1}$，$s_{ij}^k = s_{ij}^{k-1}$. $k = k+1$.

第三步，若 $D_k = D_{k-1}$ 或 $k = n+1$，算法终止；否则，返回第二步.

算法中第二步的计算可以形象地用图形描述，如图 7-14 所示.在第 k 次迭代时，先将 D_{k-1} 的第 k 行定义为中心行，第 k 列定义为中心列，然后根据图中箭头所指的方向进行三角不等式比较运算，具体方法如下：如果中心行和中心列的某两个元素之和（例如，$d_{ik}^{k-1} + d_{kq}^{k-1}$）小于它们所在行和列交叉处的元素（如 d_{iq}^{k-1}），则用和值替换.

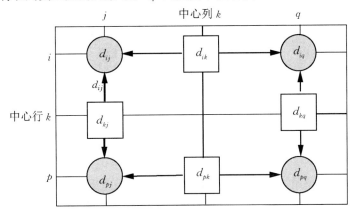

图 7-14　第二步计算示意图

例 7.9 求网络图 7-15 任意两点间的最短路.

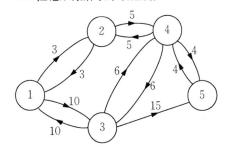

图 7-15　网络图

解　根据网络图构造初始距离矩阵和节点矩阵

$$
\boldsymbol{D}_0 =
\begin{array}{c}
 \\
\end{array}
\begin{pmatrix}
- & 3 & 10 & \infty & \infty \\
3 & - & \infty & 5 & \infty \\
10 & \infty & - & 6 & 15 \\
\infty & 5 & 6 & - & 4 \\
\infty & \infty & \infty & 4 & -
\end{pmatrix}
\begin{array}{c}
1 \\ 2 \\ 3 \\ 4 \\ 5
\end{array}
$$

$$
\boldsymbol{S}_0 =
\begin{pmatrix}
- & 2 & 3 & 4 & 5 \\
1 & - & 3 & 4 & 5 \\
1 & 2 & - & 4 & 5 \\
1 & 2 & 3 & - & 5 \\
1 & 2 & 3 & 4 & -
\end{pmatrix}
\begin{array}{c}
1 \\ 2 \\ 3 \\ 4 \\ 5
\end{array}
$$

注　浅灰色填充的数字表示迭代的中心行和中心列的元素;深灰色填充的表示下一步要更新的元素,下同.

第 1 次迭代:

$$
\boldsymbol{D}_1 =
\begin{pmatrix}
- & 3 & 10 & \infty & \infty \\
3 & - & 13 & 5 & \infty \\
10 & 13 & - & 6 & 15 \\
\infty & 5 & 6 & - & 4 \\
\infty & \infty & \infty & 4 & -
\end{pmatrix}
\begin{array}{c}
1 \\ 2 \\ 3 \\ 4 \\ 5
\end{array}
$$

$$
\boldsymbol{S}_1 =
\begin{pmatrix}
- & 2 & 3 & 4 & 5 \\
1 & - & 1 & 4 & 5 \\
1 & 1 & - & 4 & 5 \\
1 & 2 & 3 & - & 5 \\
1 & 2 & 3 & 4 & -
\end{pmatrix}
\begin{array}{c}
1 \\ 2 \\ 3 \\ 4 \\ 5
\end{array}
$$

第 2 次迭代:

$$
\boldsymbol{D}_2 =
\begin{pmatrix}
- & 3 & 10 & 8 & \infty \\
3 & - & 13 & 5 & \infty \\
10 & 13 & - & 6 & 15 \\
8 & 5 & 6 & - & 4 \\
\infty & \infty & \infty & 4 & -
\end{pmatrix}
\begin{array}{c}
1 \\ 2 \\ 3 \\ 4 \\ 5
\end{array}
$$

$$
\boldsymbol{S}_2 = \begin{array}{ccccc} 1 & 2 & 3 & 4 & 5 \\ \left(\begin{array}{ccccc} — & 2 & 3 & 2 & 5 \\ 1 & — & 1 & 4 & 5 \\ 1 & 1 & — & 4 & 5 \\ 2 & 2 & 3 & — & 5 \\ 1 & 2 & 3 & 4 & — \end{array}\right) & \begin{array}{c} 1 \\ 2 \\ 3 \\ 4 \\ 5 \end{array} \end{array}
$$

第 3 次迭代:

$$
\boldsymbol{D}_3 = \begin{array}{ccccc} 1 & 2 & 3 & 4 & 5 \\ \left(\begin{array}{ccccc} — & 3 & 10 & 8 & 25 \\ 3 & — & 13 & 5 & 28 \\ 10 & 13 & — & 6 & 15 \\ 8 & 5 & 6 & — & 4 \\ \infty & \infty & \infty & 4 & — \end{array}\right) & \begin{array}{c} 1 \\ 2 \\ 3 \\ 4 \\ 5 \end{array} \end{array}
$$

$$
\boldsymbol{S}_3 = \begin{array}{ccccc} 1 & 2 & 3 & 4 & 5 \\ \left(\begin{array}{ccccc} — & 2 & 3 & 2 & 3 \\ 1 & — & 1 & 4 & 3 \\ 1 & 1 & — & 4 & 5 \\ 2 & 2 & 3 & — & 5 \\ 1 & 2 & 3 & 4 & — \end{array}\right) & \begin{array}{c} 1 \\ 2 \\ 3 \\ 4 \\ 5 \end{array} \end{array}
$$

第 4 次迭代:

$$
\boldsymbol{D}_4 = \begin{array}{ccccc} 1 & 2 & 3 & 4 & 5 \\ \left(\begin{array}{ccccc} — & 3 & 10 & 8 & 12 \\ 3 & — & 11 & 5 & 9 \\ 10 & 11 & — & 6 & 10 \\ 8 & 5 & 6 & — & 4 \\ 12 & 9 & 10 & 4 & — \end{array}\right) & \begin{array}{c} 1 \\ 2 \\ 3 \\ 4 \\ 5 \end{array} \end{array}
$$

$$
\boldsymbol{S}_4 = \begin{array}{ccccc} 1 & 2 & 3 & 4 & 5 \\ \left(\begin{array}{ccccc} — & 2 & 3 & 2 & 4 \\ 1 & — & 4 & 4 & 4 \\ 1 & 4 & — & 4 & 4 \\ 2 & 2 & 3 & — & 5 \\ 4 & 4 & 4 & 4 & — \end{array}\right) & \begin{array}{c} 1 \\ 2 \\ 3 \\ 4 \\ 5 \end{array} \end{array}
$$

第 5 次迭代:经计算可得 $\boldsymbol{D}_4 = \boldsymbol{D}_5$,计算终止.

从 $\boldsymbol{D}_4$ 和 $\boldsymbol{S}_4$ 中可以得到任意两点之间的最短路径,如 $d_{15}^4 = 12$ 表示节点 1 到节点 5 之间最短距离为 12,其相应的路径可以根据 $\boldsymbol{S}_4$ 由反向追踪得到. 因为 $s_{15}^4 = 4, s_{14}^4 = 2,$ $s_{12}^4 = 2$,所以有最短路径为 $1 \rightarrow 2 \rightarrow 4 \rightarrow 5.$

7.3.2　最短路问题的应用

不是所有的最短路问题都涉及从出发点到目的地最短行进距离. 实际上, 当边或弧代表其他活动时, 选择图中的最短路和选择最佳活动序列相对应. 例如, 表示边的"长度"的数字可以表示成本, 在这种情况下, 该问题的目的就是求一系列活动的最小成本.

例 7.10(设备更新问题)　平安汽车租赁公司要制定一个未来 4 年的汽车更新策略. 每年年初, 公司可以决策继续使用还是更换新车. 公司规定, 每辆车至少要使用 1 年, 最多使用 3 年. 不同年份车辆的使用、更换费用见表 7-10, 求使 4 年总费用最省的更新策略.

表 7-10　平安汽车租赁公司汽车使用更换费用(单位:元)

费用\更新时间\役龄	1	2	3
第 1 年年初	4 000	5 400	9 800
第 2 年年初	4 300	6 200	8 700
第 3 年年初	4 800	7 100	—
第 4 年年初	4 900	—	—

解　用图 7-16 表示了将这个问题看成是最短路问题的网络描述. 节点 1,2,3,4 分别表示第 1 年年初、第 2 年年初、第 3 年年初、第 4 年年初, 节点 5 表示第 4 年年末. 从一个节点到另一个节点的每一条弧表示在弧起点所处的时间换新车, 然后在弧终点所处的时间把车卖掉再更新.

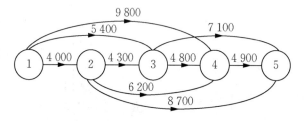

图 7-16　平安汽车租赁公司问题网络化

从节点 1 到节点 5 的路径表明平安公司的汽车更新策略. 例如, 我们来考虑 1 → 3 → 5 这条路. 它表示车辆第 3 年年初更新后, 使用到第 4 年年末, 总费用为

$$5\ 400 + 7\ 100 = 12\ 500(元)$$

因此, 通过寻求从节点 1 到节点 5 的最短路径, 我们将得到使平安公司总费用最少的方案. 用狄克斯特拉算法可求得这条最短路, 计算过程如图 7-17 所示. 最短路径为 1 → 3 → 5, 最优更新策略为车辆使用到第 3 年年初更新, 接着一直使用到第 4 年年末, 总费用为 12 500 元.

例 7.11(可靠性问题)　张先生每天都要开车上班. 从他家到工作单位之间可供选择的路线如图 7-18 所示. 节点 1 代表张先生的家, 7 代表工作地点, 节点 2—6 表示张先生上班途中经过的路口. 根据前面介绍的方法, 张先生得到了从他家到工作单位的最短路径

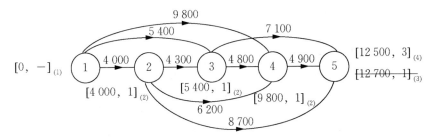

图 7-17　狄克斯特拉求解平安汽车更新策略

$1 \to 2 \to 3 \to 5 \to 7$. 但在实际生活中, 最短路径却不是最佳选择. 因为这条路径的许多路段车流量大, 可能在上班时间发生交通堵塞. 因此, 张先生决定要选择一条上班时间不发生拥堵的可能性最大的一条路. 图 7-18 弧旁边的数字代表这条道路不会发生拥堵的可能性.

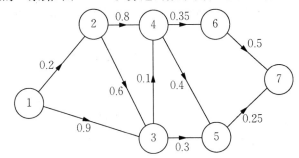

图 7-18　张先生上班路线状况图

解　根据概率知识我们可以得到最短路径 $1 \to 2 \to 3 \to 5 \to 7$ 的可靠度为
$$p = 0.2 \times 0.6 \times 0.3 \times 0.25 = 0.009$$

要将求可靠路径问题转化为最短路径问题求解, 首先将弧旁边的数字取对数, 路径的可靠度转化为 $\lg p = \lg 0.2 + \lg 0.6 + \lg 0.3 + \lg 0.25$. 根据对数函数的性质, $\lg p$ 的极大值点与 p 的等价. 又因为 $\lg w_{ij} < 0, \max \lg p$ 等价于 $-\min \lg p$. 因此将网络图中的权 w_{ij} 替换为 $-\lg w_{ij}$, 得到图 7-19 后, 可利用求最短路的方法求解此问题.

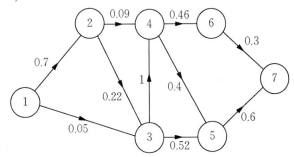

图 7-19　替换后的最短路线图

用狄克斯特拉算法求图最短路的过程如图 7-20 所示.

根据图 7-20, 利用反向追踪法可得最可靠路径为 $1 \to 3 \to 5 \to 7$, 可靠度为
$$p = 0.9 \times 0.3 \times 0.25 = 0.067\ 5$$

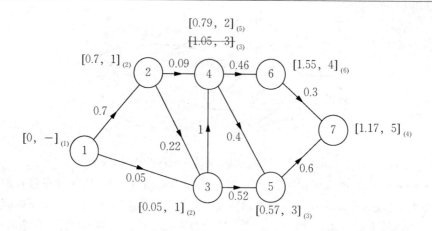

图 7 - 20　狄克斯特拉算法求解最短路过程

第四节　　网络最大流

例 7.12　BMZ 是欧洲一家生产豪华汽车的生产商,它的生产基地在德国,配件生产量相当大.美国市场对于这家公司非常重要,且需求量相当大.现公司需考虑从生产基地运往洛杉矶配送中心的配件的最大流量.公司的配送网络如图 7 - 21 所示,其中,v_1 代表生产基地,v_7 代表洛杉矶配送中心.由于工厂所在地有一个铁路转运点,因此首先要通过铁路把配件运输到欧洲的 3 个货运港口(在网络图中分别用 v_2,v_3,v_4 表示),然后通过水运把它们运送到美国的两个港口(在网络图中分别用 v_5,v_6 表示),最后把它们从港口运送到洛杉矶的配送中心.节点间的弧代表可能的配送路线,弧旁边的数字代表该条配送类型最大的配送量.

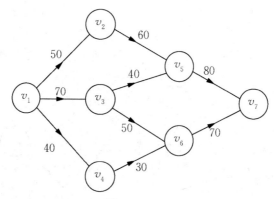

图 7 - 21　BMZ 公司的配送分布

因为生产基地的配件量要远大于配送中心的调拨量,所以,可以运送多少配件到洛杉矶的限制条件就是该公司配送网络的流量.问题的目标是确定通过每条弧发送多少流量(即每条运输线路可以运送多少配件),使得从生产基地到洛杉矶的运输总量最大.这是一个典型的网络最大流问题.

7.4.1 基本概念

1. 容量网络

对于网络流的研究是在容量网络上进行的. 所谓**容量网络** $D(V,A,C)$, 是指对网络上的每条弧 (v_i,v_j) 都给出一个最大的流通能力, 称为该弧的**容量**, 记为 $c(v_i,v_j)$ 或简写为 c_{ij}. 在容量网络中通常规定一个**发点**(也称源, 记为 s) 和一个**收点**(也称汇, 记为 t), 网络中既非发点也非收点的其他点称为**中间点**. 例如, 在 BMZ 公司问题中, 发点为生产基地 v_1, 收点为洛杉矶配送中心 v_7, 其他节点为中间点, 每段弧的最大配送量(弧旁边的数字) 为容量.

2. 可行流与最大流

所谓**流**, 是加在网络各条弧上的一组负载量. 对加在弧 (v_i,v_j) 上的负载量记作 $f(v_i,v_j)$ 或简写为 f_{ij}.

在容量网络上满足下列两个条件的一组流称为**可行流**：

(1) 容量的限制条件, 对所有的弧有

$$0 \leqslant f(v_i,v_j) \leqslant c(v_i,v_j)$$

(2) 中间点平衡条件

$$\sum_{(v_i,v_j)\in A} f(v_i,v_j) - \sum_{(v_j,v_i)\in A} f(v_j,v_i) = 0, \quad i \neq s,t$$

任何网络一定存在可行流, 因为零流 $(f(v_i,v_j)=0, (v_i,v_j)\in A)$ 就是可行流.

若以 $v(f)$ 表示网络中 $s \to t$ 的总流量, 则有

$$v(f) = \sum_{(s,v_j)\in A} f(s,v_j) = \sum_{(v_i,t)\in A} f(v_i,t)$$

所谓**网络最大流**是指使 $v(f)$ 达到最大的可行流.

3. 增广链与最大流

给定一个可行流 $\{f_{ij}\}$, 若 μ 是一条 s 到 t 的无向路, 定义无向路的方向为 $s \to t$, 则 μ 的弧可分为两类：一类是弧的方向与 μ 的方向一致, 称为**前向弧**, 前向弧的全体记作 μ^+; 另一类是弧的方向与 μ 的方向相反, 称为**后向弧**, 后向弧的全体记作 μ^-. 如图 7-22 是一个容量网络, 已知它的一个可行流(每条弧旁边括号里的数字表示弧的流量) $\mu=(s,v_2,v_1,v_3,t)$ 是一条无向路, 如图 7-23 所示, 其中

$$\mu^+ = \{(s,v_2),(v_1,v_3),(v_3,t)\}$$
$$\mu^- = \{(v_1,v_2)\}$$

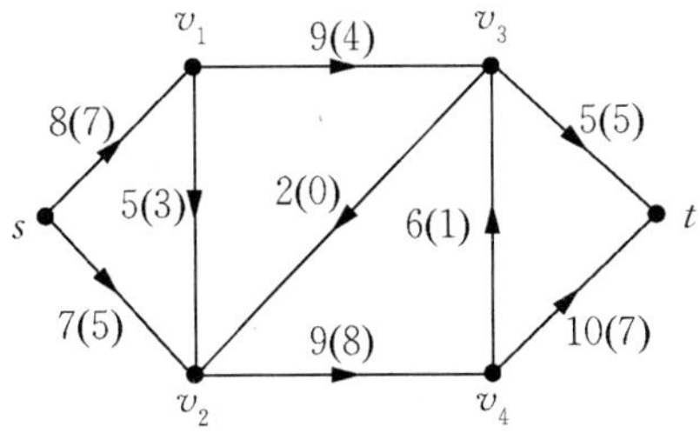

图 7-22　容量网络 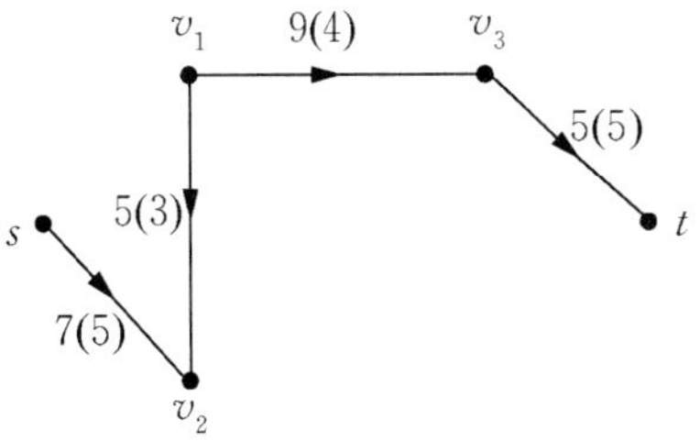　　　　图 7-23　无向路

设 $\{f_{ij}\}$ 是一个可行流, μ 是一条 s 到 t 的无向路,若 μ 满足下列条件,则称之为一条关于可行流 $\{f_{ij}\}$ 的**增广链**:

(1) 弧 $(v_i,v_j) \in \mu^+$, $0 \leqslant f(v_i,v_j) < c(v_i,v_j)$,即 μ^+ 中的每条弧为非饱和弧;

(2) 弧 $(v_i,v_j) \in \mu^-$, $0 < f(v_i,v_j) \leqslant c(v_i,v_j)$,即 μ^- 中的每条弧为非零流弧.

图 7-23 中, $\mu = (s,v_2,v_1,v_3,t)$ 不是一条增广链,因为 $(v_3,t) \in \mu^+$,且 $f_{3t} = 5 = c_{3t}$. 而 (s,v_1,v_3,v_4,t) 是一条增广链,如图 7-24 所示.

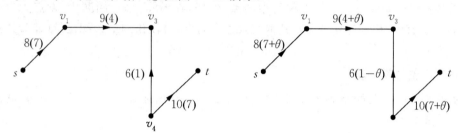

图 7-24　增广链　　　　　　　　图 7-25　调整后的增广链

从图 7-24 不难看出,调整增广链上弧的流量可使总流量增大.令弧 (s,v_1) 的调整量为 θ,为了保持流的可行性,增广链上的其他弧要做相应调整,调整量如图 7-25 所示.

θ 的最大取值为

$$\theta = \min\{8-7,9-4,1,10-7\} = 1$$

显然,调整之后网络的总流量增加 θ.因此,只有网络中找不出增广链时, $s \to t$ 的流才是最大流.

定理 1　可行流 f^* 是最大流,当且仅当不存在关于 f^* 的增广链.

4. 最大流最小割定理

给定网络 $D(V,A)$,取 $S \subset V$, $\overline{S} = V - S$,满足发点 $s \in S$,收点 $t \in \overline{S}$,令

$$(S,\overline{S}) = \{(v_i,v_j) \mid (v_i,v_j) \in A, v_i \in S, v_j \in \overline{S}\}$$

称 $(S,\overline{S})$ 为 D 的一个**割**.令

$$c(S,\overline{S}) = \sum_{(v_i,v_j) \in (S,\overline{S})} c(v_i,v_j)$$

称 $c(S,\overline{S})$ 为割 $(S,\overline{S})$ 的**割容量**,割容量最小的割称为**最小割**.图 7-22 全部不同的割集如表 7-11 所示.

表 7-11　图 7-22 中容量网络全部割集

S	$\overline{S}$	$(S,\overline{S})$	$c(S,\overline{S})$
s	v_1,v_2,v_3,v_4,t	$(s,v_1)(s,v_2)$	15
s,v_1	v_2,v_3,v_4,t	$(s,v_1)(v_1,v_2)(v_1,v_3)$	21
s,v_2	v_1,v_3,v_4,t	$(s,v_1)(v_2,v_4)$	17
s,v_1,v_2	v_3,v_4,t	$(v_1,v_3)(v_2,v_4)$	18
s,v_1,v_3	v_2,v_4,t	$(s,v_2)(v_1,v_2)(v_3,v_2)(v_3,t)$	19
s,v_2,v_4	v_1,v_3,t	$(s,v_1)(v_4,v_3)(v_4,t)$	24
s,v_1,v_2,v_3	v_4,t	$(v_2,v_4)(v_3,t)$	14
s,v_1,v_2,v_4	v_3,t	$(v_1,v_3)(v_4,v_3)(v_4,t)$	25
s,v_1,v_2,v_3,v_4	t	$(v_3,t)(v_4,t)$	15

定理 2　对给定网络 $D(V,A)$,最大流 f^*,最小割 $(S^*,\overline{S})$,均满足
$$v(f^*) = c(S^*,\overline{S}^*)$$

证　若网络中的流量已达到最大值,则在该网络中不能找出增广链,我们构造一个集合 S,定义

(1) $s \in S$;

(2) 若 $i \in S$ 和 $f_{ij} < c_{ij}$,则 $j \in S$;

(3) 若 $i \in S$ 和 $f_{ij} > 0$,则 $j \in S$.

可以证明 $t \in \overline{S}$,否则将存在一条增广链,与假设矛盾. 由此,$(S,\overline{S})$ 为该网络的一个割,该割的割容量为 $c(S,\overline{S})$.

由上面的定义,通过这个割的流有
$$f^*(S,\overline{S}) = \sum_{(i,j) \in (S,\overline{S})} f_{ij} = \sum_{(i,j) \in (S,\overline{S})} c_{ij} = c(S,\overline{S})$$
$$f^*(\overline{S},S) = \sum_{(j,i) \in (\overline{S},S)} f_{ji} = 0$$

因为是最大流,则
$$v(f^*) = f^*(S,\overline{S}) = c(S,\overline{S}) \leqslant c(S^*,\overline{S}^*)$$
又因为
$$c(S,\overline{S}) \geqslant c(S^*,\overline{S}^*)$$
所以有
$$v(f^*) = c(S^*,\overline{S}^*)$$

7.4.2　求最大流的标号法

福特和富兰克林于 1956 年提出了一种标号算法,称为福特-富兰克林标号算法. 其实质是判断是否有增广链存在,并设法把增广链找出来. 算法的步骤如下:

第一步,给发点 s 标号 $(0,\varepsilon(s))$. 标号中的第一个数字是使这个点得到标号的前一个点的代号,因为 s 是发点,所以记为 0;标号中的第二个数字表示从上一个标号点到这个标号点的流量的最大允许调整值,因 s 为发点,故不限最大允许调整值,$\varepsilon(s) = \infty$.

第二步,列出与上一步已标号的点相邻的所有未标号点.

(1) 考虑从标号点 i 发出的弧 (i,j),如果有 $f_{ij} = c_{ij}$,则不给点 j 标号;若有 $f_{ij} < c_{ij}$,则对点 j 标号,记为 $(i,\varepsilon(j))$. 标号中的 i 表示点 j 的标号是从点 i 延伸过来的,$\varepsilon(j) = \min\{\varepsilon(i),(c_{ij} - f_{ij})\}$;

(2) 考虑指向标号点 i 的弧 (h,i),如果有 $f_{hi} = 0$,则不给点 h 标号;若有 $f_{hi} > 0$,则对点 h 标号,记为 $(i,\varepsilon(h))$,$\varepsilon(h) = \min\{\varepsilon(i),f_{hi}\}$;

(3) 如果某未标号顶点 k 有两个以上相邻的标号点,为了减少迭代次数,可按(1)、(2) 规则分别计算出 $\varepsilon(k)$,并取其中一个最大的标记.

第三步,重复第二步,可能出现两种结果.

(1) 标号过程中断,t 得不到标号,说明该网络不存在增广链,给定的流量即为最大流. 记已标号点的集合为 S,未标号点的集合为 $\overline{S}$,$(S,\overline{S})$ 为网络的最小割.

(2) t 得到标号,这时可用反向追踪法在网络中找出一条从 s 到 t 的增广链.

第四步,修改流量. 设网络中原有可行流 f,令

$$f' = \begin{cases} f + \varepsilon(t), & \text{增广链上所有前向弧} \\ f - \varepsilon(t), & \text{增广链上所有后向弧} \\ f, & \text{非增广链上的弧} \end{cases}$$

返回第二步.

例 7.13　利用福特-富兰克林标号算法求图 7 - 22 的最大流及最小割.

解　第 1 次迭代:

(1) 给 s 点标上 $(0, \infty)$

(2) 与 s 点相邻的未标号的点有 v_1, v_2. 弧 (s, v_1) 满足 $f_{s1} < c_{s1}$, 给 v_1 标号 $(s, 1)$; 弧 (s, v_2) 满足 $f_{s2} < c_{s2}$, 给 v_2 标号 $(s, 2)$;

(3) 与 v_1, v_2 相邻的未标号的点有 v_3, v_4. 弧 (v_1, v_3) 满足 $f_{13} < c_{13}$, 给 v_3 标号 $(v_1, 1)$; 弧 (v_2, v_4) 满足 $f_{24} < c_{24}$, 给 v_4 标号 $(v_2, 1)$.

(4) 与 v_3, v_4 相邻的未标号的点有 t. 弧 (v_3, t) 满足 $f_{3t} = c_{3t}$, 故 t 不能由 v_3 获得标号; 弧 (v_4, t) 满足 $f_{4t} < c_{4t}$, 给 t 标号 $(v_4, 1)$.

(5) t 获得标号说明图中存在增广链, 用反向追踪法得增广链, 图 7 - 26 中用双箭头线标出.

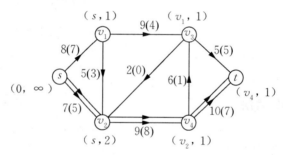

图 7 - 26　福特-富兰克林标号算法第 1 次迭代

第 2 次迭代:

(1) 修改增广链上各弧的流量:

$$f'_{s2} = f_{s2} + \varepsilon(t) = 5 + 1 = 6$$
$$f'_{24} = f_{24} + \varepsilon(t) = 8 + 1 = 9$$
$$f'_{4t} = f_{4t} + \varepsilon(t) = 7 + 1 = 8$$

非增广链上的弧的流量不变, 得到新的可行流.

(2) 重复上述标号法标号, 具体过程如图 7 - 27 所示, 图中双箭头线即为增广链.

第 3 次迭代:

(1) 修改增广链上各弧的流量:

$$f''_{s1} = f'_{s1} + \varepsilon(t) = 7 + 1 = 8$$
$$f''_{13} = f'_{13} + \varepsilon(t) = 4 + 1 = 5$$
$$f''_{43} = f'_{43} - \varepsilon(t) = 1 - 1 = 0$$
$$f''_{4t} = f'_{4t} + \varepsilon(t) = 8 + 1 = 9$$

非增广链上的弧的流量不变, 得到新的可行流.

(2) 重复上述标号法标号, 标号中断, 故图 7 - 28 所示的可行流即为最大流且

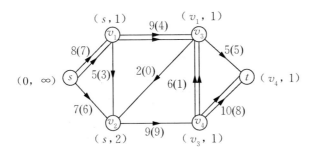

图 7-27　福特-富兰克林标号算法第 2 次迭代

$v(f) = 14$,此时最小割为

$$(S, \overline{S}) = \{(v_3, t), (v_2, v_4)\}$$

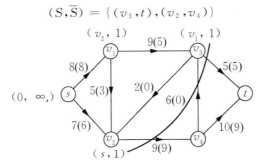

图 7-28　福特-富兰克林标号算法第 3 次迭代

7.4.3　应用举例

例 7.14　某电力公司有 3 个发电站,它们负责 5 个城市的供电任务,其输电网络如图 7-29 所示.节点 v_1, v_2, v_3 表示发电站,节点 v_4, v_5, v_6, v_7, v_8 表示城市.由于城市 v_8 经济高速发展,要求供应电力 65 MW,3 个发电站在满足城市 v_4, v_5, v_6 的用电需求后,它们分别还剩 15 MW,10 MW 和 40 MW,输电网络剩余的输电能力见弧旁边的数字.问输电网络的输电能力是否能满足城市 v_8 的需要,若不能满足,需要扩容哪些输电线路?

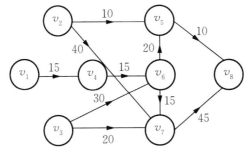

图 7-29　电力公司输电网络

解　首先将图 7-29 转化为容量网络.根据问题,网络的终点应为剩余电力供给城市,即城市 v_8,其余城市应视为中间节点.每条弧旁边的数字即为容量.考虑到发点应为 3 个发电站,这是一个多发点的问题.要利用福特-富兰克林标号算法求解,需将 3 个发点转化为一个发点.可虚设一个发点,记为节点 v_0,从节点 v_0 到节点 v_1, v_2, v_3 分别添加一条弧,其容量为各个发电站的剩余供电量.通过上面的方法,将图 7-29 转化成了容量网络(见图 7-30).

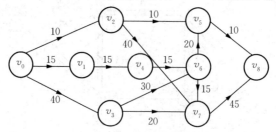

图 7-30　容量网络

用福特-富兰克林标号算法求解的最大流如图 7-31 所示,最大流量为 55 MW,不能满足城市 v_8 的需求,网络需扩容 10 MW. 由图 7-31 知,网络的最小割为 $\{(v_5, v_8), (v_3, v_7), (v_0, v_2), (v_6, v_7)\}$,将弧 (v_5, v_8) 扩容 10 MW 后图 7-31 中将出现增广链 $v_0 \to v_3 \to v_6 \to v_5 \to v_8$,此时调整量 $\theta = 10$,调整后的容量网络如图 7-32 所示.

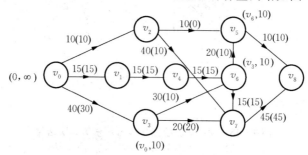

图 7-31　福特-富兰克林标号算法求解的最大流

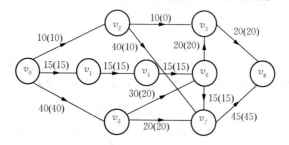

图 7-32　调整后的容量网络

例 7.15(匹配问题)　有 3 根轴(编号为 v_1, v_2, v_3)和 3 个齿轮(编号为 v_4, v_5, v_6).由于精密度不高,不能做到任意互配.根据图纸工艺要求,已知轴 v_1 和齿轮 v_4, v_5 配合,轴 v_2 和齿轮 v_5, v_6 配合,轴 v_3 和齿轮 v_4, v_5 配合.要求合理选择装配方案,以得到轴与齿轮的最大匹配数.

图 7-33　轴与齿轮的
　　　　匹配关系

解　根据题意,将轴和齿轮的匹配关系用图 7-33 表示.

如图 7-33 所示,图中边表示匹配关系.将图 7-33 转化为一个容量网络,可以建立下面的对应关系:

轴 → 发点

齿轮 → 收点

边 → 由轴指向齿轮的弧

且令弧的容量为 1. 同时,虚设一个发点 s 和收点 t,将多发点、多收点的网络图转化为容量网络,如图 7-34 所示.

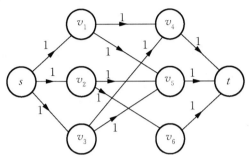

图 7-34　容量网络

用福特-富兰克林标号算法求图 7-34 的最大流,如图 7-35 所示,即轴 v_1 与齿轮 v_4 匹配,轴 v_2 与齿轮 v_6 匹配,轴 v_3 与齿轮 v_5 匹配.

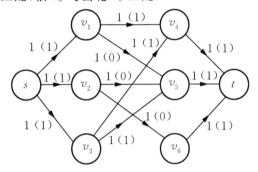

图 7-35　标号法求最大流

第五节　最小费用最大流

7.5.1　基本概念

上节讨论了寻求网络中的最大流的问题.在实际生活中,涉及“流”的问题时,人们考虑的不只是流量,而且还有“费用”因素,本节介绍的最小费用最大流问题就是这类问题之一.

最小费用流问题可以这样描述:设网络有 n 个节点,f_{ij} 为弧 (i,j) 上的流量,c_{ij} 为弧 (i,j) 上的容量,b_{ij} 为弧 (i,j) 上流过单位流量时的费用.s_i 表示节点 i 的可供应量和需求量,当 i 为发点时,$s_i > 0$;当 i 为收点时,$s_i < 0$;当 i 为中间点时,$s_i = 0$.将各个发点的物资调运到各个收点,使总运费最小的问题,可归结为如下线性规划问题:

$$\min z = \sum_{i=1}^{n} \sum_{j=1}^{n} b_{ij} f_{ij}$$

$$\text{s. t.}\begin{cases} \sum_{(i,j)\in A} f_{ij} - \sum_{(k,i)\in A} f_{ki} = s_i, & \forall i \in V \\ 0 \leqslant f_{ij} \leqslant c_{ij}, & \forall (i,j) \in A \end{cases}$$

与此同时,要求网络的最大流的问题称为**最小费用最大流问题**.

7.5.2　求最小费用最大流算法

求最小费用最大流问题时,一方面可以通过寻找增广链来调整流量,并判别是否达到最大流;另一方面为了保证每步调整的费用最小,需找出每步费用最小的增广链,以保证最终求出的最大流也是费用最少的.

设 $b(f)$ 为可行流 f 的费用,沿增广链 μ 调整后的流量为 $f'(>f,$调整量为 $\theta)$,相应费用为 $b(f')$,有

$$\Delta b(f) = b(f) - b(f') = \sum_{(i,j)\in\mu^+} b_{ij}(f'_{ij} - f_{ij}) - \sum_{(k,l)\in\mu^-} b_{kl}(f'_{kl} - f_{kl})$$
$$= \theta\left(\sum_{\mu^+} b_{ij} - \sum_{\mu^-} b_{kl}\right)$$

称比值 $\Delta b(f)/\theta$ 最小的增广链为**费用最小增广链**.

定义一个赋权有向图 $W(f)$,它的顶点是原网络 D 的顶点,而把 D 中每一条弧 (v_i, v_j) 变成两个相反方向的弧 (v_i, v_j) 和 (v_j, v_i),定义 $W(f)$ 的弧的权为

$$w_{ij} = \begin{cases} b_{ij}, & f_{ij} < c_{ij} \\ +\infty, & f_{ij} = c_{ij} \end{cases}$$

$$w_{ji} = \begin{cases} -b_{ij}, & f_{ij} > 0 \\ +\infty, & f_{ij} = 0 \end{cases}$$

(长度为 $+\infty$ 的弧可以从 $W(f)$ 中略去).

于是在 D 中寻找关于 f 的最小费用的增广链就等价于在赋权有向图 $W(f)$ 中,寻找 s 到 t 的最短路.求最小费用最大流的算法步骤如下:

第一步,从零流 $f^{(0)}$ 开始;

第二步,对可行流 $f^{(k)}$ 构造加权网络 $W(f^{(k)})$;

第三步,在加权网络 $W(f^{(k)})$ 中求 s 到 t 的最短路,即费用最小的增广链.并将该增广链上弧的流量调整至允许的最大值,得到一个新的流 $f^{(k+1)}$;

第四步,重复第二步、第三步,直到网络 $W(f^{(k)})$ 中找不到增广链时,$f^{(k)}$ 即为要寻找的最小费用最大流.

例 7.16(BMZ 公司例子继续讨论)　BMZ 公司在决策从生产基地到配送中心的配件运输时,还要考虑费用因素.已知每条运输线路的单位费用如图 7-36 所示,弧旁边括号内的第一个数表示容量,第二个数表示单位运费(单位:万元).问题的目标是确定通过每条弧发送多少流量(即每条运输线路可以运送多少配件),使得从生产基地到洛杉矶的运输总量最大,且总费用最少.

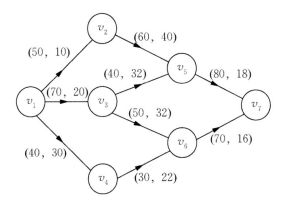

图 7 - 36　BMZ 公司运输路线图

解　第 1 次迭代：令初始可行流为零流，构造赋权有向图 $W(f^{(0)})$，如图 7 - 37 所示. 求 $W(f^{(0)})$ 中 v_1 到 v_7 的最短路，得增广链为 $v_1 \to v_2 \to v_5 \to v_7$，调整量为 50，调整得到新的可行流（见图 7 - 38）.

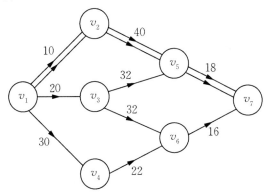

图 7 - 37　$W(f^{(0)})$

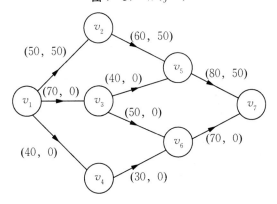

图 7 - 38　$f^{(1)}$

第 2 次迭代:构造赋权有向图 $W(f^{(1)})$,如图 7-39 所示. 求 $W(f^{(1)})$ 中 v_1 到 v_7 的最短路,得增广链为 $v_1 \to v_3 \to v_6 \to v_7$,调整量为 50,调整得到新的可行流(见图 7-40).

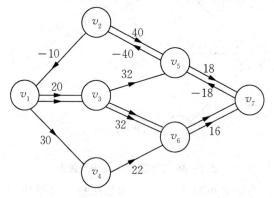

图 7-39 $W(f^{(1)})$

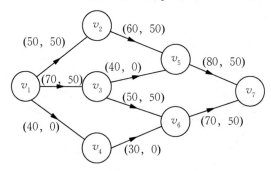

图 7-40 $f^{(2)}$

第 3 次迭代:构造赋权有向图 $W(f^{(2)})$,如图 7-41 所示. 求 $W(f^{(2)})$ 中 v_1 到 v_7 的最短路,得增广链为 $v_1 \to v_4 \to v_6 \to v_7$,调整量为 20,调整得到新的可行流(见图 7-42).

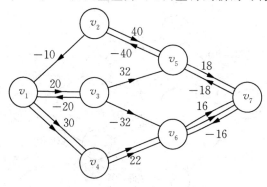

图 7-41 $W(f^{(2)})$

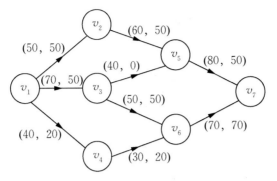

图 7 - 42 $f^{(3)}$

第 4 次迭代:构造赋权有向图 $W(f^{(3)})$,如图 7 - 43 所示. 求 $W(f^{(3)})$ 中 v_1 到 v_7 的最短路,得增广链为 $v_1 \rightarrow v_3 \rightarrow v_5 \rightarrow v_7$,调整量为 20,调整得到新的可行流(见图 7 - 44).

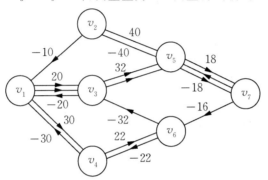

图 7 - 43 $W(f^{(3)})$

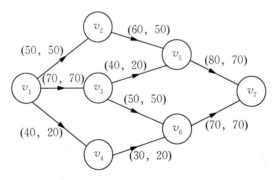

图 7 - 44 $f^{(4)}$

第 5 次迭代:构造赋权有向图 $W(f^{(4)})$,如图 7 - 45 所示. 求 $W(f^{(4)})$ 中 v_1 到 v_7 的最短路,得增广链为 $v_1 \rightarrow v_4 \rightarrow v_6 \rightarrow v_3 \rightarrow v_5 \rightarrow v_7$,调整量为 10,调整得到新的可行流(见图 7 - 46).

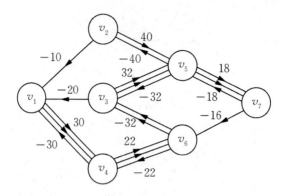

图 7 – 45 $W(f^{(4)})$

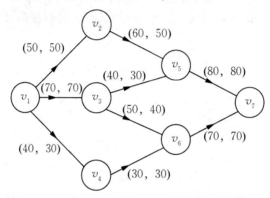

图 7 – 46 $f^{(5)}$

第 6 次迭代:构造赋权有向图 $W(f^{(5)})$,如图 7 – 47 所示. 图中不存在 v_1 到 v_7 的路. 因此,求得最小费用最大流,如图 7 – 46 所示,最大流量为 150,总费用为

$$50 \times 10 + 70 \times 20 + 30 \times 30 + 50 \times 40 + 30 \times 32$$
$$+ 40 \times 32 + 30 \times 22 + 80 \times 18 + 70 \times 16 = 10\ 260(万元)$$

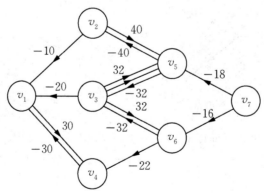

图 7 – 47 $W(f^{(5)})$

习　题　7

1. 某工厂办公室拟在 3 天内举行 6 项活动,每项活动各需半天时间. 厂办拟请 10 名厂级干部参加这些活动,如表 7-12 中 √ 号所示. 已知活动 A 须安排在第一天上午,活动 F 须安排在第三天下午,活动 B 只能安排在下午,而每名厂级干部都希望每天最多参加一项活动. 请问厂办应如何安排这 6 项活动的日程?

表 7-12　某工厂活动安排表

活动 \ 干部	1	2	3	4	5	6	7	8	9	10
A	√	√	√		√				√	√
B	√			√				√	√	
C		√			√	√	√			√
D	√				√			√		
E				√		√	√			
F			√	√			√		√	√

2. 求出图 7-48 的最小支撑树.

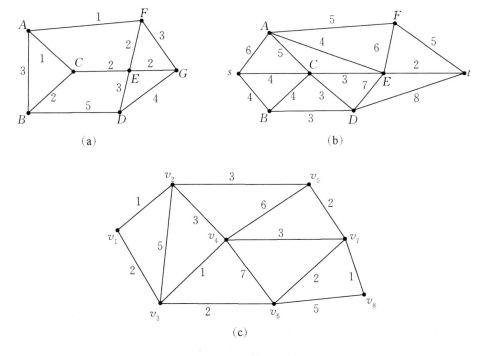

(a)　　　　　　　　　　　　　(b)

(c)

图 7-48　第 2 题图

3. 某市 6 个新建单位之间的交通线路的长度(单位:km)如表 7-13 所示,其中单位 A 距市煤气供应网最近,为 1.5 km.

表 7-13　　单位间交通线路长度表

	A	B	C	D	E	F
A	0	1.3	3.2	4.3	3.8	3.7
B	1.3	0	3.5	4.0	3.1	3.9
C	3.2	3.5	0	2.8	2.6	1.0
D	4.3	4.0	2.8	0	2.1	2.7
E	3.8	3.1	2.6	2.1	0	2.4
F	3.7	3.9	1.0	2.7	2.4	0

为使这 6 个单位都能使用煤气,现拟沿交通线铺设地下管道,并且经 A 与煤气供应网连通.应如何铺设煤气管道,使其总长最短?

4. 求图 7-49 中 s 到 t 的最短路.

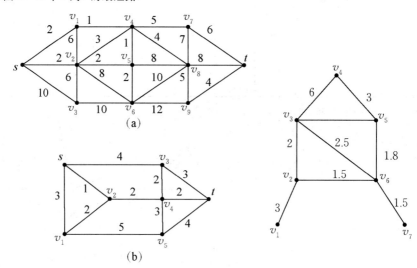

图 7-49　第 4 题图　　　　　　　图 7-50　各居民点距离图

5. 某电信局做市话扩容规划,规划期为 10 年,一次扩容的容量只能在下面 3 种系列选择:1 000 门,2 000 门和 5 000 门.假设需求是线性增长的,每 1 000 门可以满足 2 年的需求.令基年容量已满,开始扩容,基年购买 1 000 门,2 000 门和 5 000 门设备所需费用分别为 40 万元,50 万元和 120 万元;假设第 2,4,6,8 年购买设备所需费用分别仅为基年费用的 90%,80%,70%,60%.求 10 年内的最佳扩容方案.

6. 车站拟在 $v_1,v_2,\cdots,v_7$ 7 个居民点中设置售票处,各点的距离由图 7-50 给出,若要设置一个售票处,问设在哪个点可使最大服务距离为最小?

7. 用福特-富兰克林标号算法求图 7-51 中从 s 到 t 的最大流及其流量,并求网络的最小割,弧旁数字为 $c_{ij}(f_{ij})$.

8. 某单位招收懂俄、英、日、德、法文翻译各 1 人,有 5 人应聘.已知乙懂俄文,甲、乙、丙懂英文,甲、丙、丁懂日文,乙、戊懂德文,戊懂法文.问这 5 个人是否都能得到聘书?最多几人能得到招聘,各从事哪一方面的翻译工作?

9. 如图 7-52 所示,从 v_0 派车到 v_8,中间可经过 $v_1,v_2,\cdots,v_7$ 各站,若各站间道路旁的数字表示单位时间内此路上所能通过的最多车辆数,问应如何派车才能使单位时间到达 v_8 的车辆最多?

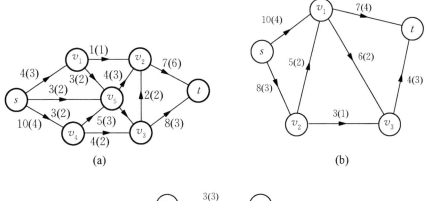

(a)　　　　　　　　　　(b)

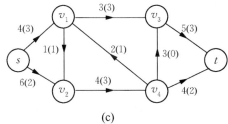

(c)

图 7 - 51　第 7 题图

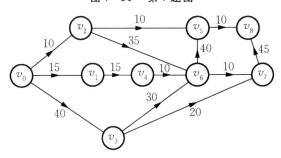

图 7 - 52　第 9 题图

10. 图 7 - 53 所示网络中, 弧旁数字为 (c_{ij}, d_{ij}), c_{ij} 表示容量, d_{ij} 表示单位流量费用, 试求从 s 到 t 流量为 6 的最小费用流.

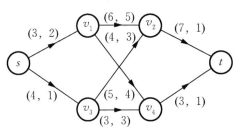

图 7 - 53　第 10 题图

第八章　网　络　计　划

网络计划技术又称为**统筹方法**,是以网络图的形式制订计划,求得计划的最优方案,并据此计划组织生产,达到预定目标的一种科学的管理方法,包括**计划评审技术**(program evaluation and review technique,简称 PERT)和**关键路线法**(critical path method,简称 CPM).计划评审技术最早应用于美国海军北极星导弹的研制系统,使北极星导弹的研制周期缩短了一年半时间.而关键路线法主要研究大型工程的费用与工期的相互关系.计划评审技术和关键路线法的最早版本有一些重大差异,但近些年来这两种技术不断相互融合.因此使用者在使用时并不加以区分,甚至合并写成 PERT/CPM.这两种技术通常使用软件包来处理所需要的数据,如项目管理软件 MSPROJECT.PERT/CPM 被广泛应用于新工厂建造、新产品的研制与开发、电影制造、主要设施的重新布置、广告运动的实施等各种各样的项目管理之中.

本章第一节将要介绍一个贯穿整章的案例,以此为例来说明使用 PERT/CPM 进行项目分析的各种方法.

第一节　案　例　研　究

例 8.1　科信建筑公司成功中得一个价值 540 万元的新工厂建设项目,整个项目可分为若干道工序,各工序之间的逻辑关系及工时如表 8-1 所示.

表 8-1　科信建筑公司项目信息表

工序编号	工序名称	紧前工序	估计工期(周)
A	挖掘	—	2
B	打地基	A	4
C	承重墙施工	B	10
D	封顶	C	6
E	安装外部管道	C	4
F	安装内部管道	E	5
G	外墙施工	D	7
H	外部上漆	E,G	9
I	电路铺设	C	7
J	树墙板	F,I	8
K	铺地板	J	4
L	内部上漆	J	5
M	安装外部设备	H	2
N	安装内部设备	K,L	6

　　在项目开工之前,公司估计出了每一道工序在正常情况下的完成时间,以便建立项目的进度计划(表8-1最后一列给出了这些估计值).制造商要求新工厂一年交付使用,合同包括了以下条款:

　　(1) 若从即日起47周内不能完成这个建设项目,科信建筑公司将要赔偿30万元;

　　(2) 若能在40周内完成的话,科信建筑公司可获得15万元奖金.

　　在了解表8-1所含的各种信息之后,科信建筑公司亟待解决下面几个问题:

　　(1) 如何用图更直观地表示这个项目中的工序流程;

　　(2) 如果每道工序都没有延误工期,完成这个项目需多少时间;

　　(3) 在没有延误的情况下,各道工序最早什么时候可以开始,最早什么时候可以结束;

　　(4) 各道工序最晚什么时候必须开始,最晚什么时候必须结束;

　　(5) 为了不延误工期,哪些工序是任何延误都必须加以避免的;

　　(6) 在不延误工期的条件下,哪些工序的工期是可以延长时间的;

　　(7) 由于每个工期工时的精确程度不确定,整个项目在期限内完成的概率是多少;

　　(8) 若用额外资金来追加工程进度,怎样以最低的成本完成工程.

　　为解决上述问题,要编制该工程的网络计划.包括绘制网络计划图、计算时间参数、确定关键路线及网络优化等环节,下面分别讨论这些问题.

第二节　　网络计划图

下面介绍项目网络的基本概念.

1. 工序

　　(1) **工序**是指组成整个任务的各个局部任务,需要消耗一定的时间或资源.一项工程由若干个工序组成.

　　(2) **紧前工序**(immediate predecessors)是指进行该工序之前刚刚完成的工序.

　　(3) **紧后工序**是指完成某工序之后才开始的工序.很显然,若甲是乙的紧前工序,则乙是甲的紧后工序.

　　从表8-1可知 C 是 D 的紧前工序,且 D 是 C 的紧后工序.虽然 C 在 G 工序前完成,但 C 工序不是 G 的紧前工序.根据施工要求,科信建筑公司项目的各道工序有如下关系:挖掘之前并不需要等待任何其他工序完成;挖掘必须要在开始打地基之前完成;打地基必须要在外墙施工之前完成,以此类推.

2. 项目网络

　　在前面,我们说明了如何用图来表示并帮助分析各种各样的问题.同样,图在解决项目问题上也起到相同的作用.它可以帮助进行项目分析,并解答上一节提出的第一个问题.

　　用来表示整个项目的网络图称为**项目网络**(project network).一个项目网络由节点和连接节点的带箭头的弧线组成.描述一个项目需要3方面的信息:

　　(1) 工序的信息:把整个项目分成若干道工序;

（2）工序的次序关系：确定每道工序的紧前工序；

（3）时间信息：确定每道工序的工时.

项目网络需要传递所有这些信息，有两种绘制方法可以满足这些要求.

第一种是用弧线表示工序（activity-on-arc）的项目网络，简称 **AOA 项目网络**. 在 AOA 项目网络中，每一道工序用弧表示，用节点区分一道工序和它的紧前工序.

另一种是用节点表示工序（activity-on-node）的项目网络，简称 **AON 项目网络**. 在 AON 项目网络中，每一道工序用节点表示，弧表示工序间的前后关系，对于每一个拥有紧前工序的节点，它的每一道紧前工序都各有一条弧指向它.

在 PERT/CPM 最早的版本中，常使用 AON 项目网络. 与 AOA 项目网络比起来，AON 项目网络更容易建立、更直观、更容易修改，几乎成为现在常用的类型. 因此，本节主要介绍 AON 项目网络方法.

为了让项目网络更直观，在绘制之前，虚拟一道开始工序 start 和一道结束工序 finish，分别表示项目的开始点和结束点，它们的工时都为 0. 依照前面所讲的方法可得到科信建筑公司的项目网络如图 8-1 所示.

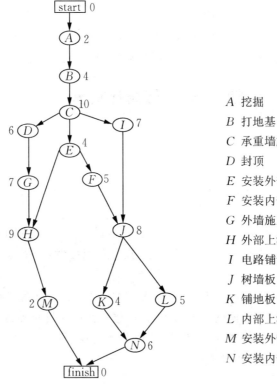

A 挖掘
B 打地基
C 承重墙施工
D 封顶
E 安装外部管道
F 安装内部管道
G 外墙施工
H 外部上漆
I 电路铺设
J 树墙板
K 铺地板
L 内部上漆
M 安装外部设备
N 安装内部设备

图 8-1　科信建筑公司网络计划图

第三节　　时间参数的计算

在上一节中，我们就科信建筑公司提出的第一个问题进行了回答. 这一节，我们将要回答下面 5 个问题.

问题(2):如果每道工序都没有延误工期,完成这个项目需多少时间;

问题(3):各道工序最早什么时候可以开始,最早什么时候可以结束;

问题(4):各道工序最晚什么时候必须开始,最晚什么时候必须结束;

问题(5):为了不延误工期,哪些工序是任何延误都必须加以避免的;

问题(6):在不延误工期的条件下,哪些工序的工期是可以延长时间的.

8.3.1　关键路径 —— 确定项目工期

完成整个项目需要多少时间?若把所有工序的时间都相加,就是 79 周,然而这并不是问题的答案,因为有一些工序可以同时进行.与之相关的是网络图中的路径.

网络图的路径(path):沿着弧的方向从始点到终点的一条路.

路径长度(length of path):沿着路径所有工序的工期之和.

表 8-2 给出了图 8-1 网络图的 6 条路径,同时还给出了这 6 条路径的长度.这些路径的长度范围从 31 周到 44 周,那么项目工期应为多少呢?因为任何一条路径的工序活动只能一个接一个按照顺序进行不能重复,所以项目工期不能比路径的长度更短.然而项目工期也可能比路径长度长,因为路径中有的工序包括多个紧前工序活动,这就有可能需要等待不在路径中的紧前工序完成.例如,表 8-2 中的第二条路径中的工序 H,这道工序有两道紧前工序 G 和 E,G 不在路径上,而 E 在路径上.当 C 完成后的 4 周内工序 E 可完工,而工序 G 则要 C 完成后的 13 周后才可完工.

表 8-2　科信建筑公司项目网络中的路径和路径长度

路　径	长　度(周)
始点 → A → B → C → D → G → H → M → 终点	40
始点 → A → B → C → E → H → M → 终点	31
始点 → A → B → C → E → F → J → K → N → 终点	43
始点 → A → B → C → E → F → J → L → N → 终点	44
始点 → A → B → C → I → J → K → N → 终点	41
始点 → A → B → C → I → J → L → N → 终点	42

但是,项目工期总是不会比一条特殊的路径长.这条路径就是网络图中最长的路径.因此,我们可以得到一个重要结论:

(预计)**项目工期**正好等于项目网络中最长路径的长度.这条长度最长的路径就叫作**关键路径**(critical path)(可能不只一条).于是,对于科信建筑公司的项目来说,我们可以得到

关键路径:始点 → A → B → C → E → F → J → L → N → 终点;

(预计)项目工期 = 44(周).

8.3.2　最早时间 —— 为每一道工序安排日程

问题(3):在没有延误的情况下,各道工序最早什么时候可以开始,最早什么时候可以结束?"没有延误"的意思是:① 每道工序的实际完工所用时间和预计工期正好吻合;② 一旦一道工序的所有紧前工序完成,这道工序就要马上开始.如果在整个工程中没有

延误的话,那么一道工序的开始时间和结束时间就分别叫作**最早开始时间**(earliest start time)和**最早结束时间**(earliest finish time),这些时间用以下符号表示:

$$ES(x) = x \text{ 工序的最早开始时间}$$

$$EF(x) = x \text{ 工序的最早结束时间}$$

在此不计算工序具体的日历时间,而从项目起始的时段计数. 因此约定

$$\text{项目的开始时间} = 0$$

项目是从工序 A 开始的,所以有

$$ES(A) = 0$$

$$EF(A) = ES(A) + A \text{ 工序工期} = 0 + 2 = 2$$

因为 A 是 B 的唯一紧前工序,也就是工序 A 一结束工序 B 接着进行,所以有

$$ES(B) = EF(A) = 2$$

工序 B 的 ES 计算体现了计算 ES 的第一条规则:若某个工序 B 只有一道紧前工序 A,则

$$ES(B) = EF(A)$$

用这条规则可以很快计算出工序 C, D, E, I, G, F 的 ES 和 EF,结果如图 $8-2$ 所示.

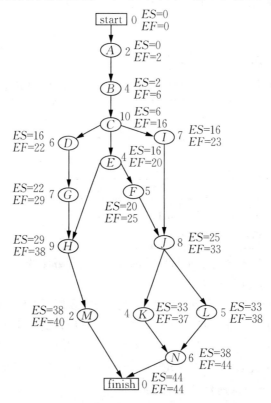

图 8 - 2　科信建筑公司项目中所有工序的 ES 和 EF

工序 H 有两道紧前工序,分别为 E, G,想要进行工序 H 必须要工序 E 和工序 G 都完成才行,而 $EF(E) = 20, EF(G) = 29$,所以

$$ES(H) = 29$$

$$EF(H) = 29 + 9 = 38$$

由此可以得出求任意一道工序最早开始时间的一个一般规则:

一道工序的 ES = 其所有紧前工序 EF 的最大值

图 8-2 显示了利用这一规则计算出的所有工序的 ES 和 EF. 最后的计算结果表明,如果每一道工序都按照图 8-2 所列的开始时间和结束时间严格进行而没有任何延误的话,那么项目就能够在 44 周之内完成.

现在我们总结一下为任何一个项目建立日程的过程.

第一步:对于项目的每一道开始工序(包括虚拟的开始节点 start),规定它的最早开始时间为 0;

第二步:对于已获得 ES 的工序,利用下面的公式计算它的最早结束时间:

$$EF = ES + (估计) 工时$$

第三步:对于已获得其所有紧前工序的工序,用下面的公式求它的最早开始时间:

一道工序的 ES = 其所有紧前工序 EF 的最大值

然后重复第二步得到它的 EF.

第四步:重复第三步,计算出所有工序的 ES 和 EF.

8.3.3　最迟时间 —— 在不耽误项目工期条件下存在时间推迟的计划进度

在上面,我们找出了每道工序的最早开始时间和最早结束时间,下面我们要保证工期在 44 周之内完成的条件下,找出每道工序的最迟开始时间和最迟结束时间(即回答问题(4)).

工序的**最迟开始时间**(the latest start time for an activity)和**最迟结束时间**(the latest finish time for an activity)是指假设项目在进行中没有延误,在不影响项目工期的条件下一道工序最迟开始时间和最迟结束时间. 用符号表示为

$$LS(x) = x 工序最迟开始时间$$
$$LF(x) = x 工序最迟结束时间$$

而且

$$LS(x) = LF(x) - 工序 x (估计) 工期$$

要保证项目在 44 周内完工,容易得到

$$LF(\text{finish}) = EF(\text{finish}) = 44$$
$$LS(\text{finish}) = LF(\text{finish}) - 0 = 44$$

工序 M 是结束工序,因此

$$LF(M) = LS(\text{finish}) = 44$$
$$LS(M) = LF(M) - 2 = 42$$

任意一道工序的 LF 和 LS 可用以下规则:

一道工序的最迟结束时间 LF = 其所有紧后工序 LS 的最小值

将上面的方法应用到科信建筑公司项目,得到图 8-3 的结果.

从上面的分析可以看出,计算 LS 和 LF 是从最后一道工序开始,从时间上一直追溯到最初的工序,下面我们归纳出求所有工序最迟时间的步骤.

第一步:对于项目的结束工序(包括虚拟的结束节点 finish),规定它的最迟结束时间

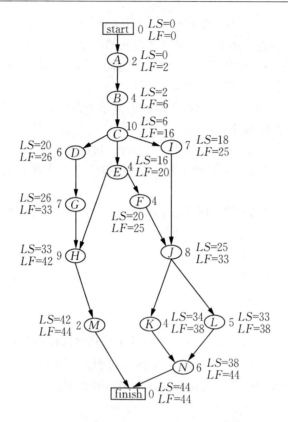

图 8-3　科信建筑公司项目中所有工序的 LS 和 LF

等于其最早结束时间；

第二步：对于已获得 LF 的工序，利用下面的公式计算它的最迟开始时间：

$$LS = LF - （估计）工时$$

第三步：对于已获得其所有紧后工序的工序，用下面的公式求它最迟结束时间：

$$一个工序的 LF = 其所有紧后工序 LS 的最小值$$

然后重复第二步得到它的 LS.

第四步：重复第三步，计算所有工序的 LS 和 LF.

比较图 8-2 和图 8-3 的数据，如果图 8-3 中某道工序的开始时间和结束时间比图 8-2 中的相应时间晚的话，那么这道工序的时间安排就有松弛. 用 PERT/CPM 为一个项目建立日程的最后一步就是要识别这些松弛并利用这些松弛寻找关键路径（即回答问题(5) 和问题(6)）.

8.3.4　时差

把图 8-2 和图 8-3 的时间合在一起更容易找出我们上面所说的松弛，以工序 M 为例，把这道工序的信息融合在一起（见图 8-4）.

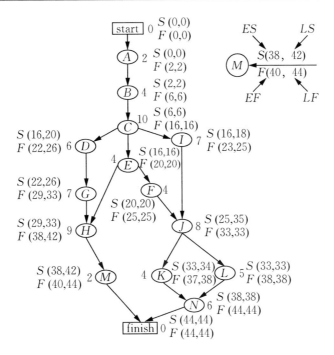

图 8-4 科信建筑公司的完整项目网络

项目时差(the slack of an activity)是指这道工序的最迟结束时间和最早结束时间之差,用符号表示为

$$时差 = LF - EF = LS - ES$$

举例来说:工序 M 的时差 $= 44 - 40 = 4$. 这说明只要工序 N 按照计划的进度安排,工序 M 在开始时以及在执行中的延误不超过 4 周,那么项目仍然可以在 44 周内完成. 表 8-3 给出了每道工序的时差.

表 8-3 科信建筑公司项目中的工序时差

工序编号	时差	是否在关键路径上	工序编号	时差	是否在关键路径上
A	0	√	H	4	×
B	0	√	I	2	×
C	0	√	J	0	√
D	4	×	K	1	×
E	0	√	L	0	√
F	0	√	M	4	×
G	4	×	N	0	√

注意到表 8-3 中的一些工序的时差为 0,这些时差为 0 的工序称为**关键工序**(critical activity),关键工序的任何延误将会影响到整个项目的完成时间. 因此,关键工序需要认真监控以确保按时完成.

图 8-1 的关键路径:始点 $\rightarrow A \rightarrow B \rightarrow C \rightarrow E \rightarrow F \rightarrow J \rightarrow L \rightarrow N \rightarrow$ 终点,即表 8-2 中的最长路径. 关键路径上的所有的工序都是关键工序,PERT/CPM 寻找关键路径的方法就是找由关键工序串联的路.

第四节　　处理不确定工序的工期

现在来讨论例 8.1 提出的第 7 个问题,即由于每个工期工时的精确程度不确定,整个项目在期限内完成的概率是多少?

下面介绍计划评审技术(PERT)的 3 种时间估计方法.

虽然在前面的讨论中我们估计出项目总工期为 44 周,但是这个估计结果是建立在每道工序的工期和估计工期一致的基础上,但每道工序实际需要多少时间,有许多的不确定性.在实际操作中,每道工序的工期都是具有某种概率分布的随机变量.

可以对每道工序工期做以下 3 种估计:

最大可能估计(m) = 完成某道工序最可能出现的工期估计

乐观估计(o) = 在最佳条件下完成某道工序的工期估计

悲观估计(p) = 在最不利条件下完成某道工序的工期估计

在实际计算中,完成一道工序的期望时间 μ 和方差 σ^2 按以下经验公式计算:

$$\mu = \frac{o + 4m + p}{6}$$

$$\sigma^2 = \left(\frac{p - o}{6}\right)^2$$

对每道工序工时做出上述 3 种估计后,由以上两个计算公式可以计算出每道工序的均值和方差,如表 8 - 4 所示.

表 8 - 4　　科信建筑公司的每道工序的均值和方差

工序编号	o	m	p	均　值	方　差
A	1	2	3	2	1/9
B	2	3.5	8	4	1
C	6	9	18	10	4
D	4	5.5	10	6	1
E	1	4.5	5	4	4/9
F	4	4	10	5	1
G	5	6.5	11	7	1
H	5	8	17	9	4
I	3	7.5	9	7	1
J	3	9	9	8	1
K	4	4	4	4	0
L	1	5.5	7	5	1
M	1	2	3	2	1/9
N	5	5.5	9	6	4/9

如果每道工序的工期都等于它的均值,那么整个工程仍可在 44 周之内完成.但是,每道工序的工时都在围绕着它的均值发生变化,很显然,某些工序的工期难免会比它的均值大,这就会大大影响到整个工程的工期.下面来分析一下最坏的情形,把悲观估计时间(表 8 - 4 第 4 列的数据)代入到每道工序的工期之中,对整个网络重新进行计算.

表 8-5 显示了当应用了悲观估计时间后,网络中的路径及路长.最长的长度为 70 周,因此,整个项目的完成时间也变成了 70 周,这离 47 周的工期限制相差甚远,我们自然要知道出现这一情况的概率是多少.

表 8-5　悲观估计下科信建筑公司项目网络中的路径及路长

路 径	长 度(周)
始点 → A → B → C → D → G → H → M → 终点	70
始点 → A → B → C → E → H → M → 终点	54
始点 → A → B → C → E → F → J → K → N → 终点	66
始点 → A → B → C → E → F → J → L → N → 终点	69
始点 → A → B → C → I → J → K → N → 终点	60
始点 → A → B → C → I → J → L → N → 终点	63

为了计算出项目工期不超过 47 周的概率,有必要获得以下项目工期概率分布的信息:

(1) 这个分布的均值(μ_p)是多少?

(2) 这个分布的方差(σ_p^2)是多少?

(3) 这个分布是哪种类型的分布?

前面分析过,项目工期等于项目网络中最长路径的长度.但是,每道工序的工期不确定,因此,表 8-5 中的每条路径都有可能成为关键路径.PERT/CPM 只讨论下面的路径.

均值关键路径(mean critical path)是指假设每道工序的工期都等于其均值的情况下,网络中成为关键路径的那一条路.

为了找到科信建筑公司的均值关键路径,注意到表 8-4 的第 5 列所列出的均值正好等于表 8-1 最后一列所列出的估计工期,因此,科信建筑公司的均值关键路径为

$$始点 → A → B → C → E → F → J → L → N → 终点$$

3 个近似假设:

(1) 均值关键路径即为关键路径;

(2) 均值关键路径上的工序具有统计独立性;

(3) 项目工期分布服从正态分布.

近似假设(1)和近似假设(2)是两个很粗略的简化近似,当均值关键路径上的工序不太少,通过应用近似假设(1)、近似假设(2)和一个统计学定律(中心极限定理)可以证明近似假设(3)是一个合理的近似.

基于以上 3 个近似假设,可以计算 μ_p 和 σ_p^2.

根据近似假设(1),项目工期的概率分布均值近似为

$$\mu_p = 在均值关键路径上工序的工期均值之和$$

根据近似假设(1)和近似假设(2),项目工期的概率分布方差近似为

$$\sigma_p^2 = 在均值关键路径上工序的工期方差之和$$

因此,要计算科信建筑公司项目工期均值和方差,只需要把均值关键路径上的工序的均值和方差相加即可,计算结果如表 8-6 所示.

表 8 - 6　科信建筑公司项目工期均值和方差的计算

工序编号	均　值	方　差
A	2	1/9
B	4	1
C	10	4
E	4	4/9
F	5	1
J	8	1
L	5	1
N	6	4/9
项目工期	44	9

根据近似假设(3),项目工期的概率分布可近似认为是正态分布(见图 8 - 5).现在我们可以近似地确定科信建筑公司项目在 47 周内完成的概率了.

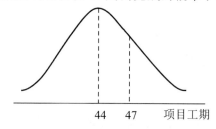

图 8 - 5　从 3 个近似假设得出的科信建筑公司项目工期的概率近似分布

在期限内完工的概率的近似计算如下,设

$$d = 项目完工的最后期限 = 47 \text{ 周}$$
$$P\{T \leqslant 47\} = 在 47 周内完成项目的概率$$

第一步:计算工期的标准差 $\sigma = \sqrt{\sigma^2} = \sqrt{9} = 3$;

第二步:计算 $\dfrac{d - \mu_p}{\sigma_p} = \dfrac{47 - 44}{3} = 1$;

第三步:查标准正态分布表,求 $\Phi\left(\dfrac{d - \mu_p}{\sigma_p}\right)$,即

$$P\{T \leqslant 47\} = \Phi\left(\dfrac{d - \mu_p}{\sigma_p}\right) = \Phi(1) = 0.84$$

第五节　　时间 – 成本优化

在上一节,我们得到了项目在 47 周内完成的近似概率为 0.84,这是一个很乐观的估计.下面我们来研究一下公司需要花多少钱才能使项目的完成时间控制在 40 周之内以获得 15 万元的奖金.因此,这就要对第一节最后的问题(8)进行解答,即若用额外资金来追加工程进度,怎样以最低的成本完成工程?

应急完成一道工序(crashing an activity)是指用某种特殊高费用的途径把工序的工期降低在正常水平之下.

接下来我们要确定把每道工序进行到什么程度的应急处理,使得项目的预计工期达到希望水平.图 8-6 中曲线中的正常点表示在正常情况下,通过正常途径完成这道工序所需要的时间和成本;应急点表示在应急情况下所需要的时间和成本.决策一道工序需要什么程度的应急处理所需的数据都已在表 8-7 中给出.

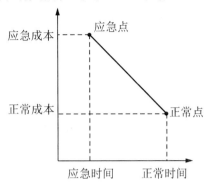

图 8-6　某道工序的时间－成本曲线

在大多数的实际应用中,为了减少进行评估所需要的数据,一般假设对工序采取某种程度的部分应急,则采取了部分应急所需的时间和成本在图 8-6 中所对应的点位于正常点和应急点之间.因此,可以定义特定工序的单位时间内的应急成本:

$$单位时间内的应急成本 = \frac{应急成本 - 正常成本}{正常时间 - 应急时间}$$

表 8-7　科信建筑公司项目中每道工序的时间－成本优化数据

工序	正常时间	应急时间	正常成本	应急成本	时间最大缩短量（周）	每周应急成本（万元）
A	2	1	18	28	1	10
B	4	2	32	42	2	5
C	10	7	62	86	3	8
D	6	4	26	34	2	4
E	4	3	41	57	1	16
F	5	3	18	26	2	4
G	7	4	90	102	3	4
H	9	6	20	38	3	6
I	7	5	21	27	2	3
J	8	6	43	49	2	3
K	4	3	16	20	1	4
L	5	3	25	35	2	5
M	2	1	10	20	1	10
N	6	3	33	51	3	6

把表 8-7 中正常成本列和应急成本列中的数据依次相加得到:

总的正常成本 = 455 万元

总的应急成本 = 615 万元

我们已经知道为了完成这个项目,公司的预算为 540 万元(这个数据并不包括在 40 周之内完成所得到的奖金以及由于没有在 47 周之内完成所应付的 30 万元的罚金).这个预算必须覆盖管理费用和所有工序成本,并要为公司带来合理利润.如果项目正常进行的话,工序的总成本在 455 万元左右,预计的项目工期约为 44 周.然而如果所有工序都进行完全应急处理的话,通过类似计算,我们会发现所需时间只有28周,但这样做所需要的成本是615万元.很显然,对所有工序都进行应急处理并不是一个很好的选择.因此,我们现在要考虑需要对哪些工序进行应急处理及应急到什么程度,能使项目工期降低到40周.

解决这个问题的方法之一是**边际成本分析**.这种方法用单位时间的应急成本确定缩短项目完成时间成本最低的途径.进行这样分析最简单的方法是建立一个表格,在表中列出项目网络中所有的路径及这些路径的长度(见表8-8).

表 8-8 科信建筑公司项目的最初边际成本分析表

应急处理的工序	应急成本(万元)
始点 → A → B → C → D → G → H → M → 终点	40
始点 → A → B → C → E → H → M → 终点	31
始点 → A → B → C → E → F → J → K → N → 终点	43
始点 → A → B → C → E → F → J → L → N → 终点	44
始点 → A → B → C → I → J → K → N → 终点	41
始点 → A → B → C → I → J → L → N → 终点	42

因为表8-8中第4条路径的长度最长(44周),所以将项目完成时间减少1周的唯一途径就是将这条路径上的某道工序完成时间降低1周.比较表8-7最后一列所给出的每周应急成本,成本最小的是工序 J,为3万元.因此,第一个要应急处理的工序是 J,先将它的工时压缩1周.如表8-9第二行所示,这个应急处理导致了包含 J 的路径的长度都减少1周.因为第四条路仍然是长度最长的路,重复相同的过程,在这条路径找单位应急成本最低的工序进行应急处理,以缩短工期.这时,第四条路径仍然是最长的一条路径(42周),但是 J 的完成时间却不能再减少了.根据表8-7最后一列的数据,在这条路径上的其他工序中,工序 F 就成为了单位应急成本最小的工序(每周4万元),重复刚才的过程,得到表8-9第四行和第五行的数据.

表 8-9 科信建筑公司的项目进行边际成本分析后的结果

应急处理的工序	应急成本(万元)	始点 → A → B → C → D → G → H → M → 终点	始点 → A → B → C → E → H → M → 终点	始点 → A → B → C → E → F → J → K → N → 终点	始点 → A → B → C → E → F → J → L → N → 终点	始点 → A → B → C → I → J → K → N → 终点	始点 → A → B → C → I → J → L → N → 终点
—	—	40	31	43	44	41	42
J	3	40	31	42	43	40	41
J	3	40	31	41	42	39	40
F	4	40	31	40	41	39	40
F	4	40	31	39	40	39	40

把表8-9的第二列的数据相加,可知将项目工期缩短到40周,最少需要追加14万元.14万元要比在40周内完成项目所得到的奖金15万元要稍微少一些,是否可以认为科信建筑公司就应该按照这个结果进行?做出这个决策之前,我们还要考虑完成项目所需时间减少到40周之内的概率.

表8-9表明,对工序J和工序F进行应急处理,使它们的工期达到应急时间,导致了在这个网络图中出现了3条关键路径,即路长是40的路径.按照第四节同样的方法,我们可以计算出在40周之内完成项目的概率是50%,这意味着有50%的可能性在40周之内完成所有工序.

习 题 8

1.已知工厂建设计划资料如表8-10所示,试编制网络图并求该工程完工工期及关键路径.

表8-10 工厂建设计划

工作	工作名称	紧前工作	工作时间(周)
A	拆迁	—	2
B	工程设计	—	3
C	土建工程设计	B	2.5
D	采购设备	B	6
E	厂房土建	C,A	20
F	设备安装	D,E	4
G	设备调试	F	2

2.几个朋友计划要烹饪意大利面条.需要执行的任务、任务的紧前活动及完成它们所需要的时间如表8-11所示.

表8-11 意大利面条烹饪工序数据

活动	活动内容	紧前活动	估计时间(min)
A	购买意大利干酪	—	30
B	把意大利干酪切成片	A	5
C	打两个鸡蛋	—	2
D	混合鸡蛋和意大利干酪	C	3
E	把洋葱和蘑菇切成丝	—	7
F	煮土豆汁	E	25
G	烧大量开水	—	15
H	煮意大利面条	G	10
I	除去面条中的水分	H	2
J	把这些原料混合	I,F,D,B	10
K	预热烤箱	—	15
L	烘烤意大利面条	J,K	30

分别完成下列要求:

(1)设计项目网络图;

(2)找出通过网络图的所有路径及路径长度,并指出哪一条路径是关键路径;

(3)找出每个活动的最早开始时间和最早结束时间;

(4)找出每个活动的最迟开始时间和最迟结束时间;

(5)找出每个活动的时差;

(6) 在准备切洋葱的时候,正好有一个电话,被打断了 6 min,那么这份晚餐将会延误多久呢?如果使用食品粉碎机,这将使用于切洋葱和蘑菇的时间由 7 min 下降到 2 min,那么晚餐会提前多少呢?

3.某建筑公司正在考虑投标一个建设项目.公司已经确定出了项目中需要完成的 5 道工序,并使用计划评审技术的 3 种估计得到了每道工序的 3 种时间估计值,如表 8 - 12 所示.

表 8 - 12　投标项目工序数据

工序	所需的时间(月)			紧前关系
	乐观估计	最大可能估计	悲观估计	
A	3	4	5	—
B	2	2	2	A
C	3	5	6	B
D	1	3	5	A
E	2	3	5	B,D

如果项目没有在 19 周内完成,公司要支付 500 000 元的罚金.因此,公司很希望知道这个项目在规定时间内完成的概率.分别完成下列问题:

(1) 建立这个项目的项目网络;

(2) 找出每道工序工时的期望和方差的估计值;

(3) 找出均值关键路径;

(4) 求出项目在规定时间内完成的近似概率.

4.试述网络计划优化可以从哪些方面考虑.

5.概述工作时间的最乐观估计值、最悲观估计值、最可能估计值.

第九章　存　贮　论

存贮论(inventory theory)是研究存贮系统的性质、运行规律以及最优运营的一门学科,它是运筹学的一个分支.存贮论又称库存理论,早在1915年,哈里斯(F. Harris)针对银行货币的储备问题进行了详细的研究,建立了一个确定性的存贮费用模型,并求得了最优解,即最佳批量公式.1934年,威尔逊(R. H. Wilson)重新得出了这个公式,后来人们称这个公式为经济订购批量公式(EOQ公式).20世纪50年代以后,存贮论成为运筹学的一个独立分支,其主要内容是研究如何运用数学方法来探索各类存贮问题的最优解决方案.工厂为了生产或经营,必须贮存一定量的原料或半成品,这些贮存物简称**存贮**.在生产过程中,被存贮的原料会不断消耗,使存贮减少,到了一定时候必须对存贮给予补充,以防止停工待料.商店为了销售商品,也必须有一定的存贮,营业时卖掉一些商品,使存贮不断减少,减少到一定程度必须进货,维持固定的销售额.因此,不论生产还是销售,存贮量因需求而减少,因补充而增加.

然而,存贮量并非多多益善,所谓"有备无患"也可能付出巨大代价.事实上,过高的库存不仅可能占有大量的流动资金,耗费许多管理费用和库房费用,而且随着易逝品的增加,会面临变质危险而造成大量的变质费用.存贮论主要研究何时补充库存、补充多少最为合适的问题.本章将在各种条件下,围绕这些问题展开讨论.

第一节　存贮论的基本概念

从系统论的观点来看,存贮或库存系统的功能是输入、转换和输出,即输入原料、零件、设备等物质,经过保管、存贮转换成原料、零件、设备等物资的输出(需求或销售),其流程大体如图9-1所示.

图9-1　存贮流程

输入过程称为**供应过程**,输出过程称为**需求过程**,商品不断地通过供、存、销3个环节来满足需要.在这样一个系统中,管理人员可以通过订购货物的时间及订购量来调节系统的运行,使供求关系更为合理.下面介绍存贮论的一些基本概念.

1.需求

需求是指单位时间(以年、月、日或其他量为单位)内对某种物质的需要量,用D表示.显然,需求就是存贮系统的输出.

需求可以是确定的,也可以是随机的;可以是连续均匀的,也可以是间断的.需求规律决定了存贮规律,从而也决定了供应规律,因而,需求规律是存贮论的主要研究对象.

2. 供应

存贮由于需求而不断减少,为了满足需求,就必须加以补充.**供应**,就是指补充,是存贮系统的输入.补充的方式可以是从外地或外单位订货,也可以是自行生产.

如果采用订货的方式进行补充,其要素有:

(1) **订货批量**:指一次订货的数量,用 Q 表示;

(2) **订货间隔时间**:指两次订货的时间间隔,用 T 表示;

(3) **订货提前期**:指从签订订货合同到货存于仓库为止所用时间,用 L 表示.

采用订货方式进行补充的存贮问题,所要解决的基本问题:如何确定订货间隔时间(即多长时间补充一次),如何确定订货批量(即每次补充多少).如果采用生产方式进行补充,也有类似的情况.它所要解决的基本问题:如何确定生产的时间间隔,如何确定每批生产的数量.

当存贮补充是以订货的方式达到,那么从订货到交货往往需要一段时间,称为**交货时间**.为了某一时间补充存贮达一定数量,就需要提前订货,提前订货的这段时间称为**提前时间**.交货时间因可能受到随机因素的影响而导致推迟,推迟交货的这段时间称为**拖后时间**.拖后时间可以是随机的,也可以是确定的.

3. 费用

存贮策略的优劣衡量标准,是该策略耗费的平均费用的多少.为此有必要对费用进行评价分析.与存贮问题相关的基本费用有:

(1) **订货费**:指一次订货所需的费用.它包括两项费用:其一是订购费,如手续费、通信联络费等,它与订货的数量无关;其二是货物的成本费,如货物本身的价格、运输费等,它与订货的数量有关.

由于货物本身的价格与存贮系统的费用无关,因此,订货费通常不考虑货物的成本费.

(2) **生产费**:指自行生产一次,以补充存贮所需的费用.它包括装配费和生产产品的费用.装配费与生产产品的数量无关,而生产产品的费用与存贮系统的费用无关,通常不考虑.

(3) **存贮费**:指保存物资所需要的费用.它包括仓库使用费,占有流动资金所损失的利息、保险费、存贮物资的税金、管理费和保管过程中因损坏所造成的损耗费等.

(4) **缺货费**:指所存贮的物资供不应求所引起的损失费.它包括由于缺货所引起的影响生产、生活、利润、信誉等损失费.它既与缺货数量有关,也与缺货时间有关.为方便讨论,假设缺货损失费与缺货的数量成正比,与时间无关.

4. 存贮策略

对一个存贮系统的控制,确定多长时间补充一次存贮以及每次补充数量的策略称为**存贮策略**.

常见的存贮策略有以下 3 种形式:

（1）t **循环策略**，即每隔时间 t 就补充存贮量 Q.

（2）**(s, S) 策略**，即当存贮量 $x \geqslant s$ 时，不补充存贮；当 $x < s$ 时，补充存贮，补充的数量 $Q = S - x$，即将存贮量补充到 S.

（3）**(t, s, S) 策略**，即每经过时间 t，检查存贮量 x，当 $x \leqslant s$ 时，补充存贮，将存贮量补充到 S.

一个好的存贮策略，既可以使总存贮费用最小，又可以避免因缺货而造成损失，所以确定存贮策略，是存贮论研究的中心问题.

在确定存贮策略时，常常将实际问题抽象为数学模型，通过模型用数学方法求解，得出数量结论. 经过长期对存贮问题的研究，已经得出一些行之有效的模型. 这些模型大体上可以分为两类：一类是确定性模型，即模型中的数据为确定的数值；另一类是随机性模型，即模型中含有随机变量. 本章将就上述两种分类情况，分别介绍一些常用的存贮模型，并从中得出相应的存贮策略.

5. 目标函数

要在一类存贮策略中选择一个最优策略，就需要有一个衡量优劣的标准，它就是目标函数. 对于确定性存贮问题，通常把目标函数取为存贮系统的费用函数或综合经济效益函数，即选择使得存贮费用函数达到最小值或使存贮系统的综合经济效益函数达到最大值的存贮策略作为最优存贮策略. 因此，存贮论所要解决的基本问题是：在满足需求的条件下，选择一个存贮策略，使得存贮系统的费用函数达到最小，或者使得综合经济效益函数达到最大. 处理这类问题的大体步骤分为以下几点：

（1）根据具体情况，建立数学模型；

（2）求解数学模型，求得最优存贮策略；

（3）按照最优存贮策略对存贮系统进行控制或设计.

6. 存贮问题的分类

存贮问题可按照不同方法进行分类，按存贮问题的数据性质可分为确定性存贮模型和随机性存贮模型；按需求是否允许短缺可分为不允许缺货存贮模型和允许缺货存贮模型；按补充来源可分为订货型存贮模型和生产型存贮模型. 下面将讨论确定性存贮模型和随机性存贮模型的一些典型情况.

第二节　　确定性存贮模型

9.2.1　经典的经济订货批量模型

经济订购批量（economic order quality，简称 EOQ）是指存贮总成本最小的订购量. 经典的经济订货批量模型具有以下特点：每次订货数量相同，需求量均匀，拖后时间是固定的，当存贮量降为零时应立即补充，不准缺货（见图 9 - 2）.

基本模型有如下假设条件：

（1）需求是连续、均匀的，即需求速率 D（件／年）是常数；采用 (s, Q) 策略，订货点 $s = 0$，即库存降至零时订货；拖后时间为零，即每到一批货，库存量由零立即上升到 Q，然后以

D 的速度均匀减少,如图 9 - 2 所示;

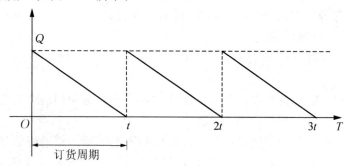

图 9 - 2　经济订货周期

(2) 存贮费 C_1(元／件·年),每次的订购费 C_3(元／次)均为常数;

(3) 不允许缺货.

设系统运行的起始时刻库存量为 Q,一个周期(时间为 t)后库存量降为零,不难根据模型假设推出一个周期的存贮函数为

$$x(T) = -DT + Q, \quad T \in [0, t]$$

根据图 9 - 2 可计算出一个周期内货物的平均存贮量为 $\dfrac{Q}{2}$,平均存贮费为 $\dfrac{1}{2}C_1 Q$.

设货物单价为 K,订货量为 Q,则订货费为 $C_3 + KQ$,总费用为

$$\frac{1}{2}C_1 Qt + C_3 + KQ$$

从而得单位时间的平均总费用为

$$\frac{1}{t}\left(\frac{1}{2}C_1 Qt + C_3 + KQ\right) = \frac{1}{2}C_1 Q + \frac{C_3}{t} + \frac{KQ}{t}$$

由于 $t = \dfrac{Q}{D}$,代入上式,得单位时间的平均总费用函数为

$$C(Q) = \frac{1}{2}C_1 Q + \frac{C_3 D}{Q} + KD \tag{9.2.1}$$

上式即为该模型的目标函数,用微分求极值方法解出 $C(Q)$ 的极小值,令

$$\frac{\mathrm{d}C(Q)}{\mathrm{d}Q} = \frac{1}{2}C_1 - \frac{C_3 D}{Q^2} = 0$$

得驻点

$$Q^* = \sqrt{\frac{2C_3 D}{C_1}} \tag{9.2.2}$$

又

$$\frac{\mathrm{d}^2 C(Q)}{\mathrm{d}Q^2} = \frac{2C_3 D}{Q^3} > 0$$

故 Q^* 是极小值点,称为最佳订货量,则最佳存贮周期为

$$t^* = \frac{Q^*}{D} = \sqrt{\frac{2C_3}{C_1 D}} \tag{9.2.3}$$

由于 Q^* 与 t^* 皆与货物价格无关,因此在费用函数 $C(Q)$ 中,一般不考虑 KD 项,于

是,最小平均总费用为

$$C^* = C(Q^*) = \sqrt{2C_1C_3D} \tag{9.2.4}$$

分析以上公式发现,Q^* 与 t^* 是随着 C_1,C_3,D 的变化而发生相应变化,当订购费 C_3 增大时,Q^* 与 t^* 都增大,以减少订购次数;当存贮费 C_1 增加时,Q^* 与 t^* 都减少,以订购次数的增加换取总存贮费用的减少;当需求速率 D 增加时,Q^* 增大且 t^* 减少,这样,一定时期内订货量必然增加,达到满足需求的目的.

式(9.2.2)是存贮论中著名的经济订购批量公式.该公式不仅简单实用,而且稳定性好.所谓稳定性是指,若是计量 Q 稍微偏离 Q^* 时,其费用的相对变化不大.

事实上,记 $Q' = (1+\delta)Q^*$,其中 δ 表示偏离最佳订货量 Q^* 的扰动因子,费用的相对变化为

$$\frac{C(Q') - C(Q^*)}{C(Q^*)} = \frac{\frac{1}{2}C_1(1+\delta)Q^* + \frac{C_3D}{(1+\delta)Q^*} - \left(\frac{1}{2}C_1Q^* + \frac{C_3D}{Q^*}\right)}{\frac{1}{2}C_1Q^* + \frac{C_3D}{Q^*}}$$

$$= \frac{\frac{1}{2}C_1\delta Q^* - \frac{C_3D\delta}{(1+\delta)Q^*}}{\sqrt{2C_1C_3D}} = \frac{\frac{1}{2}C_1\delta\sqrt{\frac{2C_3D}{C_1}} - \frac{C_3D\delta}{1+\delta}\sqrt{\frac{C_1}{2C_3D}}}{\sqrt{2C_1C_3D}}$$

$$= \frac{1}{2}\delta\left(1 - \frac{1}{1+\delta}\right) = \frac{\delta^2}{2(1+\delta)} < \delta$$

即订货量相对于 Q^* 增加的百分比为 δ 时,费用增加的百分比小于 δ,或者说单位时间总平均费用对最佳订货量不敏感.

例 9.1 某工厂某年对某种材料的需要量为 1 040 吨,每次采购的订货费为 2 040 元,每年的保管费为 170 元/吨,试求工厂对该材料的最佳订货批量、每年订货次数及全年的费用.

解 取时间单位为年,则有

$$C_1 = 170 \text{ 元}/(年 \cdot 吨), \quad C_3 = 2\,040 \text{ 元}/次, \quad D = 1\,040 \text{ 吨}/年$$

由式(9.2.2)~(9.2.4)可得

$$t^* = \sqrt{\frac{2C_3}{C_1D}} = \sqrt{\frac{2 \times 2\,040}{170 \times 1\,040}} = \sqrt{0.023} = 0.152(年)$$

$$C^* = \sqrt{2C_1C_3D} = \sqrt{2 \times 170 \times 2\,040 \times 1\,040} \approx 26\,857.85(元)$$

每年的订货次数应为

$$\frac{1}{t^*} = \frac{1}{0.152} \approx 6.58(次/年)$$

由于订货次数只能为正整数,因此可比较订货 6 次与 7 次的费用,若每年订货 6 次,则订货周期和订货量分别为

$$t = \frac{1}{6}, \quad Q = Dt = \frac{1\,040}{6}(吨)$$

代入式(9.2.1),可得全年的总费用(不考虑 KD 项)为

$$C(Q) = \frac{1}{2} \times 170 \times \frac{1\,040}{6} + 2\,040 \times 1\,040 \times \frac{6}{1\,040} = 26\,973.3(元)$$

若每年订货 7 次,则订货周期和订货量分别为

$$t = \frac{1}{7}, \quad Q = \frac{1\ 040}{7}(\text{吨})$$

代入式(9.2.1),则全年总费用为

$$C(Q) = \frac{1}{2} \times 170 \times \frac{1\ 040}{7} + 2\ 040 \times 1\ 040 \times \frac{7}{1\ 040} = 26\ 908.6(\text{元})$$

所以,每年应订货 7 次,每次订货量为 148.57 吨,每年的总费用为 26 908.6 元. 现设全年材料的消耗量为原来的 4 倍,即 $D = 1\ 040 \times 4$,订货量会不会是原来的 4 倍呢?由式(9.2.2)重新计算 Q^* 与 t^*,得

$$Q^* = \sqrt{\frac{2 \times 2\ 040 \times 1\ 040 \times 4}{170}} = 158 \times 2 \approx 316(\text{吨})$$

$$t^* = \frac{Q^*}{D} = \frac{158 \times 2}{1\ 040 \times 4} = 0.152 \times \frac{1}{2} = 0.076(\text{年})$$

这就是说,订货量值增加了一倍,订货周期缩短为原来的一半.

9.2.2　允许缺货的经济订货批量模型

在某些情况下,只要不影响企业的信誉,可以允许缺货的现象存在,因为这样可使单个周期延长,减少订货次数和库存量,从而节省订购费和存贮费,当然会付出缺货损失费.综合考虑,少量缺货的存贮策略有可能是一个最佳的选择,其模型假设条件为

(1) 允许缺货并且当期缺货量在下一周期进货后补上;

(2) 各周期最大缺货量相同,缺货费 C_2(元／件·年)是常数;

(3) 每次订货量 Q 是常数,一订货就交货,无拖后时间;

(4) 存贮费 C_1(元／件·年),每次订购费 C_3(元／次),需求速度 D(件／年)均为常数,存贮状态如图 9-3 所示.

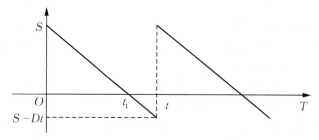

图 9-3　允许缺货的经济订货批量模型

设 S 为初始库存量,可以满足 $[0, t_1]$ 时间段的需求,在 $[t_1, t]$ 时间段内缺货,一个周期的存贮函数为

$$x(T) = -DT + S, \quad T \in [0, t]$$

在 $[0, t_1]$ 时间内的存贮量为 $\frac{1}{2} S t_1$,存贮费为 $\frac{1}{2} C_1 S t_1$,在 $[t_1, t]$ 时间内的缺货量(与平均存贮量的计算方法相同)为 $\frac{1}{2}(Dt - S)(t - t_1)$,缺货费为

$$\frac{1}{2} C_2 (Dt - S)(t - t_1)$$

$[0,t]$ 时间内的总费用为

$$\frac{1}{2}C_1St_1 + \frac{1}{2}C_2(Dt-S)(t-t_1) + C_3$$

单位时间内的平均总费用为

$$\frac{1}{t}\left[\frac{1}{2}C_1St_1 + \frac{1}{2}C_2(Dt-S)(t-t_1) + C_3\right] \tag{9.2.5}$$

由于 $t_1 = \dfrac{S}{D}$，$t = \dfrac{Q}{D}$，代入式(9.2.5)消去 t_1 和 t，得单位时间内的总费用函数为

$$C(Q,S) = \frac{C_1S^2}{2Q} + \frac{C_2(Q-S)^2}{2Q} + \frac{C_3D}{Q} \tag{9.2.6}$$

这是一个二元函数，先令两个偏导数为零，求得驻点，

$$\frac{\partial C}{\partial S} = \frac{C_1S}{Q} - \frac{C_2(Q-S)}{Q} = 0 \tag{9.2.7}$$

$$\frac{\partial C}{\partial Q} = -\frac{C_1S^2}{2Q^2} + \frac{C_2(Q-S)}{Q} - \frac{C_2(Q-S)}{2Q^2} - \frac{C_3D}{Q^2} = 0 \tag{9.2.8}$$

由式(9.2.7)得

$$S = \frac{C_2Q}{C_1+C_2} \tag{9.2.9}$$

将上式代入式(9.2.8)，解得

$$Q^* = \sqrt{\frac{2C_3D}{C_1}}\sqrt{\frac{C_1+C_2}{C_2}} \tag{9.2.10}$$

于是，有

$$t^* = \frac{Q^*}{D} = \sqrt{\frac{2C_3}{C_1D}}\sqrt{\frac{C_1+C_2}{C_2}} \tag{9.2.11}$$

$$S^* = \frac{C_2Q^*}{C_1+C_2} = \sqrt{\frac{2C_3D}{C_1}}\sqrt{\frac{C_2}{C_1+C_2}} \tag{9.2.12}$$

可以验证，函数 $C(Q,S)$ 的黑塞(Hessian)矩阵

$$\begin{pmatrix} \dfrac{\partial^2 C}{\partial Q^2} & \dfrac{\partial^2 C}{\partial Q\partial S} \\ \dfrac{\partial^2 C}{\partial S\partial Q} & \dfrac{\partial^2 C}{\partial S^2} \end{pmatrix} = \begin{pmatrix} [2C_3DQ + S^2(C_1+C_2)]Q^{-3} & -[(C_1+C_2)S]Q^{-2} \\ -[(C_1+C_2)S]Q^{-2} & (C_1+C_2)Q^{-1} \end{pmatrix}$$

是正定矩阵，故 $C(Q,S)$ 有唯一极小值点。上述 Q^*，t^*，S^* 分别是最佳订货量、最佳订货周期和最大库存量，由此可计算出最大缺货量

$$W^* = Q^* - S^* = \sqrt{\frac{2C_3D}{C_2}}\sqrt{\frac{C_1}{C_1+C_2}} \tag{9.2.13}$$

和最小平均总费用

$$C^* = C(Q^*,S^*) = \sqrt{2C_1C_3D}\sqrt{\frac{C_2}{C_1+C_2}} \tag{9.2.14}$$

与基本模型相比，缺货模型的订货量 Q^* 和订货周期 t^* 增加了(是基本模型数据的 $\sqrt{\dfrac{C_1+C_2}{C_2}}$ 倍)，而平均总费用减少了(是基本模型数据的 $\sqrt{\dfrac{C_2}{C_1+C_2}}$ 倍)。从式(9.2.13)可

以看出，C_2 越大，缺货量就越小，特别地，令 $C_2 \to +\infty$，则 $W^* \to 0$，该模型就成为不允许缺货的情况，此时，$\sqrt{\dfrac{C_1+C_2}{C_2}} \to 1$，$\sqrt{\dfrac{C_2}{C_1+C_2}} \to 1$，$Q^*$，$t^*$，$C^*$ 与基本模型的结果相同，比较式(9.2.12)与式(9.2.2)知，允许缺货时，最大库存量减少了.

在实际的存贮问题中，缺货费 C_2 有时很难估计，可换一角度来考虑，假定决策者要求存贮不能满足需求的时间比例小于 $\alpha(0<\alpha<1)$，由于缺货的时间比例为 $1-\dfrac{t_1^*}{t^*}$，因此可令

$$\alpha = 1 - \frac{t_1^*}{t^*} = 1 - \frac{S^*}{Q^*} = \frac{C_1}{C_1+C_2}$$

于是，可以解出 $C_2 = C_1\left(\dfrac{1}{\alpha}-1\right)$，这对于应用，尤其是商业企业应用是很方便的.

例 9.2　某公司一贯采用不允许缺货的 EOQ 公式确定订货批量，但由于激烈竞争使得公司不得不考虑改用允许缺货的策略.已知市场对该公司所销产品的需求为 $D = 800$ 件／年，每次订货费 $C_3 = 150$ 元，存贮费 $C_1 = 3$ 元／(件·年)，缺货费 $C_2 = 20$ 元／(件·年).

(1) 计算采用允许缺货策略较原先不允许缺货策略所节约的费用；

(2) 若该公司为保持一定的信誉，自己规定缺货的数量不超过总供货量的 15%，且使任何一名顾客等待补足的时间不得超过 3 周，问这种情况下，允许缺货能否被采用？

解　(1) 利用式(9.2.2)计算不允许缺货的最佳订货量为

$$Q^* = \sqrt{\frac{2C_3D}{C_1}} = \sqrt{\frac{2\times150\times800}{3}} \approx 283(件)$$

平均总费用为

$$C^* = C(Q^*) = \sqrt{2C_1C_3D} = \sqrt{2\times3\times150\times800} \approx 848.53(元)$$

利用式(9.2.10)计算允许缺货的最佳订货量为

$$Q^* = \sqrt{\frac{2C_3D}{C_1}}\sqrt{\frac{C_1+C_2}{C_2}} = \sqrt{\frac{2\times150\times800\times(3+20)}{3\times20}} \approx 303(件)$$

平均总费用为

$$C^* = C(Q^*,S^*) = \sqrt{2C_1C_3D}\sqrt{\frac{C_2}{C_1+C_2}} = \sqrt{\frac{2\times3\times150\times800\times20}{3+20}}$$
$$= 791.26(元)$$

故可节约费用

$$848.53 - 791.26 = 57.27(元)$$

(2) 利用式(9.2.13)可计算最大缺货量为

$$W^* = Q^* - S^* = \sqrt{\frac{2C_3D}{C_2}}\sqrt{\frac{C_1}{C_1+C_2}} = \sqrt{\frac{2\times3\times150\times800}{20\times(3+20)}} = 40(件)$$

故缺货比例为 $\dfrac{40}{303} = 13.2\% < 15\%$.又因为缺货而等待的最大时间为

$$\frac{40}{800}\times365 = 18.25(天)$$

小于 3 周,所以可接受允许缺货的策略.

9.2.3 允许缺货、非即时补充的经济批量模型

实际的存贮系统常常存在这样一种情形,即订购的货物分批到货,并按一定速度入库. 这里讨论的模型假设条件与本节 9.2.2 中的假设条件相比,只需将假设条件(3) 修改为

(3) 每次订货量为 Q,分批到货,并以一定的速度(P 件 / 年) 补充库存;

其余条件不变. 其存贮状态如图 9 - 4 所示.

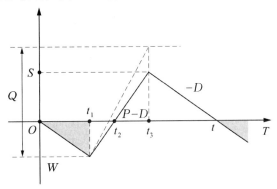

图 9 - 4 允许缺货、非即时补充的存贮状态图

以 $[0,t]$ 为一个周期,整个周期可分为 4 个区间:

$[0,t_1]$:该阶段没有货物入库,需求仍在继续,最大缺货量 $W = Dt_1$;

$[t_1,t_2]$:从 t_1 时刻起,开始以速度 P 进货. 尽管 $P > D$,但由于必须补足缺货,因此该阶段的存贮量仍为 0,且进货总量为

$$P(t_2 - t_1) = Dt_2 \qquad (9.2.15)$$

$[t_2,t_3]$:已补足库存,存贮量以 $P - D$ 的速度增加,t_3 时刻达到最大值,且最大存贮量为

$$S = (P - D)(t_3 - t_2) = D(t - t_3) \qquad (9.2.16)$$

$[t_3,t]$:t_3 时刻停止进货,存贮量以需求速度 D 减少,t 时刻减少为 0.

$[0,t]$ 内系统的总费用为存贮费、订购费和缺货费之和,其单位时间内的总平均费用可表示为

$$C = \frac{1}{t}\left[\frac{1}{2}(P - D)(t_3 - t_2)C_1(t - t_2) + C_3 + \frac{1}{2}Dt_1 C_2 t_2\right] \qquad (9.2.17)$$

由式(9.2.15) 和式(9.2.16) 得

$$t_3 - t_2 = \frac{D}{P}(t - t_2)$$

$$t_1 = \frac{P - D}{P}t_2$$

代入式(9.2.17) 得

$$C = \frac{1}{t}\left[\frac{(P - D)D}{2P}C_1(t - t_2)^2 + C_3 + \frac{(P - D)D}{2P}C_2 t_2^2\right]$$

$$= \frac{(P - D)D}{2P}\left[C_1 t - 2C_1 t_2 + (C_1 + C_2)\frac{t_2^2}{t}\right] + \frac{C_3}{t}$$

上式分别对 t 和 t_2 求偏导数,并令偏导数等于 0,可得最佳订货周期

$$t^* = \sqrt{\frac{2C_3P(C_1+C_2)}{C_1C_2D(P-D)}} = \sqrt{\frac{2C_3(C_1+C_2)}{C_1C_2D\left(1-\dfrac{D}{P}\right)}} \tag{9.2.18}$$

类似地,可得其他公式

$$Q^* = Dt^* = \sqrt{\frac{2C_3D}{C_1}}\sqrt{\frac{P}{P-D}}\sqrt{\frac{C_1+C_2}{C_2}} \tag{9.2.19}$$

$$t_2^* = \frac{C_1}{C_1+C_2}\sqrt{\frac{2C_3}{C_1D}}\sqrt{\frac{P}{P-D}}\sqrt{\frac{C_1+C_2}{C_2}} \tag{9.2.20}$$

$$W^* = \sqrt{\frac{2C_3D}{C_2}}\sqrt{\frac{P-D}{P}}\sqrt{\frac{C_1}{C_1+C_2}} \tag{9.2.21}$$

$$S^* = \sqrt{\frac{2C_3D}{C_1}}\sqrt{\frac{P-D}{P}}\sqrt{\frac{C_2}{C_1+C_2}} \tag{9.2.22}$$

$$C^* = \sqrt{2C_1C_3D}\sqrt{\frac{P-D}{P}}\sqrt{\frac{C_2}{C_1+C_2}} \tag{9.2.23}$$

易见,当 $P \to \infty$ 时,模型成为 9.2.2 节讨论的允许缺货的模型;而当 $P \to \infty$ 且 $C_2 \to \infty$ 时,模型成为基本的 EOQ 模型.

例 9.3　某车间每年能生产本厂日常所需的某种零件 80 000 个,全厂每年需要这种零件 20 000 个.已知每个零件存贮一个月所需的存贮费是 0.1 元,每批零件生产前所需的安装费是 350 元.当供货不足时,每个零件缺货的损失费为 0.2 元/月.所缺的货到货后要补足,试问应采取怎样的存贮策略最合适?

解　已知 $C_3 = 350$ 元, $D = 20\ 000/12$ 个/月, $P = 80\ 000/12$ 个/月, $C_1 = 0.1$ 元, $C_2 = 0.2$ 元,则

$$t^* = \sqrt{\frac{2C_3(C_1+C_2)}{C_1C_2D\left(1-\dfrac{D}{P}\right)}} = \sqrt{\frac{2\times350\times(0.1+0.2)}{0.1\times0.2\times\dfrac{20\ 000}{12}\times\left(1-\dfrac{20\ 000}{80\ 000}\right)}} \approx 2.9(\text{月})$$

$$Q^* = Dt^* = \frac{20\ 000}{12}\times2.9 = 4\ 833(\text{个})$$

$$S^* = \sqrt{\frac{2C_3D}{C_1}}\sqrt{\frac{P-D}{P}}\sqrt{\frac{C_2}{C_1+C_2}} = \sqrt{\frac{2\times350\times0.2\times20\ 000/12}{0.1\times(0.1+0.2)}\left(1-\dfrac{20\ 000}{80\ 000}\right)}$$
$$\approx 2\ 415(\text{个})$$

第三节　　其他类型存贮模型

9.3.1　有数量折扣的存贮模型

所谓**数量折扣**,指提供存贮货物的企业为鼓励用户多购货物,对于一次购买较多数量的用户在价格上给予一定的优惠.换句话说,单位货物购置费 e 应看成是 Q 的函数,即 $e(Q)$.通常, $e(Q)$ 是阶梯函数(见图 9-5).

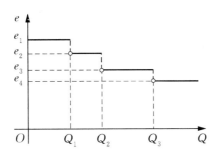

图 9 - 5 单位货物购置费函数

为方便讨论,我们仅对本节 9.2.1 中讨论的基本 EOQ 模型进行分析,其方法对一般情况同样也适用.设

$$e(Q) = \begin{cases} e, & 0 < Q < Q_0 \\ e(1-\beta), & Q \geqslant Q_0 \end{cases}$$

其中 $\beta < 1$,称其为**价格折扣率**.因此可得平均总费用函数

$$f = \frac{1}{2}C_1 Q + e(Q)D + \frac{C_3 D}{Q} \tag{9.3.1}$$

其中,f 是 Q 的分段函数,求其最优解需要讨论价格间断点与用 EOQ 公式(9.2.2)计算得到的最佳订货批量比较,具体有图 9 - 6(a),(b),(c) 所示的 3 种情况.

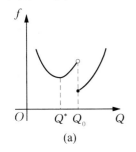

(a)

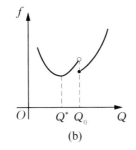

(b)

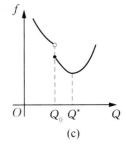

(c)

图 9 - 6 目标函数 f 和 Q 的函数关系式

当 $Q^* > Q_0$ 时(见图 9 - 6(c)),Q^* 就是式(9.3.1)的最优解;当 $Q^* < Q_0$ 时(见图 9 - 6(a) 和(b)),还要比较 $f(Q^*)$ 与 $f(Q_0)$ 的大小.由式(9.3.1)可知

$$f(Q^*) = \frac{1}{2}C_1 Q^* + eD + \frac{C_3 D}{Q^*} \tag{9.3.2}$$

$$f(Q_0) = \frac{1}{2}C_1 Q_0 + e(1-\beta)D + \frac{C_3 D}{Q_0} \tag{9.3.3}$$

如果 $f(Q^*) < f(Q_0)$,则 Q^* 为式(9.3.1)的最优解;否则 Q_0 为式(9.3.1)的最优解.

当 $Q^* < Q_0$ 时,若把订货批量从 Q^* 提高到 Q_0,则由式(9.3.2)和式(9.3.3)可知,在 f 中,购置费部分从 eD 下降为 $e(1-\beta)D$,订货费部分由 $C_3 D/Q^*$ 下降为 $C_3 D/Q_0$,存贮费部分由 $C_1 Q^*/2$ 上升到 $C_1 Q_0/2$(因为此时平均存贮量已由原来的 $Q^*/2$ 提高到 $Q_0/2$).

例 9.4 设 $C_3 = 50$ 元 / 次,$C_1 = 3$ 元 / 年,$D = 18\ 000$ 件 / 年,且

$$e(Q) = \begin{cases} 3, & Q < 1\ 500 \\ 2.9, & 1\ 500 \leqslant Q < 3\ 000 \\ 2.8, & Q \geqslant 3\ 000 \end{cases}$$

试求解最佳订货量和最小成本.

解 已知

$$Q^* = \sqrt{\frac{2C_3 D}{C_1}} = \sqrt{\frac{2 \times 50 \times 18\ 000}{3}} \approx 775 (件)$$

代入式(9.3.2),可得

$$f(Q^*) = \frac{1}{2} \times 3 \times 775 + 3 \times 18\ 000 + \frac{50 \times 18\ 000}{775} \approx 56\ 324 (元)$$

由式(9.3.3)可得

$$f(1\ 500) = \frac{1}{2} \times 3 \times 1\ 500 + 2.9 \times 18\ 000 + \frac{50 \times 18\ 000}{1\ 500} \approx 55\ 050 (元)$$

$$f(3\ 000) = \frac{1}{2} \times 3 \times 3\ 000 + 2.8 \times 18\ 000 + \frac{50 \times 18\ 000}{3\ 000} \approx 55\ 200 (元)$$

因此,最优解和最优值分别为当 $Q = 1\ 500$ 件时, $t = \dfrac{Q}{D} = \dfrac{1\ 500}{18\ 000} = \dfrac{1}{12}$,

$f_{min} = 55\ 050$ 元.

9.3.2 存贮场地有限制的经济订购模型

在前面的各种模型中,我们仅通过费用分析,求出在单位时间内平均总费用为最小的最佳订购量(生产批量).如果存贮条件中有一定的约束,例如,存贮场地的面积(或容积)有一定限制,使求出的订购货物存放不下,这将在生产中造成麻烦甚至损失.下面介绍存贮场地面积有一定限制的存贮模型.

如果只考虑一种货物的存贮场地,问题则比较简单.例如,假定存贮场地面积要求订购量 Q 不能超过某一常数 A (有面积限制的),我们可求出无约束时的最佳订购量 Q_0,当 $Q_0 \leqslant A$ 时,就订购 Q_0;当 $Q_0 > A$ 时,就订购 A.

但是在实际生产中,往往有多种货物都要占用存贮场地,这种情况比单一货物的情况要复杂得多.例如,要订购 3 种货物,其订购量分别为 Q_1, Q_2, Q_3,单位时间需求量分别为 D_1, D_2, D_3.这 3 种货物的费用分别为 E_1, E_2, E_3,其总费用为

$$E = E_1 + E_2 + E_3 \tag{9.3.4}$$

式中

$$E_i = \frac{D_i}{Q_i} \cdot C_{3i} + \frac{Q_i}{2} \cdot C_{1i}, \quad i = 1, 2, 3$$

其中, C_{3i} 表示第 i 种货物的订购费, C_{1i} 表示第 i 种货物的单位存贮费.

设给定的存贮场地面积的最大值为 $B\ m^2$,每单位第 i 种货物需要 $b_i\ m^2$,则应满足

$$b_1 Q_1 + b_2 Q_2 + b_3 Q_3 \leqslant B$$

这里可能出现以下两种情况:

(1) 3 种货物所需存放面积之和小于等于仓库面积. 这时,约束条件不起作用,即可求出最佳订购量 Q_i,

$$Q_i = \sqrt{\frac{2C_{3i}D_i}{C_{1i}}}, \quad i = 1,2,3$$

（2）3 种货物所需存放面积之和大于仓库面积. 这时, 必须把其中的一种或几种货物的订购量减少, 使货物总面积刚好等于 B. 因此, 有

$$b_1Q_1 + b_2Q_2 + b_3Q_3 = B$$

现在的问题是在上述约束条件下, 使总费用函数达到最小, 并求出相应的各种货物的订购量.

在此, 我们引用拉格朗日乘子法来求解.

引入拉格朗日乘子 λ, 写出如下函数:

$$L(Q_1,Q_2,Q_3,\lambda) = E_1 + E_2 + E_3 + \lambda(b_1Q_1 + b_2Q_2 + b_3Q_3 - B)$$

$$= \frac{C_{31}D_1}{Q_1} + \frac{C_{11}Q_1}{2} + \frac{C_{32}D_2}{Q_2} + \frac{C_{12}Q_2}{2} + \frac{C_{33}D_3}{Q_3} + \frac{C_{13}Q_3}{2}$$

$$+ \lambda(b_1Q_1 + b_2Q_2 + b_3Q_3 - B)$$

分别对上式中的 Q_1,Q_2,Q_3,λ 求偏导数, 并令其为零, 得到

$$\frac{\partial L}{\partial Q_1} = -\frac{C_{31}D_1}{Q_1^2} + \frac{C_{11}}{2} + \lambda b_1 = 0 \tag{9.3.5}$$

$$\frac{\partial L}{\partial Q_2} = -\frac{C_{32}D_2}{Q_2^2} + \frac{C_{12}}{2} + \lambda b_2 = 0 \tag{9.3.6}$$

$$\frac{\partial L}{\partial Q_3} = -\frac{C_{33}D_3}{Q_3^2} + \frac{C_{13}}{2} + \lambda b_3 = 0 \tag{9.3.7}$$

$$\frac{\partial L}{\partial \lambda} = b_1Q_1 + b_2Q_2 + b_3Q_3 - B = 0 \tag{9.3.8}$$

联立方程（9.3.5）～（9.3.7）, 解得

$$Q_1^* = \sqrt{\frac{2C_{31}D_1}{C_{11} + 2\lambda b_1}} \tag{9.3.9}$$

$$Q_2^* = \sqrt{\frac{2C_{32}D_2}{C_{12} + 2\lambda b_2}} \tag{9.3.10}$$

$$Q_3^* = \sqrt{\frac{2C_{33}D_3}{C_{13} + 2\lambda b_3}} \tag{9.3.11}$$

将式（9.3.9）～（9.3.11）代入方程（9.3.8）中, 得

$$b_1\sqrt{\frac{2C_{31}D_1}{C_{11} + 2\lambda b_1}} + b_2\sqrt{\frac{2C_{32}D_2}{C_{12} + 2\lambda b_2}} + b_3\sqrt{\frac{2C_{33}D_3}{C_{13} + 2\lambda b_{13}}} - B = 0 \tag{9.3.12}$$

解出上式, 可求得 λ 值. 但在很多情况下, 求解 λ 值的计算式比较复杂, 所以一般采用试算法求解, 得出 λ 值后分别代入式（9.3.9）、式（9.3.10）、式（9.3.11）中, 即可得出 Q_1^*, Q_2^*,Q_3^*.

例 9.5　某医院需订购 3 种不同的卫生材料. 已知仓库最大存放面积为 200 m²（这里假设不叠放）, 具体资料如表 9-1 所示. 求在仓库面积允许的情况下, 各种材料的最佳订购量.

表 9 − 1　3 种不同卫生材料的参数

项目	第 1 种材料	第 2 种材料	第 3 种材料
需求量	$D_1 = 32$ 桶 / 月	$D_2 = 24$ 桶 / 月	$D_3 = 20$ 桶 / 月
订购量	$C_{31} = 25$ 元 / 次	$C_{32} = 18$ 元 / 次	$C_{33} = 20$ 元 / 次
存贮费	$C_{11} = 1$ 元 /(桶·月)	$C_{12} = 1.5$ 元 /(桶·月)	$C_{13} = 2$ 元 /(桶·月)
占地面积 （m² / 每桶）	4	3	2

解　首先,根据已知条件,求出在不考虑仓库面积限制情况的最佳订购量,

$$Q_1 = \sqrt{\frac{2C_{31}D_1}{C_{11}}} = \sqrt{\frac{2 \times 25 \times 32}{1}} = 40（桶）$$

$$Q_2 = \sqrt{\frac{2C_{32}D_2}{C_{12}}} = \sqrt{\frac{2 \times 18 \times 24}{1.5}} = 24（桶）$$

$$Q_3 = \sqrt{\frac{2C_{33}D_3}{C_{13}}} = \sqrt{\frac{2 \times 20 \times 20}{2}} = 20（桶）$$

订购这些数量的材料共需占地面积为

$$4 \times 40 + 3 \times 24 + 2 \times 20 = 272 （\text{m}^2）$$

由于已经超过仓库面积,应引入拉格朗日乘子 λ,根据式(9.3.12)并化简,得

$$160\sqrt{\frac{1}{1+8\lambda}} + 72\sqrt{\frac{1}{1+4\lambda}} + 40\sqrt{\frac{1}{1+2\lambda}} - 200 = 0$$

先用试算法确定 λ 值. 上述方程的左边是一个 λ 的单调递减函数. 当 $\lambda = 0$ 时,方程左边的值为 7.2,为超过仓库限制面积的情形. 若要使 Q_i 减小,则 $\lambda > 0$. 但当 $\lambda = 0.5$ 时,该方程左边的值为 −91.37,说明仓库仍有富余. 故可得 $\lambda < 0.5$. 表 9 − 2 为试算法的计算结果.

表 9 − 2　不同 λ 值的计算结果

λ	$160\sqrt{\dfrac{1}{1+8\lambda}} + 72\sqrt{\dfrac{1}{1+4\lambda}} + 40\sqrt{\dfrac{1}{1+2\lambda}} - 200$
0.5	− 91.37
0.25	− 58.593
0.1	16.623
0.15	− 0.125
0.149	0.170
0.149 6	− 0.007

将 $\lambda \approx 0.149\,6$ 代入式(9.3.9)、式(9.3.10) 和式(9.3.11)中,得

$$Q_1^* \approx 27 （桶）,\quad Q_2^* \approx 19（桶）,\quad Q_3^* \approx 17（桶）$$

按此方案订购材料,每月付出的总费用为

$$E(Q_1^*, Q_2^*, Q_3^*) = E_1(27) + E_2(19) + E_3(17) = 120.5（元）$$

如果没有场地限制,则每月付出的费用为

$$E(Q_1^*, Q_2^*, Q_3^*) = E_1(40) + E_2(24) + E_3(20) = 116（元）$$

上例中的结果是显而易见的. 虽然有约束条件下的 Q_i^* 公式与无约束条件下的 Q_i^* 公式相仿, 但前者的公式在分母中多加了一项 $2\lambda b_i$, 可根据实际问题的背景, 形象地描述出 λ 的含义. 本例中, 可以把 λ 看成是场地的租金. 这就是说, 假如订购量大于仓库允许的货物数量, 就要到外面租借仓库, 将所付出的租金进行摊派, 相当于增加了仓库费用.

以上阐述了在约束条件下求解最佳批量的传统方法, 但是, 这种处理的方法隐含着一种假设, 即每种货物的批量必须是不变的. 对于一种物品的情况下, 这次是最佳批量, 下次显然仍是最佳批量. 可对于有 3 种物品的情况下, 这个约束条件只针对 3 种货物同时订货的情况. 由于库存一般都不会恰在同一时间用完, 因此问题的目标函数和约束条件就不是这么简单了. 这里介绍的处理方法, 只是给大家提供一种思考的范例; 应当注意, 在将现成模型套用于有变化的问题时应加倍小心, 否则会导致错误的结论.

还有许多其他确定性的存贮系统, 例如, 当存贮费与物品价格有关, 而物品价格又是订购批量 Q 的函数; 或者再加上需求率与价格有关时, 就构成了新的存贮系统.

由于存贮系统的模型一般仍表现为在某些约束条件下寻求目标函数的极小化, 因此可利用线性规划、非线性规划、动态规划等方法来求解这类问题.

9.3.3 (t_0, a, S) 策略模型

模型假设如下:

(1) 需求随机, 但在每一固定周期 t_0 (如一年、一季、一月、一周等) 内的需求量 X 的概率分布 $P(X)$ 可知;

(2) 订货与交货之间的时滞很短, 在模型中取作 0, 即被视为无时滞;

(3) 进货时间很短, 在模型中也取作 0, 即被视为即时补充;

(4) 每隔 t_0 周期盘点一次, 若存贮状态 $I < a$, 则立即补充到 S 水平; 否则不补充.

该系统的存贮状态示意图如图 9-7 所示. 图中第 4 周期初的存贮状态 $I < 0$, 这时 I 表示最大缺货量, 而进货量为 $Q = S - I$ $(I < a)$. 由于每期初的存贮状态 I 各不相同, 因此每次进货量 Q 也各不相同.

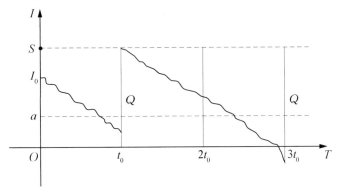

图 9-7 (t_0, a, S) **策略系统的存贮状态示意图**

针对需求量 X 的类型分为两种情况进行分析.

1. 需求量 X 为离散型随机变量的情况

用一个典型例子 —— 报童问题来分析这类模型的解法.

报童问题的背景是这样的:有一报童每天售报数量是一个离散型随机变量.设销售量 r 的概率分布 $P(r)$ 为已知,每张报纸的成本为 u 元,售价为 v 元 $(v > u)$.如果报纸当天卖不出去,第二天就要降价处理,设处理价为 w 元 $(w < u)$.问报童每天最好准备多少份报纸?

此问题就是要确定报童每天报纸的订货量 Q 为何值时,使盈利的期望值最大或损失的期望值最小(以下用损失的期望值最小来确定订货量)?

设售出的报纸数量为 r,其概率 $P(r)$ 为已知,$\sum\limits_{r=0}^{\infty} P(r) = 1$,设报童订购报纸数量为 Q,这时,损失有以下两种:

(1) 当供大于求 $(Q \geqslant r)$ 时,这时报纸因当天不能售完,第二天需降价处理,其损失的期望值为

$$\sum_{r=0}^{\infty} (u-w)(Q-r)P(r)$$

(2) 当供不应求 $(Q < r)$ 时,因缺货而失去销售机会,其损失的期望值为

$$\sum_{r=0}^{\infty} (v-u)(r-Q)P(r)$$

故总损失的期望值为

$$C(Q) = (u-w)\sum_{r=0}^{Q}(Q-r)P(r) + (v-u)\sum_{r=Q+1}^{\infty}(r-Q)P(r) \tag{9.3.13}$$

要从上式中决定 Q 的值,使 $C(Q)$ 最小.

由于报纸订购的份数 Q 只能取整数值,需求量 r 也只能取整数,因此不能用微积分的方法求式(9.3.13)的极值.为此,用差分法.设报童每天订购报纸的最佳批量为 Q^*,则必有

$$C(Q^*) \leqslant C(Q^* + 1) \tag{9.3.14}$$
$$C(Q^*) \leqslant C(Q^* - 1) \tag{9.3.15}$$

同时成立.故将上述两式联立求解可得最佳批量 Q^*.

由式(9.3.14),有

$$(u-w)\sum_{r=0}^{Q^*}(Q^*-r)P(r) + (v-u)\sum_{r=Q^*+1}^{\infty}(r-Q^*)P(r)$$

$$\leqslant (u-w)\sum_{r=0}^{Q^*+1}(Q^*+1-r)P(r) + (v-u)\sum_{r=Q^*+2}^{\infty}(r-Q^*-1)P(r)$$

经化简后,得

$$(v-w)\sum_{r=0}^{Q^*}P(r) - (v-u) \geqslant 0$$

即

$$\sum_{r=0}^{Q^*}P(r) \geqslant \frac{v-u}{v-w} \tag{9.3.16}$$

由式(9.3.15),有

$$(u-w)\sum_{r=0}^{Q^*}(Q^*-r)P(r) + (v-u)\sum_{r=Q^*+1}^{\infty}(r-Q^*)P(r)$$

$$\leqslant (u-w)\sum_{r=0}^{Q^*-1}(Q^*-1-r)P(r)+(v-u)\sum_{r=Q^*}^{\infty}(r-Q^*+1)P(r)$$

经化简后,得

$$(v-w)\sum_{r=0}^{Q^*-1}P(r)-(v-u)\leqslant 0$$

即

$$\sum_{r=0}^{Q^*-1}P(r)\leqslant \frac{v-u}{v-w} \tag{9.3.17}$$

综合式(9.3.16)和式(9.3.17),可得

$$\sum_{r=0}^{Q^*-1}P(r)\leqslant \frac{v-u}{v-w}\leqslant \sum_{r=0}^{Q^*}P(r) \tag{9.3.18}$$

由式(9.3.18)可以确定最佳订购批量 $Q^*=\min\left\{Q\left|\frac{v-u}{v-w}\leqslant \sum_{r=0}^{Q}P(r)\right.\right\}$,其中 $\frac{v-u}{v-w}$ 称为临界值.

例9.6 设某货物的需求量在17件至26件之间,已知需求量 r 的概率分布如表 9-3 所示.已知其成本为每件 5 元,售价为每件 10 元,处理价为每件 2 元,问应进货多少,能使总利润的期望值最大?

表 9-3 需求量 r 的概率分布

需求量 r	17	18	19	20	21	22	23	24	25	26
概率 $P(r)$	0.12	0.18	0.23	0.13	0.10	0.08	0.05	0.04	0.04	0.03

解 此题属于单时期需求离散型随机变量的存贮模型,已知 $u=5$ 元/件, $v=10$ 元/件,$w=2$ 元/件,由公式

$$\sum_{r=17}^{Q-1}P(r)\leqslant \frac{10-5}{10-2}\leqslant \sum_{r=17}^{Q}P(r)$$

得

$$\sum_{r=17}^{Q-1}P(r)\leqslant 0.625\leqslant \sum_{r=17}^{Q}P(r)$$

因为

$$P(17)=0.12,\quad P(18)=0.18,\quad P(19)=0.23,\quad P(20)=0.13$$

所以

$$P(17)+P(18)+P(19)=0.53<0.625$$
$$P(17)+P(18)+P(19)+P(20)=0.66>0.625$$

故最佳订货批量 $Q^*=20$(件).

2. 需求量 X 为连续型随机变量的情况

设有某种单时期需求的物资,需求量 r 为连续型随机变量,已知其概率密度为 $\varphi(r)$,每件物品的成本为 u 元,售价为 v 元($v>u$).如果当期销售不出去,下一期就要降价处理,设处理价为 w 元($w<u$),求最佳订货批量 Q^*.

同需求为离散型随机变量一样,如果订货量大于需求量$(Q \geqslant r)$,其盈利的期望值为

$$\int_0^Q \big[(v-u)r - (u-w)(Q-r)\big]\varphi(r)\mathrm{d}r$$

如果订货量小于需求量$(Q \leqslant r)$,其盈利的期望值为

$$\int_Q^\infty (v-u)Q\,\varphi(r)\mathrm{d}r$$

故总利润的期望值为

$$C(Q) = \int_0^Q \big[(v-u)r - (u-w)(Q-r)\big]\varphi(r)\mathrm{d}r + \int_Q^\infty (v-u)Q\varphi(r)\mathrm{d}r$$

$$= -uQ + (v-w)\int_0^Q r\varphi(r)\mathrm{d}r + w\int_0^Q Q\varphi(r)\mathrm{d}r + v\Big[\int_0^\infty Q\varphi(r)\mathrm{d}r - \int_0^Q Q\varphi(r)\mathrm{d}r\Big]$$

$$= (v-u)Q + (v-w)\int_0^Q r\varphi(r)\mathrm{d}r - (v-w)\int_0^Q Q\varphi(r)\mathrm{d}r$$

利用含参变量积分的求导公式,有

$$\frac{\mathrm{d}C(Q)}{\mathrm{d}Q} = (v-u) + (v-w)Q\varphi(Q) - (v-w)\Big[\int_0^Q \varphi(r)\mathrm{d}r + Q\varphi(Q)\Big]$$

$$= (v-u) - (v-w)\int_0^Q \varphi(r)\mathrm{d}r$$

令$\dfrac{\mathrm{d}C(Q)}{\mathrm{d}Q} = 0$,得

$$\int_0^Q \varphi(r)\mathrm{d}r = \frac{v-u}{v-w}$$

记$F(Q) = \int_0^Q \varphi(r)\mathrm{d}r$,则有

$$F(Q) = \frac{v-u}{v-w} \tag{9.3.19}$$

又因

$$\frac{\mathrm{d}^2 C(Q)}{\mathrm{d}Q^2} = -(v-w)\varphi(Q) < 0$$

故由式(9.3.19)求出的Q^*为$C(Q)$的极大值点,即Q^*是使总利润的期望值最大的最佳订货批量.式(9.3.19)与式(9.3.18)是一致的.

例 9.7　书亭经营某种期刊,每册进价0.8元,售价1元,如过期,处理价为0.5元.根据多年统计表明,需求服从均匀分布,最高需求量$b=1\,000$册,最低需求量$a=500$册,问应进货多少,才能保证期望利润最高?

解　由概率论知识可知,均匀分布的概率密度为

$$\varphi(r) = \begin{cases} \dfrac{1}{b-a}, & a \leqslant r \leqslant b \\ 0, & r \text{ 为其他} \end{cases}$$

由式(9.3.19),得

$$F(Q) = \frac{v-u}{v-w} = \frac{1.00 - 0.80}{1.00 - 0.50} = 0.40$$

即

$$\int_0^Q \varphi(r)\mathrm{d}r = 0.40$$

又

$$\int_0^Q \varphi(r)\mathrm{d}r = \int_a^Q \frac{1}{b-a}\mathrm{d}r = \frac{Q-a}{b-a}$$

所以

$$\frac{Q-500}{1\,000-500} = 0.40$$

由此解得最佳订货批量为

$$Q^* = 700(\text{册})$$

习 题 9

1. 某工厂的自动装配线每年要用 480 000 个某种型号的电子管. 生产该电子管的成本是每个 5 元, 而每开工一次, 生产的准备费用为 1 000 元. 估计每年该电子管的存贮费为成本的 25%. 若不允许缺货, 每次生产的批量应多大, 每年开工几次生产该电子管?

2. 某装配车间每月需要零件甲 400 件, 该零件由厂内生产, 生产率为每月 800 件, 每批生产准备费为 100 元, 每月每件零件的存贮费为 0.5 元, 试求最小费用与最佳批量.

3. 某商品单位成本为 5 元, 每天存贮费为成本的 0.1%, 每次订购费为 10 元. 已知对该商品的需求是每天 100 件, 不允许缺货. 假设该商品的进货可以随时实现. 问应怎样组织进货, 才能最经济.

4. 企业生产某种产品, 正常生产条件下每天可生产 10 件. 根据供货合同, 需按每天 7 件供货. 存贮费每件每天 0.13 元, 缺货费每件每天 0.5 元, 每次生产准备费用(装配费)为 80 元, 求最优存贮策略.

5. 某产品的需求量为每周 650 单位, 且均匀领出, 订购费为 25 元. 每件产品的成本为 3 元, 存货保存成本为每单位每周 0.05 元, 问:

(1) 假定不允许缺货, 求多久订购一次与每次应订购的数量;

(2) 设缺货成本每单位每周 2 元, 求多久订购一次与每次应订购的数量;

(3) 可允许缺货且设送货延迟为一周, 求多久订购一次与每次应订购的数量.

6. 工厂每周需零配件 32 箱, 存贮费每箱每周 1 元, 每次订购费 25 元, 不允许缺货. 零配件进货时若订货量为 1～9 箱, 每箱 12 元; 订货量为 10～49 箱时, 每箱 10 元; 订货量为 50～99 箱时, 每箱 9.5 元; 订货量为 99 箱以上时, 每箱 9 元. 求最优存贮策略.

7. 某商店经营一种商品, 资料显示顾客对该商品的需求量为平均每天 50 件, 而厂商每月能供给商店 3 000 件商品, 商店每件商品存贮一个月要损失 0.15 元, 而每次订购该商品需花费 500 元. 问该商店每次订货应订多少件, 才能使订货费用和存贮损失费之和最少?

8. 某轧钢厂每月需生产角钢 3 000 吨, 每吨每月存贮费 5.3 元, 每次生产时调整装配设备费用 2 500 元, 问 $\left($ 已知最佳订货批量公式 $Q_0 = \sqrt{\dfrac{2C_3 D}{C_1}}\right)$:

(1) 如何组织生产使得总费用最小?

(2) 此时的最小总费用为多少?

9. 一家电脑制造公司自行生产扬声器用于自己的产品. 电脑以每月 6 000 台的生产率在流水线上装配, 扬声器则成批生产, 每次成批生产时需准备费 1 200 元, 每个扬声器的成本为 20 元, 存贮费为每月 0.1 元. 若允许缺货, 缺货费为 1 元/个, 为使成本最低, 每批应生产扬声器多少个, 多长时间生产一次?

第十章 排　队　论

　　排队是日常生活中经常遇到的现象,如顾客到达商店购买商品,病人到医院看病等常常需要排队.排队论就是为解决这类问题而发展起来的一门学科.本章将介绍排队论的一些基本知识,分析几个常见的排队模型及其主要数量指标的概率分布,研究其数字特征、统计推断问题和系统优化问题等.

第一节　基本概念

10.1.1　排队过程的一般表示

　　排队论,也称**随机服务系统理论**,是通过对服务对象到来及服务时间的统计研究,得出某些数量指标(如等待时间、排队长度、忙期长短等)的统计规律,然后根据这些规律来改进服务系统的结构或重新组织被服务对象,使得服务系统既能满足服务对象的需要,又能使机构的费用最经济或某些指标最优.

　　排队过程的一般模型如图 10－1 所示.图中虚线所包含的部分为排队系统.各个顾客从顾客源出发,随机地来到服务机构,按一定的排队规则等待服务,直到按一定的服务规则接受完服务后离开排队系统.凡要求服务的对象统称为**顾客**,为顾客服务的人或物称为**服务员**,由顾客和服务员组成**服务系统**.对于一个服务系统来说,如果服务机构过小,以致不能满足要求服务的众多顾客的需要,那么就会产生拥挤现象而使服务质量降低.因此,顾客总希望服务机构越大越好,但是,如果服务机构过大,人力和物力方面的开支也就相应增加,从而会造成浪费,因此,研究排队模型的目的就是要在顾客需要和服务机构的规模之间进行权衡决策,使其达到合理的平衡.

图 10－1　排队系统

　　排队结构指队列的数目和排队方式,排队规则和服务规则说明顾客在排队系统中按怎样的规则、次序接受服务.“顾客”和“服务员”可以是人、物品或机器;队列可以是有形的和无形的(如机器等待修理等);顾客可以是走向服务机构,也可以相反(如送货上门等).

　　由服务机构和服务对象(顾客)构成一个**排队系统**,又称**服务系统**.服务对象到来的时刻和被服务的时间(即占用服务系统的时间)都是随机的.表 10 - 1 给出了一些例子说明现实中的一些排队系统.

表 10 - 1　现实中排队的例子

到达的顾客	要求服务的内容	服务机构
储蓄客户	银行储蓄	银行出纳员或自动柜员机
故障机器	修理	修理工
修理工	领取修理配件	仓库保管员
病人	诊断或手术	医生
电话呼唤	通话	交换台
文件稿	审查签字	部门主管
下降飞机	降落	跑道
上游河水进入水库	放水,调节水位	水闸管理员

10.1.2　排队系统的组成和特征

一般的排队过程由输入过程、排队规则、服务过程 3 部分组成.

1. 输入过程

输入过程是指顾客到来时间的规律性,可能有下列不同情况:

(1) 顾客的组成可能是有限的,也可能是无限的.

(2) 顾客到达的方式可能是一个一个的,也可能是成批的.

(3) 顾客到达可以是相互独立的,即以前的到达情况对以后的到达没有影响,也可以是相关的.

(4) 输入过程可以是平稳的,即相继到达的间隔时间分布及其数学期望、方差等数字特征都与时间无关,也可以是不平稳的.

2. 排队规则

排队规则是指到达排队系统的顾客按怎样的规则排队等待,可分为损失制、等待制和混合制 3 种.

(1) 损失制(消失制).当顾客到达时,所有的服务台均被占用,顾客随即离去.

(2) 等待制.当顾客到达时,所有的服务台均被占用,顾客排队等待,直到接受完服务才离去.例如,出故障的机器排队等待维修就是这种情况.

(3) 混合制.介于损失制和等待制之间的是混合制,即既有等待又有损失.有队列长度有限和排队等待时间有限两种情况,在限度以内就排队等待,超过一定限度就离去.

排队方式还分为单队列、多队列和循环队列.

3. 服务过程

(1) 服务机构.主要有 4 种类型:单服务台、多服务台并联(每个服务台同时为不同顾客服务)、多服务台串联(多服务台依次为同一顾客服务)和多服务台混合型,如图 10 - 2 所示.

(2) 服务规则.按为顾客服务的次序采用以下 4 种规则:

① 先到先服务(FCFS):按到达顺序接受服务,这是最常见的情形.

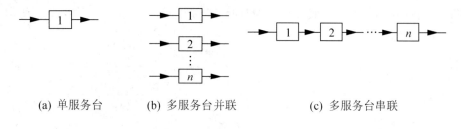

(a) 单服务台　　(b) 多服务台并联　　　(c) 多服务台串联

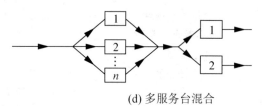

(d) 多服务台混合

图 10 - 2　各种服务机构的情况

② 后到先服务(LCFS)：按到达顺序,后来的顾客反而先接受服务,如乘坐电梯的顾客常是后入先出的.

③ 随机服务(SIRO)：从等待的顾客中随机地挑选一名进行服务,而不管到达的先后,如播音员随机地接听热线电话.

④ 有优先权服务(PR)：在服务顺序上给某些顾客以特殊待遇,优先服务,如医院接待急救病人.

10.1.3　排队系统的符号表示

通常排队系统用 6 个符号表示,在符号之间用斜线隔开,即 $X/Y/Z/A/B/C$,其中：

X 表示顾客到达流或顾客相继到达间隔时间的分布；

Y 表示服务时间的分布；

Z 表示并列的服务台数目；

A 表示系统容量限制(默认为 ∞)；

B 表示顾客源数目(默认为 ∞)；

C 表示服务规则(默认为先到先服务 FCFS).

并约定如略去后三项,即用 $X/Y/Z$ 表示 $X/Y/Z/\infty/\infty/$FCFS 的情形. 本章只讨论先到先服务 FCFS 的情形,略去第六项.

一般地,表示顾客相继到达间隔时间的分布和服务时间的分布的约定符号有：

M—— 负指数分布(markov distribution)；

D—— 确定性分布(deterministic distribution)；

E_k——k 阶埃尔朗分布(Erlang distribution)；

GI—— 一般相互独立分布(general independent distribution)；

G—— 一般随机分布(general stochastic distribution) 等.

例如,$M/M/1$ 表示相继到达间隔时间为负指数分布、服务时间为负指数分布、单服务台等待制的排队系统. $D/M/c$ 表示确定的到达时间、服务时间为负指数分布、c 个平行服务台(但顾客是一队)的排队系统.

10.1.4 排队系统的运行指标

为了研究排队系统运行的效率,估计其服务质量,确定系统的最优参数,评价系统的结构是否合理并研究其改进的措施,必须确定用以判断系统运行优劣的基本数量指标.评价排队系统优劣有如下数量指标.

(1) **平均队长**:指系统内顾客数(包括正被服务的顾客与排队等待服务的顾客)的数学期望,记作 L_s.

(2) **平均排队长**:指系统内等待服务的顾客数的数学期望,记作 L_q.

L_q 和 L_s 两者间有如下关系:

$$L_s = L_q + E(v)$$

其中 $E(v)$ 表示正被服务的平均顾客数.一般地,L_q(或 L_s)越大,说明服务效率越低.

(3) **平均逗留时间**:指顾客在系统内逗留时间(包括排队等待的时间和接受服务的时间)的数学期望,记作 W_s.

(4) **平均等待时间**:指一个顾客在排队系统中排队等待时间的数学期望,记作 W_q.

W_q 和 W_s 两者间有如下关系:

$$W_s = W_q + E(T)$$

其中 $E(T)$ 表示平均服务时间.在机器故障问题中,无论是机器等待修理或正在修理都会使工厂受到停工损失,所以逗留时间(停工时间)是主要的;而购物、看病问题中顾客关心的仅仅是等待时间.

(5) **平均忙期**:指服务机构连续繁忙时间(顾客到达空闲服务机构起,到服务机构再次空闲止的时间)长度的数学期望,记作 $E(B)$.

(6) **平均闲期**:指服务机构连续保持空闲的时间长度的数学期望,记作 $E(I)$,它是与忙期相对的.在排队系统中,忙期和闲期总是交替出现的.

(7) **系统负荷水平**:指服务机构工作时间占总时间的比例,这也是衡量服务机构利用效率的指标,记作 ρ.

(8) **系统空闲概率**:指系统处于没有顾客来到要求服务的概率,记作 P_0.

ρ 和 P_0 两者有如下关系:

$$\rho = 1 - P_0$$

(9) **顾客损失率**:指当排队规则为即时制或排队有限制时,由于顾客被拒绝而造成的损失.该指标过高会造成服务系统利润减少.

其他还有由于顾客被拒绝而使企业受到损失的损失率以及以后经常遇到的服务强度等,这些都是很重要的指标.

计算这些指标的基础是表达系统状态的概率.**系统的状态**指系统中顾客数,如果系统中有 n 个顾客就说系统的状态是 n,它的可能值有:

(1) 队长没有限制时,$n = 0, 1, 2, \cdots$;

(2) 队长有限制时,设最大数为 N,$n = 0, 1, 2, \cdots, N$;

(3) 损失制,设服务台个数为 c,$n = 0, 1, 2, \cdots, c$.

这些状态的概率一般是随时刻 t 而变化,所以在时刻 t、系统状态为 n 的概率用 $P_n(t)$ 表示.稳态时系统状态为 n 的概率用 P_n 表示.稳态时队长的分布、等待时间的分布和忙期的分布等都和系统所处的时间无关,而且系统的初始状态的影响也会消失.因此,本章中将主要讨论与系统所处时刻无关的性质,即统计平衡性.

第二节　　常见的概率分布

排队系统中的事件流包括顾客到达流和服务时间流.由于顾客到达的间隔时间和服务时间不可能是负值,因此,它的分布是非负随机变量的分布.最常用的分布有经验分布、泊松分布、负指数分布和埃尔朗分布等.

10.2.1　经验分布

在处理实际排队问题时,首先要对现实数据进行统计分析,确定顾客到达间隔和服务时间的经验分布,然后按照统计学的方法以确定适合哪种理论分布,并估计参数值.经验分布的主要指标如下:

$$平均间隔时间 = \frac{总时间}{到达顾客总数}$$

$$平均服务时间 = \frac{服务时间总和}{服务顾客总数}$$

$$平均到达率 = \frac{到达顾客总数}{总时间}$$

$$平均服务率 = \frac{服务顾客总数}{服务时间总和}$$

例 10.1　某工地为了研究发放工具应设置几个窗口,对于请领和发放工具分别做了调查记录.以 10 min 为一段,记录了 100 段时间内每段到来请领工具的人数(见表 10-2);记录了 1 000 次发放工具(服务)所用的时间(s)(见表 10-3).求平均到达率和平均服务率.若这时只有一个服务员可以吗,为什么?

表 10-2　10 min 内请领工具的情况

每 10 min 内请领工具的人数	次数	每 10 min 内请领工具的人数	次数
5	1	16	13
6	0	17	10
7	1	18	9
8	1	19	7
9	1	20	4
10	2	21	3
11	4	22	3
12	6	23	1
13	9	24	1
14	11	25	1
15	12	合计	100

表 10 - 3　发放工具的情况

发放时间(s)	次数	发放时间(s)	次数
15	200	165	16
30	175	180	12
45	140	195	10
60	104	210	7
75	78	225	9
90	69	240	9
105	51	255	3
120	47	270	1
135	38	285	1
150	30	合计	1 000

解

$$平均到达率 = \frac{到达顾客总数}{总时间} = \frac{\sum(每10\ \text{min}\ 内请领工具人数 \times 次数)}{10\ \text{min} \times \sum 次数}$$

$$= 1\ 570 \div 1\ 000 \approx 1.6(人 / \text{min})$$

$$平均服务率 = \frac{服务顾客总数}{服务时间总和} = \frac{1\ 000}{\sum(发放时间 \times 次数)}$$

$$= 1\ 000 \div 1\ 120 \approx 0.9(人 / \text{min})$$

若只有一个服务员,因为平均到达率 > 平均服务率,将使队伍越排越长,所以只设一个服务员是不行的.

10.2.2　泊松(Poisson)分布

1. 泊松分布的定义

设 X 为取非负正数值的随机变量,若 X 的概率分布为

$$P\{X = k\} = \frac{\lambda^k}{k!}e^{-\lambda}, \quad k = 0,1,2,\cdots,\lambda > 0$$

则称 X 服从参数为 λ 的**泊松分布**.随机变量 X 的数学期望和方差分别为

$$E(X) = \lambda, \quad D(X) = \lambda$$

2. 泊松流

泊松流(又称泊松过程或最简流)是排队论中一种常用来描述顾客到达规律的特殊随机过程.设 $N(t)$ 表示在时间 $[0, t)$ $(t > 0)$ 内到达的顾客数,$P_n(t_1, t_2)$ 为在时间区间 $[t_1, t_2)$ $(t_1 < t_2)$ 内有 $n(n \geq 0)$ 个顾客到达的概率,即

$$P_n(t_1, t_2) = P\{N(t_2) - N(t_1) = n\}$$

当 $P_n(t_1, t_2)$ 符合下列 3 个条件时,顾客的到达形成**泊松流**:

(1)独立性:在不相重叠的时间区间内顾客到达数是相互独立的,即无后效性;

(2)平稳性:对充分小的 Δt,在 $[t, t + \Delta t)$ 内有一个顾客到达的概率与 t 无关,而与区间长 Δt 近似成正比,即 $P(t, t + \Delta t) = \lambda \Delta t + o(\Delta t)$,其中,当 $\Delta t \to 0$ 时,$o(\Delta t)$ 是关于 Δt 的高阶无穷小.$\lambda > 0$ 是常数,表示单位时间内有一个顾客到达的概率,称为**概率强度**;

（3）简单性：对于充分小的 Δt，在 $[t, t + \Delta t)$ 内有两个或两个以上顾客到达的概率极小，可以忽略，即 $\sum_{n=2}^{\infty} P_n(t, t + \Delta t) = o(\Delta t)$.

在上述条件下，我们研究顾客到达数 n 的概率分布.下面的定理给出了泊松流和泊松分布的关系.

定理 1 设 $N(t)$ 为在时间 $[0, t)$（$t > 0$）内到达的顾客数，则 $N(t)$ 为泊松流的充要条件为

$$P_n(t) = \frac{(\lambda t)^n}{n!} e^{-\lambda t}, \quad t \geqslant 0, n = 0, 1, 2, \cdots$$

由定理 1 知，当顾客的到达为泊松流时，到达的顾客数 $N(t)$ 服从泊松分布，其数学期望为 $E(N(t)) = \lambda t$，方差为 $D(N(t)) = \lambda t$. 同时，顾客相继到达的时间间隔 T 必服从负指数分布.这是由于 $P\{T > t\} = P\{[0, t)$ 内没有顾客到达$\} = P(t) = e^{-\lambda t}$. 那么，以 $F(t)$ 表示 T 的分布函数，则有

$$P\{T \leqslant t\} = F(t) = \begin{cases} 1 - e^{-\lambda t}, & t \geqslant 0 \\ 0, & t < 0 \end{cases}$$

而概率密度函数为 $f(t) = \lambda e^{-\lambda t}, t > 0$. 对于泊松流，$\lambda$ 表示单位时间平均到达的顾客数，所以 $\frac{1}{\lambda}$ 表示顾客相继到达平均间隔时间，而这正和 $E(T)$ 的意义相符.

例 10.2 某天上午，从 10:30—11:47，每隔 20 s 统计一次来到某长途汽车站的乘客数，共得 230 个记录，整理后得到如表 10-4 所示的统计结果.试用一个泊松过程描述此车站乘客的到达过程，并具体写出它的概率分布.

表 10-4　乘客分布数

乘客数目	0	1	2	3	4
频数	100	81	34	9	6

解 只要求出 λ 的值即可.先求出 20 s 内到达顾客的平均数

$$\bar{\lambda} = \frac{1}{230}(0 \times 100 + 1 \times 81 + 2 \times 34 + 3 \times 9 + 4 \times 6) \approx 0.87$$

每分钟平均到达的顾客数为

$$\lambda = 3 \times 0.87 = 2.61(人/\min)$$

$t \min$ 内到达 k 个顾客的概率为

$$P\{N(t) = k\} = \frac{(2.61t)^k}{k!} e^{-2.61t}$$

10.2.3　负指数分布

1. 分布函数与密度函数

设 X 为非负随机变量，若其相应的分布函数为

$$F(t) = P\{X \leqslant t\} = \begin{cases} 1 - e^{-\lambda t}, & t \geqslant 0 \\ 0, & t < 0 \end{cases}$$

则称 X 为服从参数为 $\lambda > 0$ 的**负指数分布**.其密度函数为

$$f(t) = \begin{cases} \lambda e^{-\lambda t}, & t \geqslant 0 \\ 0, & t < 0 \end{cases}$$

指数分布是单参数 λ 的非对称分布.

它的数学期望和方差分别为 $E(X) = \dfrac{1}{\lambda}$，$D(X) = \dfrac{1}{\lambda^2}$. 指数分布是唯一具有无记忆性的连续型随机变量，即有

$$P\{X > t + s \mid X > t\} = P\{X > s\}$$

在排队论、可靠性分析中有广泛应用.

2. 到达间隔时间 T 的分布

除了从泊松过程的定义或根据其概率分布去对顾客的到达情况进行分析以外，实际问题中比较容易得到和进行分析的往往是顾客相继到达系统的时刻或相继到达的时间间隔. 下面的定理说明，顾客相继到达间隔时间服从相互独立的参数为 λ 的负指数分布，与顾客到达过程为参数为 λ 的泊松过程是等价的.

定理 2　设 $N(t)$ 为在时间 $[0, t]$ $(t > 0)$ 内到达的顾客数，则 $N(t)$ 为参数为 λ 的泊松流的充要条件为相继到达时间间隔 T 服从相互独立的参数为 λ 的负指数分布.

根据负指数分布的性质有：

（1）顾客相继到达的时间间隔的数学期望为 $E(T) = \dfrac{1}{\lambda}$，方差为 $D(T) = \dfrac{1}{\lambda^2}$；

（2）从任意时刻看，下一个顾客到达的规律与上一个的到达无关，即相继到达的时间间隔 T 具有无记忆性，即

$$P\{T > t + \Delta t \mid T > \Delta t\} = P\{T > t\} = e^{-\lambda t}$$

注　因为 λ 表示单位时间平均到达的顾客数，所以 $\dfrac{1}{\lambda}$ 表示顾客相继到达的平均间隔时间，这与 $E(T)$ 的意义相吻合.

例 10.3　在某个交叉路口观察了 25 辆向北行驶的汽车到达路口的时刻，其记录如表 10-5 所示（开始观察时刻为 0，单位：s），试用一个泊松过程来描述该到达过程.

表 10-5　汽车到达路口的时刻

汽车编号	1	2	3	4	5	6	7	8	9	10	11	12	13
到达路口时刻 /s	1	8	12	15	17	19	27	43	58	64	70	72	73

汽车编号	14	15	16	17	18	19	20	21	22	23	24	25
到达路口时刻 /s	91	92	101	102	103	105	109	122	123	124	135	137

解　该车流是一个泊松流. 因此汽车相继到达的时间间隔 $T_n (n = 1, 2, \cdots)$ 相互独立，服从参数为 λ 的负指数分布. 因为 25 辆汽车的间隔时间的和为 137 s，故平均间隔时间为

$$\frac{1}{\lambda} = \frac{137}{25} = 5.48 \, (\text{s})$$

从而 $\lambda = 0.1825$（辆/s），所以服从如下分布的独立同分布随机变量族 $\{T_n, n = 1, 2, \cdots\}$

描述了该车流：

$$P\{N(t)=n\}=\frac{(0.182\,5t)^n}{n!}\mathrm{e}^{-0.182\,5t},\quad n=0,1,2,\cdots$$

3. 服务时间 v 的分布

对一顾客的服务时间，也就是在忙期相继离开系统的两顾客的间隔时间，有时也服从负指数分布. 当 $t>0$ 时，设它的分布函数和概率密度分别为

$$F_v(t)=1-\mathrm{e}^{-\mu t},\quad f_v(t)=\mu\mathrm{e}^{-\mu t}$$

其中，μ 为单位时间能被服务完的顾客数，称为**平均服务率**，而 $E(v)=\dfrac{1}{\mu}$ 为顾客的平均服务时间. 称 $\rho=\dfrac{\lambda}{\mu}$ 为**服务强度**，即相同时间区间内顾客到达的平均数与能被服务的平均数之比.

例 10.4　对 200 只灯泡进行寿命检验，结果如表 10-6 所示. 试问灯泡寿命是否服从负指数分布？

表 10-6　灯泡寿命检验表

灯泡寿命(h)	0～500	500～1 000	1 000～1 500	1 500～2 000	2 000～2 500	2 500～3 000
灯泡数目	133	45	15	4	2	1

解　200 只灯泡的平均寿命为

$$\frac{1}{\lambda}=\frac{1}{n}\sum_{i=1}^{200}n_i t_i=133\times250+45\times750+15\times1\,250+4\times1\,750$$
$$+2\times2\,250+1\times2\,750=500(\mathrm{h})$$

故指数分布的参数 $\lambda=0.002$.

指数分布的分布函数为

$$F(t)=1-\mathrm{e}^{-\lambda t}=1-\mathrm{e}^{-0.002t},\quad t>0$$

所以灯泡寿命落在区间 $[\alpha,\beta]$ 的灯泡数目的概率为

$$P\{\alpha<t<\beta\}=F(\beta)-F(\alpha)$$
$$=(1-\mathrm{e}^{-0.002\beta})-(1-\mathrm{e}^{-0.002\alpha})=\mathrm{e}^{-0.002\alpha}-\mathrm{e}^{-0.002\beta}$$

如表 10-7 所示将相应的理论概率和统计概率进行比较发现，它们之间的偏差很小，因此可以说，灯泡寿命服从负指数分布. 这种方法称为分布的拟合度检验.

表 10-7　灯泡寿命的概率和频率比较表

灯泡寿命(h)	0～500	500～1 000	1 000～1 500	1 500～2 000	2 000～2 500	2 500～3 000
频率	0.665	0.225	0.075	0.020	0.010	0.005
概率	0.632 1	0.232 6	0.085 5	0.031 5	0.011 6	0.004 2

10.2.4　埃尔朗分布

设 $X_1,X_2,\cdots,X_k$ 是 k 个相互独立的随机变量，服从相同参数 μ 的负指数分布，则随机变量 $X=X_1+X_2+\cdots+X_k$ 服从 k 阶埃尔朗分布，其概率密度函数为

$$f(t) = \begin{cases} \dfrac{1}{(k-1)!}(\mu k)^k (\mu k t)^{k-1} e^{-k\mu t}, & t \geqslant 0 \\ 0, & t < 0 \end{cases}$$

其数学期望和方差分别为

$$E(X) = \frac{1}{\mu}, \quad D(X) = \frac{1}{k\mu^2}$$

当 k 的值不同时,可以得到不同的埃尔朗分布,如图 $10-3$ 所示.当 $k=1$ 时,埃尔朗分布是负指数分布;当 k 增大时,埃尔朗分布的图像逐渐变为对称的;当 $k \geqslant 30$ 时,埃尔朗分布近似于正态分布;当 $k \to +\infty$ 时,埃尔朗分布是定长分布.

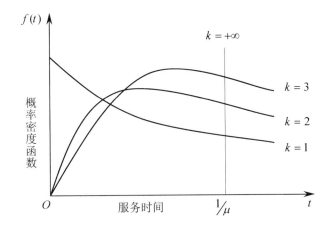

图 $10-3$ k 阶埃尔朗分布

如果服务台对顾客的服务不是一项,而是按顺序进行的 k 项,每台服务时间相互独立,服从相同的负指数分布,那么一位顾客走完 k 个服务台总共所需服务时间就服从上述 k 阶埃尔朗分布.

第三节　生 灭 过 程

10.3.1　生灭过程的定义

生灭过程是一类非常重要且广泛存在的排队系统.某地区当前人口数为 n,在时间段 $(t, t+\Delta t)$ 内出生一个人的概率为 $\lambda_n \Delta t + o(\Delta t)$,死亡一个人的概率为 $\mu_n \Delta t + o(\Delta t)$,那么在任意时刻 t 人口数为多少?这就是一个典型的生灭过程的例子.生灭过程作为一类特殊的随机过程,在生物学、物理学、运筹学中有广泛的应用.

设 $\{N(t), t \geqslant 0\}$ 为一个随机过程.若 $N(t)$ 的概率分布具有以下性质:

(1) 假设 $N(t) = n$,则从时刻 t 起到下一个顾客到达时刻止的时间服从参数为 λ_n 的负指数分布,$n = 0, 1, 2, \cdots$;

(2) 假设 $N(t) = n$,则从时刻 t 起到下一个顾客离去时刻止的时间服从参数为 μ_n 的负指数分布,$n = 1, 2, \cdots$;

(3) 同一时刻只有一个顾客到达或离去,

则称 $\{N(t),t \geqslant 0\}$ 为一个**生灭过程**.

下面结合某地区人口数的例子给出生灭过程的定义.

设 t 时刻该地区人口数 $N(t)=n$ 为系统的状态,生灭过程的状态转移可以用状态转移图(见图 10-4)来加以描述,图中结点代表状态,箭头代表状态转移. 在同一时间不可能有两个事件发生,则不存在跨状态的状态转移.

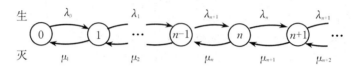

图 10-4　生灭过程的状态转移关系

生灭过程是非常简单,且具有广泛应用的一类随机过程,很多排队模型中都假设其状态过程为生灭过程. 在这样的排队系统中,一个顾客的到达将使系统状态从 n 到 $n+1$,这一过程成为**生**;一个顾客的离开将使系统状态从 n 到 $n-1$,这一过程成为**灭**.

10.3.2　生灭过程在平稳状态下的概率分布

当系统运行长时间达到平衡状态后,对于任一个状态 n,单位时间内进入该系统的平均次数和单位时间离开该系统的平均次数应该相等,这就是系统的统计平衡下的平衡原理.

根据"流入量 = 流出量"的平衡原理可以建立起稳定状态的状态转移方程组. 流量是这样计算的,如果从状态 i 到状态 j 转移弧上的转移率为 γ_{ij},那么这条转移弧所发生的流量就是 $\gamma_{ij}P_i$,其中 P_i 为状态 i 的概率. 将流的平衡原理应用于转移图的各个状态,每一状态都可给出一个以 P_i 为变量的线性方程. 这些线性方程构成的线性方程组无条件地决定了 P_i 的分布.

下面继续以图 10-4 描述的生灭过程为例来进行说明.

(1)对状态 0 来说,因为在时间 Δt 内发生两个或两个以上事件的概率为 $o(\Delta t)$,所以系统中只有状态 1 进入状态 0,在系统状态处于 1 的条件下,进入状态 0 的平均进入率为 μ_1. 这样系统从任意状态进入状态 0 的进入的流量为 $\mu_1 P_1$,同样,系统离开状态 0 的平均离开流量为 $\lambda_0 P_0$,则得到状态 0 的平衡方程为

$$\lambda_0 P_0 = \mu_1 P_1$$

(2)对状态 n 来说,一方面,因为在同一时间系统中只有状态 $n-1,n+1$ 分别以 λ_{n-1} 和 μ_{n+1} 为平均转移率进入状态 n,即流入状态 n 的流量为 $\lambda_{n-1}P_{n-1}+\mu_{n+1}P_{n+1}$. 另一方面,系统只能从状态 n 分别以 μ_n 和 λ_n 为平均转移率离开状态 n 进入状态 $n-1$ 和 $n+1$,即流出状态 n 的流量为 $\lambda_n P_n + \mu_n P_n$. 故状态 n 的平衡方程为

$$\lambda_{n-1}P_{n-1}+\mu_{n+1}P_{n+1} = \lambda_n P_n + \mu_n P_n$$

综合(1),(2)所述,任意状态 n 的平衡方程为

$$\begin{cases} \lambda_0 P_0 = \mu_1 P_1 \\ \lambda_{n-1}P_{n-1}+\mu_{n+1}P_{n+1} = (\lambda_n + \mu_n)P_n, \quad n=1,2,\cdots \end{cases}$$

用递推法解上面的方程组可得

$$P_n = \frac{\lambda_0 \lambda_1 \cdots \lambda_{n-1}}{\mu_1 \mu_2 \cdots \mu_n} P_0, \quad n = 1, 2, \cdots$$

再由 $\sum_{n=0}^{\infty} P_n = 1$，可得

$$P_0 + \frac{\lambda_0}{\mu_1} P_0 + \frac{\lambda_0 \lambda_1}{\mu_1 \mu_2} P_0 + \cdots + \frac{\lambda_0 \lambda_1 \cdots \lambda_{n-1}}{\mu_1 \mu_2 \cdots \mu_n} P_0 + \cdots = 1$$

即

$$P_0 \left(1 + \frac{\lambda_0}{\mu_1} + \frac{\lambda_0 \lambda_1}{\mu_1 \mu_2} + \cdots + \frac{\lambda_0 \lambda_1 \cdots \lambda_{n-1}}{\mu_1 \mu_2 \cdots \mu_n} + \cdots \right) = 1$$

故

$$P_0 = \left(1 + \sum_{n=1}^{\infty} \frac{\lambda_0 \lambda_1 \cdots \lambda_{n-1}}{\mu_1 \mu_2 \cdots \mu_n} \right)^{-1}$$

所以，当 $\sum_{n=1}^{\infty} \frac{\lambda_0 \lambda_1 \cdots \lambda_{n-1}}{\mu_1 \mu_2 \cdots \mu_n} < \infty$ 时，生灭过程存在平稳状态概率分布，即

$$\begin{cases} P_0 = \left(1 + \sum_{n=1}^{\infty} \frac{\lambda_0 \lambda_1 \cdots \lambda_{n-1}}{\mu_1 \mu_2 \cdots \mu_n} \right)^{-1} \\ P_n = \frac{\lambda_0 \lambda_1 \cdots \lambda_{n-1}}{\mu_1 \mu_2 \cdots \mu_n} P_0, \quad n = 1, 2, \cdots \end{cases}$$

特别地，当 λ_n 和 μ_n 分别为常数 λ 和 μ 时，

$$1 + \sum_{n=1}^{\infty} \frac{\lambda_0 \lambda_1 \cdots \lambda_{n-1}}{\mu_1 \mu_2 \cdots \mu_n} = \sum_{n=0}^{\infty} \left(\frac{\lambda}{\mu} \right)^n$$

如果 $\frac{\lambda}{\mu}$ 是一个小于 1 的数，那么该等比序列级数将收敛于一个有限的和 $\frac{1}{1 - \frac{\lambda}{\mu}}$. 从而求出

P_i 的分布

$$\begin{cases} P_0 = 1 - \frac{\lambda}{\mu} \\ P_n = \left(\frac{\lambda}{\mu} \right)^n \left(1 - \frac{\lambda}{\mu} \right), \quad n = 1, 2, \cdots \end{cases}$$

第四节 单服务台排队模型

本节将讨论输入过程服从泊松过程，服务时间服从负指数分布，单服务台的排队系统. 分以下 3 种情况讨论：

(1) 标准 $M/M/1$ 模型（$M/M/1/\infty/\infty$）；

(2) 系统容量有限的情形（$M/M/1/N/\infty$）；

(3) 有限顾客源的情形（$M/M/1/\infty/m$）.

10.4.1 标准 $M/M/1$ 模型（$M/M/1/\infty/\infty$）

标准 $M/M/1$ 模型（$M/M/1/\infty/\infty$）也称为**单服务台等待制模型**，是指顾客的相继到达服从参数为 λ 的泊松分布，服务台个数为 1，服务时间 v 服从参数为 μ 的负指数分布，系

统空间无限,允许无限排队,先到先服务.此外,假设到达间隔时间和服务时间相互独立.这是一类最简单的排队系统.

解此类模型,应先求出系统在状态 n 的概率,然后计算系统的各项主要指标.

1. 系统状态概率分布

已知顾客到达服从参数为 λ 的泊松过程,服务时间服从参数为 μ 的负指数分布,并且到达间隔时间和服务时间相互独立.当系统进入平稳运行状态后,系统状态转移关系如图 $10-5$ 所示.

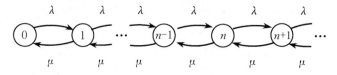

图 $10-5$ $M/M/1$ 模型的系统状态转移关系图

此生灭过程是一般生灭过程的特殊情形,令 $\rho = \dfrac{\lambda}{\mu}$,则 $\rho < 1$(否则队列将排至无限远,系统永远不能进入平稳运行状态),故标准 $M/M/1$ 模型在平衡条件下系统中顾客数为 n 的概率分布为

$$P_n = \rho^n(1-\rho), \quad n = 0,1,2,\cdots$$

注 参数 ρ 是到达率与服务率之比,被称为服务强度,它既是系统中至少有一个顾客的概率,又是服务台处于忙时的概率,它反映了系统繁忙的程度. ρ 也有其他的表达形式,若改写为 $\rho = \dfrac{1}{\mu}\Big/\dfrac{1}{\lambda}$,此时 ρ 的含义是平均服务时间与相继到达平均间隔时间之比;若改写为 $\rho = \lambda \cdot \dfrac{1}{\mu}$,此时 ρ 的含义是到达率与平均服务时间的积,即在一个平均服务时间里到达的平均顾客数量.

2. 系统的各项指标

(1) 系统中的平均顾客数(平均队长)L_s.

$$L_s = \sum_{n=0}^{\infty} nP_n = \sum_{n=1}^{\infty} n(1-\rho)\rho^n = \sum_{n=1}^{\infty} n\rho^n - \sum_{n=1}^{\infty} n\rho^{n+1}$$
$$= (\rho + 2\rho^2 + 3\rho^3 + \cdots) - (\rho^2 + 2\rho^3 + 3\rho^4 + \cdots)$$
$$= \rho + \rho^2 + \cdots$$
$$= \frac{\rho}{1-\rho} = \frac{\lambda}{\mu - \lambda}$$

(2) 在队列中等待的平均顾客数(平均排队长)L_q.

由于是单服务台,当系统中有 1 个顾客时,队列中无人等待;有 2 个顾客时,有 1 人等待;有 3 个顾客时,有 2 人等待.以此类推,故有

$$L_q = \sum_{n=1}^{\infty} (n-1)P_n = \sum_{n=1}^{\infty} nP_n - \sum_{n=1}^{\infty} P_n$$
$$= L_s - (1-P_0) = L_s - \rho = \frac{\rho}{1-\rho} - \rho$$

$$= \frac{\rho^2}{1-\rho} = \frac{\rho\lambda}{\mu-\lambda} = \frac{\lambda^2}{\mu(\mu-\lambda)}$$

（3）顾客在系统中的平均等待时间 W_q.

由于服务时间服从参数为 μ 的负指数分布,因此每个顾客的平均服务时间为 $E(v) = \frac{1}{\mu}$.设一个顾客进入系统时,发现他前面已有 n 个顾客在系统中,则他的平均等待时间就是这 n 个顾客的平均服务时间的总和,即

$$E\{进入系统的顾客的等待时间 \mid X = n\} = \frac{n}{\mu}$$

故

$$W_q = E\{进入系统的顾客的等待时间\}$$

$$= \sum_{n=1}^{\infty} E\{进入系统的顾客的等待时间 \mid X = n\} \cdot P\{X = n\}$$

$$= \sum_{n=1}^{\infty} \frac{n}{\mu} \cdot (1-\rho)\rho^n = \frac{\rho(1-\rho)}{\mu} \sum_{n=1}^{\infty} n\rho^{n-1}$$

$$= \frac{\rho(1-\rho)}{\mu} \left(\sum_{n=0}^{\infty} \rho^n \right)' = \frac{\rho(1-\rho)}{\mu} \left(\frac{1}{1-\rho} \right)'$$

$$= \frac{\rho(1-\rho)}{\mu} \cdot \frac{1}{(1-\rho)^2} = \frac{\rho}{\mu(1-\rho)} = \frac{\rho}{\mu-\lambda} = \frac{L_q}{\lambda}$$

（4）顾客在系统中的平均逗留时间 W_s.

由 $W_s = W_q + E(v)$,得

$$W_s = W_q + \frac{1}{\mu} = \frac{\rho}{\mu-\lambda} + \frac{1}{\mu} = \frac{1}{\mu-\lambda}$$

综上所述,得到如下的关系式:

$$L_s = \frac{\lambda}{\mu-\lambda} = \frac{\rho}{1-\rho}, \quad L_q = \frac{\rho\lambda}{\mu-\lambda} = \frac{\rho^2}{1-\rho}$$

$$W_s = \frac{1}{\mu-\lambda}, \quad W_q = \frac{\rho}{\mu-\lambda}$$

相互关系为

$$L_s = \lambda W_s, \quad L_q = \lambda W_q$$

$$W_s = W_q + \frac{1}{\mu}, \quad L_s = L_q + \frac{\lambda}{\mu}$$

上述公式称为**利特尔**(Little)**公式**.

（5）平均忙期 $E(B)$ 和平均闲期 $E(I)$.

在平衡状态下,忙期 B 和闲期 I 一般均为随机变量,求它们的分布是比较麻烦的.由于忙期和闲期是交替出现,且出现的概率分别为 $1-P_0 = \rho$ 和 $P_0 = 1-\rho$,因此

$$\frac{E(B)}{E(I)} = \frac{\rho}{1-\rho}$$

因为顾客到达过程为泊松过程,根据负指数分布的无记忆性和到达与服务相互独立的假设,易知从系统空闲时刻起到下一顾客到达时刻止(即闲期)的时间间隔仍服从参数为 λ 的负指数分布,且与到达时间间隔相互独立.因此,平均闲期应为

$$E(I) = \frac{1}{\lambda}$$

这样,平均忙期为

$$E(B) = \frac{\rho}{1-\rho}E(I) = \frac{\rho}{1-\rho} \cdot \frac{1}{\lambda} = \frac{1}{\mu-\lambda}$$

比较发现,平均逗留时间(W_s) = 平均忙期($E(B)$). 一般地,顾客在系统中逗留的时间越长,服务员连续繁忙的时间也就越长. 因此,一个顾客在系统内的平均逗留时间应等于服务员平均连续繁忙的时间. 事实上,从流量平衡原理出发,也可得

$$E(B) = W_s = \frac{1}{\mu-\lambda}$$

(6) 顾客到达系统必须排队等待的概率 P_w.

当系统中的顾客数大于 1 时,顾客到达系统必须排队等待,因此有

$$P_w = 1 - P_0 = \rho$$

例 10.5　某修理店只有一个修理工,来修理的顾客到达过程为泊松流,平均 4 人/h;修理时间服从负指数分布,平均需要 6 min. 试求:

(1) 修理店空闲的概率;

(2) 店内恰有 3 个顾客的概率;

(3) 店内至少有 1 个顾客的概率;

(4) 在店内的平均顾客数;

(5) 每位顾客在店内的平均逗留时间;

(6) 等待服务的平均顾客数;

(7) 每位顾客平均等待服务时间.

解　本例可看成一个 $M/M/1/\infty/\infty$ 排队系统,其中

$$\lambda = 4, \quad \mu = \frac{1}{0.1} = 10, \quad \rho = \frac{\lambda}{\mu} = 0.4$$

(1) $P_0 = 1 - \rho = 1 - 0.4 = 0.6$

(2) $P_3 = \rho^3(1-\rho) = (0.4)^3 \times (1 - 0.4) = 0.0384$

(3) $P\{N \geqslant 1\} = 1 - P_0 = \rho = 0.4$

(4) $L_s = \frac{\rho}{1-\rho} \approx 0.67(人)$

(5) $W_s = \frac{L_s}{\lambda} = \frac{0.67}{4}(h) \approx 10(min)$

(6) $L_q = L_s - \rho = \frac{\rho^2}{1-\rho} = \frac{(0.4)^2}{1-0.4} \approx 0.267(人)$

(7) $W_q = \frac{L_q}{\lambda} = \frac{0.267}{4}(h) \approx 4(min)$

10.4.2　系统容量有限的情形($M/M/1/N/\infty$)

系统容量有限的情形即**单服务台混合制模型**,指顾客的相继到达时间服从参数为 λ 的负指数分布,服务台个数为 1,服务时间 v 服从参数为 μ 的负指数分布,系统的最大容量为 N,当 N 个位置已被顾客占用时,新到的顾客自动离去,当系统中有空位置时,新到的

顾客进入系统排队等待(见图 10-6).

图 10-6　系统容量有限的情形

当 $N=1$ 时,模型为即时制;当 $N \to \infty$ 时,模型为容量无限制(等待制).

1. 系统状态概率分布

当系统进入平稳运行状态后,由于所考虑的排队系统中最多只能容纳 N 个顾客(等待位置只有 $N-1$ 个),因而系统状态转移关系如图 10-7 所示.

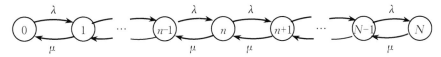

图 10-7　$M/M/1/N/\infty$ 模型的系统状态转移关系图

由图 10-7,可列出如下状态概率的稳态方程:

$$\begin{cases} \mu P_1 = \lambda P_0 \\ \lambda P_{n-1} + \mu P_{n+1} = (\lambda + \mu) P_n, \quad n = 1,2,\cdots,N-1 \\ \mu P_N = \lambda P_{N-1} \end{cases}$$

令 $\rho = \dfrac{\lambda}{\mu}$(由于系统排队机制是混合制,不再要求 $\rho < 1$),则

$$\begin{cases} P_1 = \rho P_0 \\ P_{n+1} + \rho P_{n-1} = (1+\rho) P_n, \quad n = 1,2,\cdots,N-1 \\ P_N = \rho P_{N-1} \end{cases}$$

用递推法解方程组可得

$$P_n = \rho^n P_0, \quad n = 1,2,\cdots,N$$

再根据 $\sum_{n=0}^{N} P_n = 1$,得

$$P_0(1 + \rho + \rho^2 + \cdots + \rho^N) = 1$$

故有

$$P_0 = \begin{cases} \dfrac{1-\rho}{1-\rho^{N+1}}, & \rho \neq 1 \\ \dfrac{1}{N+1}, & \rho = 1 \end{cases}$$

所以 $M/M/1/N/\infty$ 型生灭过程稳态的状态概率分布为

$$P_n = \begin{cases} \dfrac{1-\rho}{1-\rho^{N+1}}\rho^n, & \rho \neq 1, \\ \dfrac{1}{N+1}, & \rho = 1, \end{cases} \quad n = 0,1,2,\cdots,N$$

2. 系统的各项指标

在 $M/M/1/N/\infty$,当 $\rho \neq 1$ 时,平均队长为

$$L_s = \sum_{n=0}^{N} nP_n = \frac{\rho}{1-\rho} - \frac{(N+1)\rho^{N+1}}{1-\rho^{N+1}}$$

当 $\rho = 1$ 时,

$$L_s = \sum_{n=0}^{N} nP_n = \sum_{n=1}^{N} n\rho^n P_0 = \frac{1}{N+1}\sum_{n=1}^{N} n = \frac{N}{2}$$

类似地,可得平均排队长

$$L_q = \sum_{n=1}^{N}(n-1)P_n = L_s - (1-P_0) = \begin{cases} \dfrac{\rho}{1-\rho} - \dfrac{\rho(1+N\rho^N)}{1-\rho^{N+1}}, & \rho \neq 1 \\ \dfrac{N(N-1)}{2(N+1)}, & \rho = 1 \end{cases}$$

一方面,由于排队系统的容量有限,只有 $N-1$ 个排队位置,因此,当系统空间被占满时,新来的顾客将不能进入系统排队,也就是说不能保证所有到达的顾客都能进入系统等待服务. 假设顾客的到达率(单位时间内来到系统的顾客的平均数)为 λ,则当系统处于状态 N 时,顾客不能进入系统,即顾客可进入系统的概率是 $1-P_N$. 因此,系统的**有效到达率**(单位时间内实际可进入系统的顾客的平均数)为

$$\lambda_e = \lambda(1-P_N) = \mu(1-P_0)$$

注意到此时平均到达率 λ 是在系统中有空时的平均到达率,当系统已满时,则到达率为 0. P_N 也称为**顾客损失率**,它表示了在来到系统的所有顾客中不能进入系统的顾客的比例.

另一方面,因为当系统中只要有一个顾客存在时,系统必定是繁忙的(被利用的),所以服务系统的利用率可以从两个不同的角度表达为 $1-p_0$ 或 $\frac{\lambda_e}{\mu}$,即 $1-p_0 = \frac{\lambda_e}{\mu}$,所以应有

$$\lambda_e = \mu(1-P_0)$$

由利特尔公式有

$$W_s = \frac{L_s}{\lambda_e} = \frac{L_s}{\mu(1-P_0)}, \quad W_q = \frac{L_q}{\lambda_e} = \frac{L_q}{\mu(1-P_0)}$$

且仍有

$$W_s = W_q + \frac{1}{\mu}$$

注 这里的平均逗留时间和平均等待时间都是针对能够进入系统的顾客而言的.

例 10.6 某修理站只有 1 个修理工,且站内最多只能停放 4 台待修的机器. 设待修机器按泊松流到达修理站,平均每分钟到达 1 台;修理时间服从负指数分布,平均每 1.25 分钟可修理 1 台,试求该系统的有关指标.

解 本例可看成一个 $M/M/1/4$ 排队系统,其中

$$\lambda = 1, \quad \mu = \frac{1}{1.25} = 0.8, \quad \rho = \frac{\lambda}{\mu} = 1.25, \quad N = 4$$

则

$$P_0 = \frac{1-\rho}{1-\rho^5} = \frac{1-1.25}{1-(1.25)^5} \approx 0.122$$

因而,顾客损失率
$$P_4 = \rho^4 P_0 = (1.25)^4 \times 0.122 \approx 0.298$$

有效到达率
$$\lambda_e = \lambda(1 - P_4) = 1 \times (1 - 0.298) = 0.702$$

平均队长
$$L_s = \frac{\rho}{1-\rho} - \frac{(N+1)\rho^{N+1}}{1-\rho^{N+1}} = \frac{1.25}{1-1.25} - \frac{(4+1) \times (1.25)^{4+1}}{1-(1.25)^{4+1}} \approx 2.44(\text{台})$$

平均排队长
$$L_q = L_s - (1 - P_0) = 2.44 - (1 - 0.122) \approx 1.56(\text{台})$$

平均逗留时间
$$W_s = \frac{L_s}{\lambda_e} = \frac{2.44}{0.702} \approx 3.48(\text{min})$$

平均等待时间
$$W_q = W_s - \frac{1}{\mu} = 3.48 - \frac{1}{0.8} = 2.23(\text{min})$$

10.4.3 有限顾客源的情形($M/M/1/\infty/m$)

接下来分析顾客源为有限的排队问题,即 $M/M/1/\infty/m$ 模型.这类排队问题的主要特征是顾客总数是有限的,如果有 m 个顾客,每个顾客来到系统中接受服务后仍回到原来的总体,还有可能再来.这类排队问题的典型例子是机器看管问题.例如,一个工人同时看管 m 台机器,当机器发生故障时停下来等待维修,修好后再投入使用,且仍然可能再发生故障.类似的例子还有 m 个终端共用一台打印机等,如图 10-8 所示.由于系统的容量永远不会超过 m,因此模型也可写成 $M/M/1/m/m$.

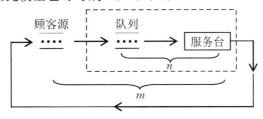

图 10-8 有限顾客源的情形

1. 系统状态概率分布

关于顾客的平均到达率,在无限源的情形中是按全体顾客来考虑的,而在有限源的情形下,必须按每一顾客来考虑.设顾客源为有限 m,顾客到达服从参数为 λ 的泊松过程(这里 λ 的含义是指单位时间内该顾客来到系统请求服务的次数),且每一顾客在系统外的时间均服从参数为 λ 的负指数分布.服务时间服从参数为 μ 的负指数分布,并且顾客到达和服务时间是相互独立的.由于在系统外的顾客的平均数为 $m - L_s$,因此系统的有效到达率为
$$\lambda_e = \lambda(m - L_s)$$

当系统进入平稳运行状态后,系统状态转移关系如图 10-9 所示.

由图 10-9,可列出如下状态概率的稳态方程:

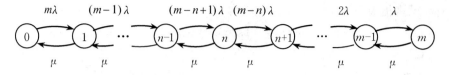

图 10 – 9 $M/M/1/\infty/m$ 模型的系统状态转移关系图

$$\begin{cases} \mu P_1 = m\lambda P_0 \\ \mu P_{n+1} + (m-n+1)\lambda P_{n-1} = [(m-n)\lambda + \mu]P_n, \quad 1 \leqslant n \leqslant m-1 \\ \mu P_m = \lambda P_{m-1} \end{cases}$$

用递推法解得

$$P_n = \frac{m!}{(m-n)!}\left(\frac{\lambda}{\mu}\right)^n P_0, \quad n = 1, 2, \cdots, m$$

再根据 $\sum\limits_{n=0}^{m} P_n = 1$，得

$$P_0 = \left[\sum_{k=0}^{m} \frac{m!}{(m-k)!}\left(\frac{\lambda}{\mu}\right)^k\right]^{-1}$$

2. 系统的各项指标

平均队长

$$L_s = \sum_{n=0}^{m} nP_n = m - \frac{\mu}{\lambda}(1-P_0)$$

平均排队长

$$L_q = L_s - (1-P_0) = m - \frac{(\lambda+\mu)(1-P_0)}{\lambda}$$

此时有效到达率也可表示为

$$\lambda_e = \lambda(m-L_s) = \mu(1-P_0)$$

顾客平均逗留时间

$$W_s = \frac{L_s}{\lambda_e} = \frac{m}{\mu(1-P_0)} - \frac{1}{\lambda}$$

顾客平均等待时间

$$W_q = W_s - \frac{1}{\mu}$$

例 10.7   某车间有 5 台机器，每台机器的连续运转时间服从负指数分布，平均连续运转时间 15 min，有一个修理工，每次修理时间服从负指数分布，平均每次修理时间 12 min. 求：

（1）修理工空闲的概率；

（2）5 台机器都出故障的概率；

（3）出故障的平均台数；

（4）等待修理的平均台数；

（5）平均停工时间；

（6）平均等待修理时间.

解   本例可看成是一个 $M/M/1/5/5$ 排队系统，其中

$$\lambda = \frac{1}{15}, \quad \mu = \frac{1}{12}, \quad \rho = \frac{\lambda}{\mu} = 0.8, \quad m = 5$$

(1) $P_0 = \left[\sum_{k=0}^{m} \frac{m!}{(m-k)!} \rho^k \right]^{-1}$

$= \left[\frac{5!}{5!}(0.8)^0 + \frac{5!}{4!}(0.8)^1 + \frac{5!}{3!}(0.8)^2 + \frac{5!}{2!}(0.8)^3 + \frac{5!}{1!}(0.8)^4 + \frac{5!}{0!}(0.8)^5 \right]^{-1}$

$= \frac{1}{136.8} \approx 0.007\ 3$

(2) $P_5 = \frac{m!}{(m-5)!} \rho^5 \cdot P_0 = \frac{5!}{0!}(0.8)^5 P_0 \approx 0.287$

(3) $L_s = m - \frac{1}{\rho}(1 - P_0) = 5 - \frac{1}{0.8}(1 - 0.007\ 3) \approx 3.76 (台)$

(4) $L_q = L_s - (1 - P_0) = 3.76 - (1 - 0.007\ 3) \approx 2.77 (台)$

(5) $W_s = \frac{m}{\mu(1 - P_0)} - \frac{1}{\lambda} = \frac{5}{\frac{1}{12}(1 - 0.007\ 3)} - 15 \approx 45 (min)$

(6) $W_q = W_s - \frac{1}{\mu} = 45 - 12 = 33 (min)$

上述结果表明机器停工时间过长,修理工几乎没有空闲时间,应当提高服务率减少修理时间或增加修理工人.

第五节　多服务台排队模型

本节讨论单队列、并列多服务台(c 个)情形,分如下 3 种情况:

(1) 标准的 $M/M/c$ 模型($M/M/c/\infty/\infty$);

(2) 系统容量有限制的情形($M/M/c/N/\infty$);

(3) 有限顾客源的情形($M/M/c/\infty/m$).

10.5.1　标准的 $M/M/c$ 模型($M/M/c/\infty/\infty$)

标准的 $M/M/c$ 模型 是指顾客单个到达,相继到达时间间隔服从参数为 λ 的负指数分布,系统中共有 c 个服务台,每个服务台的服务时间相互独立,且服从参数为 μ 的负指数分布的排队系统. 当顾客到达时,若有空闲的服务台则马上接受服务,否则便排成一个队列等待,等待时间为无限. 此外,还假定服务时间和顾客相继到达的间隔时间相互独立. 该排队系统的示意图如图 10 - 10 所示.

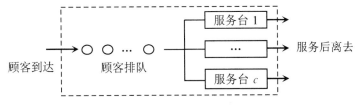

图 10 - 10　标准的 $M/M/c$ 模型

1. 系统状态概率分布

标准的 $M/M/c$ 模型的各种特征的规定与标准的 $M/M/1$ 模型的规定相同. 由于顾客到达为泊松过程,且顾客源无限,因此,系统在各种状态的情况下,单位时间到达系统的顾客数(出生率)为 λ. 另设各服务台工作相互独立且平均服务率相同 $\mu_1 = \mu_2 = \cdots = \mu_c = \mu$,由于是多台服务,系统的单位时间服务顾客数(死亡率)与系统中的顾客数 n 以及服务台数 c 有关,当 $n < c$ 时,系统平均服务率为 $n\mu$,当 $n \geqslant c$ 时,系统平均服务率为 $c\mu$.

服务强度(即服务机构的平均利用率)为 $\rho = \dfrac{\lambda}{c\mu}$,当 $\rho < 1$ 时,系统才不会形成无限的队列. 系统在稳态的情况下的状态转移如图 $10-11$ 所示.

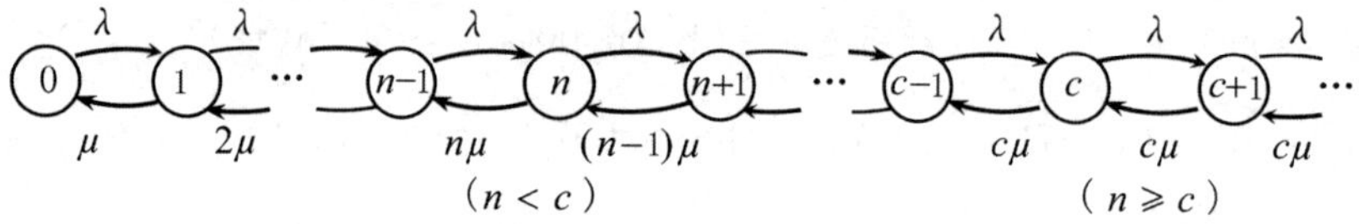

图 10 - 11　标准的 $M/M/c$ 模型的系统状态转移关系图

由图 $10-11$,可列出如下状态概率的稳态方程:

$$\begin{cases} \mu P_1 = \lambda P_0 \\ (n+1)\mu P_{n+1} + \lambda P_{n-1} = (\lambda + n\mu)P_n, & 1 \leqslant n \leqslant c \\ c\mu P_{n+1} + \lambda P_{n-1} = (\lambda + c\mu)P_n, & n > c \end{cases}$$

用递推法解得

$$P_n = \begin{cases} \dfrac{1}{n!}\left(\dfrac{\lambda}{\mu}\right)^n P_0, & n \leqslant c \\ \dfrac{1}{c!\, c^{n-c}}\left(\dfrac{\lambda}{\mu}\right)^n P_0, & n > c \end{cases}$$

再根据 $\displaystyle\sum_{i=0}^{\infty} P_i = 1$,可得

$$P_0 = \left[\sum_{k=0}^{c-1}\frac{1}{k!}\left(\frac{\lambda}{\mu}\right)^k + \frac{1}{c!}\frac{1}{1-\rho}\left(\frac{\lambda}{\mu}\right)^c\right]^{-1}$$

2. 系统的各项指标

平均排队长

$$L_q = \sum_{n=c+1}^{\infty}(n-c)P_n = \frac{(c\rho)^c \rho}{c!\,(1-\rho)^2}P_0$$

平均队长

$$L_s = \sum_{n=0}^{\infty}nP_n = L_q + c\rho = L_q + \frac{\lambda}{\mu}$$

平均逗留时间

$$W_q = \frac{L_q}{\lambda}$$

平均等待时间

$$W_s = \frac{L_s}{\lambda} = W_q + \frac{1}{\mu}$$

顾客到达系统必须排队等待的概率

$$P_w = \sum_{n=c}^{\infty} P_n = \frac{1}{c!} \left(\frac{\lambda}{\mu} \right)^c \frac{1}{1-\rho} P_0$$

例 10.8 某售票处有 3 个窗口,顾客到达服从泊松过程,平均到达率为 $\lambda = 0.9$(人 /min),服务时间服从负指数分布,平均服务率为 $\mu = 0.4$(人 /min).现设顾客到达后排成一队,依次向空闲的窗口购票,求:

(1) 整个售票处空闲概率;

(2) 平均队长;

(3) 平均等待时间和逗留时间;

(4) 顾客到达后必须等待的概率.

解 本例可看成一个 $M/M/c/\infty$ 排队系统,其中已知 $c = 3, \lambda = 0.9, \mu = 0.4$,则

$$\frac{\lambda}{\mu} = 2.25, \quad \rho = 0.75$$

(1) $P_0 = \left[\frac{(2.25)^0}{0!} + \frac{(2.25)^1}{1!} + \frac{(2.25)^2}{2!} + \frac{(2.25)^3}{3!} \times \frac{1}{1-0.75} \right]^{-1} \approx 0.074\,8$

(2) $L_q = \frac{(2.25)^3 \times 0.75}{3!(1-0.75)^2} \times 0.074\,8 \approx 1.70$(人)

$$L_s = L_q + \lambda/\mu = 1.70 + \frac{0.9}{0.4} = 3.95 \text{(人)}$$

(3) $W_q = \frac{1.70}{0.9} \approx 1.89 \text{(min)}, \quad W_s = 1.89 + \frac{1}{0.4} = 4.39 \text{(min)}$

(4) $P\{n \geqslant 3\} = \frac{1}{3!} \times (2.25)^3 \times \frac{1}{1-0.75} \times 0.074\,8 \approx 0.57$

在本例中,如果顾客的排队方式变为到达售票处后可到任一个窗口前排队,且入队后不再换队,即可形成 3 个队列.这时,原来的 $M/M/3/\infty$ 系统实际上变成了由 3 个 $M/M/1/\infty$ 子系统组成的排队系统,且每个子系统的平均到达率为

$$\lambda_1 = \lambda_2 = \lambda_3 = \frac{0.9}{3} = 0.3 \text{(人 /min)}$$

表 10-8 给出了 $M/M/3/\infty$ 和 3 个 $M/M/1/\infty$ 的比较,不难看出一个 $M/M/3/\infty$ 系统比由 3 个 $M/M/1/\infty$ 系统组成的排队系统具有显著的优越性.在服务台个数和服务率都不变的条件下,单队排队方式比多队排队方式要优越,在对排队系统进行设计和管理的时候应注意.

表 10 - 8 排队服务指标比较

项目	$M/M/3/\infty$	3 个 $M/M/1/\infty$
空闲的概率	0.074 8	0.25(每个子系统)
顾客必须等待的概率	0.57	0.75
平均队长	3.95	9(整个系统)
平均排队长	1.70	2.25(每个子系统)
平均逗留时间(min)	4.39	10
平均等待时间(min)	1.89	7.5

10.5.2　系统容量有限制的情形($M/M/c/N/\infty$)

在系统 $M/M/c/N/\infty$ 中,有 c 个服务台,容量最大限制 $N(N \geqslant c)$,当系统中顾客数已达到 N(即队列中顾客数已达 $N-c$)时,再来的顾客即被拒绝,其他条件与标准的 $M/M/c$ 相同.

1. 系统状态概率分布

当系统的状态为 n 时,每个服务台的服务率为 μ,则系统的总服务率:当 $0 \leqslant n < c$ 时为 $n\mu$;当 $n \geqslant c$ 时为 $c\mu$. 当系统 $M/M/c/N/\infty$ 进入平稳运行状态后,系统状态转移关系如图 $10-12$ 所示.

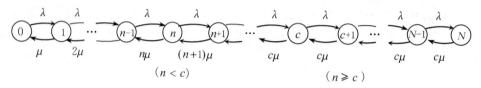

图 10 - 12　$M/M/c/N/\infty$ 模型的系统状态转移关系图

由图 $10-12$,可列出如下状态概率的稳态方程:

$$\begin{cases} \mu P_1 = \lambda P_0 \\ (n+1)\mu P_{n+1} + \lambda P_{n-1} = (\lambda + n\mu)P_n, & 1 \leqslant n < c \\ c\mu P_{n+1} + \lambda P_{n-1} = (\lambda + c\mu)P_n, & c \leqslant n < N \\ c\mu P_N = \lambda P_{N-1} \end{cases}$$

令 $\rho = \dfrac{\lambda}{c\mu}$(由于系统排队机制是混合制,不再要求 $\rho < 1$),则

$$\begin{cases} P_1 = c\rho P_0 \\ (n+1)P_{n+1} + c\rho P_{n-1} = (c\rho + n)P_n, & 1 \leqslant n < c \\ P_{n+1} + \rho P_{n-1} = (\rho + 1)P_n, & c \leqslant n < N \\ P_N = \rho P_{N-1} \end{cases}$$

用递推法解得

$$P_n = \begin{cases} \dfrac{1}{n!}(c\rho)^n P_0, & 0 \leqslant n \leqslant c \\ \dfrac{c^c}{c!}\rho^n P_0, & c < n \leqslant N \end{cases}$$

再根据 $\displaystyle\sum_{i=1}^{N} P_i = 1$,得

$$P_0 = \begin{cases} \left[\displaystyle\sum_{k=0}^{c} \dfrac{(c\rho)^k}{k!} + \dfrac{c^c \rho (\rho^c - \rho^N)}{c!(1-\rho)} \right]^{-1}, & \rho \neq 1 \\ \left[\displaystyle\sum_{k=0}^{c} \dfrac{c^k}{k!} + \dfrac{c^c(N-c)}{c!} \right]^{-1}, & \rho = 1 \end{cases}$$

2. 系统的各项指标

平均排队长

$$L_q = \sum_{n=c+1}^{N} P_n = \begin{cases} \dfrac{P_0 \rho (c\rho)^c}{c!(1-\rho)^2}\left[1 - \rho^{N-c} - \rho^{N-c}(1-\rho)(N-c)\right], & \rho \neq 1 \\[4mm] \dfrac{P_0 c^c (N-c)(N-c+1)}{2c!}, & \rho = 1 \end{cases}$$

平均队长

$$L_s = \sum_{n=0}^{N} n P_n = L_q + c\rho(1 - P_N) = L_q + \frac{\lambda}{\mu}(1 - P_N)$$

顾客到达而能进入系统的概率为 $1 - P_N$,故系统的有效到达率为

$$\lambda_e = \lambda(1 - P_N)$$

平均逗留时间

$$W_q = \frac{L_q}{\lambda(1 - P_N)}$$

平均等待时间

$$W_s = W_q + \frac{1}{\mu}$$

特别地,当 $N = c$ 时,即为多服务台损失制系统,例如,街头停车场不允许排队等待空位. 对损失制系统,有

$$\begin{cases} P_0 = \dfrac{1}{\displaystyle\sum_{k=0}^{c} \dfrac{(c\rho)^k}{k!}} \\[6mm] P_n = \dfrac{(c\rho)^n}{n!} P_0, \quad 1 \leqslant n \leqslant c \end{cases}$$

$$L_q = 0, \quad L_s = \frac{\lambda}{\mu}(1 - P_c), \quad W_q = 0, \quad W_s = \frac{1}{\mu}$$

例 10.9　某汽车加油站设有 2 个加油机,汽车按泊松流到达,平均每分钟到达 2 辆;汽车加油时间服从负指数分布,平均加油时间为 2 min. 又知加油站上最多只能停放 3 辆等待加油的汽车. 若汽车到达时已满员,则必须开到别的加油站去. 求该系统空闲的概率.

解　本例可看成 $M/M/2/5$ 的排队系统,其中

$$\lambda = 2, \quad \mu = 0.5, \quad c = 2, \quad N = 5, \quad \rho = \frac{\lambda}{c\mu} = 2$$

系统空闲的概率为

$$\begin{aligned} P_0 &= \left[\sum_{k=0}^{c} \frac{(c\rho)^k}{k!} + \frac{c^c \cdot \rho \cdot (\rho^c - \rho^N)}{c!(1-\rho)}\right]^{-1} \\ &= \left[1 + \frac{4^1}{1!} + \frac{4^2}{2!} + \frac{2^2 \cdot 2 \cdot (2^2 - 2^5)}{2!(1-2)}\right]^{-1} \\ &= 0.008 \end{aligned}$$

10.5.3　有限顾客源的情形 $(M/M/c/\infty/m)$

模型 $M/M/c/\infty/m$ 的各种特征与模型 $M/M/1/\infty/m$ 的规定相同. 以机器维修管理为例,已知共有 m 台机器,有 c 个修理工人,每台机器每单位运转时间出故障的期望次数为 λ,n 是出故障的机器台数. 不妨设 $m > c$,机器出故障服从参数为 λ 的泊松过程,设 c 个

工人修理技术相同,服务时间服从参数为 μ 的负指数分布,并且机器出故障和服务时间是相互独立的. 当 $0 \leqslant n \leqslant c$ 时,所有的故障机器都在被修理,有 $c-n$ 个工人空闲;当 $c < n \leqslant m$ 时,有 $n-c$ 台机器在停机待修,工人均繁忙.

1. 系统状态概率分布

当系统进入平稳运行状态后,该模型的系统状态转移关系如图 10 – 13 所示.

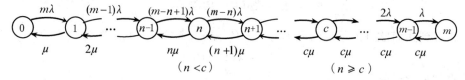

图 10 – 13　$M/M/c/\infty/m$ 模型的系统状态转移关系图

由图 10 – 13,可列出如下稳态方程:

$$\begin{cases} \mu P_1 = m\lambda P_0 \\ (n+1)\mu P_{n+1} + (m-n+1)\lambda P_{n-1} = [(m-n)\lambda + n\mu]P_n, & 1 \leqslant n \leqslant c \\ c\mu P_{n+1} + (m-n+1)\lambda P_{n-1} = [(m-n)\lambda + c\mu]P_n, & c < n < m \\ c\mu P_m = \lambda P_{m-1} \end{cases}$$

用递推法解得

$$P_n = \begin{cases} \dfrac{m!}{(m-n)!\,n!}\left(\dfrac{\lambda}{\mu}\right)^n P_0, & 0 \leqslant n \leqslant c \\[3mm] \dfrac{m!}{(m-n)!\,c!\,c^{n-c}}\left(\dfrac{\lambda}{\mu}\right)^n P_0, & c < n \leqslant m \end{cases}$$

再由 $\sum\limits_{n=0}^{m} P_n = 1$,得

$$P_0 = \frac{1}{m!}\left[\sum_{k=0}^{c}\frac{1}{(m-k)!\,k!}\left(\frac{c\rho}{m}\right)^k + \frac{c^c}{c!}\sum_{k=c+1}^{m}\frac{1}{(m-k)!}\left(\frac{\rho}{m}\right)^k\right]^{-1}$$

其中 $\rho = \dfrac{m\lambda}{c\mu}$.

2. 系统的各项指标

平均队长

$$L_s = \sum_{n=1}^{m} nP_n$$

平均排队长

$$L_q = \sum_{n=c+1}^{m} (n-c)P_n$$

有效到达率

$$\lambda_e = \lambda(m - L_s)$$

平均逗留时间

$$W_s = \frac{L_s}{\lambda_e}$$

平均等待时间

$$W_q = \frac{L_q}{\lambda_e}$$

例 10.10 设有 2 个修理工人,负责 5 台机器的正常运行,每台机器平均损坏率为每运转 1 h 损坏 1 次,两工人能以相同的平均修复率(4 次/h)修好机器.求:

(1) 等待修理的机器平均数;

(2) 需要修理的机器平均数;

(3) 有效损坏率;

(4) 等待修理时间;

(5) 停工时间.

解 本例可看成 $M/M/2/\infty/5$ 的排队系统,其中

$$c = 2, \quad m = 5, \quad \lambda = 1, \quad \mu = 4, \quad \frac{c\rho}{m} = \frac{\lambda}{\mu} = \frac{1}{4}, \quad \rho = \frac{m\lambda}{c\mu} = \frac{5}{8}, \quad \frac{\rho}{m} = \frac{1}{8}$$

$$P_0 = \frac{1}{5!}\left\{\frac{1}{5!}\left(\frac{1}{4}\right)^0 + \frac{1}{4!}\left(\frac{1}{4}\right)^1 + \frac{1}{2!3!}\left(\frac{1}{4}\right)^2 + \frac{2^2}{2!}\left[\frac{1}{2!}\left(\frac{1}{8}\right)^3 + \frac{1}{1!}\left(\frac{1}{8}\right)^4 + \frac{1}{0!}\left(\frac{1}{8}\right)^5\right]\right\}^{-1}$$

$$\approx 0.314\,9$$

同理,

$$P_1 \approx 0.394, \quad P_2 \approx 0.197, \quad P_3 \approx 0.074, \quad P_4 \approx 0.018, \quad P_5 \approx 0.002\,1$$

(1) 等待修理的机器平均数

$$L_q = 1P_3 + 2P_4 + 3P_5 \approx 0.116$$

(2) 需要修理的机器平均数

$$L_s = \sum_{n=1}^{m} nP_n = 1P_1 + 2P_2 + 3P_3 + 4P_4 + 5P_5 \approx 1.093$$

(3) 有效损坏率

$$\lambda_e = \lambda(m - L_s) = 1 \times (5 - 1.093) = 3.907$$

(4) 等待修理时间

$$W_q = \frac{L_q}{\lambda_e} = \frac{0.116}{3.907} \approx 0.03(\text{h})$$

(5) 停工时间

$$W_s = \frac{L_s}{\lambda_e} = \frac{1.093}{3.907} \approx 0.28(\text{h}).$$

习 题 10

1.找出下面各场所中排队系统的顾客和服务台:

(1)高速公路收费站;

(2)汽车修理店;

(3)工厂的流水线;

(4)打印社.

2.某手术室根据病人来诊和完成手术时间的记录,分别进行了下列统计.

(1) 任意抽查了 100 个工作小时,每小时来就诊的病人数的出现次数如表 10-9 所示.试用一个泊松过程描述该手术室病人的到达过程,并具体写出它的概率分布.

表 10-9　每小时来就诊的病人数

到达的病人数	0	1	2	3	4	5	≥6	合计
频数	10	28	29	16	10	6	1	100

(2) 任意抽查了 100 个完成手术的病例,所用时间(单位:h)出现的次数记录如表 10-10 所示.试用一个泊松过程来描述该手术室为病人完成手术的过程,并具体写出它的概率分布.

表 10-10　为病人完成手术的时间

为病人完成手术的时间(h)	0～0.2	0.2～0.4	0.4～0.6	0.6～0.8	0.8～1	1～1.2	≥1.2	合计
频数	38	25	17	9	6	5	0	100

3. 某医院经统计,得到病人到达数服从参数为 2 的泊松分布,手术时间服从参数为 2.5 的负指数分布,分别求:

(1) 在病房中的平均病人数;

(2) 排队等待平均病人数;

(3) 病人在病房中平均逗留时间;

(4) 病人排队平均等待时间.

4. 单人理发馆有 6 把椅子接待人们排队等待理发.当 6 把椅子都坐满时,后到的顾客不进店就离开,顾客平均到达率为 3 人/h,理发需要的平均时间为 15 min,求:

(1) 某顾客一到达就能理发的概率,此时相当于理发馆内无顾客;

(2) 需要等待的顾客数的期望值;

(3) 有效到达率;

(4) 一顾客在理发馆内逗留的期望时间.

5. 设某条电话线,平均每分钟有 0.6 次呼唤,若每次通话时间平均为 1.25 min,求系统相应的参数指标.

6. 某火车站的电话问讯处设有 3 个电话,平均每隔 2 min 有 1 次问讯电话(包括接通的和未接通的),每次通话的平均时间为 3 min,试问打到问讯处的电话能接通的概率为多少?

7. 设有一工人看管 5 台机器,每台机器正常运转的时间服从负指数分布,平均为 15 min.当发生故障后,每次修理时间服从负指数分布,平均为 12 min,试求该系统的修理工人空闲的概率和每台机器发生一次故障的平均停工时间.

8. 某医院门前有一个出租车停靠站,因场地的限制只有 5 个停车位,在没有停车位时新来的出租车会自动离开.当停靠站有车时,从医院出来的病人就直接租车;当停靠站无车时,病人就向出租公司要车.设出租车以平均每小时 8 辆的泊松分布到达停靠站,从医院出来病人的间隔时间服从负指数分布,平均间隔时间为 6 min.试求:

(1) 出租车来到医院门前,停靠站有空位的概率;

(2) 进入停靠站的出租车的平均等待时间;

(3) 从医院出来的病人直接租到车的概率.

第十一章 对 策 论

对策论亦称竞赛论或博弈论,是研究具有斗争或竞争性质现象的数学理论和方法. 一般认为,它既是现代数学的一个新分支,也是运筹学中的一个重要学科.

对策论思想古已有之,我国古代的《孙子兵法》不仅是一部军事著作,而且算是最早的一部对策论专著. 对策论最初主要研究象棋、桥牌、赌博中的胜负问题,人们对对策局势的把握只停留在经验上,没有向理论化发展,直到 20 世纪初才正式发展成一门学科. 1928 年,冯·诺依曼证明了对策论的基本原理,从而宣告了对策论的正式诞生. 尽管对策论发展的历史并不长,但由于它所研究的现象与人们的政治、经济、军事乃至一般的日常生活等有着密切的联系,并且处理问题的方法又有明显特色,因此日益引起广泛的注意.

第一节 对策问题的概念与模型

11.1.1 对策问题的提出

在日常生活中,经常看到一些相互之间具有斗争或竞争性质的行为. 假如,一名公司职员和一个重要的客户在电话中商谈一件重要的业务,电话突然断线了,这时,职员应立即拨电话过去,还是等客户拨过来?很显然,职员是否应当拨电话过去,取决于客户是否会拨过来,如果其中一方要拨,那么另一方最好是等待;如果一方等待,那么另一方最好是拨过去. 如果双方都拨,就会出现线路忙;如果双方都等待,那么时间就会在等待中流逝. 类似这样具有竞争或对抗性质的行为称为**对策行为**. 在这类行为中,参加斗争或竞争的各方各自具有不同的目标和利益. 为了达到各自的目标和利益,各方必须考虑对手的各种可能的行动方案,并力图选取对自己最为有利或最为合理的方案. **对策论**就是研究对策行为中斗争各方是否存在着最合理的行动方案,以及如何找到这个合理的行动方案的数学理论和方法. 对策问题的特征是参与者为利益相互冲突的各方,其结局不取决于其中任意一方的努力而是各方所采取的策略的综合结果. 下面给出几个对策问题的实例.

例 11.1(销售竞争) 某小镇仅有甲、乙两家家电超市,现在这两家超市都想采取措施提升品牌,以获得更多的市场份额. 已知两超市各有 3 个不同的行动方案,据预测,当双方采取不同的行动方案后,甲超市的市场占有额变动情况如表 11 - 1 所示. 甲、乙两家家电超市各自最好的行动方案是什么?

表 11 - 1　　甲超市的市场占有额变动情况(单位:%)

甲＼乙	行动方案 1	行动方案 2	行动方案 3
行动方案 1	4	3	5
行动方案 2	8	−1	−10
行动方案 3	−3	1	6

例 11.2(田忌赛马)　战国时期,齐王有一天提出与大司马田忌赛马.双方约定从各自的上、中、下 3 个等级的马中各选一匹参赛;每匹马只能参赛一次;每次比赛双方各出一匹马,负者要付给胜者千金.已知同等级的马中,齐王的马优于田忌的马,而不同等级的马中,高等级优于低等级.

(1) 田忌有无取胜的可能?如果有,应采用的方案是什么?

(2) 如果双方同等聪明,那么为了达到最好的效果,双方应该怎么做?

例 11.3(物品竞拍)　最常见的一种拍卖形式是先由拍卖商把拍卖品描述一番,然后提出第一个报价.接下来由买者报价,每一次报价都要比前一次高,最后谁出的价最高拍卖品即归谁所有.各买主之间可能知道他人的估价,也可能不知道他人的估价.每人应如何报价对自己能以较低的价格得到拍卖品最为有利?最后的结果又会怎样?

例 11.4(囚徒困境)　警察同时逮捕了两人并分开关押,逮捕的原因是他们持有大量伪币,警方怀疑他们伪造钱币,但没有找到充分证据,希望他们能自己供认.这两个人都知道,如果他们双方都不供认,将以持有大量伪币罪被各判刑 18 个月;如果双方都供认伪造了钱币,将各被判刑 3 年;如果一人供认另一人不供认,则供认方将被从宽处理而免刑,但另一人将被判刑 7 年.于是两人同时陷入招供还是不招供的两难处境.

例 11.5(三人经商)　A,B,C 三人经商,若单干,每人获利 1 元;A 和 B 合作可获利 7元,A 和 C 合作可获利 5 元,B 和 C 合作可获利 4 元;三人合作可获利 10 元,问三人合作时怎样合理分配 10 元的收入?

从这些简单实例中可以看出对策现象中包含有 3 个基本要素,即局中人、策略和赢得函数.

1. 局中人

在一个对策行为(或一局对策)中,有权决定自己行动方案的对策参加者称为**局中人**(player),全体局中人的集合记作 N. 一般要求一个对策中至少要有两个局中人. 只有两个局中人的对策现象称为**两人对策**,而多于两个局中人的对策称为**多人对策**."田忌赛马"是两人对策,其局中人集合为 $N = \{齐王,田忌\}$,而在"三人经商"中有三个局中人,属于多人对策.但应当注意,在对策中利益完全一致的多个参与者应看作一个局中人.例如,打桥牌时,相对而坐的两个人,只算作一个局中人;局中人也可以是自然事物,例如,在"销售竞争"中,局中人集合为 $N = \{超市甲,超市乙\}$.

需要强调的是,在对策行为中总是假设每个局中人都是"理智的"决策者,即每个局中人对自己行动的选择必须以他对其他局中人将如何反应的判断为基础,不存在利用他人失误来扩大自身利益的可能性.

2. 策略

局中人在一局对策中对付对手的一个完整的行动方案称为**策略**(strategy). 所谓**完整的行动方案**,是指一局对策中自始至终的全局规划,而不是其中某一步或某几步的安排. 例如,在象棋比赛中,"当头炮"不是一个策略,它只是一个策略中的一个组成部分. 一个局中人策略的全体,称为该局中人的**策略集合**. 一般,每一局中人的策略集中至少应包括两个策略. 如果在一个对策中局中人及其策略集都是有限的,则称此对策为**有限对策**,否则称为**无限对策**.

在"田忌赛马"中,选上、中、下等级马匹便是可供局中人选择的一个完整的行动方案,即为一个策略. 显然局中人齐王和田忌各自都有选上、中、下等级马匹的 3 个策略.

3. 赢得函数(支付函数)

在一局对策中,各局中人所选定的策略组成一个局势. 当局势出现后,对策的结果也就确定了. 这时,每一个局中人都有所得失,其得失不仅与其自身采取的策略有关,而且还与其他局中人所采取的策略有关. 因此,各局中人的得失是局势的函数,我们称此函数为局中人的**赢得函数**(score). "电话重拨"是两人对策,其局中人集合为 $N = \{职员,客户\}$;拨号或等待便是可供局中人选择的一个完整的行动方案,即为一个策略. 显然局中人职员和客户各自都有拨号、等待两个策略. 当职员和客户各自采取不同策略时,职员和客户的赢得函数值如表 11 - 2 所示.

表 11 - 2　职员和客户的赢得函数值

职员＼客户	拨号	等待
拨号	(0,0)	(1,1)
等待	(1,1)	(0,0)

如果在每一局势下,全体局中人的支付相加为零,则称此对策为**零和对策**,否则,称为**非零和对策**. 例如,在"田忌赛马"中,对于每一局比赛,一方获胜,则另一方必输,因此,该对策为零和对策;而由表 11 - 2 易知,"电话重拨"是一个非零和对策.

对于多人对策,还可分为**合作对策**和**非合作对策**. 例如,在"物品竞拍"中,各买主相互竞争,构成一个非合作对策;而在"三人经商"中,三人合作的利润合理分摊构成一个合作对策.

本章我们只讨论有两个局中人的对策问题,其结果可以推广到一般的对策模型中去.

11.1.2　矩阵对策的概念与模型

矩阵对策(matrix game),也称二人有限零和对策,即参加对策的局中人只有两个,而每个局中人都只有有限个可供选择的策略,而且在任一局势中,两个局中人的得失之和总等于零(一个局中人的所得即为另一个局中人的所失),即双方的利益是激烈对抗的.

"田忌赛马"就是一个矩阵对策的典型例子. 在"田忌赛马"例子中,局中人只有两个,即齐王与田忌. 如果用(上、中、下)表示上、中、下马参赛的顺序,那么(上、中、下)便是一个完整的行动方案,即为一个策略. 显然局中人齐王和田忌各自都有(上、中、下)、(上、下、中)、(中、上、下)、(中、下、上)、(下、上、中)、(下、中、上)6 个策略. 一局对策结束后,若齐王胜则田忌负,反之亦然. 当齐王和田忌各自采取不同策略时,齐王的赢得函数值如表 11 - 3 所示.

表 11 - 3　各种局势下齐王的赢得函数值

田忌＼齐王	(上、中、下)	(上、下、中)	(中、上、下)	(中、下、上)	(下、上、中)	(下、中、上)
(上、中、下)	3	1	1	1	−1	1
(上、下、中)	1	3	1	1	1	−1
(中、上、下)	1	−1	3	1	1	1
(中、下、上)	−1	1	1	3	1	1
(下、上、中)	1	1	1	−1	3	1
(下、中、上)	1	1	−1	1	1	3

一般地,用甲、乙表示两个局中人,假设甲有 m 个策略,表示为 $S_1 = \{\alpha_1, \alpha_2, \cdots, \alpha_m\}$;乙有 n 个策略,表示为 $S_2 = \{\beta_1, \beta_2, \cdots, \beta_n\}$. 当甲选定策略 α_i、乙选定策略 β_j 后,就形成了一个局势 (α_i, β_j),可见这样的局势有 $m \times n$ 个. 对任一局势 (α_i, β_j),甲的赢得值为 a_{ij},称

$$A = \begin{bmatrix} a_{11} & a_{12} & \cdots & a_{1n} \\ a_{21} & a_{22} & \cdots & a_{2n} \\ \vdots & \vdots & & \vdots \\ a_{m1} & a_{m2} & \cdots & a_{mn} \end{bmatrix}$$

为甲的**赢得矩阵**(或**支付矩阵**). 因为对策是零和的,所以乙的赢得矩阵为 $-A^{\mathrm{T}}$.

例如,将齐王和田忌各自的(上、中、下)、(上、下、中)、(中、上、下)、(中、下、上)、(下、上、中)、(下、中、上)6 个策略,分别记作

$$S_1 = \{\alpha_1, \alpha_2, \alpha_3, \alpha_4, \alpha_5, \alpha_6\}$$
$$S_2 = \{\beta_1, \beta_2, \beta_3, \beta_4, \beta_5, \beta_6\}$$

则由表 11 - 3 可知,齐王的赢得矩阵为

$$A = \begin{bmatrix} 3 & 1 & 1 & 1 & -1 & 1 \\ 1 & 3 & 1 & 1 & 1 & -1 \\ 1 & -1 & 3 & 1 & 1 & 1 \\ -1 & 1 & 1 & 3 & 1 & 1 \\ 1 & 1 & 1 & -1 & 3 & 1 \\ 1 & 1 & -1 & 1 & 1 & 3 \end{bmatrix}$$

当局中人甲、乙的策略集 S_1, S_2 及局中人甲的赢得矩阵 A 确定后,一个矩阵对策也就给定了,记为 $G = \{S_1, S_2; A\}$.

建立二人零和对策模型,就是要根据对实际问题的叙述,确定甲和乙的策略集合以及相应的赢得矩阵. 下面通过几个例子说明二人零和对策模型的建立.

例 11.6(配钱币游戏)　甲和乙各出示一枚钱币,在不让对方看见的情况下,将钱币

放在桌上. 若两个钱币都呈正面或都呈反面,则局中人甲赢得乙的一枚钱币,若两个钱币一正一反,则局中人甲输给乙一枚钱币.

解　根据题意,甲和乙的策略集均为{正面,反面},甲的赢得矩阵为

$$A = \begin{pmatrix} 1 & -1 \\ -1 & 1 \end{pmatrix}$$

例 11.7　甲、乙两名儿童玩猜拳游戏,游戏中双方的策略集均为{石头,剪刀,布}. 如果双方所选策略相同,算和局,双方均不得分. 试建立儿童甲的赢得矩阵.

解　根据题意,甲和乙的策略集均为{石头,剪刀,布},甲的赢得矩阵为

$$A = \begin{pmatrix} 0 & 1 & -1 \\ -1 & 0 & 1 \\ 1 & -1 & 0 \end{pmatrix}$$

第二节　纯策略矩阵对策

11.2.1　纯策略矩阵对策理论

当矩阵对策模型给定后,各局中人应如何选择对自己最有利的纯策略以取得最大的赢得(或最少的所失)?下面针对例 11.1 来分析各局中人应如何选择最有利的策略.

在例 11.1 中,甲和乙两超市的策略集分别为 $S_1 = \{\alpha_1, \alpha_2, \alpha_3\}$ 和 $S_2 = \{\beta_1, \beta_2, \beta_3\}$,甲的赢得矩阵为

$$A = \begin{pmatrix} 4 & 3 & 5 \\ 8 & -1 & -10 \\ -3 & 1 & 6 \end{pmatrix}$$

由 A 可看出,局中人甲的最大赢得是 8,若甲想得到这个赢得,他就得选择策略 α_2. 由于局中人乙也是理智的竞争者,他考虑到局中人甲打算出 α_2 的心理,便准备以 β_3 应对,使局中人甲不但得不到 8,反而失掉 10. 局中人甲当然也会猜到局中人乙的这种心理,故转而出 α_3 来应对,使局中人乙得不到 10,反而失掉 6…… 所以,为了稳妥,双方都应考虑到对方有使自己损失最大的动机,在最坏的可能中争取最好的结果. 如果双方是理智的,那么每个局中人都必须考虑到对方会设法使自己的赢得最少,谁都不能存在侥幸心理.

理智行为就是从最坏处着想,去争取尽可能好的结果. 当局中人甲选取策略 α_1 时,他的最小赢得是 3,这是选取此策略的最坏结果. 一般地,局中人甲选取策略 α_i 时,他的最小赢得是 $\min_j\{a_{ij}\}(i=1,2,\cdots,m)$. 对本例而言,甲选取策略 $\alpha_1, \alpha_2, \alpha_3$ 时,其最小赢得分别是 $3,-10,-3$,在最坏的情况下,最好的结果是 3,因此,局中人甲应选取策略 α_1. 这样,不管局中人乙选取什么策略,局中人甲的赢得均不小于 3.

同理,对于局中人乙来说,选取策略 β_j 时的最坏结果是赢得矩阵 A 中第 j 列各元素的最大者,即 $\max_i\{a_{ij}\}(j=1,2,\cdots,n)$. 对本例而言,乙选取策略 β_1,β_2,β_3 时,其最大损失分别是 $8,3,6$. 在最坏的情况下,最好的结果是损失 3,因此,局中人乙应选取策略 β_2. 这样,不管局中人甲选取什么策略,局中人乙的损失均不超过 3.

上述分析表明,局中人甲和乙的"理智行为"分别是选择纯策略 α_1 和 β_2,这时,局中人甲的赢得值和局中人乙的所失值的绝对值相等,局中人甲得到了其预期的最少赢得 3,而局中人乙也不会给局中人甲带来比 3 更多的所得,相互的竞争使对策出现了一个平衡局势 (α_1,β_2). 在矩阵 $\boldsymbol{A}$ 中,局势 (α_1,β_2) 对应的元素 a_{12} 既是所在行中的最小元素又是所在列中的最大元素. 此时,只要对方不改变策略,任一局中人都不可能通过变换策略来增大赢得或减少损失,因此,α_1 和 β_2 分别是局中人甲和乙的最优纯策略.

一般地,对于给定的 $G=\{S_1,S_2;\boldsymbol{A}\}$,局中人甲希望赢得值越大越好,局中人乙希望支付值越小越好. 局中人甲可选择 α_{i^*},使他得到的赢得不少于 $\max\limits_{1\leqslant i\leqslant m}\{\min\limits_{1\leqslant j\leqslant n}\{a_{ij}\}\}$;而局中人乙可以选择 β_{j^*},保证他失去的支付不大于 $\min\limits_{1\leqslant j\leqslant n}\{\max\limits_{1\leqslant i\leqslant m}\{a_{ij}\}\}$.

由于对于一切 $i=1,2,\cdots,m$ 和 $j=1,2,\cdots,n$,均有

$$\min_j\{a_{ij}\}\leqslant a_{ij}\leqslant \max_i\{a_{ij}\}$$

因此

$$\max_i\{\min_j\{a_{ij}\}\}\leqslant \min_j\{\max_i\{a_{ij}\}\} \tag{11.2.1}$$

例如,在例 11.1 中,

$$\max_i\{\min_j\{a_{ij}\}\}=\max\{3,-10,-3\}=3$$
$$\min_j\{\max_i\{a_{ij}\}\}=\min\{8,3,6\}=3$$

则

$$\max_i\{\min_j\{a_{ij}\}\}=3=\min_j\{\max_i\{a_{ij}\}\}$$

在例 11.6 中,

$$\max_i\{\min_j\{a_{ij}\}\}=\max\{-1,-1\}=-1,$$
$$\min_j\{\max_i\{a_{ij}\}\}=\min\{1,1\}=1,$$

则

$$\max_i\{\min_j\{a_{ij}\}\}=-1<1=\min_j\{\max_i\{a_{ij}\}\}$$

对一般矩阵对策,有如下定义.

定义 1 设 $G=\{S_1,S_2;\boldsymbol{A}\}$ 为矩阵对策,其中双方的策略集和赢得矩阵分别为
$$S_1=\{\alpha_1,\alpha_2,\cdots,\alpha_m\},\quad S_2=\{\beta_1,\beta_2,\cdots,\beta_n\},\quad \boldsymbol{A}=(a_{ij})_{m\times n}$$
若等式

$$\max_i\{\min_j\{a_{ij}\}\}=\min_j\{\max_i\{a_{ij}\}\}=a_{i^*j^*} \tag{11.2.2}$$

成立,则称 $a_{i^*j^*}$ 为**对策 G 的值**,局势 $(\alpha_{i^*},\beta_{j^*})$ 为对策 G 在**纯策略下的解**(或平衡局势). α_{i^*} 和 β_{j^*} 分别称为局中人甲、乙的**最优纯策略**.

下面定理给出了矩阵对策 $G=\{S_1,S_2;\boldsymbol{A}\}$ 在纯策略意义上有解的一个充分必要条件.

定理 1 矩阵对策 $G=\{S_1,S_2;\boldsymbol{A}\}$ 在纯策略意义上有解的充分必要条件是:存在着局势 $(\alpha_{i^*},\beta_{j^*})$,使得对于一切 $i=1,2,\cdots,m$ 和 $j=1,2,\cdots,n$,均有

$$a_{ij^*}\leqslant a_{i^*j^*}\leqslant a_{i^*j} \tag{11.2.3}$$

对任意矩阵 $\boldsymbol{A}$,称使式(11.2.3)成立的元素 $a_{i^*j^*}$ 为矩阵 $\boldsymbol{A}$ 的**鞍点**或稳定解、稳定点.

在矩阵对策中,矩阵 A 的鞍点也称为对策的鞍点.具有鞍点的对策问题,称为**鞍点对策**.

公式(11.2.3)的对策意义是:一个平衡局势 $(\alpha_{i^*},\beta_{j^*})$ 应具有这样的性质,当局中人甲选择了纯策略 α_{i^*} 后,局中人乙为了使其所失最少,只能选择纯策略 β_{j^*},否则就可能失去更多;反之,当局中人乙选择了纯策略 β_{j^*} 后,局中人甲为了得到最大的赢得也只能选择纯策略 α_{i^*},否则就会赢得更少,双方的竞争在局势 $(\alpha_{i^*},\beta_{j^*})$ 下达到了一个平衡状态.

11.2.2　纯策略矩阵对策求解

若对策矩阵有鞍点,则根据定理1,可用极大极小准则求其解.

例 11.8　矩阵对策 $G=\{S_1,S_2;A\}$,其中赢得矩阵

$$A=\begin{pmatrix} 8 & 4 & 6 & 4 \\ 2 & -3 & 10 & -4 \\ 7 & 4 & 9 & 4 \\ 0 & 3 & -2 & 1 \end{pmatrix}$$

直接在矩阵 A 上计算,每一行的最小值列向量为 $(4,-4,4,-2)^{\mathrm{T}}$,每一列的最大值行向量为 $(8,4,10,4)$.于是

$$\max_i\{\min_j\{a_{ij}\}\}=\min_j\{\max_i\{a_{ij}\}\}=a_{i^*j^*}=4,\quad i^*=1,3,\ j^*=2,4$$

故 $(\alpha_1,\beta_2),(\alpha_1,\beta_4),(\alpha_3,\beta_2),(\alpha_3,\beta_4)$ 4个局势均为对策的解,且 $a_{i^*j^*}=4$.

由例11.8可知,矩阵对策的解可以是不唯一的.当矩阵对策具有不唯一解时,各解之间的关系具有以下两条性质.

性质 1　无差别性.即若 $(\alpha_{i_1},\beta_{j_1})$ 与 $(\alpha_{i_2},\beta_{j_2})$ 是对策的两个解,则 $a_{i_1j_1}=a_{i_2j_2}$.

性质 2　可交换性.即若 $(\alpha_{i_1},\beta_{j_1})$ 与 $(\alpha_{i_2},\beta_{j_2})$ 是对策的两个解,则 $(\alpha_{i_1},\beta_{j_2})$ 与 $(\alpha_{i_2},\beta_{j_1})$ 也是解.

这两条性质表明,矩阵对策的值是唯一的,即当一个局中人选择了最优纯策略后,他的赢得值不依赖于对方的纯策略.下面是一个矩阵对策应用的例子.

例 11.9(市场占有)　某城市由人字形汇合的两条河分割为3个城区,即东、南、西3个城区,分别居住着 $40\%,30\%,30\%$ 的城市居民,目前该市尚无大型仓储式超市,甲、乙两个公司都计划在城中修建大型仓储式超市,甲公司计划建两个,乙公司计划建一个.

每个公司都知道,若在某个区内设有两个以上的超市,这些超市将分摊该区的业务;若在某个城区只有一个超市,则该超市将独揽这个城区的业务;若在一个城区没有超市,则该区的业务分摊给3个超市.每个公司都想使自己的营业额尽可能地多.试分析:两个公司的最优策略以及各占有多大的市场份额.

解　由题可知,在该对策问题中存在两个局中人:甲公司与乙公司,并且局中人都只有有限个策略可供选择,甲、乙两公司的策略集分别为

$$S_1=\{(2,0,0),(0,2,0),(0,0,2),(1,1,0),(1,0,1),(0,1,1)\}$$
$$S_2=\{(1,0,0),(0,1,0),(0,0,1)\}$$

当甲公司决定只在东城区修建两个超市,且乙公司也决定在东城区修建一个超市时,甲公司的市场占有率为

$$40\%\times\frac{2}{3}+30\%\times\frac{2}{3}+30\%\times\frac{2}{3}=\frac{2}{3}$$

则乙公司的市场占有率为 $\frac{1}{3}$. 在此情形下,若甲公司的市场占有率上升了,则乙公司的市场占有率就会下降,双方的利益是激烈对抗的. 两公司的市场占有率相加总和在任何情形下都为"1".这个"1"可以看作抽象的"0".

类似地,可以写出其他各种情形下的对策结果.甲公司有 6 个纯策略可供选择,乙公司有 3 个纯策略可供选择.甲公司的赢得矩阵为

$$
\begin{array}{c}
\\
\boldsymbol{A} =
\end{array}
\begin{array}{c}
\qquad\qquad\qquad\qquad\quad \min \\
\left(
\begin{array}{ccc|c}
\dfrac{2}{3} & 0.6 & 0.6 & 0.6 \\[2mm]
0.5 & \dfrac{2}{3} & \dfrac{17}{30} & 0.5 \\[2mm]
0.5 & \dfrac{17}{30} & \dfrac{2}{3} & 0.5 \\[2mm]
0.7 & 0.75 & 0.7 & 0.7 \\[2mm]
0.7 & 0.7 & 0.75 & 0.7 \\[2mm]
0.6 & \dfrac{43}{60} & \dfrac{43}{60} & 0.6
\end{array}
\right) \\[2mm]
\max \quad 0.7 \quad \dfrac{43}{60} \quad \dfrac{43}{60}
\end{array}
$$

直接在矩阵 $\boldsymbol{A}$ 上计算,每一行的最小值列向量为 $(0.6,0.5,0.5,0.7,0.7,0.6)^{\mathrm{T}}$,每一列的最大值行向量为 $(0.7,43/60,43/60)$. 于是

$$
\max_i\{\min_j\{a_{ij}\}\} = \min_j\{\max_i\{a_{ij}\}\} = a_{i^*j^*} = 0.7, \quad i^* = 4,5, \ j^* = 1
$$

故 $(\alpha_4,\beta_1),(\alpha_5,\beta_1)$ 两个局势均为对策的解,且 $a_{i^*j^*} = 0.7$.

所以最优策略是甲公司在城东和城南各建一个超市,或者在城东和城西各建一个超市;而乙公司在城东建一个超市,最后结果是甲公司的市场占有率为 70%,乙公司的市场占有率为 30%.

对策结果的含义是:两个公司各在人口最多的城区建超市,若一个公司有多个超市,则依次在人口最多的其他城区各建一个.

第三节　　混合策略矩阵对策

11.3.1　混合策略矩阵对策理论

具有稳定解的零和问题是一类特别简单的对策问题,它所对应的赢得矩阵存在鞍点,任一局中人都不可能通过自己单方面的努力来改进结果. 对于矩阵对策 $G = \{S_1,S_2;\boldsymbol{A}\}$ 来说,局中人甲有把握的最少赢得是

$$
v_1 = \max_i\{\min_j\{a_{ij}\}\}
$$

局中人乙有把握的最多损失是

$$
v_2 = \min_j\{\max_i\{a_{ij}\}\}
$$

当 $v_1 = v_2$ 时,矩阵对策 $G = \{S_1,S_2;\boldsymbol{A}\}$ 存在纯策略意义上的解. 然而,并非总有

$v_1 = v_2$,实际问题出现更多的情形是 $v_1 < v_2$. 由于赢得矩阵中不存在鞍点,此时在只使用纯策略的范围内,对策问题无解. 例如,在例 11.6 中赢得矩阵为

$$\boldsymbol{A} = \begin{pmatrix} 1 & -1 \\ -1 & 1 \end{pmatrix}$$

有

$$v_1 = \max_i \{ \min_j \{ a_{ij} \} \} = -1, \quad i^* = 1,2$$
$$v_2 = \min_j \{ \max_i \{ a_{ij} \} \} = 1, \quad j^* = 1,2$$

显然 $v_1 < v_2$,面对这种对策现象,极大极小原理不再适应. 事实上,若当甲、乙分别选择策略 α_1 和 β_1 时,此时局中人甲的赢得为 1,比其预期的 -1 多. 出现此情形的原因就在于局中人乙选择了策略 β_1,使其对手增加了本不该得的赢得. 故对于策略 α_1 来讲,β_1 并不是局中人乙的最优策略,局中人乙会考虑选取策略 β_2;局中人甲也会将自己的策略从 α_1 改变为 α_2,以使自己的赢得为 1;乙又会随之将自己的策略从 β_2 改变为 β_1,来应对甲的 α_2. 因此,对于两个局中人来说,根本不存在一个双方均可以接受的平衡局势.

在这种情形下,一个比较自然且合乎实际的想法是,既然不存在纯策略意义上的最优策略,那么是否可以规划一个选取不同策略的概率分布来计算最大期望赢得?下面我们引进零和对策的混合策略.

定义 2 设矩阵对策 $G = \{ S_1, S_2 ; \boldsymbol{A} \}$,其中双方的策略集和赢得矩阵分别为 $S_1 = \{ \alpha_1, \alpha_2, \cdots, \alpha_m \}, S_2 = \{ \beta_1, \beta_2, \cdots, \beta_n \}, \boldsymbol{A} = (a_{ij})_{m \times n}$. 令

$$X = \left\{ \boldsymbol{x} = (x_1, x_2, \cdots, x_m)^{\mathrm{T}} \,\middle|\, \sum_{i=1}^{m} x_i = 1, \ x_i \geqslant 0, i = 1, 2, \cdots, m \right\}$$

$$Y = \left\{ \boldsymbol{y} = (y_1, y_2, \cdots, y_n)^{\mathrm{T}} \,\middle|\, \sum_{j=1}^{n} y_j = 1, \ y_j \geqslant 0, j = 1, 2, \cdots, n \right\}$$

则分别称 X 和 Y 为局中人甲、乙的**混合策略集**;分别称 $\boldsymbol{x} \in X, \boldsymbol{y} \in Y$ 为局中人甲、乙的**混合策略**;而称 $(\boldsymbol{x}, \boldsymbol{y})$ 为一个**混合局势**;局中人甲的赢得函数记为

$$E(\boldsymbol{x}, \boldsymbol{y}) = \boldsymbol{x}^{\mathrm{T}} \boldsymbol{A} \boldsymbol{y} = \sum_{i=1}^{m} \sum_{j=1}^{n} a_{ij} x_i y_j \tag{11.3.1}$$

这样得到一个新的对策,记为 $G' = \{ X, Y, E \}$,对策 G' 称为**对策 G 的混合拓展**.

下面,讨论矩阵对策在混合策略意义下的解的概念. 设两个局中人仍如前所述那样进行理智的对策,则当局中人甲选择混合策略 $\boldsymbol{x}$ 时,他的预期所得(最不利的情形)是 $\min_{\boldsymbol{y} \in Y} E(\boldsymbol{x}, \boldsymbol{y})$,因此,局中人甲应选取 $\boldsymbol{x} \in X$,使得

$$v_1 = \max_{\boldsymbol{x} \in X} \min_{\boldsymbol{y} \in Y} E(\boldsymbol{x}, \boldsymbol{y})$$

同理,局中人乙可保证的所失的期望值至多是

$$v_2 = \min_{\boldsymbol{y} \in Y} \max_{\boldsymbol{x} \in X} E(\boldsymbol{x}, \boldsymbol{y})$$

对任意的混合策略 $\boldsymbol{x} \in X, \boldsymbol{y} \in Y$,有

$$\min_{\boldsymbol{y} \in Y} E(\boldsymbol{x}, \boldsymbol{y}) \leqslant E(\boldsymbol{x}, \boldsymbol{y}) \leqslant \max_{\boldsymbol{x} \in X} E(\boldsymbol{x}, \boldsymbol{y})$$

故

$$\max_{\boldsymbol{x} \in X} \min_{\boldsymbol{y} \in Y} E(\boldsymbol{x}, \boldsymbol{y}) \leqslant \min_{\boldsymbol{y} \in Y} \max_{\boldsymbol{x} \in X} E(\boldsymbol{x}, \boldsymbol{y})$$

即 $v_1 \leqslant v_2$.

定义 3　设 $G' = \{X, Y, E\}$ 为矩阵对策 $G = \{S_1, S_2; A\}$ 的混合拓展,如果存在

$$V_G = \max_{x \in X} \min_{y \in Y} E(x, y) = \min_{y \in Y} \max_{x \in X} E(x, y) \tag{11.3.2}$$

则使式(11.3.2)成立的混合局势 (x^*, y^*) 称为矩阵对策 G 在**混合策略意义上的解**, x^* 和 y^* 分别称为局中人甲和乙的**最优混合策略**, V_G 为**矩阵对策** $G = \{S_1, S_2; A\}$ 或 $G' = \{X, Y, E\}$ 的值.

为方便起见,约定对矩阵对策 $G = \{S_1, S_2; A\}$ 及其混合拓展 $G' = \{X, Y, E\}$ 不加区别,均用 $G = \{S_1, S_2; A\}$ 来表示. 当矩阵对策 $G = \{S_1, S_2; A\}$ 在纯策略意义上无解时,自动转向讨论混合策略意义上的解.

例 11.10　考虑矩阵对策 $G = \{S_1, S_2; A\}$,其中

$$A = \begin{pmatrix} 2 & 5 \\ 4 & 3 \end{pmatrix}$$

解　由 $\max_i \{\min_j \{a_{ij}\}\} = 3 < 4 = \min_j \{\max_i \{a_{ij}\}\}$ 知 G 在纯策略意义下无解,故设 $x = (x_1, x_2)^T$ 和 $y = (y_1, y_2)^T$ 分别为局中人甲和乙的混合策略,则

$$X = \{(x_1, x_2) \mid x_1 + x_2 = 1, \ x_1, x_2 \geqslant 0\}$$
$$Y = \{(y_1, y_2) \mid y_1 + y_2 = 1, \ y_1, y_2 \geqslant 0\}$$

局中人甲的赢得的期望是

$$\begin{aligned} E(x, y) &= x^T A y = 2x_1 y_1 + 5x_1 y_2 + 4x_2 y_1 + 3x_2 y_2 \\ &= 2x_1 y_1 + 5x_1(1 - y_1) + 4(1 - x_1)y_1 + 3(1 - x_1)(1 - y_1) \\ &= -4x_1 y_1 + 2x_1 + y_1 + 3 \\ &= -4\left(x_1 - \frac{1}{4}\right)\left(y_1 - \frac{1}{2}\right) + \frac{7}{2} \end{aligned}$$

取 $x^* = \left(\dfrac{1}{4}, \dfrac{3}{4}\right)$, $y^* = \left(\dfrac{1}{2}, \dfrac{1}{2}\right)$,则 $E(x^*, y^*) = E(x^*, y) = E(x, y^*) = \dfrac{7}{2}$,故 $x^* = \left(\dfrac{1}{4}, \dfrac{3}{4}\right)$ 和 $y^* = \left(\dfrac{1}{2}, \dfrac{1}{2}\right)$ 分别为局中人甲和乙的最优策略,对策的值(局中人甲的赢得的期望值)为 $V_G = \dfrac{7}{2}$.

和定理 1 类似,可给出矩阵对策 G 在混合策略意义下解存在的鞍点型充分必要条件.

定理 2　矩阵对策 $G = \{S_1, S_2; A\}$ 在混合策略意义上有解的充分必要条件是:存在 $x^* \in X, y^* \in Y$,使 (x^*, y^*) 为函数 $E(x, y)$ 的一个鞍点,即对于一切 $x \in X, y \in Y$,有

$$E(x, y^*) \leqslant E(x^*, y^*) \leqslant E(x^*, y) \tag{11.3.3}$$

定理 2 中式(11.3.3)的对策意义是:当局中人甲选择了混合策略 x^* 后,局中人乙不选择混合策略 y^* 而选择其他的方案,那么他的平均所失就会更多;反之,当局中人乙选择了混合策略 y^* 后,局中人甲不选择混合策略 x^* 而选择其他的方案,那么他的平均赢得就会更少.

不难看出,纯策略是混合策略的一个特殊情形.局中人甲采取策略 α_i,相当于 $x = e_i$,即第 i 个分量为 1,其余分量均为 0 的向量,此时其相应的赢得函数为

$$E(\boldsymbol{e}_i, \boldsymbol{y}) = \sum_{j=1}^{n} a_{ij} y_j \tag{11.3.4}$$

类似地,当局中人乙采取策略 β_j 时,甲的赢得函数为

$$E(\boldsymbol{x}, \boldsymbol{e}_j) = \sum_{i=1}^{m} a_{ij} x_i \tag{11.3.5}$$

由(11.3.4)和(11.3.5)两式可得

$$E(\boldsymbol{x}, \boldsymbol{y}) = \sum_{i=1}^{m} \sum_{j=1}^{n} a_{ij} x_i y_j = \sum_{i=1}^{m} \left(\sum_{j=1}^{n} a_{ij} y_j \right) x_i = \sum_{i=1}^{m} E(\boldsymbol{e}_i, \boldsymbol{y}) x_i \tag{11.3.6}$$

和

$$E(\boldsymbol{x}, \boldsymbol{y}) = \sum_{i=1}^{m} \sum_{j=1}^{n} a_{ij} x_i y_j = \sum_{j=1}^{n} \left(\sum_{i=1}^{m} a_{ij} x_i \right) y_j = \sum_{j=1}^{n} E(\boldsymbol{x}, \boldsymbol{e}_j) y_j \tag{11.3.7}$$

定理 3 设 $\boldsymbol{x}^* \in X, \boldsymbol{y}^* \in Y$,则 $(\boldsymbol{x}^*, \boldsymbol{y}^*)$ 是矩阵对策 $G = \{S_1, S_2; \boldsymbol{A}\}$ 的解的充分必要条件是:对于任意的 $i(i = 1, 2, \cdots, m)$ 和 $j(j = 1, 2, \cdots, n)$,均存在

$$E(\boldsymbol{e}_i, \boldsymbol{y}^*) \leqslant E(\boldsymbol{x}^*, \boldsymbol{y}^*) \leqslant E(\boldsymbol{x}^*, \boldsymbol{e}_j) \tag{11.3.8}$$

定理 3 的意义在于,在检验 $(\boldsymbol{x}^*, \boldsymbol{y}^*)$ 是否为对策 G 的解时,式(11.3.8)把需要对无限个不等式进行验证的问题转化为只需对有限个不等式进行验证的问题,从而使研究更加简化. 定理 3 还可表述为如下定理 4.

定理 4 设 $\boldsymbol{x}^* \in X, \boldsymbol{y}^* \in Y$,则 $(\boldsymbol{x}^*, \boldsymbol{y}^*)$ 是矩阵对策 $G = \{S_1, S_2; \boldsymbol{A}\}$ 的解的充分必要条件是:存在数 v,使得 $\boldsymbol{x}^*$ 和 $\boldsymbol{y}^*$ 分别是不等式组

$$\begin{cases} \sum_{i=1}^{m} a_{ij} x_i \geqslant v, & j = 1, 2, \cdots, n \\ \sum_{i=1}^{m} x_i = 1, & x_i \geqslant 0, i = 1, 2, \cdots, m \end{cases} \tag{11.3.9}$$

和

$$\begin{cases} \sum_{j=1}^{n} a_{ij} y_j \leqslant v, & i = 1, 2, \cdots, m \\ \sum_{j=1}^{n} y_j = 1, & y_j \geqslant 0, j = 1, 2, \cdots, n \end{cases} \tag{11.3.10}$$

的解,且 $v = V_G$.

下面定理说明任意矩阵对策都有解(在混合策略意义上的解).

定理 5 对任意矩阵对策 $G = \{S_1, S_2; \boldsymbol{A}\}$,一定存在混合策略意义上的解,即存在 $\boldsymbol{x}^* \in X, \boldsymbol{y}^* \in Y$ 使得式(11.3.8)成立.

下面给出矩阵对策解的若干性质,它们在矩阵对策的求解中起重要作用.

性质 3 设 $(\boldsymbol{x}^*, \boldsymbol{y}^*)$ 是矩阵对策 $G = \{S_1, S_2; \boldsymbol{A}\}$ 的解,且 $v = V_G$,有下列命题成立:

(1) 若 $x_i^* > 0$,则 $\sum_{j=1}^{n} a_{ij} y_j^* = v$;

(2) 若 $y_j^* > 0$,则 $\sum_{i=1}^{m} a_{ij} x_i^* = v$;

(3) 若 $\sum\limits_{j=1}^{n} a_{ij}y_j^* < v$,则 $x_i^* = 0$;

(4) 若 $\sum\limits_{i=1}^{m} a_{ij}x_i^* > v$,则 $y_j^* = 0$.

证 按定义有 $v = \max\limits_{\boldsymbol{x}\in X} E(\boldsymbol{x},\boldsymbol{y}^*)$,故

$$v - \sum_{j=1}^{n} a_{ij}y_j^* = \max_{\boldsymbol{x}\in X} E(\boldsymbol{x},\boldsymbol{y}^*) - E(\boldsymbol{e}_i,\boldsymbol{y}^*) \geqslant 0$$

又因

$$\sum_{i=1}^{m} x_i^* \left(v - \sum_{j=1}^{n} a_{ij}y_j^*\right) = v - \sum_{i=1}^{m}\sum_{j=1}^{n} a_{ij}x_i^*y_j^* = 0$$

所以命题(1),(3)得证.同理可证命题(2),(4).

性质 4 设矩阵对策 G 的解集为 $T(G)$,

$$G_1 = \{S_1,S_2;\boldsymbol{A}_1\}, \quad G_2 = \{S_1,S_2;\boldsymbol{A}_2\}$$

若其中有

$$\boldsymbol{A}_1 = (a_{ij})_{m\times n}, \quad \boldsymbol{A}_2 = (a_{ij}+L)_{m\times n}$$

L 为任一常数,则

$$V_{G_2} = V_{G_1} + L, \quad T(G_2) = T(G_1)$$

性质 5 设有两矩阵对策

$$G_1 = \{S_1,S_2;\boldsymbol{A}\}, \quad G_2 = \{S_1,S_2;\alpha\boldsymbol{A}\}$$

其中 $\alpha > 0$ 为任一常数,则

$$V_{G_2} = \alpha V_{G_1}, \quad T(G_2) = T(G_1)$$

性质 6 设矩阵对策 $G = \{S_1,S_2;\boldsymbol{A}\}$ 存在 $\boldsymbol{A} = -\boldsymbol{A}^{\mathrm{T}}$(此种对策称为**对称对策**),则

$$V_G = 0, \quad T_1(G) = T_2(G)$$

其中 $T_1(G)$ 和 $T_2(G)$ 分别为局中人甲和乙的最优策略集.

11.3.2 混合策略矩阵对策求解

1. $2\times n$ 或 $m\times 2$ 矩阵对策的图解法

例 11.11 求解矩阵对策 $G = \{S_1,S_2;\boldsymbol{A}\}$,其中 $S_1 = \{\alpha_1,\alpha_2\}$,$S_2 = \{\beta_1,\beta_2,\beta_3,\beta_4\}$,赢得矩阵 $\boldsymbol{A} = \begin{pmatrix} 2 & 3 & 1 & 5 \\ 4 & 1 & 6 & 0 \end{pmatrix}$.

解 设局中人甲的混合策略为 $(x,1-x)^{\mathrm{T}}$,$x \in [0,1]$.过数轴上坐标为 0 和 1 的两点分别作两条垂线,垂线上点的纵坐标分别表示局中人乙采取各策略时,局中人甲分别采取纯策略 α_1 和 α_2 时的赢得值.再分别绘出在赢得矩阵各列上的 V_G 图线,如图 11-1 所示.当局中人甲选择混合策略 $(x,1-x)^{\mathrm{T}}$,甲的最小赢得为局中人乙选择纯策略 β_1,β_2,β_3 和 β_4 时所确定的折线 $A_1AA_2A_3$.对局中人甲来说,他的最优选择就是确定 x 使其赢得尽可能地多.从图 11-1 上看,A 点为所有最小赢得中的最大者,于是有

$$\begin{cases} 3x + (1-x) = V_G \\ x + 6(1-x) = V_G \end{cases}$$

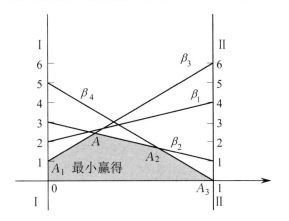

图 11 - 1　$2 \times n$ 矩阵对策的图解法

求解可得 $x = \dfrac{5}{7}, V_G = \dfrac{17}{7}$，所以局中人甲的最优策略为 $\boldsymbol{x}^* = \left(\dfrac{5}{7}, \dfrac{2}{7}\right)^{\mathrm{T}}$. 此外，从图 11 - 1 还可以看出，局中人乙的最优策略只涉及 β_2 和 β_3，故 $y_1^* = y_4^* = 0$.

事实上，假设 $\boldsymbol{y}^* = (y_1^*, y_2^*, y_3^*, y_4^*)^{\mathrm{T}}$ 为局中人乙的最优策略且 $y_1^* > 0$ 或 $y_4^* > 0$，由性质 3 知

$$E(\boldsymbol{x}^*, \boldsymbol{e}_1) = V_G \quad \text{或} \quad E(\boldsymbol{x}^*, \boldsymbol{e}_4) = V_G$$

这与

$$E(\boldsymbol{x}^*, \boldsymbol{e}_1) = 2 \times \frac{5}{7} + 4 \times \frac{2}{7} = \frac{18}{7} > \frac{17}{7} = V_G$$

$$E(\boldsymbol{x}^*, \boldsymbol{e}_4) = 5 \times \frac{5}{7} + 0 \times \frac{2}{7} = \frac{25}{7} > \frac{17}{7} = V_G$$

相矛盾，故 $y_1^* = y_4^* = 0$.

而由 $E(\boldsymbol{e}_1, \boldsymbol{y}^*) = E(\boldsymbol{e}_2, \boldsymbol{y}^*) = V_G$，知

$$\begin{cases} 3y_2 + y_3 = \dfrac{17}{7} \\[2mm] y_2 + 6y_3 = \dfrac{17}{7} \\[2mm] y_2 + y_3 = 1 \end{cases}$$

求解可得 $y_2^* = \dfrac{5}{7}, y_3^* = \dfrac{2}{7}$，所以局中人乙的最优策略为 $\boldsymbol{y}^* = \left(0, \dfrac{5}{7}, \dfrac{2}{7}, 0\right)^{\mathrm{T}}$.

例 11.12　求解矩阵对策 $G = \{S_1, S_2; \boldsymbol{A}\}$，其中 $S_1 = \{\alpha_1, \alpha_2, \alpha_3\}$，$S_2 = \{\beta_1, \beta_2\}$，赢得矩阵 $\boldsymbol{A} = \begin{bmatrix} 2 & 7 \\ 6 & 6 \\ 11 & 2 \end{bmatrix}$.

解　设局中人乙的混合策略为 $(y, 1-y)^{\mathrm{T}}, y \in [0,1]$. 由图 11 - 2 可知，直线 $\alpha_1, \alpha_2, \alpha_3$ 在任一点 $y \in [0,1]$ 处的纵坐标分别是局中人乙采取混合策略 $(y, 1-y)^{\mathrm{T}}$ 时的支付. 根据最不利当中选取最有利的原则，局中人乙的最优策略就是如何确定 y，以使 3 个纵坐标值中的最大值尽可能地小.

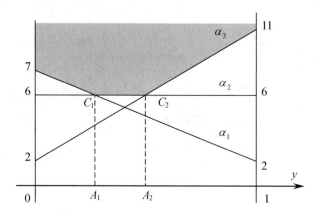

图 11 - 2　$m \times 2$ 对策的图解法

从图 11-2 可知，$A_1 \leqslant y \leqslant A_2$，且对策值为 6. 由方程组

$$\begin{cases} 2y + 7(1-y) = 6 \\ 11y + 2(1-y) = 6 \end{cases}$$

求解得 $A_1 = \dfrac{1}{5}$，$A_2 = \dfrac{4}{9}$，所以局中人乙的最优策略为 $\boldsymbol{y}^* = (y, 1-y)^{\mathrm{T}}$，其中

$y \in \left(\dfrac{1}{5}, \dfrac{4}{9} \right)$；而局中人甲的最优策略显然只能是$(0,1,0)^{\mathrm{T}}$，即取策略 α_2.

2. 线性方程组求解法

如果赢得矩阵 $\boldsymbol{A}$ 有鞍点，则用极大极小原理可求得各局中人的最优策略；如果赢得矩阵 $\boldsymbol{A}$ 没有鞍点，假设最优策略中的 x_i^* 和 y_j^* 均不为零，根据性质 3，可将求解矩阵对策解$(\boldsymbol{x}^*, \boldsymbol{y}^*)$的问题转化为求解下述两个方程组的问题：

$$\begin{cases} \displaystyle\sum_{i=1}^{m} a_{ij}x_i = v, \quad j = 1, 2, \cdots, n \\ \displaystyle\sum_{i=1}^{m} x_i = 1 \end{cases} \tag{11.3.11}$$

和

$$\begin{cases} \displaystyle\sum_{j=1}^{n} a_{ij}y_j = v, \quad i = 1, 2, \cdots, m \\ \displaystyle\sum_{j=1}^{n} y_j = 1 \end{cases} \tag{11.3.12}$$

特别地，当对策矩阵为 $\boldsymbol{A} = \begin{bmatrix} a_{11} & a_{12} \\ a_{21} & a_{22} \end{bmatrix}$ 时，求最优混合策略可转化为下述两个方程组：

$$\begin{cases} a_{11}x_1 + a_{21}x_2 = v \\ a_{12}x_1 + a_{22}x_2 = v \\ x_1 + x_2 = 1 \end{cases} \quad 和 \quad \begin{cases} a_{11}y_1 + a_{12}y_2 = v \\ a_{21}y_1 + a_{22}y_2 = v \\ y_1 + y_2 = 1 \end{cases}$$

求解这两个方程组，可得

$$x_1^* = \frac{a_{22} - a_{21}}{(a_{11} + a_{22}) - (a_{12} + a_{21})}; \quad x_2^* = \frac{a_{11} - a_{12}}{(a_{11} + a_{22}) - (a_{12} + a_{21})}$$

$$y_1^* = \frac{a_{22} - a_{12}}{(a_{11} + a_{22}) - (a_{12} + a_{21})}; \quad y_2^* = \frac{a_{11} - a_{21}}{(a_{11} + a_{22}) - (a_{12} + a_{21})}$$

$$V_G = \frac{a_{11} a_{22} - a_{12} a_{21}}{(a_{11} + a_{22}) - (a_{12} + a_{21})}$$

例 11.13 求解矩阵对策 $G = \{S_1, S_2; \boldsymbol{A}\}$，其中 $\boldsymbol{A} = \begin{pmatrix} 1 & 3 \\ 4 & 2 \end{pmatrix}$.

解 矩阵 $\boldsymbol{A}$ 没有鞍点，问题转化为求解方程组

$$\begin{cases} x_1 + 4x_2 = v \\ 3x_1 + 2x_2 = v \\ x_1 + x_2 = 1 \end{cases} \quad 和 \quad \begin{cases} y_1 + 3y_2 = v \\ 4y_1 + 2y_2 = v \\ y_1 + y_2 = 1 \end{cases}$$

双方最优混合策略分别为

$$\boldsymbol{x}^* = \left\{ \frac{1}{2}, \frac{1}{2} \right\}, \quad \boldsymbol{y}^* = \left\{ \frac{1}{4}, \frac{3}{4} \right\}, \quad V_G = \frac{5}{2}$$

一般地，如果方程组(11.3.11)和(11.3.12)存在非负解 $\boldsymbol{x}^*$ 和 $\boldsymbol{y}^*$，则已经得到了对策的一个解($\boldsymbol{x}^*, \boldsymbol{y}^*$)；如果方程组(11.3.11)和(11.3.12)的解 $\boldsymbol{x}^*$ 和 $\boldsymbol{y}^*$ 中存在为零的分量，则可视具体情况，将方程组(11.3.11)和(11.3.12)中的某些等式改成不等式，继续试算求解，直到得到对策的一个解($\boldsymbol{x}^*, \boldsymbol{y}^*$).

3. $m \times n (m > 2, n > 2)$ 矩阵对策的线性规划求解法

当 $m > 2$ 且 $n > 2$ 时，由定理5可知，任一矩阵对策 $G = \{S_1, S_2; \boldsymbol{A}\}$ 的求解均等价于求解一对互为对偶的线性规划问题. 故不妨假设 $v > 0$. 令 $x_i' = \frac{x_i}{v}$，则问题(11.3.9)的约束条件变为

$$\begin{cases} \sum_{i=1}^m a_{ij} x_i' \geqslant 1, \quad j = 1, 2, \cdots, n \\ \sum_{i=1}^m x_i' = \frac{1}{v} \\ x_i' \geqslant 0, \quad i = 1, 2, \cdots, m \end{cases} \tag{11.3.13}$$

故问题(11.3.9)等价于线性规划问题：

$$\min z = \sum_{i=1}^m x_i'$$

$$\text{s. t.} \begin{cases} \sum_{i=1}^m a_{ij} x_i' \geqslant 1, \quad j = 1, 2, \cdots, n \\ x_i' \geqslant 0, \quad i = 1, 2, \cdots, m \end{cases} \tag{11.3.14}$$

同理，令 $y_j' = \frac{y_j}{v}$，则问题(11.3.10)等价于线性规划问题：

$$\max z = \sum_{j=1}^{n} y_j'$$

$$\text{s. t.} \begin{cases} \sum_{j=1}^{n} a_{ij} y_j' \leqslant 1, & i = 1, 2, \cdots, m \\ y_j' \geqslant 0, & j = 1, 2, \cdots, n \end{cases} \tag{11.3.15}$$

显然,式(11.3.14)和式(11.3.15)所示的线性规划问题互为对偶问题,它们具有相同的最优目标函数值,故可利用单纯形法及其对偶性质求解.在求解时,一般先求式(11.3.15)的解,因为这样容易得到初始的可行基;而式(11.3.14)的解利用对偶性质直接得到.

例 11.14　利用线性规划求解矩阵对策,其中 $A = \begin{pmatrix} 4 & -1 & 5 \\ 0 & 5 & 3 \\ 3 & 3 & 7 \end{pmatrix}$.

解　构造两个互为对偶的线性规划问题:

$$\min z(x') = x_1' + x_2' + x_3'$$

$$\text{s. t.} \begin{cases} 4x_1' + 3x_3' \geqslant 1 \\ -x_1' + 5x_2' + 3x_3' \geqslant 1 \\ 5x_1' + 3x_2' + 7x_3' \geqslant 1 \\ x_1', x_2', x_3' \geqslant 0 \end{cases}$$

$$\max z(y') = y_1' + y_2' + y_3'$$

$$\text{s. t.} \begin{cases} 4y_1' - y_2' + 5y_3' \leqslant 1 \\ 5y_2' + 3y_3' \leqslant 1 \\ 3y_1' + 3y_2' + 7y_3' \leqslant 1 \\ y_1', y_2', y_3' \geqslant 0 \end{cases}$$

利用单纯形法求解第二个线性规划问题,可得第二个线性规划问题的解为 $y' = \left(\dfrac{2}{15}, \dfrac{3}{15}, 0\right)^{\text{T}}, z(y') = \dfrac{1}{3}$;其对偶问题(第一个线性规划问题)的解为 $x' = \left(0, 0, \dfrac{1}{3}\right)^{\text{T}}, z(x') = \dfrac{1}{3}.$ 于是 $V_G = \dfrac{1}{\sum\limits_{i=1}^{3} x_i'} = 3$,则

$$x^* = V_G \cdot \left(0, 0, \dfrac{1}{3}\right)^{\text{T}} = (0, 0, 1)^{\text{T}}, \quad y^* = V_G \cdot \left(\dfrac{2}{15}, \dfrac{3}{15}, 0\right)^{\text{T}} = \left(\dfrac{2}{5}, \dfrac{3}{5}, 0\right)^{\text{T}}$$

至此,我们介绍了一些求解矩阵对策的方法,其中线性规划法是具有一般性的方法.

第四节　　特殊矩阵对策求解

在求解一个矩阵对策时,应首先判断其是否具有鞍点,当鞍点不存在时,利用矩阵对策的性质将原对策的赢得矩阵尽量地简化,然后再利用本节介绍的各种方法求解.下面通过几个例子说明特殊矩阵对策求解的方法.

11.4.1 变换矩阵法

根据性质 4,可化简矩阵,使矩阵的元素尽可能多地变成零.

例 11.15 给定一个矩阵对策 $G = \{S_1, S_2; A\}$,其中

$$A = \begin{pmatrix} 1 & -1 & -1 \\ -1 & -1 & 3 \\ -1 & 2 & -1 \end{pmatrix}$$

求对策 G 的值与解.

解法一 设 $x = (x_1, x_2, x_3)^{\mathrm{T}}$ 与 $y = (y_1, y_2, y_3)^{\mathrm{T}}$ 为对策 G 的解,G 的值为 v,可得

$$\begin{cases} x_1 - x_2 - x_3 = v \\ -x_1 - x_2 + 2x_3 = v \\ -x_1 + 3x_2 - x_3 = v \\ x_1 + x_2 + x_3 = 1 \\ x_1, x_2, x_3 \geqslant 0 \end{cases} \quad \text{与} \quad \begin{cases} y_1 - y_2 - y_3 = v \\ -y_1 - y_2 + 3y_3 = v \\ -y_1 + 2y_2 - y_3 = v \\ y_1 + y_2 + y_3 = 1 \\ y_1, y_2, y_3 \geqslant 0 \end{cases}$$

解得

$$x_1^* = \frac{6}{13}, x_2^* = \frac{3}{13}, x_3^* = \frac{4}{13}; \quad y_1^* = \frac{6}{13}, y_2^* = \frac{4}{13}, y_3^* = \frac{3}{13}; \quad v = -\frac{1}{13}$$

解法二 矩阵中各元素加 1,得

$$A' = \begin{pmatrix} 2 & 0 & 0 \\ 0 & 0 & 4 \\ 0 & 3 & 0 \end{pmatrix}$$

设 $x = (x_1, x_2, x_3)^{\mathrm{T}}$ 与 $y = (y_1, y_2, y_3)^{\mathrm{T}}$ 为对策 G 的解,G 的值为 v,则由性质 4 可知 $x = (x_1, x_3, x_3)^{\mathrm{T}}$ 与 $y = (y_1, y_2, y_3)^{\mathrm{T}}$ 也为对策 $G' = \{S_1, S_2; A'\}$ 的解,且 G' 的值为 $v' = v + 1$,故

$$\begin{cases} 2x_1 = v' \\ 4x_2 = v' \\ 3x_3 = v' \\ \sum_{i=1}^{3} x_i = 1 \\ x_i \geqslant 0, \quad i = 1, 2, 3 \end{cases} \quad \text{与} \quad \begin{cases} 2y_1 = v' \\ 3y_2 = v' \\ 4y_3 = v' \\ \sum_{i=1}^{3} y_i = 1 \\ y_i \geqslant 0, \quad i = 1, 2, 3 \end{cases}$$

由第 1 个方程组的前 3 个方程得

$$12x_1 + 12x_2 + 12x_3 = 6v' + 3v' + 4v' = 13v'$$

所以

$$v' = \frac{12}{13}, \quad v = v' - 1 = -\frac{1}{13}$$

$$x_1^* = \frac{6}{13}, x_2^* = \frac{3}{13}, x_3^* = \frac{4}{13}; \quad y_1^* = \frac{6}{13}, y_2^* = \frac{4}{13}, y_3^* = \frac{3}{13}$$

11.4.2 优超降阶法

定义 4 设矩阵对策 $G = \{S_1, S_2; A\}$,其中 $A = (a_{ij})_{m \times n}$,若对于一切 $j(j = 1, 2, \cdots, n)$

均存在 $a_{i_1 j} \geqslant a_{i_2 j}$，即 $\mathbf{A} = (a_{ij})_{m \times n}$ 中的第 i_1 行的每一个元素均不小于第 i_2 行对应的元素，则对于局中人甲，**策略 α_{i_1} 优超于策略 α_{i_2}**；同样，若对于一切 $i(i = 1, 2, \cdots, m)$ 均存在 $a_{ij_1} \leqslant a_{ij_2}$，即 $\mathbf{A} = (a_{ij})_{m \times n}$ 中的第 j_1 列的每一个元素均不大于第 j_2 列对应的元素，则对于局中人乙，**策略 β_{j_1} 优超于策略 β_{j_2}**.

性质 7 设矩阵对策 $G = \{S_1, S_2; \mathbf{A}\}$，若在 S_1（或 S_2）中出现被优超的策略，那么去掉 S_1（或 S_2）中被优超的策略所形成的新的矩阵对策与原矩阵对策同解.

例 11.16 求解矩阵对策 $G = \{S_1, S_2; \mathbf{A}\}$，其中赢得矩阵

$$\mathbf{A} = \begin{pmatrix} 4 & 0 & 2 & 3 & -2 \\ -2 & 1 & 4 & -4 & 3 \\ 7 & 3 & 8 & 4 & 5 \\ 4 & 6 & 5 & 6 & 6 \\ 5 & 2 & 7 & 4 & 3 \end{pmatrix}$$

解 显然，对于局中人甲，策略 α_3 优于策略 $\alpha_1, \alpha_2, \alpha_5$，故可去掉第 1、第 2 和第 5 行，得到新的赢得矩阵

$$\mathbf{A}_1 = \begin{pmatrix} 7 & 3 & 8 & 4 & 5 \\ 4 & 6 & 5 & 6 & 6 \end{pmatrix}$$

在 $\mathbf{A}_1$ 中，第 1 列优超于第 3 列、第 2 列优超于第 4 和第 5 列，故可去掉第 3、第 4 和第 5 列，得到新的赢得矩阵

$$\mathbf{A}_2 = \begin{pmatrix} 7 & 3 \\ 4 & 6 \end{pmatrix}$$

$\mathbf{A}_2$ 无鞍点存在，应用性质 3，求解下述两个方程组：

$$\begin{cases} 7x_3 + 4x_4 = v \\ 3x_3 + 6x_4 = v \\ x_3 + x_4 = 1 \\ x_3, x_4 \geqslant 0 \end{cases} \quad \text{和} \quad \begin{cases} 7y_1 + 3y_2 = v \\ 4y_1 + 6y_2 = v \\ y_1 + y_2 = 1 \\ y_1, y_2 \geqslant 0 \end{cases}$$

可得

$$x_3^* = \frac{1}{3}, x_4^* = \frac{2}{3}; \quad y_1^* = \frac{1}{2}, y_2^* = \frac{1}{2}; \quad v = 5$$

于是原矩阵对策 $G = \{S_1, S_2; \mathbf{A}\}$ 的一个解是

$$\mathbf{x}^* = \left(0, 0, \frac{1}{3}, \frac{2}{3}, 0\right)^{\mathrm{T}}, \quad \mathbf{y}^* = \left(\frac{1}{2}, \frac{1}{2}, 0, 0, 0\right)^{\mathrm{T}}, \quad V_G = 5$$

11.4.3 其他几种特殊问题

下面的性质 8 描述了对策矩阵为对角矩阵的情形.

性质 8 设 $G = \{S_1, S_2; \mathbf{A}\}$，其中 $\mathbf{A} = \mathrm{diag}(a_{11}, a_{22}, \cdots, a_{mn})$，若 a_{ii} 符号相同，则

$$\mathbf{x}^* = \mathbf{y}^* = \left(\frac{\lambda}{a_{11}}, \frac{\lambda}{a_{22}}, \cdots, \frac{\lambda}{a_{mn}}\right)^{\mathrm{T}}, \quad V_G = \lambda$$

其中

$$\lambda = \cfrac{1}{\cfrac{1}{a_{11}} + \cfrac{1}{a_{22}} + \cdots + \cfrac{1}{a_{mn}}}$$

性质 9 描述了对策矩阵的行和与列和均相等的情形.

性质 9 设 $G = \{S_1, S_2; \boldsymbol{A}\}$，$\boldsymbol{A}$ 是 n 阶方阵，若

$$\sum_{j=1}^{n} a_{ij} = b, \quad i = 1, 2, \cdots, n$$

$$\sum_{i=1}^{n} a_{ij} = b, \quad j = 1, 2, \cdots, n$$

则 $\boldsymbol{x}^* = \boldsymbol{y}^* = \left(\dfrac{1}{n}, \dfrac{1}{n}, \cdots, \dfrac{1}{n}\right)^{\mathrm{T}}$，且 $V_G = \dfrac{b}{n}$.

例 11.17 求解矩阵对策 $G = \{S_1, S_2; \boldsymbol{A}\}$，其中 $\boldsymbol{A} = \begin{pmatrix} 1 & 0 & 0 \\ 0 & 2 & 0 \\ 0 & 0 & 3 \end{pmatrix}$.

解 已知 $\boldsymbol{A}$ 为对角矩阵且对角元均为正数，由性质 8 知，$\lambda = \left(1 + \dfrac{1}{2} + \dfrac{1}{3}\right)^{-1} = \dfrac{6}{11}$，所以对策的解为

$$\boldsymbol{x}^* = \boldsymbol{y}^* = \left(\dfrac{\lambda}{1}, \dfrac{\lambda}{2}, \dfrac{\lambda}{3}\right)^{\mathrm{T}} = \left(\dfrac{6}{11}, \dfrac{3}{11}, \dfrac{2}{11}\right)^{\mathrm{T}}$$

相应的对策值为 $V_G = \lambda = \dfrac{6}{11}$.

在例 11.7 中甲、乙两儿童玩猜拳游戏中，甲的赢得矩阵为

$$\boldsymbol{A} = \begin{pmatrix} 0 & 1 & -1 \\ -1 & 0 & 1 \\ 1 & -1 & 0 \end{pmatrix}$$

显然，$\boldsymbol{A}$ 的各行各列之和均为 0，由性质 9，该对策的解和值分别为

$$\boldsymbol{x}^* = \boldsymbol{y}^* = \left(\dfrac{1}{3}, \dfrac{1}{3}, \dfrac{1}{3}\right)^{\mathrm{T}}, \quad V_G = 0$$

习 题 11

1. 甲、乙二人零和对策，已知甲的赢得矩阵，求双方的最优策略与对策值：

(1) $\boldsymbol{A} = \begin{pmatrix} -2 & 12 & -4 \\ 1 & 4 & 8 \\ -5 & 2 & 3 \end{pmatrix}$ (2) $\boldsymbol{A} = \begin{pmatrix} 2 & 2 & 1 \\ 4 & 3 & 4 \\ 3 & 1 & 6 \end{pmatrix}$

(3) $\boldsymbol{A} = \begin{pmatrix} -2 & -1 & 3 & -4 \\ 6 & 2 & 4 & 2 \\ 4 & 2 & 3 & 2 \\ 5 & -3 & 2 & -4 \end{pmatrix}$

2. 甲、乙二人游戏，每人出一个或两个手指，同时又把猜测对方所出的指数叫出来.如果只有一个人猜测正确，则他所赢得的数目为二人所出指数之和，否则重新开始.写出该对策中各局中人的策略集合及甲的赢得矩阵，并回答局中人是否存在某种出法比其他出法更为有利.

3. 分别在下列矩阵 $(a_{ij})_{3\times3}$ 中确定 p 和 q 的取值范围，使得该矩阵在元素 a_{22} 处存在鞍点：

$$(1)\begin{bmatrix} 1 & q & 6 \\ p & 5 & 10 \\ 6 & 2 & 3 \end{bmatrix} \qquad\qquad (2)\begin{bmatrix} 2 & 3 & 1 \\ 9 & 6 & q \\ 4 & p & 5 \end{bmatrix}$$

4. 甲、乙二人零和对策,已知甲的赢得矩阵,先尽可能按优超原则进行简化,再利用图解法求解:

$$(1)\ \boldsymbol{A}=\begin{bmatrix} 2 & 4 \\ 2 & 3 \\ 3 & 2 \\ -2 & 6 \end{bmatrix} \qquad\qquad (2)\ \boldsymbol{A}=\begin{bmatrix} 3 & 5 & 4 & 2 \\ 5 & 6 & 2 & 4 \\ 2 & 1 & 4 & 0 \\ 3 & 3 & 5 & 2 \end{bmatrix}$$

5. 甲、乙两队进行乒乓球团体赛,每队由 3 名球员组成.双方可排出 3 种不同的阵容.甲队的 3 种阵容分别记为 A,B,C;乙队的 3 种阵容分别记为 Ⅰ,Ⅱ,Ⅲ.根据以往的记录,两队以不同的阵容交手的结果如表 11-4 所示.

表 11-4 甲队的得分表

乙队 甲队	Ⅰ	Ⅰ	Ⅲ
A	−3	−1	−2
B	−6	0	3
C	5	1	−4

表中的数字为双方各种阵容下甲队的得分数.问这次团体赛双方各采取什么阵容比较稳妥?

6. 甲、乙二人零和对策,已知甲的赢得矩阵,利用线性规划的方法求解:

$$(1)\ \boldsymbol{A}=\begin{bmatrix} 2 & 0 & 2 \\ 0 & 3 & 1 \\ 1 & 2 & 1 \end{bmatrix} \qquad\qquad (2)\ \boldsymbol{A}=\begin{bmatrix} -1 & 2 & 1 \\ 1 & -2 & 2 \\ 3 & 4 & -3 \end{bmatrix}$$

7. 某单位采购员在秋天时要决定冬季取暖用煤的采购量.已知在正常气温条件下需要煤 15 吨,在较暖和较冷气温条件下分别需要煤 10 吨和 20 吨.假定冬季的煤价随天气寒冷程度而变化,在较暖、正常、较冷气温条件下每吨煤的价格分别为 100 元,150 元和 200 元.设秋季时每吨煤的价格为 100 元,在没有关于当年冬季气温情况准确预报的条件下,秋季时应采购多少吨煤能使总支出最少?

8. 有分别为 1,2,3 点的 3 张牌.先给 A 任发一张牌,A 看了后可以叫"小"或"大",如叫"小",赌注为 2 元,叫"大"时赌注为 3 元.接下来给 B 任发剩下来牌中的一张,B 看后可有两种选择:① 认输,付给 A 1 元;② 打赌,如上叫"小",谁的牌点子小谁赢,如叫"大",谁的牌点子大谁赢,输赢钱数为下的赌注数.问在这种游戏中 A,B 各有多少个纯策略,根据优超原则说明哪些策略是拙劣的,在对策中不会使用,再求最优解.

第十二章　LINGO 软件及其使用

LINGO(linear interactive general optimizer)软件是用来求解线性和非线性优化问题的简易工具,它内置了一种建立最优化模型的语言,既能简便地表达大规模问题,又能进行快速求解并分析结果.

第一节　LINGO 软件简介

12.1.1　LINGO 软件的名字由来

LINGO **软件**是美国 LINDO 系统公司(lindo system inc.)开发的一套用于求解最优化问题的软件包.LINGO 软件有多种版本,如 LINDO,GINO 和 LINGO(包括 LINGO NL)软件.

LINDO 软件的特点是程序执行速度快,易于方便地输入、修改、求解和分析优化问题,因此 LINDO 软件在教学、科研和工业等方面得到广泛应用.有关该软件的发行版本、发行价格和其他最新信息都可以从 LINDO 系统公司的官网获取,该站点还提供部分 LINDO 软件的演示版本或测试版本.

LINDO 软件最早由美国芝加哥大学的莱纳斯·施塔格教授开发,随后又推出了 GINO,LINGO,LINGO NL（又称 LINGO2）和 What's Best 等优化软件,现在一般仍用 LINDO 作为这些软件的统称.各组件的功能各有侧重,分别简要介绍如下:

（1）LINDO 是 Linear Interactive and Discrete Optimizer 的缩写,可以用来求解线性规划、整数规划和二次规划等问题.

（2）GINO 是 General Interactive Optimizer 的缩写,可以用来求解非线性规划问题,也可用于求解一些线性和非线性方程(组)以及代数方程求根等.GINO 中包含了各种一般的数学函数(包括大量的概率函数),可供使用者建立问题模型时调用.

（3）LINGO 可以用来求解线性、非线性和整数规划问题.

（4）LINGO NL(LINGO2)可以用来求解线性、非线性和整数规划问题.与 LINDO 和 GINO 不同的是,LINGO 和 LINGO NL(LINGO2)包含了内置的建模语言,允许以简练、直观的方式描述较大规模的优化问题,模型中所需的数据可以以一定格式保存在独立的文件中.

（5）What's Best 组件主要用于数据文件是由电子表格软件生成的情形.

LINGO 软件有多种版本,但其软件内核和使用方法基本上是类似的.本章主要介绍 LINGO 组件的基本使用方法.

12.1.2 LINGO 软件的主要功能

(1) LINGO 既能求解线性规划、二次规划、非线性规划、整数规划、图论及网络优化和排队论模型中的最优化问题,也有较强的求解非线性规划问题以及求解一些线性和非线性方程(组)的能力.

(2) LINGO 输入模型简练直观.

(3) LINGO 允许优化模型中的决策变量为整数,而且运行速度快,计算能力强,利用 LINGO 高效的求解器可快速求解及分析结果.

(4) LINGO 内置建模语言,提供几十个内部函数,从而能以较少的语句,较直观的方式描述较大规模的优化模型.

(5) LINGO 将集合的概念引入编程语言,很容易将实际问题转换为 LINGO 模型.

(6) LINGO 能方便地与 EXCEL、数据库等其他软件交换数据等.

第二节 快 速 入 门

当你在 Windows 下开始运行 LINGO 系统时,会得到一个窗口(见图 12-1):其外层是主框架窗口,包含了所有菜单命令和工具条,其他所有的窗口将被包含在主窗口之下.

图 12-1 LINGO 菜单

如图 12-1 所示,菜单命令栏共有 5 个菜单,从左到右依次为"文件菜单""编辑菜单""LINGO 菜单""窗口菜单"和"帮助菜单".

工具条上有若干个按钮,其作用从左到右依次为"新建""打开""保存""打印""剪切""复制""粘贴""取消""重做""查找""定位""匹配括号""求解""显示结果""图示模型""选项设置""窗口后置""关闭所有窗口""平铺窗口""在线帮助"和"上下文相关帮助".

在主窗口内的标题为 LINGO Model - LINGO1 的窗口是 LINGO 的默认模型窗口(见图 12-2),建立的模型都要在该窗口内编码实现.

12.2.1 引例

例 12.1 某工厂有两条生产线,分别用来生产 M 和 P 两种型号的产品,利润分别为 200 元/个和 300 元/个,生产线的最大生产能力分别为每日 100 个和 120 个,生产线每生产一个 M 产品需要 1 个劳动日(1 个工人工作 8 小时为 1 个劳动日),而生产一个 P 产品需要 2 个劳动日,该厂工人每天共计能提供 160 个劳动日,假如原材料等其他条件不受限制,问应该如何安排生产计划,才能使获得的利润最大?

解 设两种产品的生产量分别为 x_1 和 x_2,则该数学模型为

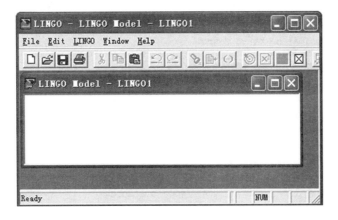

图 12 - 2　默认模型窗口

$$\max z = 200x_1 + 300x_2$$

$$\text{s. t.} \begin{cases} x_1 & \leqslant 100 \\ & x_2 \leqslant 120 \\ x_1 + 2x_2 \leqslant 160 \\ x_1, x_2 \geqslant 0 \end{cases}$$

下面用 LINGO 求解：

（1）在模型窗口输入程序．

```
max= 200* x1+ 300* x2;
x1< = 100;
x2< = 120;
x1+ 2* x2< = 160;
```

由于 LINGO 中已默认所有变量都取非负值，因此非负约束不必再输入到计算机中，LINGO 也不区分变量中的大小写字符（任何小写字符将被转换为大写字符）；约束条件中的"＜＝"及"＞＝"可用"＜"及"＞"代替．在模型窗口中输入代码，如图 12 - 3 所示．

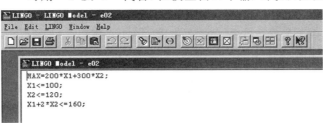

图 12 - 3　输入模型

（2）保存程序．

点击工具条上的"保存"按钮即可．

（3）求解模型．

点击工具条上的"求解"按钮即可分析．将得到如图 12 - 4 所示的求解报告分析．

（4）保存结果．

可将求解报告保存为.txt 文件．

（此处为求解报告截图）

```
Solution Report - e02                                    _ □ ×

Global optimal solution found.
Objective value:                            29000.00
Total solver iterations:                           0


              Variable           Value        Reduced Cost
                    X1        100.0000            0.000000
                    X2        30.00000            0.000000

                   Row   Slack or Surplus          Dual Price
                     1        29000.00            1.000000
                     2        0.000000            50.00000
                     3        90.00000            0.000000
                     4        0.000000            150.0000
```

图 12 - 4　求解报告分析

从求解报告中可以知道,产品 M 和 P 分别每日生产 100 和 30 个,每日的总利润为 2.9 万元.其中,"Reduced Cost"的含义是需缩减成本系数或需增加利润系数(最优解中取值非零的决策变量的 Reduced Cost 值等于零),"Slack or Surplus"的意思是松弛或剩余,即约束条件左边与右边的差值,"Dual Price"的意思是对偶价格(或称为影子价格).由运行结果知,在最优生产计划中"劳动日"资源恰好用完,若工厂想扩大利润,则需雇临时工,并且每个"劳动日"的报酬应不超过 50 元.

（5）灵敏度分析.

当运行得到最优解后,可以进行灵敏度分析.只需如图 12 - 5 所示在"LINGO 菜单"中点击"Range"命令即可.

```
LINGO Model - P27-8-1

LINGO  Window  Help

  Solve            Ctrl+U
  Solution...      Ctrl+W
  Range            Ctrl+R

  Options...       Ctrl+I

  Generate         ▶

  Picture          Ctrl+K

  Debug            Ctrl+D

  Model Statistics Ctrl+E

  Look...          Ctrl+L
```

图 12 - 5　LINGO 菜单

该命令产生如图 12 - 6 所示的灵敏度分析报告,其内容包括以下两个方面:

① 最优解保持不变的情况下,目标函数的系数变化范围;

② 在影子价格和缩减成本系数都不变的前提下,约束条件右边的常数变化范围.

从本例的灵敏度分析报告可以得到:

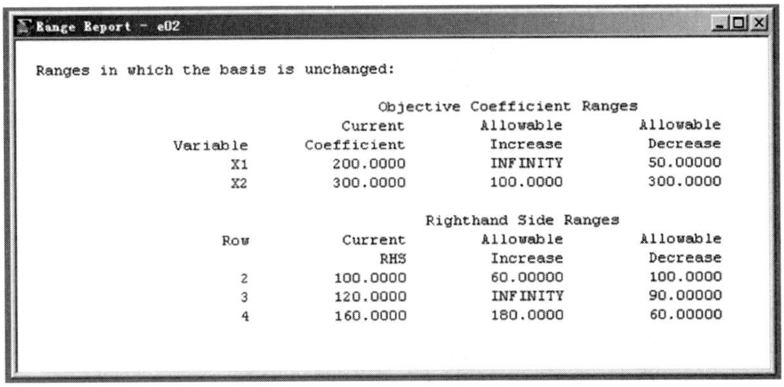

```
Range Report - e02

Ranges in which the basis is unchanged:

                              Objective Coefficient Ranges
                      Current          Allowable          Allowable
Variable          Coefficient           Increase           Decrease
      X1             200.0000           INFINITY           50.00000
      X2             300.0000           100.0000           300.0000

                                 Righthand Side Ranges
     Row              Current          Allowable          Allowable
                          RHS           Increase           Decrease
       2             100.0000           60.00000           100.0000
       3             120.0000           INFINITY           90.00000
       4             160.0000           180.0000           60.00000
```

图 12－6　灵敏度分析报告

当 $c_1 \geqslant 150$ 或 $0 \leqslant c_2 \leqslant 400$ 时，最优解保持不变；

当 $0 \leqslant b_1 \leqslant 160$ 或 $b_2 \geqslant 30$ 或 $100 \leqslant b_3 \leqslant 340$ 时，影子价格和缩减成本系数都不变.

注　灵敏性分析需耗费相当多的求解时间，当没有必要的要求时，可以不激活此功能.

例 12.2　某公司有 6 个供货栈(仓库)，库存货物总数分别为 60，55，51，43，41，52，现有 8 个客户各要一批货，数量分别为 32，37，22，32，41，32，43，38. 各供货栈到 8 个客户处的单位货物运输价格如表 12－1 所示.

表 12－1　单位货物运输价格

供货栈 \ 运价 \ 客户	V_1	V_2	V_3	V_4	V_5	V_6	V_7	V_8
W_1	6	2	6	7	4	2	5	9
W_2	4	9	5	3	8	5	8	2
W_3	5	2	1	9	7	4	3	3
W_4	7	6	7	3	9	2	7	1
W_5	2	3	9	5	7	2	6	5
W_6	5	5	2	2	8	1	4	3

解　设 x_{ij} 是从第 i 个供货栈运往第 j 个客户的货物数量，c_{ij} 表示从第 i 个供货栈到第 j 个客户的单位货物运价，a_i 表示第 i 个供货栈的最大供货量，d_j 表示第 j 个客户的订货量($i = 1,2,\cdots,6$；$j = 1,2,\cdots,8$).

建立模型如下：

$$\min z = \sum_{i=1}^{6} \sum_{j=1}^{8} c_{ij} x_{ij}$$

$$\text{s. t.} \begin{cases} \sum_{j=1}^{8} x_{ij} \leqslant a_i, & i=1,2,\cdots,6 \\ \sum_{i=1}^{6} x_{ij} = d_j, & j=1,2,\cdots,8 \\ x_{ij} \geqslant 0, & i=1,2,\cdots,6; j=1,2,\cdots,8 \end{cases}$$

因为变量和约束的数目比较大,直接输入模型比较麻烦,利用 LINGO 中的集合建立 LINGO 程序如下(集合的具体用法将在第三节中介绍):

```
sets:
wh/w1..w6/:ai;
vd/v1..v8/:dj;
links(wh,vd):c,x;
endsets
data:
ai= 60,55,51,43,41,52;
dj= 32,37,22,32,41,32,43,38;
c= 6,2,6,7,4,2,5,9
4,9,5,3,8,5,8,2
5,2,1,9,7,4,3,3
7,6,7,3,9,2,7,1
2,3,9,5,7,2,6,5
5,5,2,2,8,1,4,3;
enddata
min= @ sum(links(i,j):c(i,j)* x(i,j));
@ for(wh(i):@ sum(vd(j):x(i,j))< ai(i));
@ for(vd(j):@ sum(wh(i):x(i,j))= dj(j));
```

运行以上程序得到最优调运方案如表 12 - 2 所示(表中空白处表示运输货物的数量为 0),此时 $z_{\min} = 654$.

表 12 - 2　最优调运方案

供货栈 \ 客户数量	V_1	V_2	V_3	V_4	V_5	V_6	V_7	V_8
W_1		19			41			
W_2				30				
W_3		9					42	
W_4				2		3		38
W_5	32	9						
W_6			22			29	1	

12.2.2　LINGO 的语法规定

（1）求目标函数的最大值或最小值分别用"MAX="或"MIN="来表示；

（2）每个语句必须以分号"；"结束，每行可以有许多语句，语句可以跨行；

（3）变量名称必须以字母（A~Z）开头，由字母、数字（0~9）和下划线所组成，长度不超过 32 个字符，不区分大小写；

（4）可以给语句加上标号，例如，"[OBJ]MAX= 200* X1+ 300* X2"；

（5）以惊叹号"!"开头，以分号"；"结束的语句是注释语句；

（6）如果对变量的取值范围没有做特殊说明，则默认所有决策变量都非负，可使用语句"@ FREE name"将变量"name"的非负假定取消；

（7）LINGO 模型以语句"MODEL:"开头，以"END"结束，对于比较简单的模型，这两个语句可以省略；

（8）在模型的任何地方都可以用"TITLE"对模型命名（最多 72 个字符），例如，

"TITLE This Model is only an Example"；

（9）"> "号与"> = "号（或 "< "号与"< = "号）功能相同；

（10）表达式应化简，例如，"2* x1+ 3* x2-　4* x1"应写成 "- 2* x1+ 3* x2"．

12.2.3　使用 LINGO 求解需注意的问题

（1）尽量使用实数优化模型，减少整数约束和整数变量的个数；

（2）尽量使用光滑优化模型，减少非光滑约束的个数．例如，尽量少用绝对值函数、符号函数、多个变量求最大值（或最小值）、四舍五入函数、取整函数等；

（3）尽量使用线性优化模型，减少非线性约束和非线性变量的个数．例如，"x/y< 5"应改写为"x< 5y"；

（4）合理设定变量的上、下界，尽可能给出变量的初始值；

（5）模型中使用的单位的数量级要适当，例如，可以要求小于 10^3．

第三节　LINGO 程序的构成

LINGO 程序，也叫 LINGO 模型，通常由 4 个部分构成，分别为集合定义部分、数据段部分、初始化部分、目标函数与约束条件部分．

12.3.1　集合定义部分

对实际问题建模的时候，总会遇到一群或多群相联系的对象，比如工厂、消费者群体、交通工具和雇员等．LINGO 允许把这些相联系的对象聚合成集合或集（sets）．一旦把对象聚合成集，就可以利用集来最大限度地发挥 LINGO 建模语言的优势．

集部分是 LINGO 模型的一个可选部分．在 LINGO 模型中使用集之前，必须先定义好集部分．集部分以关键字"sets:"开始，以"endsets"结束．一个模型可以没有集部分，或有一个简单的集部分，或有多个集部分．一个集部分可以放置于模型的任何地方，但是一个集及其属性在模型约束中被引用之前必须已有定义．

集是一群相联系的对象，这些对象也称为集的成员．一个集可能是一系列产品、卡车

或雇员.每个集成员可能有一个或多个与之有关联的特征,我们把这些特征称为**属性**.属
性值可以预先给定,也可以是未知的,有待于 LINGO 求解.例如,产品集中的每个产品可
以有一个价格属性;卡车集中的每辆卡车可以有一个牵引力属性;雇员集中的每位雇员
可以有一个薪水属性,也可以有一个生日属性;等等.

　　LINGO 有两种类型的集:原始集(也叫基本集或初始集)和派生集(也叫衍生集).**原
始集**是由一些最基本的对象组成的.**派生集**是用一个或多个其他集来定义的,也就是说,
它的元素来自于其他已存在的集.

　　原始集合的定义包括 3 个要素:集合的名称、集合的元素、集合的属性(可视为与该
集合有关的变量或常量).其定义格式为
$$\text{集合的名称 [/集合的元素 /] [:集合的属性];}$$
　　注意:"[　]"表示该部分内容可选,下同,不再赘述.

　　集合的名称是选择用来标记集的名字,最好具有较强的可读性.集名字必须严格符
合标准命名规则:以拉丁字母或下划线为首字符,其后由字母(A~Z)、下划线、阿拉伯数
字(0~9)组成的总长度不超过 32 个字符的字符串,且不区分大小写.

　　注意:该命名规则同样适用于集元素名和属性名等的命名.

　　在例 12.2 中定义了两个原始集:供货栈集合 WH 和客户集合 VD,则 LINGO 程序
中的命名为

```
Sets:
wh/w1..w6/:ai;
vd/v1..v8/:dj;
endsets
```

其中供货栈集合 WH 有 6 个元素,每个元素有属性 ai,表示库存货物数量;而客户集合
VD 有 8 个元素,每个元素有属性 dj,表示需要货物数量.若要表示集合中指定元素的某
种属性,则应用"属性(元素序号)"来表示,例如,用 ai(1)表示集合 WH 中第 1 个元素的
ai 属性.

　　派生集合的定义包括 4 个要素:集合的名称、对应的初始集合(也称为父集)、集合的
元素(可以省略)、集合的属性(可以没有).其定义格式为
$$\text{派生集名称 (父集 1,父集 2…) [/集合元素列表 /] [:集合属性列表];}$$
　　元素被忽略时,派生集元素由父集元素所有的组合构成,这样的派生集称为**稠密集**.
如果限制派生集的元素,使它成为父集元素所有组合构成的集合的一个子集,这样的派
生集称为**稀疏集**.

　　例 12.2 定义了一个从供货栈集合 WH 到客户集合 VD 的派生集合 links,其元素是
从供货栈集合 WH 的元素到客户集合 VD 的元素构成的全部组合,每个元素分别具有两
个属性,分别是单位货物运价 c 和运货量 x. 在 LINGO 程序中的定义为

```
Sets:
links(wh,vd):c,x;
endsets
```

　　总的来说,LINGO 可识别的集只有两种类型:原始集和派生集.一方面,在一个模型
中,原始集是基本的对象,不能再被拆分成更小的集.另一方面,派生集是由其他的集来

创建. 这些集被称为该派生集的父集(原始集或其他的派生集). 一个派生集既可以是稀疏的, 也可以是稠密的. 稠密集包含了父集成员的所有组合(有时也称为父集的笛卡尔乘积). 稀疏集仅包含了父集的笛卡尔乘积的一个子集, 如图 12 - 7 所示.

图 12 - 7　LINGO 中集的分类

12.3.2　数据段部分

数据段部分以关键字"`data:`"开始, 以关键字"`enddata`"结束. 在这里, 可以指定集元素、集的属性. 其语法为

$$对象列 = 数值列;$$

对象列包含要指定值的属性名、要设置集元素的集名, 用逗号或空格隔开. 一个对象列中至多有一个集名, 而属性名可以有任意多. 如果对象列中有多个属性名, 那么它们的类型必须一致. 如果对象列中有一个集名, 那么对象列中所有的属性的类型就是这个集. **数值列**包含要分配给对象列中的对象的值, 用逗号或空格隔开. 注意属性值的个数必须等于集元素的个数.

例 12.3

```
Sets:
Set1/a,b,c/:x,y;
Endsets
Data:
X= 1,2,3;
Y= 4,5,6;
Enddata
```

在集 set1 中定义了两个属性 X 和 Y. X 的 3 个值是 $1, 2, 3$; Y 的 3 个值是 $4, 5, 6$. 也可采用例 12.4 中的复合数据实现同样的功能.

例 12.4

```
Sets:
Set1/a,b,c/:x,y;
Endsets
Data:
X,Y= 1 4
2 5
3 6;
Enddata
```

例 12.4 中, X 同样被指定为 $1,2,3$ 三个值. 假设对象列有 n 个对象, LINGO 在为对象指定值时, 首先在 n 个对象的第 1 个索引处依次分配数值列中的前 n 个对象, 然后在 n 个对象的第 2 个索引处依次分配数值列中紧接着的 n 个对象, 以此类推.

模型的所有数据(含属性值和集元素)被单独放在数据部分, 这一般是最规范的数据输入方式.

12.3.3　初始化部分

在数据段给变量赋值以后, 该变量在整个程序运行阶段都是常量, 而不是决策变量. 如果想对决策变量赋一定初值, 希望该初始值作为寻找最优解的起始值(变量本身不是常量), 可以在程序中增加初始化部分.

初始化部分是 LINGO 提供的另一个可选部分. 对实际问题建模时, 初始化部分并不起到描述模型的作用, 在初始化部分输入的值仅被 LINGO 求解器当作初始点来用, 并且仅仅对非线性模型有用. 和数据段部分指定变量的值不同, LINGO 求解器可以自由改变初始化部分中已初始化的变量的值.

一个初始化部分以关键字"init:"开始, 以关键字"endinit"结束. 初始化部分的初始声明规则和数据段部分的数据声明规则相同. 也就是说, 我们可以在声明的左边同时初始化多个集属性, 可以把集属性初始化为一个值, 可以用问号实现对实时数据的处理, 还可以用逗号指定未知数值. 好的初始点能有效减少模型的求解时间.

12.3.4　目标函数与约束条件部分

约束条件是 LINGO 模型必须具备的部分, 用相应的表达式刻画; 目标函数是 LINGO模型中的可选部分. 求目标函数的最大值或最小值分别用"MAX= "或"MIN= "来表示.

第四节　常用运算符和函数

学习了前几节的内容之后, 可以用 LINGO 模型求解一些简单的优化问题. 为了进一步求解更为复杂的优化问题, 还需要了解更多的 LINGO 内置函数. LINGO 提供了如下10 种类型的函数:

(1) 基本运算符: 包括算术运算符、逻辑运算符和关系运算符;

(2) 数学函数: 三角函数和常规的数学函数;

(3) 金融函数: LINGO 提供了两种金融函数;

(4) 概率函数: LINGO 提供了大量与概率相关的函数;

(5) 变量界定函数: 这类函数用来定义变量的取值范围;

(6) 集操作函数: 这类函数为集的操作提供帮助;

(7) 集循环函数: 遍历集的元素, 执行一定操作的函数;

(8) 数据输入输出函数: 这类函数允许模型和外部数据源相联系, 进行数据的输入输出;

(9) 结果报告函数;

(10) 辅助函数:各种杂类函数.

下面将依次介绍这些函数的使用方法.

12.4.1　基本运算符

此类运算符虽然是非常基本的,但事实上,在 LINGO 中,它们是非常重要的.

1. 算术运算符

算术运算符是针对数值进行操作的,LINGO 提供了 5 种二元运算符:

$$\text{^乘方；　*乘；　/除；　+加；　-减}$$

LINGO 唯一的一元算术运算符是取反函数" - ".

这些运算符的优先级由高到低依次为

$$\text{-(取反)；　^；　*；　/；　+；　-}$$

运算符的运算次序为从左到右按优先级高低来执行.运算的次序可以用圆括号"()"来改变.

2. 逻辑运算符

在 LINGO 中,逻辑运算符主要用于集循环函数的条件表达式中,来控制在函数中哪些集成员被包含,哪些被排斥.在创建稀疏集时用在成员资格过滤器中.LINGO 具有 9 种逻辑运算符.

(1) #not#:否定该操作数的逻辑值,#not# 是一个一元运算符.其他逻辑运算符均是二元运算符.

(2) #eq#:若两个运算数相等,则返回"true";否则返回"flase".

(3) #ne#:若两个运算符不相等,则返回"true";否则返回"flase".

(4) #gt#:若左边的运算符严格大于右边的运算符,则返回"true";否则返回"flase".

(5) #ge#:若左边的运算符大于或等于右边的运算符,则返回"true";否则返回"flase".

(6) #lt#:若左边的运算符严格小于右边的运算符,则返回"true";否则返回"flase".

(7) #le#:若左边的运算符小于或等于右边的运算符,则返回"true";否则返回"flase".

(8) #and#:仅当两个参数都为"true"时,结果返回"true";否则返回"flase".

(9) #or#:仅当两个参数都为"flase"时,结果返回"flase";否则返回"true".

这些运算符的优先级由高到低依次为

$$\text{#not#；#eq#；#ne#；#gt#；#ge#；#lt#；#le#；#and#；#or#}$$

3. 关系运算符

在 LINGO 中,关系运算符主要是被用在模型中,来指定一个表达式的左边是否等于、小于等于、或者大于等于右边,形成模型的一个约束条件.关系运算符与逻辑运算符 #eq#、#le#、#ge# 截然不同,前者是模型中该关系运算符所指定关系的为真描述,而后者仅仅判断一个该关系是否被满足.即满足为真,不满足为假.LINGO 有 3 种关系运算符:

"＝"；"＜＝"；"＞＝"

LINGO 中还能用"＜"表示小于等于关系,"＞"表示大于等于关系. LINGO 并不支持严格小于和严格大于关系运算符.

然而,如果需要使用严格小于和严格大于关系,例如,让 A 严格小于 B,那么可以把它变成小于等于表达式: $A + \varepsilon <= B$. 这里 ε 是一个小的正数,它的值依赖于模型中 A 小于 B 多少才算不等.

以上 3 类操作符的优先级由高到低依次为

#not#；-(取反)；^；*；/；+；-；#eq#；#ne#；#gt#；#ge#；#lt#；#le#；#and#；#or#；<＝；=；>＝

12.4.2　数学函数

LINGO 提供了大量的标准数学函数:

(1) @abs(x):返回 x 的绝对值.

(2) @sin(x):返回 x 的正弦值, x 采用弧度制.

(3) @cos(x):返回 x 的余弦值.

(4) @tan(x):返回 x 的正切值.

(5) @exp(x):返回常数 e 的 x 次方.

(6) @log(x):返回 x 的自然对数.

(7) @lgm(x):返回 x 的 gamma 函数的自然对数.

(8) @mod(x,y):返回 x 除以 y 的余数.

(9) @sign(x):如果 $x < 0$ 返回 -1;否则返回 1.

(10) @floor(x):返回 x 的整数部分. 当 $x \geqslant 0$ 时,返回不超过 x 的最大整数;当 $x < 0$ 时,返回不低于 x 的最大整数.

(11) @smax(x1,x2,…,xn):返回 $x_1, x_2, \cdots, x_n$ 中的最大值.

(12) @smin(x1,x2,…,xn):返回 $x_1, x_2, \cdots, x_n$ 中的最小值.

12.4.3　金融函数

LINGO 提供了两种金融函数:

(1) @fpa(I,n):返回如下情形的净现值:单位时段利率为 I,连续 n 个时段支付,每个时段支付单位费用. 若每个时段支付 x 单位的费用,则净现值可用 x 乘以 @fpa(I,n) 算得.

@fpa 的计算公式为

$$\sum_{k=1}^{n} \frac{1}{(1+I)^k} = \frac{1-(1+I)^{-n}}{I}$$

净现值就是在一定时期内为了获得一定收益在该时期初所支付的实际费用.

例 12.5　贷款金额 50 000 元,贷款年利率为 5.31%,采取分期付款方式(每年年末还固定金额,直至还清).问拟贷款 10 年,每年需偿还多少元?

解　LINGO 代码如下:

```
50 000 = x * @ fpa(.0531,10);
```

求得答案是 $x = 6\ 573.069$ 元.

（2）@fpl(I,n)：返回如下情形的净现值：单位时段利率为 I，第 n 个时段支付单位费用．@fpl(I,n)的计算公式为 $(1+I)^{-n}$．不难发现这两个函数间的关系为

$$@fpa(I,n) = \sum_{k=1}^{n} @fpl(I,k)$$

12.4.4　概率函数

（1）@pbn(p,n,x)：二项分布的累积分布函数．当 n 和（或）x 不是整数时，采用线性插值法进行计算．

（2）@pcx(n,x)：自由度为 n 的 χ^2 分布的累积分布函数．

（3）@peb(a,x)：当到达负荷为 a，服务系统有 x 个服务器且允许无穷排队时的埃尔朗繁忙概率．

（4）@pel(a,x)：当到达负荷为 a，服务系统有 x 个服务器且不允许排队时的埃尔朗繁忙概率．

（5）@pfd(n,d,x)：自由度为 n 和 d 的 F 分布的累积分布函数．

（6）@pfs(a,x,c)：当负荷上限为 a，顾客数为 c，平行服务器数量为 x 时，有限源的泊松服务系统的等待或返修顾客数的期望值．a 是顾客数乘以平均服务时间，再除以平均返修时间．当 c 和（或）x 不是整数时，采用线性插值法进行计算．

（7）@phg(pop,g,n,x)：超几何（hypergeometric）分布的累积分布函数．pop 表示产品总数，g 是正品数．从所有产品中任意取出 $n(n \leqslant pop)$ 件．pop，g，n 和 x 都可以是非整数，这时采用线性插值法进行计算．

（8）@ppl(a,x)：泊松分布的线性损失函数，即返回 $\max\{0, z-x\}$ 的期望值，其中随机变量 z 服从数学期望为 a 的泊松分布．

（9）@pps(a,x)：数学期望为 a 的泊松分布的累积分布函数．当 x 不是整数时，采用线性插值法进行计算．

（10）@psl(x)：单位正态线性损失函数，即返回 $\max\{0, z-x\}$ 的期望值，其中随机变量 z 服从标准正态分布．

（11）@psn(x)：标准正态分布的累积分布函数．

（12）@ptd(n,x)：自由度为 n 的 t 分布的累积分布函数．

（13）@qrand(seed)：产生服从(0,1)区间的拟随机数．@qrand 只允许在模型的数据段部分使用，它将用拟随机数填满集属性．通常，声明一个 $m \times n$ 的二维表，m 表示运行实验的次数，n 表示每次实验所需的随机数的个数．在行内，随机数是独立分布的；在行间，随机数是非常均匀的．这些随机数是用"分层取样"的方法产生．如果没有为函数指定种子，那么 LINGO 将用系统时间构造种子．

（14）@rand(seed)：返回 0 和 1 间的伪随机数，依赖于指定的种子．典型用法是 U(I+1)＝@rand(U(I))．注意，如果 seed 不变，那么产生的随机数也不变．

12.4.5　变量界定函数

变量界定函数实现对变量取值范围的附加限制，共 4 种：

（1）@bin(x)：限制 x 为 0 或 1．

（2）@bnd(L,x,U)：限制 $L \leqslant x \leqslant U$．

（3）@free(x)：取消对变量 x 的默认下界为 0 的限制，即 x 可以取任意实数.

（4）@gin(x)：限制 x 为整数.

在默认情况下，LINGO 规定变量是非负的，也就是说下界为 0，上界为 $+\infty$. @free 取消了默认的下界为 0 的限制，使变量也可以取负值. @bnd 用于设定一个变量的上下界，它也可以取消默认下界为 0 的约束.

12.4.6　集操作函数

LINGO 提供了几个函数帮助处理集.

（1）@in(s,e)：如果元素 e 在指定集 s 中，则返回 1；否则返回 0.

（2）@index([s,] e)：该函数返回在集 s 中原始集元素 e 的索引. 如果 s 被忽略，那么 LINGO 将返回与 e 匹配的第一个原始集元素的索引. 如果找不到，则产生一个错误.

（3）@wrap(I,N)：若 $I \in [1,N]$，该函数返回 I；否则，返回 $J = I - N * K$（K 为整数，$J \in [1,N]$）. 该函数在循环、多阶段计划编制中特别有用.

（4）@size(s)：该函数返回集 s 的成员个数. 在模型中明确给出集大小时最好使用该函数. 它的使用使模型数据更加中立，集大小改变时也更易维护.

12.4.7　集循环函数

集循环函数遍历整个集进行操作. 其语法为

`@ function(setname[(set_index_list)][|conditional_qualifier]:expression_list)`

其中@function 相应于下面 4 类集循环函数之一.

（1）@for：该函数用来产生对集元素的约束. 基于建模语言的标量需要显式输入每个约束，不过@for 函数允许只输入一个约束，然后 LINGO 自动产生每个集元素的约束.

（2）@sum：该函数返回遍历指定的集元素的一个表达式的和.

（3）@min 和@max：返回指定的集元素的一个表达式的最小值和最大值.

（4）@PROD：该函数返回遍历指定的集元素的一个表达式的积.

"setname"是要遍历的集；"set_index_list"是集索引列表；"conditional_qualifier" 是用来限制集循环函数的范围，当集循环函数遍历集的每个成员时，LINGO 都要对 "conditional_qualifier"进行评价，若结果为真，则对该成员执行@function 操作，否则跳过，继续执行下一次循环. "expression_list"是被应用到每个集成员的表达式列表，当用的是@for 函数时，"expression_list"可以包含多个表达式，其间用逗号隔开. 这些表达式将被作为约束加到模型中. 当使用其余的 3 个集循环函数时，"expression_list" 只能有一个表达式. 如果省略"set_index_list"，那么在"expression_list"中引用的所有属性的类型都是"setname"集.

12.4.8　输入和输出函数

输入和输出函数可以把模型和外部数据，比如文本文件、数据库和电子表格等连接起来.

（1）@file：该函数从外部文件中输入数据，可以放在模型中任何地方. 该函数的语法格式为@file('filename'). 这里，filename 是文件名，可以采用相对路径和绝对路径两种表示方式. 当使用@file 函数时，可把记录的内容（除了一些记录结束标记外）看作是替代模型中@file('filename')位置的文本.也就是说,一条记录可以是声明的一部分、整个声明或一系列声明.在数据文件中注释被忽略.注意,在 LINGO 中不允许嵌套调用@file 函数.

(2) @text:该函数被用在数据段部分,能把解输出至文本文件中.它可以输出集元素和集属性值,其语法为@text(['filename']).这里,filename 是文件名,可以采用相对路径和绝对路径两种表示方式.如果忽略 filename,那么数据就被输出到标准输出设备(大多数情形都是屏幕).@text 函数仅能出现在模型数据段部分的一条语句的左边,右边是集名(用来输出该集的所有元素名)或集属性名(用来输出该集属性的值).

我们把用接口函数产生输出的数据声明称为输出操作.输出操作仅当求解器求解完模型后才执行,执行次序取决于其在模型中出现的先后.

(3) @OLE:@OLE 是从 EXCEL 中引入或输出数据的接口函数,它是基于传输的 OLE 技术.OLE 传输直接在内存中传输数据,并不借助于中间文件.当使用@OLE 时,LINGO 先装载 EXCEL,再通知 EXCEL 装载指定的电子数据表,最后从电子数据表中获得 Ranges.为了使用@OLE 函数,必须有 EXCEL 5 及其以上版本.@OLE 函数可在数据段部分和初始化部分引入数据.

@OLE 可以同时读集元素和集属性,集元素最好用文本格式,集属性最好用数值格式.原始集的每个集元素需要一个单元(cell),而对于 n 元派生集,每个集元素需要 n 个单元,这里第一行的 n 个单元对应派生集的第一个集元素,第二行的 n 个单元对应派生集的第二个集元素,以此类推.@OLE 只能读一维或二维的 Ranges(在单个的 EXCEL 工作表(sheet)中),但不能读间断的或三维的 Ranges.Ranges 是自左而右、自上而下来读.

12.4.9　结果报告函数

(1) @WRITE(obj1[,⋯,objn]):这个函数只能在数据段中使用,用于输出一系列结果(obj1,⋯,objn),其中 obj1,⋯,objn 等可以是变量(但不能只是属性),也可以是字符串(放在单引号中的为字符串)或换行(@NEWLINE(1))等.结果可以输出到一个文件,或电子表格(如 EXCEL),或数据库,这取决于@WRITE 所在的输出语句中左边的定位函数.例如,

```
DATA:
@ TEXT()= @ WRITE('A is ',A,',B is ',B,',A/B is',A/B);
ENDDATA
```

其中 A,B 是模型中的变量,则上面语句的作用是在屏幕上输出 A,B 以及 A/B 的值(注意上面语句中还增加了一些字符串,使结果读起来更方便).假设计算结束时 $A=10,B=5$,则输出为 A is 10,B is 5,A/B is 2.

(2) @WRITEFOR(setname[(set_index_list)[|condition]]:obj1[,objn]):这个函数可以看作是函数@WRITE 在循环情况下的推广,它输出集合上定义的属性对应的多个变量的取值(因此它实际上也是一个集循环函数).

(3) @ITERS():这个函数只能在程序的数据段使用,调用时不需要任何参数,总是返回 LINGO 求解器计算所使用的总迭代次数.例如,

```
@ TEXT()= @ WRITE('Iterations=  ',@ ITERS());
```

将迭代次数显示在屏幕上.

（4）@NEWLINE(n)：这个函数在输出设备上输出 n 个新行（n 为一个正整数）.

（5）@STRLEN(string)：这个函数返回字符串"string"的长度,如@STRLEN(123)返回值为 3.

（6）@NAME(var_or_row_reference)：这个函数返回变量名或行名.

（7）符号"*"：在@WRITE 和@WRITEFOR 函数中,可以使用符号"*"表示将一个字符串重复多次,用法是将"*"放在一个正整数 n 和这个字符串之间,表示将这个字符串重复 n 次.

（8）@format(value,format_descriptor)：在@WRITE 和@WRITEFOR 函数中,可以使用@format 函数对数值设定输出格式.其中 value 表示要输出的数值,而 format_descriptor(格式描述符)表示输出格式.格式描述符的含义与 C 语言中的格式描述是类似的,如"12.2f"表示输出一个十进制数,总共占 12 位,其中有两位小数.

（9）@ranged(variable_or_row_name)：为了保持最优基不变,变量的费用系数或约束行的右端项允许减少的量.

（10）@rangeu(variable_or_row_name)：为了保持最优基不变,变量的费用系数或约束行的右端项允许增加的量.

（11）@status()：返回 LINGO 求解模型结束后的状态：

0 Global Optimum(全局最优)

1 Infeasible(不可行)

2 Unbounded(无界)

3 Undetermined(不确定)

4 Feasible(可行)

5 Infeasible or Unbounded(通常需要关闭"预处理"选项后重新求解模型,以确定模型究竟是不可行还是无界)

6 Local Optimum(局部最优)

7 Locally Infeasible(局部不可行,尽管可行解可能存在,但是 LINGO 并没有找到一个)

8 Cutoff(目标函数的截断值被达到)

9 Numeric Error(求解器因在某约束中遇到无定义的算术运算而停止)

通常,如果返回值不是 0,4 或 6 时,那么解将不可信,几乎不能用.该函数仅被用在模型的数据段部分来输出数据.

（12）@dual(variable_or_row_name)：返回变量的判别数(检验数)或约束行的对偶(影子)价格(dual prices).

12.4.10　辅助函数

（1）@if(logical_condition,true_result,false_result)：@if 函数将评价一个逻辑表达式"logical_condition",如果为真,返回"true_result",否则返回"false_result".

（2）@warn('text',logical_condition)：如果逻辑条件"logical_condition"为真,则产生一个内容为'text'的信息框.

第五节 综 合 应 用

12.5.1 用 LINGO 求解目标规划问题

例 12.6 某企业生产甲、乙两种产品,需要用到 A,B,C 3 种设备,关于产品的获利与使用设备的工时及限制如表 12-3 所示.问该企业应如何安排生产,才能达到下列目标:

表 12-3 某企业生产参数表

	甲	乙	设备的生产能力(h)
A(h/件)	2	2	12
B(h/件)	4	0	16
C(h/件)	0	5	15
获利(元/件)	200	300	

(1) 力求使利润指标不低于 1 500 元;

(2) 考虑到市场需求,甲、乙两种产品的产量比应尽量保持 1∶2;

(3) 设备 A 为贵重设备,严格禁止超时使用;

(4) 设备 C 可以适当超时,但要控制,设备 B 既要求充分利用,又尽可能不加班.在重要性上,设备 B 是设备 C 的 3 倍.

建立相应的目标规划模型并求解.

解 先建立目标规划模型如下:

$$\min z = P_1 d_1^- + P_2 (d_2^+ + d_2^-) + P_3 (3d_3^+ + 3d_3^- + d_4^+)$$

$$\text{s. t.} \begin{cases} 2x_1 + 2x_2 \leqslant 12 \\ 200x_1 + 300x_2 + d_1^- - d_1^+ = 1\ 500 \\ 2x_1 - x_2 + d_2^- - d_2^+ = 0 \\ 4x_1 + d_3^- - d_3^+ = 16 \\ 5x_2 + d_4^- - d_4^+ = 15 \\ x_1, x_2, d_i^-, d_i^+ \geqslant 0, \quad i = 1, 2, 3, 4 \end{cases}$$

再按照序贯式算法编写如下的 LINGO 程序.

```
model:
sets:
level/1..3/:p,z,goal;
variable/1..2/:x;
h_con_num/1..1/:b;
s_con_num/1..4/:g,dplus,dminus;
h_con(h_con_num,variable):a;
```

```
s_con(s_con_num,variable):c;
obj(level,s_con_num)/1 1,2 2,3 3,3 4/:wplus,wminus;
endsets
data:
ctr= ?;
goal= ? ? 0;
b= 12;
g= 1500 0 16 15;
a= 2 2;
c= 200 300 2 - 1 4 0 0 5;
wplus= 0 1 3 1;
wminus= 1 1 3 0;
enddata
min= @ sum(level:p* z);
p(ctr)= 1;
@ for(level(i)|i# ne# ctr:p(i)= 0);
@ for(level(i):z(i)= @ sum(obj(i,j):wplus(i,j)* dplus(j)+ wminus(i,j)* dminus
(j)));
@ for(h_con_num(i):@ sum(variable(j):a(i,j)* x(j))< b(i));
@ for(s_con_num(i):@ sum(variable(j):c(i,j)* x(j))+ dminus(i)- dplus(i)= g(i));
@ for(level(i)|i # lt#  @ size(level):@ bnd(0,z(i),goal(i)));
end
```

当程序运行时,会出现一个对话框.

在做第一级目标计算时,ctr 输入 1,goal(1)和 goal(2)输入两个较大的值,表明这两项约束不起作用.求得第一级的最优偏差为 0,进行第二级计算.

在第二级目标的运算中,ctr 输入 2.由于第一级的偏差为 0,因此 goal(1)的输入值为 0,goal(2)输入一个较大的值.求得第二级的最优偏差仍为 0,进行第三级计算.

在第三级的计算中,ctr 输入 3.由于第一级、第二级的偏差均是 0,因此,goal(1)和 goal(2)的输入值也均是 0.最终结果为 $x_1=2$,$x_2=4$,最优利润是 1 600 元,第三级的最优偏差为 29.

12.5.2　用 LINGO 求解整数规划问题

例 12.7　一汽车厂生产大、中、小 3 种类型的汽车.各类型的每辆车对钢材、劳动时间的需求、利润以及每月工厂钢材、劳动时间的现有量如表 12－4 所示.由于条件限制,若生产某一类型汽车,则至少要生产 80 辆,求最优生产计划.

表 12－4　车辆生产参数表

	小型	中型	大型	现有量
钢材(吨)	1.5	3	5	600
劳动时间(h)	280	350	400	60 000
利润(万元)	2	3	4	

解 设第 i 种型号汽车生产 x_i 辆,另设

$$y_i = \begin{cases} 1, & \text{生产第 } i \text{ 种型号的汽车,} \\ 0, & \text{不生产第 } i \text{ 种型号的汽车,} \end{cases} \quad i = 1,2,3$$

数学规划模型如下:

$$\max z = 2x_1 + 3x_2 + 4x_3$$

$$\text{s. t.} \begin{cases} 1.5x_1 + 3x_2 + 5x_3 \leqslant 600 \\ 280x_1 + 350x_2 + 400x_3 \leqslant 60\,000 \\ 80y_i \leqslant x_i \leqslant 10\,000y_i \\ x_i \text{ 为非负整数}, y_i = 0 \text{ 或 } 1 \end{cases}$$

对应的 LINGO 代码为

```
max= 2* x1+ 3* x2+ 4* x3;
1.5* x1+ 3* x2+ 5* x3< 600;
280* x1+ 350* x2+ 400* x3< 60000;
x1- 80* y1>0;x1- 10000* y1< 0;
x2- 80* y2>0;x2- 10000* y2< 0;
x3- 80* y3>0;x3- 10000* y3< 0;
@ gin(x1);@ gin(x2);@ gin(x3);
@ bin(y1);@ bin(y2);@ bin(y3);
```

例 12.8 人事部门欲安排甲、乙、丙、丁 4 人到 A,B,C,D 4 个不同岗位工作,每个岗位一个人.经考核 4 人在不同岗位的成绩(百分制)如表 12-5 所示,如何安排他们的工作使总成绩最好.

表 12-5 成绩表

	A	B	C	D
甲	85	92	73	90
乙	95	87	78	95
丙	82	83	79	90
丁	86	90	80	88

解 用 c_{ij} 表示第 i 个人到第 j 个岗位上的成绩, $i,j=1,2,3,4$. 设

$$x_{ij} = \begin{cases} 1, & \text{安排第 } i \text{ 个人到第 } j \text{ 个岗位,} \\ 0, & \text{不安排第 } i \text{ 个人到第 } j \text{ 个岗位,} \end{cases} \quad i,j = 1,2,3,4$$

建立 0-1 规划模型为

$$\max z = \sum_{i=1}^{4} \sum_{j=1}^{4} c_{ij} x_{ij}$$

$$\text{s. t.} \begin{cases} \sum_{j=1}^{4} x_{ij} = 1, & i = 1,2,3,4 \\ \sum_{i=1}^{4} x_{ij} = 1, & j = 1,2,3,4 \\ x_{ij} = 0 \text{ 或 } 1, & i,j = 1,2,3,4 \end{cases}$$

对应的 LINGO 代码为

```
sets:
ry/1..4/:;
gz/1..4/:;
links(ry,gz):c,x;
endsets
data:
c= 85,92,73,90
95,87,78,95
82,83,79,90
86,90,80,88;
enddata
max= @ sum(links(i,j):c(i,j)* x(i,j));
@ for(ry(i):@ sum(gz(j):x(i,j))= 1);
@ for(gz(j):@ sum(ry(i):x(i,j))= 1);
```

12.5.3　用 LINGO 求解动态规划问题

例 12.9　图 12 - 8 是一个线路网,连线上的数字表示两点之间的距离. 试寻求一条由 A 到 G 距离最短的路线.

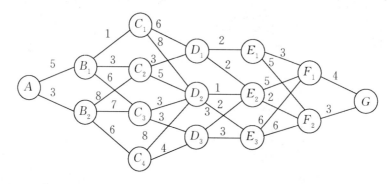

图 12 - 8　最短路线问题

解　状态转移方程为
$$s_k = T_k(s_{k+1}, u_k), \quad k = n, n-1, \cdots, 1$$
基本方程为
$$\begin{cases} f_0(s_1) = 0 \\ f_k(s_{k+1}) = \min_{u_k \in D_k(s_{k+1})} \{d_k(s_{k+1}, u_k) + f_{k-1}(s_k)\}, \quad k = 1, 2, \cdots, n \end{cases}$$

对应的 LINGO 代码如下:

```
model:
Title Dynamic Programming;
sets:
vertex/A,B1,B2,C1,C2,C3,C4,D1,D2,D3,E1,E2,E3,F1,F2,G/:L;
road(vertex,vertex)/A B1,A B2,B1 C1,B1 C2,B1 c3,B2 C2,B2 C3,B2 C4,
```

```
C1 D1,C1 D2,C2 D1,C2 D2,C3 D2,C3 D3,C4 D2,C4 D3,
D1 E1,D1 E2,D2 E2,D2 E3,D3 E2,D3 E3,
E1 F1,E1 F2,E2 F1,E2 F2,E3 F1,E3 F2,F1 G,F2 G/:D;
endsets
data:
D= 5 3 1 3 6 8 7 6
6 8 3 5 3 3 8 4
2 2 1 2 3 3
3 5 5 2 6 6 4 3;
L= 0,,,,,,,,,,,,,,,;
enddata
@ for(vertex(i)|i# GT# 1:L(i)= @ min(road(j,i):L(j)+ D(j,i)));
End
```

12.5.4　用 LINGO 求解图与网络分析问题

例 12.10　现需要将城市 s 的石油通过管道运送到城市 t，中间有 4 个中转站 v_1，v_2，v_3，v_4，城市与中转站的连接以及管道的容量如图 12-9 所示，求从城市 s 到城市 t 的最大流.

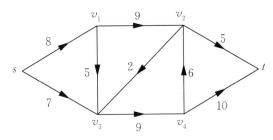

图 12-9　最大流问题

解　建立最大流的数学规划模型为

$$\max v$$

$$\text{s. t.}\begin{cases}\displaystyle\sum_{j:(i,j)\in A}f_{ij}-\sum_{j:(i,j)\in A}f_{ji}=\begin{cases}v, & i=s\\ -v, & i=t\\ 0, & i\neq s,t\end{cases}\\ 0\leqslant f_{ij}\leqslant u_{ij}, & \forall\,(i,j)\in A\end{cases}$$

对应的 LINGO 代码为

```
model:
sets:
nodes/s,1,2,3,4,t/;
arcs(nodes,nodes)/s 1,s 3,1 2,1 3,2 3,2 t,3 4,4 2,4 t/:c,f;
endsets
data:
```

```
c= 8 7 9 5 2 5 9 6 10;
enddata
n= @ size(nodes); ! 顶点的个数;
max= flow;
@ for(nodes(i)|i # ne# 1 # and#  i # ne#  n:
@ sum(arcs(i,j):f(i,j))= @ sum(arcs(j,i):f(j,i)));
@ sum(arcs(i,j)|i # eq#  1:f(i,j))= flow;
@ sum(arcs(i,j)|j # eq#  n:f(i,j))= flow;
@ for(arcs:@ bnd(0,f,c));
end
```
在上面的程序中,采用了稀疏集的编写方法.

12.5.5　用 LINGO 求解网络计划问题

例 12.11　某项目工程由 11 项作业组成(分别用代号 $A, B, \cdots, J, K$ 表示),其计划完成时间及作业间相互关系如表 12-6 所示,求完成该项目的最短时间.

表 12-6　作业流程数据

作业	计划完成天数	紧前作业	作业	计划完成天数	紧前作业
A	5	—	G	21	B,E
B	10	—	H	35	B,E
C	11	—	I	25	B,E
D	4	B	J	15	F,G,I
E	4	A	K	20	F,G
F	15	C,D			

解　设 V 是所有事件的集合,A 是所有作业的集合,建立数学规划模型如下:

$$\min z = x_n - x_1$$

$$\text{s. t.} \begin{cases} x_j \geqslant x_i + t_{ij}, & (i,j) \in A, i,j \in V \\ x_i \geqslant 0, & i \in V \end{cases}$$

对应的 LINGO 代码为

```
model:
sets:
events/1..8/:x;
operate(events,events)/1 2,1 3,1 4,2 5,3 4,3 5,4 6,5 6,5 7,5 8,6 7,6 8,7 8/:t;
Endsets
data:
t= 5 10 11 4 4 0 15 21 25 35 0 20 15;
enddata
min= x(8)- x(1);
@ for(operate(i,j):x(j)>x(i)+ t(i,j));
```

end

计算结果给出了各个项目的开工时间,如 $x_1 = 0$,则作业 A, B, C 的开工时间均是第 0 天;$x_2 = 5$,作业 E 的开工时间是第 5 天;$x_3 = 10$,则作业 D 的开工时间是第 10 天;等等. 每个作业只要按规定的时间开工,整个项目的最短工期为 51 天.

12.5.6　用 LINGO 求解存贮论问题

例 12.12　某商品单位成本为 5 元,每天存贮费为成本的 0.1%,每次订购费为 10 元. 已知对该商品的需求是 100 件/天,不允许缺货. 假设该商品的进货可以随时实现. 问应怎样组织进货,才能使总费用最低?

解　根据题意,$C_p = 5 \times 0.1\% = 0.005$(元/件·天),$C_D = 10$ 元,$D = 100$(件/天),则

$$Q^* = \sqrt{\frac{2C_D D}{C_p}} = \sqrt{\frac{2 \times 10 \times 100}{0.005}} = 632(\text{件})$$

$$T^* = \frac{Q^*}{D} = \frac{632}{100} = 6.32(\text{天})$$

$$C^* = \sqrt{2C_D C_p D} = \sqrt{2 \times 10 \times 0.005 \times 100} = 3.16(\text{元/天})$$

所以应该每隔 6.32 天进货一次,每次进货 632 件,能使总费用最少,平均费用约 3.16 元/天.

进一步,全年订货次数为 $n = \dfrac{365}{6.32} = 57.75$(天),但 n 必须是整数,故还需要比较 $n = 57$ 和 $n = 58$ 时全年费用的大小.

对应的 LINGO 代码为

```
model:
sets:
times/1..100/:C,Q;  ! 100 不是必须的,通常取一个适当大的数就可以了;
endsets
C_D= 10;
D= 100* 365;
C_P= 0.005* 365;
@ for(times(i):Q(i)= D/i;C(i)= 0.5* C_P* Q+ C_D* D/Q); C_min= @ min(times:C);
Q_best= @ sum(times(i):Q(i)* (C(i) # eq#  C_min));
! (C(i) # eq#  C_min)返回的值为 0 或 1;
N_best= D/Q_best;
end
```

求得一年组织 58 次订货,每次的订货量为 629.3 件,最优费用为 1 154.25 元.

12.5.7　用 LINGO 求解排队论问题

例 12.13　某修理店只有一个修理工,来修理的顾客到达过程为泊松流,平均 4 人/h;修理时间服从负指数分布,平均需要 6 min. 试求修理店空闲的概率.

解　本例可看成一个 $M/M/1/\infty$ 排队问题,其中

$$\lambda = 4, \quad \mu = \frac{1}{0.1} = 10, \quad \rho = \frac{\lambda}{\mu} = 0.4$$

修理店空闲的概率 $P_0 = 1 - \rho = 1 - 0.4 = 0.6$

对应的 LINGO 代码为

```
Model:
s= 1;lamda= 4;mu= 10;rho= lamda/mu;
Pwait= @ peb(rho,s);
p0= 1- Pwait;
End
```

12.5.8 用 LINGO 求解对策论问题

例 12.14 在一场敌对的军事行动中,甲方拥有 3 种进攻性武器 A_1, A_2, A_3,可分别用于摧毁乙方工事;而乙方有 3 种防御性武器 B_1, B_2, B_3 来对付甲方.据平时演习得到的数据,各种武器间对抗时,相互取胜的可能为

A_1 对 B_1 2:1; A_1 对 B_2 3:1; A_1 对 B_3 1:2;

A_2 对 B_1 3:7; A_2 对 B_2 3:2; A_2 对 B_3 1:3;

A_3 对 B_1 3:1; A_3 对 B_2 1:4; A_3 对 B_3 2:1.

试确定甲、乙双方使用各种武器的最优策略,并回答总的结果对甲、乙哪方有利?

解 先分别列出甲、乙双方的赢得的可能性矩阵,将甲方矩阵减去乙方矩阵的对应元素,得零和对策时甲方的赢得矩阵如下:

$$\boldsymbol{A} = \begin{pmatrix} \dfrac{1}{3} & \dfrac{1}{2} & -\dfrac{1}{3} \\ -\dfrac{2}{5} & \dfrac{1}{5} & -\dfrac{1}{2} \\ \dfrac{1}{2} & -\dfrac{3}{5} & \dfrac{1}{3} \end{pmatrix}$$

混合对策问题的求解问题可以转化为求不等式约束的可行点,而 LINGO 软件很容易做到这一点.编写如下 LINGO 程序可求解上述问题:

```
model:
sets:
player1/1..3/:x;
player2/1..3/:y;
game(player1,player2):c;
endsets
data:
c= 0.3333333 0.5 - 0.3333333
- 0.4 0.2 - 0.5
0.5 - 0.6 0.3333333;
enddata
@ free(u);
u= @ sum(game(i,j):c(i,j)* x(i)* y(j));
@ for(player1(i):@ sum(player2(j):c(i,j)* y(j))< u);
@ for(player2(j):@ sum(player1(i):c(i,j)* x(i))>u);
```

```
@ sum(player1:x)= 1;
@ sum(player2:y)= 1;
End
```

习 题 12

1.已知数列 $5,1,3,4,6,10$,编写 LINGO 程序分别完成下列要求:

(1) 求出前 5 个数的和;

(2) 求前 4 个数的最小值和后 3 个数的最大值.

2.一项工作一周 7 天都需要有人,每天(周一至周日)所需的最少职员数依次为 $20,16,13,16,19,$
14 和 12,并要求每个职员一周连续工作 5 天.编程计算每周所需最少职员数,并给出安排(仅考虑稳定
后的情况).

3.编程求解方程组:
$$\begin{cases} x^2 + y^2 = 1 \\ 2x^2 + x + y^2 + y = 4 \end{cases}$$

4.编程求解 $0-1$ 规划:
$$\max z = 3x_1 - 2x_2 + 5x_3$$
$$\text{s.t.} \begin{cases} x_1 + 2x_2 - x_3 \leqslant 2 \\ x_1 + 4x_2 + x_3 \leqslant 4 \\ x_1 + x_2 \leqslant 3 \\ 4x_2 + x_3 \leqslant 6 \\ x_1, x_2, x_3 = 0 \text{ 或 } 1 \end{cases}$$

5.从北京(Pe)乘飞机到东京(T)、纽约(N)、墨西哥城(M)、伦敦(L)、巴黎(Pa)5 城市旅游,每个城
市恰去一次,最后回到北京.编程计算应如何安排旅游线,使旅程最短? 各城市之间的航线距离
如表 12-7 所示.

表 12-7 各城市之间的航线距离

	L	M	N	Pa	Pe	T
L		56	35	21	51	60
M	53		21	57	78	70
N	56	21		36	68	68
Pa	21	57	36		51	61
Pe	51	78	68	51		13
T	60	70	68	61	13	

6.设某条电话线,平均每分钟有 0.6 次呼唤,若每次通话时间平均为 1.25 min,编程计算该系统相
应的参数指标.

7.某计算机公司生产 3 种型号的笔记本电脑 A,B,C.这 3 种笔记本电脑需要在复杂的装配线上生
产,生产 1 台 A,B,C 型号的笔记本电脑分别需要 5,8,12 h.公司装配线正常的生产时间是每月 1 700 h.
公司营业部门估计 A,B,C 3 种笔记本电脑的利润分别是每台 1 000,1 440,2 520 元,而公司预测这个月

生产的笔记本电脑能够全部售出.公司经理考虑以下目标:

第一目标:充分利用正常的生产能力,避免开工不足;

第二目标:优先满足老客户的需求,A,B,C 3 种型号的电脑分别为 50,50,80 台,同时根据 3 种电脑的纯利润分配不同的权因子;

第三目标:限制装配线加班时间,最好不要超过 200 h;

第四目标:满足各种型号电脑的销售目标,A,B,C 型号分别为 100,120,100 台,再根据 3 种电脑的纯利润分配不同的权因子;

第五目标:装配线的加班时间尽可能少.

请列出相应的目标规划模型,并用 LINGO 软件求解.

参 考 文 献

[1] 胡运权.运筹学教程[M].5 版.北京:清华大学出版社,2018.

[2] 胡运权,等.运筹学基础及应用[M].6 版.北京:高等教育出版社,2014.

[3] 《运筹学》教材编写组.运筹学[M].4 版.北京:清华大学出版社,2013.

[4] 张莹.运筹学基础[M].2 版.北京:清华大学出版社,2010.

[5] 袁亚湘,孙文瑜.最优化理论与方法[M].北京:科学出版社,1997.

[6] 何坚勇.运筹学基础[M].2 版.北京:清华大学出版社,2008.

[7] 《现代应用数学手册》编委会.现代应用数学手册:运筹学与最优化理论卷[M].北京:
清华大学出版社,1998.

[8] 牛映武.运筹学[M].3 版.西安:西安交通大学出版社,2014.

[9] 徐永仁.运筹学试题精选与答题技巧[M].哈尔滨:哈尔滨工业大学出版社,2000.

[10] 徐玖平,胡知能.运筹学[M].4 版.北京:科学出版社,2018.

[11] 刘满凤,傅波,聂高辉.运筹学模型与方法教程:例题分析与题解[M].北京:清华大
学出版社,2001.

[12] 胡运权.运筹学习题集[M].4 版.北京:清华大学出版社,2010.

[13] 盛昭瀚,朱乔,吴广谋.DEA 理论、方法与应用[M].北京:科学出版社,1996.

[14] HILLIER F S,LIEBERMAN G J.运筹学导论[M].10 版.北京:清华大学出版
社,2015.

[15] 刘满凤,陶长琪,柳键,等.运筹学教程[M].北京:清华大学出版社,2010.

[16] 运筹学教程编写组.运筹学教程[M].北京:国防工业出版社,2012.

[17] 熊义杰,曹龙.运筹学教程[M].北京:机械工业出版社,2015.

[18] 林齐宁.运筹学教程[M].北京:清华大学出版社,2011.

[19] HILLIER F S,HILLIER M S.Introduction to Management Science[M].5th ed.
New York:McGraw Hill Education,2013.

[20] 陈荣军,范新华.运筹学教程[M].南京:南京大学出版社,2014.

[21] 罗党,胡沛枫.运筹学教程[M].上海:上海财经大学出版社,2013.

[22] 谢小良,王扉,唐玲.运筹学教程[M].北京:高等教育出版社,2013.

[23] 贾贞.运筹学原理与实验教程[M].武汉:华中师范大学出版社,2016.

[24] 沈荣芳.管理数学:线性代数与运筹学[M].北京:机械工业出版社,1988.

[25] 吴广谋,等.数据、模型与决策[M].2 版.北京:北京师范大学出版社,2008.

[26] 张建中,许绍吉.线性规划[M].北京:科学出版社,1990.

[27] 方述诚,普森普拉 S.线性优化及扩展:理论与算法[M].北京:科学出版社,1994.

[28] 蓝伯雄,程佳惠,陈秉正.管理数学(下):运筹学[M].北京:清华大学出版社,1997.

[29] 韩大卫.管理运筹学[M].6 版.大连:大连理工大学出版社,2010.

[30] 威廉斯 H P.数学规划模型建立与计算机应用[M].孟国璧,等译.北京:国防工业出版社,1991.

[31] 杨纶标,高英仪,凌卫新.模糊数学原理及应用[M].5 版.广州:华南理工大学出版社,2011.

[32] 伊格尼乔 J P.目标规划及其扩展[M].宣家骥,娄彦博译.北京:机械工业出版社,1988.

[33] 王日爽,徐兵,魏权龄.应用动态规划[M].北京:国防工业出版社,1987.

[34] 张有为.动态规划[M].长沙:湖南科学技术出版社,1991.

[35] 拉森 R E,卡斯梯 J I.动态规划原理[M].陈伟基,等译.北京:清华大学出版社,1984.

[36] 刘光中.动态规划:理论及其应用[M].成都:成都科技大学出版社,1991.

[37] 陈珽.决策分析[M].北京:科学出版社,1987.

[38] 杜端甫.运筹图论:图、网络理论中的运筹问题[M].北京:北京航空航天大学出版社,1990.

[39] 谢政,李建平.网络算法与复杂性理论[M].长沙:国防科技大学出版社,1995.

[40] 卢开澄,卢华明.图论及其应用[M].2 版.北京:清华大学出版社,1995.

[41] 徐光辉.运筹学基础手册[M].北京:科学出版社,1999.

[42] 严颖,成世学,程侃.运筹学随机模型[M].北京:中国人民大学出版社,1995.

[43] 赵玮,王荫清.随机运筹学[M].北京:高等教育出版社,1993.

[44] 徐光辉.随机服务系统理论[M].2 版.北京:科学出版社,1988.

[45] 官建成.随机服务过程及其在管理中的应用[M].北京:北京航空航天大学出版社,1994.

[46] 曹晋华,程侃.可靠性数学引论[M].2 版.北京:科学出版社,2012.

[47] 宋保维.系统可靠性设计与分析[M].西安:西北工业大学出版社,2008.

[48] 宁宣熙.运筹学实用教程[M].3 版.北京:科学出版社,2016.

[49] 张守一.现代经济对策论[M].北京:高等教育出版社,1998.

[50] 岳超源.决策理论与方法[M].北京:科学出版社,2003.

[51] 王沫然.Simulink 4 建模及动态仿真[M].北京:电子工业出版社,2002.

图书在版编目(CIP)数据

运筹学/唐玲主编. —北京：北京大学出版社，2019.3
ISBN 978-7-301-30275-0

Ⅰ.①运…　Ⅱ.①唐…　Ⅲ.①运筹学　Ⅳ.①O22

中国版本图书馆 CIP 数据核字(2019)第 034567 号

书　　　　名	运筹学
	YUNCHOUXUE
著作责任者	唐　玲　主　编
责 任 编 辑	潘丽娜
标 准 书 号	ISBN 978-7-301-30275-0
出 版 发 行	北京大学出版社
地　　　址	北京市海淀区成府路 205 号　100871
网　　　址	http://www.pup.cn
电 子 信 箱	zpup@pup.cn
新 浪 微 博	@北京大学出版社
电　　　话	邮购部 010-62752015　发行部 010-62750672　编辑部 010-62752021
印 刷 者	长沙超峰印刷有限公司
经 销 者	新华书店
	787 毫米×1092 毫米　16 开本　18.5 印张　461 千字
	2019 年 3 月第 1 版　2019 年 3 月第 1 次印刷
定　　　价	48.00 元